Lehrbuch
der reinen
Mathesis
zu einem
zum Selbstfinden leitenden Vortrage derselben nach Platonischer Weise
in
Gymnasien
nebst
einer Vorrede
über die Mathesis der Griechen gegen die Mathematik unserer Zeit und die Bildungskraft derselben

von

Friedrich Schmeißer,

Doctor der Philosophie, Lehrer bei der Ritteracademie zu Dresden, Mitgliede der lateinischen Gesellschaft zu Jena.

Erster Theil. Die Arithmetik.
Erster Lehrgang.

Mit 2 Kupfern.

Berlin, 1817.
Realschulbuchhandlung.

Lehrbuch

der

Arithmetik

zu einem

zum Selbstfinden leitenden Vortrage derselben nach Platonischer Weise

in

Gymnasien

von

Friedrich Schmeißer,
Doctor der Philosophie, Lehrer bei der Ritteracademie zu Dresden, Mitgliede der lateinischen Gesellschaft zu Jena.

Erster Lehrgang.

Mit 1 Kupfer.

Berlin, 1817.
Realschulbuchhandlung.

Vorrede.

Die günstige Aufnahme der Vorschläge, welche ich vor drei Jahren in jener kleinen Schrift: Orthodidaktik der Mathematik, insbesondere für gelehrte Schulen rc. Dresden 1813., für eine zweckmäßige Betreibung der Mathematik in wissenschaftlichen Bildungsanstalten that, hat mich zur Herausgabe dieses Werks bestimmt. Mit Freude entledige ich mich hier der Pflicht, den gelehrten Beurtheilern jener Abhandlung, welche nichts, als ein gleichsam anfragender Vorläufer meiner Arbeiten seyn sollte, meine wahre Verehrung und Dank für die nachsichtsvollen Urtheile, die Sie theils in gelehrten Zeitschriften a), theils in Privatbriefen ausgesprochen haben, an den Tag zu legen, und empfehle nun diesen ersten Versuch der Ausführung des dort angedeuteten Plans Ihrer einsichtsvollen und gütigen Prüfung, — gern gestehend, daß ich diese Arbeit noch weit entfernt von der Vollkommenheit sehe, welche mir vorschwebt und von Andern, welche mit der zur Scheidung dieser Wis-

a) Die Recensionen jener Schrift s. i. d. Jenaischen Lit Zeit. Nov. 1814. Nr. 216. S. 295 u. f. — Heidelberg. Jahrbüch. Jan. 1815. Nr. 1. S. 78 — 79. — Neue Biblioth. für Pädagog. u. Schulwesen (v. Gutsmuths) Juni 1815. S. 134 — 143. Wiener Lit. Zeit. Juli 1815. Nr. 55. S. 877 f.

senschaft erforderlichen Kraft des Scharfsinns gerüstet sind, wohl erreicht werden kann und wird. — Es enthält daher dieses Buch eine Entwickelung der mathematischen Wahrheiten in logischer Ordnung, wobei ich mich durch die Einrichtung desselben, nach Kräften bemüht habe, dem Zwecke und der Behandlungsweise der alten Griechen so nahe zu kommen, als es die Bedürfnisse und Verhältnisse unserer Bildungsanstalten erfordern und gestatten.

Bevor ich aber dieses Werk übergebe, fühle ich mich verpflichtet, hier sowohl die Veranlassung als die Absicht desselben, welche seine Einrichtung rechtfertiget, gründlicher zu erörtern. Um vorläufig beide mit wenigen anzudeuten, so hat die erstere ihren Grund in der Ueberzeugung, daß der mathematische Unterricht bei den alten Griechen, als das kräftigste Bildungsmittel des Verstandes und der Urtheilskraft, höher gewürdiget und zweckmäßiger und eifriger betrieben worden ist, als in unsern Zeiten; und daraus ist die Absicht dieser Arbeit: durch die Behandlungsweise dieser Wissenschaft die Vortheile, deren sich die Alten daraus erfreuten, so viel als möglich ist, wieder zurück zu führen, von selbst klar. Beide Puncte wollen wir jetzt in mehrern Abschnitten einer genauern Betrachtung unterwerfen, wo wir zuvörderst

A) die Würdigung der Mathematik im Alterthume neben die Ansichten, die in unsern Zeiten davon herrschen, stellen müssen.

Jeder, der mit den Schriften der Weisen des alten

Griechenlands bekannt ist, weiß, mit welcher außerordentlichen Achtung sie von der Wissenschaft, oder vielmehr wissenschaftlichen Uebung des Geistes, welche sie μαθησις nennen, sprechen. Sie empfehlen sie jedem sich wissenschaftlich bildenden Manne als nothwendig, legen selbst für ihr Zeitalter bedeutende Kenntnisse darinne an den Tag, bemühen sich eifrig, das Gebiet derselben zu erweitern und zu berichtigen, und halten diejenigen in großen Ehren, deren Fleiße und Erfindungskraft es gelang, es mit neuen Entdeckungen zu bereichern. Hierzu nur einige wichtige Belege.

Thales, der Vater der Philosophie, erwarb sich in dem Alterthume durch Verbreitung der mathematischen Kenntnisse, welche er in Egypten gesammelt und nach Jonien übergebracht zu haben scheint, einen so glänzenden Ruhm, daß er nebst Anacharsis, nach Platons Berichte, deshalb selbst dem Homer vorgezogen wurde b). Zu einem weit mächtigern Ansehen erhob sich durch sie Pythagoras mit seiner Schule c). Vermochten schon die großen Entdeckungen dieses Weisen in dem Gebiete unserer Wissenschaft seinen Namen der Unsterblichkeit zu sichern, so war es noch mehr der Umstand, daß er die Mathematik zur Grundlage seiner Philosophie machte, welche fast einzig die Einsicht in die Ordnung des Weltbaues und die Enträthselung der Gesetze der Natur zum Gegenstande hatte. Daß der bewundernswürdige Geist

b) S. Platon v. d. Republ. B. 10. Zweibr. Ausg. Bd. 7. S. 293.

c) S. Tennemanns Geschichte der Philosophie. Bd. 1. S. 88. 100 u. f.

dieses Mannes, der das ganze Gebiet des damaligen Wissens und Forschens umfaßte, an den Lehren und Untersuchungen der Wahrheiten der Mathematik gebildet und so mächtig erstarkt war, wird von Niemand bezweifelt. — Mit solchem Ansehen kam unsere Wissenschaft, welche nun durch diesen ehrwürdigen Forscher nicht nur zu einem interessanten Aggregate von Wahrheiten erweitert war, sondern auch wissenschaftliche Form erhalten hatte, nach Athen, wohin Anaxogoras die Musen gleichsam aus ihren zerstreuten Sitzen sammelte.

Auf griechischen Boden verpflanzt, wo wir alle Wissenschaften zu einer vorzüglichen Vollkommenheit gedeihen sehen, steigt ihre Achtung desto höher, je mehr ihr wichtiger Einfluß auf die Erlernung und Ausbildung anderer Wissenschaften und Künste erkannt und anerkannt, mithin ihr wahrer Werth erwogen wird. Schon vor dem Peloponnesischen Kriege waren gebildete Männer Griechenlands darinne einverstanden, daß die mathematischen Kenntnisse einem Jeden, der sich entweder einer besondern Wissenschaft, oder den Geschäften des Staats widmen wollte, nicht allein ehrenvoll, sondern auch nützlich und nothwendig seyen. Der berühmte Arzt Hippocrates, welcher jener Zeit angehört, empfiehlt seinem Sohne Thessalos, (nach Galens Zeugnisse ebenfalls als Arzt ausgezeichnet und schon als junger Mann am Hofe des Macedonischen Königs Archelaos d)) in einem seiner Briefe an ihn e) die Arithmetik und die Geome-

d) S. Sprengels Geschichte der Medicin. B. 1. S. 268.

e) Wenn auch diese Briefe, wie es scheint, nicht ächt seyn sollten, so gehören sie doch jenem frühen Zeitalter an.

trie; nicht um damit zu glänzen, sondern um sich dadurch für das Studium der Heilkunst geschickter zu machen. Das Zeitalter ihrer höchsten Würdigung begann aber erst mit dem Auftritte des göttlichen Platon, welcher heller, als seine Vorgänger, in die Werkstatt des menschlichen Geistes blickte und erkannte, welchen wichtigen Einfluß die mathematischen Erkenntnisse auf die Entwickelung und Ausbildung desselben haben, und mit welcher Kraft sie unser Denk- und Erkenntnißvermögen für die Untersuchung der Natur der Dinge und die Erforschung aller Wahrheiten rüsten. Seine Empfehlung ist eben so kräftig und schön, als sie wichtig und wohlthätig für die Veredelung sowohl der damals herrschenden Grundsätze des Handels, als auch der Verhältnisse der bürgerlichen Verfassung war. Platon hatte, wie sein großer Lehrer Sokrates, nicht allein die Verdorbenheit der Sitten, welche zu seiner Zeit in Athen eingerissen war, und die Unordnung in den Sachen des Staats, sondern auch viele der Moralität der Bürger und der allgemeinen Ruhe und Glücke gefährliche Grundsätze wahrgenommen. Die Untersuchung der Ursachen dieser Uebel und die Auffindung zweckmäßiger Mittel, ihnen abzuhelfen, ja sie vom Grunde aus zu heilen, war sein eifrigstes Bestreben. Den Grund aller Uebel, welche den Staat zu zerrütten drohten, entdeckte Platon nirgends anders, als in dem Mangel an richtigen Grundsätzen über Recht und Pflicht. Dieser hatte aber wieder seinen Grund in dem Mangel an richtigem Denken, mithin im Mangel an richtiger Philosophie. Er sahe sehr bald ein, daß eine solche Umbildung, wie sie damals der Athenienfische, (auch wohl jeder andere) Staat bedurfte, von der Erziehung ausgehen müßte, wenn sie gründlich werden sollte. Die Jugend an besonnenes, gründliches, vernünftiges Denken zu gewöhnen, ersahe er als das einzige Mittel, jene gefährlichen Uebel auszurotten; dieß war ihm der Grundsatz und das Ziel aller Jugendbildung. Denn nur eine hinlänglich entwickelte und ausgebildete Vernunft konnte er als Grundpfeiler aller Tugend anerkennen. Um aber diesen Zweck zu erreichen, war es unerlaßliches Erforderniß, daß die Entwickelung der menschlichen Erkenntnißkräfte ganz der Natur desselben folgten, und mithin diejenigen Gegenstände des Unterrichts, welche dazu dienen sollten, nach dem natürlichen Gange derselben geordnet waren †).

Sehen wir nun in Platons Schriften nach, vornehmlich in denjenigen, in welchen er uns das Vorbild einer vollkommenen Staatsverfassung aufstellt, namentlich in seinem Werke von der Republik, den Büchern von den Gesetzen und dem Dialoge, Politikos genannt; so finden wir, daß Platon, um den Verstand zu vernünftigem Denken vorzubereiten, eben diejenigen Wissenschaften empfiehlt, welche wir jetzt größtentheils zur Mathematik zählen, nämlich: die Zahlwissenschaft, die Geometrie, die Astronomie und die Musik; jedoch nur dann, wenn sie wissenschaftlich betrieben werden. Von diesen selbst spricht der Weise mit einer Achtung, so wie von ihrer Kraft für die

†) S. Platons Sophist, S. 42, 74. 304. rc, Polit. S. 62. Phileb. S. 120. 218. v. d. Republ. B. 7.

Entwickelung des Denk- und Erkenntnißvermögens mit einer Zuversicht, daß sich ein Jeder, welchem die Bildung der Jugend — die wichtigste, heiligste Angelegenheit der Staaten, der Völker, ja des Menschengeschlechts — am Herzen liegt, unwiderstehlich angezogen fühlt, die Sache näher zu schauen und zu beleuchten.

Um diejenigen Leser, welche weder Beruf, noch Gelegenheit in den Stand setzte, Platons Schriften selbst zu lesen, von dem Gesagten zu überzeugen, so sey es erlaubt, hier einige Aeußerungen desselben über die Kraft der Mathematik für die Bildung des Verstandes mitzutheilen; — um Nachsicht diejenigen bittend, welche selbst aus der reinen Quelle des griechischen Weisen zu schöpfen vermögen.

Da Platon in seinem Werke von der Republik im siebenten Buche g) auf die Frage kommt: „was für Männer den Staat verwalten sollen?" so untersucht er die Mittel, durch welche sie dessen würdig werden. Für solche verlangt er eine völlige Umwendung der Seele, daß sie von der Finsterniß zum Lichte, und wie aus der Unterwelt zu den Göttern emporsteigen (εξ ᾴδου εις θεους ανελθειν). Er sagt: „es ist dieß nicht die Umwendung einer Scherbe (οςρακου περιςροφη), sondern eine solche Umlenkung der Seele (ψυχης περιαγωγη), daß sie aus einem nachtähnlichen Tage zu der Höhe der Wahrheit des Wesentlichen emporsteige, welche wir wahre Philosophie nennen werden. Wir müssen also untersuchen, welcher von den wissenschaftlichen Gegenständen (τι των μαθηματων) diese

g) Zweib. Ausg. Bd. 7. S. 141.

Kraft besitze?" Platon nennt hierauf die Gymnastik und die Musik, welche aber, nebst den übrigen Künsten, sämmtlich zu unedel (βαναυσοι που ἁπασαι) zu seyn scheinen; es werde eine Wissenschaft (μαθημα) dazu erfordert. Solche Wissenschaften, welche er für die Bildung des Verstandes zweckmäßig findet, sind ihm:

1) die Wissenschaft von den Zahlen, d. i. theils die Uebung der Denkkraft an Zahlverhältnissen (λογισμοι, λογιστικη), theils die Untersuchung der Natur der Zahlen (αριθμητικη) h); „deren Kenntniß" sagt er „man bei allen Künsten und bei mathematischen und philosophischen Erkenntnissen bedarf, welche mit jeder Kunst und Wissenschaft in nothwendiger Verbindung steht und den Geist zu reiner Vernunfterkenntniß (προς την νοησιν) erhebt. — Diese Wissenschaft inne zu haben (μαθειν), ist dem Krieger nothwendig, um der Schlachtordnungen willen; dem Freunde der Wissenschaft aber, um sich von den sinnlichen (wandelbaren) Erscheinungen empor zu heben (απο γενεσεως εξαναδυναι) und das unwandelbare (wahre) Wesen der Dinge (ουσιαν) zu erfassen. Ohne sie kann er zum richtigen Gebrauche seines Verstandes nicht gelangen. — Daher ist es gut, diejenigen, welche einst die wichtigsten Aemter des Staats verwalten wollen, durch Gesetz und Ueberredung zu bewegen, daß sie ihren Verstand an Zahlverhältnissen üben (επι λογιστικην ιεναι) und sie nicht blos oberflächlich berühren, sondern bis sie mit dem Verstande selbst zur Einsicht in die Natur der Zahlen vorgedrungen sind ꝛc."

h) S. v. d. Republ. B. 7. S. 148. „λογιστικη και αριθμητικη περι αριθμον πασα."

2) Die Geometrie, über welche er sich so ausspricht i): „sie leitet die Seele zur Erkenntniß der Wahrheit und weckt den philosophischen Geist, um sich über die Betrachtung des Irdischen zu erheben. — Wir müssen daher so viel als möglich dafür sorgen, daß in einem so schönen Staate auf keinen Fall die Geometrie vernachlässiget werde; denn auch ihre Nebenvortheile (παρεργα) sind nicht gering; nämlich welche sie für die Kenntniß von dem Kriege und für alle Gegenstände des Unterrichts (προς πασας μαϑησεις) hat, so daß man sie leichter fassen kann. Wir wissen wohl, daß überhaupt bei einem Jeden viel darauf ankommt, ob er die Geometrie getrieben hat, oder nicht."

3) Die Stereometrie, „wenn sich der Staat ihrer annimmt und sie zu Ehren bringt." Diese übergeht aber Platon, weil es, wie er sagt, nur lächerliche Versuche darinnen gäbe (ὁτι τῃ ζητησει γελοιως εχει) k).

4) Die Astronomie; „denn die Ordnung und Harmonie des Weltbaus vermag das Gemüth zu erhabenen Gedanken zu stimmen und führt zur Idee der höchsten Vernunft" l).

5) Zu diesen fügt er noch die Musik (ἁρμονικη), von welcher er meint, daß, „wenn die Verhältnisse der Töne wissenschaftlich betrachtet würden, sie nützlich sey zur Untersuchung des Schönen und Guten" m). —

i) S. v. d. Republ. B. 7. S. 153. 151.

k) V. d. Republ. B. 7. S. 154 — 156.

l) V. d. Republ. B. 7. S. 156 — 159. Epinomis S. 270. v. d. Gesetzen. B. 12. S. 229.

m) V. d. Republ. B. 7. S. 160. Philebus S. 300. 312.

Diese sind ihm diejenigen wissenschaftlichen Gegenstände, welche man inne haben muß, wenn man sich an die Dialectik, d. i. die Philosophie wagen will n). „Von jedem derselben“ behauptet er „werde eine Kraft (οργανον) der Seele gereiniget und belebt und dadurch die Wahrheit erkannt“ — o).

Gemäß dieser Ansicht und Ueberzeugung, ließ Platon keinen der Mathematik Unkundigen an seinen philosophischen Unterhaltungen und Untersuchungen Antheil nehmen, wie die bekannte Ueberschrift über dem Eingange in die Academie: „ουδεις (μηδεις) αγεωμετρητος εισιτω,“ beweißt. Ueberhaupt hielt er jeden in der Arithmetik Ungeübten für reine Erkenntnisse und besonnenes Denken ganz unfähig (ανοητοτατον και αφρανεςατον).

Von gleicher Achtung gegen diese Wissenschaften sehen wir seine Schüler erfüllt. Wenn Speusippos dieß durch eifrige Untersuchungen über die Natur der Zahlen, wozu ihn seine Liebe zur Pythagorischen Philosophie hinleitete p), bewieß, so handelte Xenocrates, welchem jener Platons Lehrstuhl überlassen hatte, ganz im Geiste seines großen Lehrers, indem er einen der Mathematik Unkundigen mit der Bedeutung zurück wieß: „du besitzest die Handhaben der Philosophie (τας λαβας της φιλοσοφιας) nicht.“ — Aristoteles, welcher die Lehren der Mathematik „das Licht der Seele“ nennt und sie unter die drei Hauptbedingungen der Ausbildung der geistigen Kräf-

n) V. d. Republ. B. 7. S. 172.

o) V. d. Republ. B. 7. S. 154.

p) Aristotel. ethic. ad Nicom. I. 6. Cicer. de Nat. Deor. I. 13. Buhle's Gesch. d. Philos. III. S. 263.

te des Menschen zählt, welche ihm die natürliche Anlage (φυσις), das Erkennen (μαθησις) und die Uebung (ασκησις) waren q), schrieb selbst zwei Schriften über unsere Wissenschaft r), und alle Aeußerungen in seinen übrigen Werken beweisen nicht allein, daß er ein großer Verehrer derselben war, sondern sich auch viel und gründlich damit beschäftigte s).

Um aber mit einem Blicke zu übersehen, welchen Werth die Platonische Schule auf die Mathematik als Bildungsmittel des Verstandes legte, so dürfen wir nur den vortrefflichen Commentar, welchen uns Proclus Diadochus, gleichsam der Dollmetscher der Platonischen Ansichten von der Mathematik, über das erste Buch der Elemente des Euclides hinterlassen hat, insbesondere das 1. Buch desselben nachlesen. Dieser würdige, vom Geiste der Philosophie Platons ganz durchdrungene Schüler des großen Weisen schildert die Mathematik als das einzige und höchste Mittel für die Aufklärung des Verstandes. Er sagt im 8. Cap. des 1. Buchs: „sie hat zu dem ganzen Inbegriffe der Erkenntnisse (προς την των ὁλων επιςημην), d. i. zur Metaphysik ebendasselbe Verhältniß, welches die Erziehung (παιδεια) zur Tugend hat." — Am deutlichsten und kräftigsten aber spricht er sich am

q) Diogenes v. Laerte. Aristotel. B. 5. Abschn. 18.

r) Ebend. Abschn. 24.

s) Die im Aristoteles zerstreuten mathematischen Stellen sind schlecht=lateinisch übersetzt und mit dergleichen Erklärungen herausgegeben von Jos. Blancanus: Aristotelis loca mathematica ex univers. ipsius opp. collecta et explic. Bonon. 1615. 4. Das Buch ist sehr selten, aber Heilbronners historia math. univ. Lips. 1742. 4. p. 172. seqq. einverleibt.

Schlusse des ersten Buchs aus. Nachdem er daselbst den Namen und den Gegenstand (το εργου) der Mathematik erläutert hat, rühmt er noch folgende Vortheile derselben; — welche Stelle hier wörtlich mitgetheilt zu werden verdient. „Sie ist das Mittel, die reine Erkenntnißkraft zur Thätigkeit zu bringen (κινητικον της νοησεως), den Verstand (διανοιαν) zu läutern, und die Vorstellungen, welche man von dem Wesen der Dinge hat, zu erleuchten. Sie hebt die Vergeßlichkeit und Unwissenheit auf, welche wir von Geburt haben und löst die Banden des Unverstandes (αλογιας). Zum Göttlichen (erhebt sie), dem Vorsteher (εφορῳ) dieser Wissenschaft, welcher die Gaben der Erkenntniß ans Licht bringt, alles mit göttlichen Einsichten (των θειων λογων) erfüllt, die Seelen zum vernünftigen Denken (επι νουν) und wie aus einem tiefen Schlafe weckt, durch das Forschen gegen sich selbst wendet, wie durch eine Pflegerin (δια μαιας) t) vollkommener macht und durch das Finden der reinen Erkenntniß zu einem glücklichen Leben führt."

Daß die mathematischen Wissenschaften in Alexandrien, wohin sie sich nach der Unterdrückung der Griechen gleichsam flüchteten, sehr hoch geachtet wurden, läßt sich nicht allein aus dem Ansehen, welches sie in Griechenland behauptet hatten, abnehmen, sondern ist auch geschichtlich wahr. Unter den ersten Gelehrten, welche der Kö-

t) Die Lesart der Baseler Ausgabe, die mir nur zur Hand ist, και δια μανειας τελειοι ist unstreitig falsch; δια μαιας muß gelesen werden, worauf schon Dasypod fiel. S. mathem. protheor. prop. III. Auch scheint Proclus nicht δια φυσεως, sondern δια ἑυρεσεως του καθαρου νου geschrieben zu haben.

nig Ptolemäus Soter in seine Hauptstadt zog, war Euclides, von welchem an hier der Hauptsitz unserer Wissenschaft wurde. Die Fortschritte, welche sie durch Eratosthenes, den Ptol. Evergetes dahin berief, Heron, Cl. Ptolemäus, Diophantus, Pappus, Theon und mehrere gewann, sind hinlängliche Beweise dafür u). — Allein jemehr gleichsam das milde Licht griechischer Wissenschaft, zu welchem wir wie aus dämmernder Ferne mit Bewunderung und Sehnung hinblicken, von dem Staube des Kampfs um Herrschaft und über religiösen Aberglauben verdunkelt wurde, desto mehr schwindet auch der ächte Geist Platons in der unsrigen mit ihrem würdigen Zwecke für Geistesveredelung dahin; und mit ihm die Achtung, deren sie sich in Griechenland erfreute.

Indessen auch in dem Zeitraume ihres Verfalls hallt noch dann und wann der alte Ruf ihrer Würde in den Schriften denkender Männer jener Zeit wieder. Nicht allein diejenigen, welche den Systemen alter griechischer Weisen zugethan waren, sondern auch andere zeigen sich als Freunde und Beförderer jener methodischen Geistesbildung, vornehmlich die Platoniker und Pythagoräer. Nicomachus v. Gerasa (wahrscheinlich zur Zeit des K. Tiberius) nennt die mathematischen Uebungen die Stufen und Leitern (κλιμακας και επιβαθρας) zur Erkenntniß aller Dinge (Physik und Metaphysik) x). — Der nicht

u) S. unten §. 19.

x) Die Stelle steht in der noch vorhandenen arithmetischen Schrift des Nicomachus, welche sich in der Ausgabe des Fragments des Theon v. Smyrna von Bouillard (Bullialdus) S. 193. findet, worinnen die Kraft der Mathematik für die Bildung des Philosophen schön ausgesprochen ist.

blos um die Medicin, sondern auch um die Philosophie verdiente Arzt Galen (im 1. Jahrh. n. Ch.), welchen sein gelehrter Vater Nikon selbst frühzeitig in der Mathematik unterrichtet hatte, rühmt den Hippocrates wegen seiner Empfehlung der mathematischen Wissenschaften gegen seinen Sohn, sich über Männer seiner Zeit verwundernd, welche zwar den Hippocrates prießen, aber Jünglinge tadelten, daß sie der Mathematik oblägen, — welcher Name damals freilich schon einen bösen Nebenbegriff hatte. — Aber der gelehrte Kirchenvater Origenes scheint die mathematischen Disciplinen in Platons Sinne benutzt zu haben. Von ihm erzählt Eusebius im 6ten Buche der Kirchengeschichte, daß „er die durch Fleiß und Scharfsinn sich Auszeichnenden seiner Schüler zur Philosophie übergeführt habe, so daß er sie in der Mathematik und Geometrie und andern Vorkenntnissen unterrichtete.“ Auch sagt Quinctilian in seinen berühmten Institutionen y): „man gäbe zu, daß ein Theil der Geometrie dem zarten Alter nützlich sey; denn sie bringe die Seele in Thätigkeit und schärfe und übe den Geist, um schnell zu begreifen.“ — Die spätern Zeiten, wo die christliche Kirche, dem wahren Geiste der Christuslehre zuwider, „die Vernunft gefangen zu nehmen“ gebot, und vernünftiges Denken von kleinlichen, oft sinnlosen theologischen Streitigkeiten verdrängt wurde, lassen höchstens noch eine einsame Klage über die gänzliche Vernachlässi-

— Der Commentar, welchen Asclepius aus Tralles (nicht Trallis, denn beim Strabo steht der Plur. Τραλλεις) über die Arithmetik des N. hinterlassen hat, ist nach Gesner (Biblioth. T. I.) noch in Rom vorhanden.

y) B. I. Cap. 10. (18.) ed. Gesner. p. 55.

gung der mathematischen Uebungen hören z). — Auch die schöne Bemühung des Proclus Diad. Euclids Elemente zu erläutern und diesen dadurch den Geist Platons einzuhauchen, scheint in dem Dunkel jener Zeit unfruchtbar geblieben und von nun an der Geist für die mathematischen Uebungen im ursprünglichen Sinne gleichsam entschlummert zu seyn. Ob er mit der Wiederbelebung des wissenschaftlichen Geistes in Italien und Teutschland zugleich wieder erwacht sey, stehe jetzt dahin; — wir werfen nun einen betrachtenden Blick auf die Gegenwart.

Daß viele weise und besonnene Männer in unsern Zeiten den wahren Werth der Mathematik für die formelle Geistesbildung des Menschen erkennen, und sie zu diesem Zwecke nach der Griechen Weise, abgesehen von ihrem mächtigen Nutzen für das praktische Leben, in unsern Schulen betrieben zu sehen wünschen, braucht nicht erst gesagt zu werden. Unsere vorzüglichsten und geehrtesten Pädagogen gehören zu ihrer Zahl. Ein großer Theil aber beweißt ihr diese Achtung mehr aus gewohnter Hochschätzung alles dessen, was aus dem gebildeten Alterthume stammt, als aus wahrer Ueberzeugung von der Kraft unserer Wissenschaft. Welche Ansicht der große Haufe davon hat, wird dann noch berührt werden können; jetzt ist uns wichtiger zu sehen, ob sie sich auch in unsern Schulen desselben Verhältnisses er-

z) So klagte ein Platoniker unter dem K. Antonin dem Frommen, Taurus Berytius, wie Gellius berichtet (B. 1. C. 9.), daß sich zu seiner Zeit Unfähige, welche er αθεωρητοι, αμουσιοι, αγεωμετροι nennt, an die Philosophie wagten.

freut, als in den Schulen der Griechen? Allein dieß müssen wir im allgemeinen verneinen. Unsere wissenschaftlichen Bildungsanstalten, namentlich die Gymnasien, haben ursprünglich nicht den Zweck, ihren Zöglingen eine naturgemäße Ausbildung aller ihrer Geisteskräfte zu geben, sondern vielmehr einen tüchtigen Grund zur Gelehrsamkeit zu legen. Das Studium der alten Sprachen, ohne welche diese nicht möglich ist, und die Lectüre der Classiker der Griechen und Römer, wurden daher von jeher als Hauptsache angesehen, und die Mathematik, welche diesem Zwecke nicht entspricht, fand in dem Lectionsplane keinen Platz. Das Gedächtniß mit lateinischen, griechischen und hebräischen Wörtern und Redensarten anzufüllen, und Fertigkeit im Schreiben und Sprechen des Lateinischen zu gewinnen, war die Hauptaufgabe unserer Schulen, und diese Kunde der Maasstab, nach welchem die Zöglinge derselben in den Classen aufrückten und wieder zu höhern Studien entlassen wurden. Ob sie gründlich und richtig denken und urtheilen konnten, welches wohl nebenbei bisweilen mit erreicht wurde, das lag außer dem Zwecke der Anstalt und war nicht Sorge der Lehrer. Ob jene es auf Universitäten oder gar nicht lernen sollten, fiel ihnen wohl selten oder nie ein, zu fragen. Gewöhnlich sahe man wohl diesen Mangel vor vieler Gelehrsamkeit nicht! Wenn man also gar nicht die Absicht hatte, die Denkkraft des Jünglings an Gründlichkeit, Strenge und Consequenz im Denken zu gewöhnen, so war es sehr natürlich, daß man sich auch nach keinem Mittel dazu umsah, und es blieb daher das vorzüglichste derselben, die Mathematik, unbenutzt.

Seit dem Anfange des vorigen Jahrhunderts aber, wo die wichtigen Entdeckungen eines Leibnitz, Newton u. and. eine allgemeinere und stärkere Aufmerksamkeit auf die Mathematik lenkten, begann der Wunsch, sie in die Gymnasien wieder zurück zu führen, sich immer mehr zu regen; wiewohl häufig eine blinde Ueberschätzung derselben, vermehrt durch die Sucht, auch andere Wissenschaften methodo mathematica zu demonstriren, auf das entgegengesetzte Extrem führte und viel schadete. Man gab nun nach und nach den Gymnasien Lehrer der Mathematik, oft nicht ohne Abneigung der Directoren und übrigen Lehrer a); — sey es aus Vorurtheil, oder weil sie die Folgen voraussahen. Dem Mathematikus, welcher deshalb sich immer in einer äußern Zurücksetzung von seinen Collegen befand, wurden, um den alten Sprachen keine Zeit abzubrechen, einige Nebenstunden gestattet, und eine kleine Besoldung ausgesetzt, welche, zumal in der Folge, zu Bestreitung seiner Lebensbedürfnisse beiweiten nicht hinreichte. Dieß nöthigte ihn zu andern Arbeiten, welche ihm aber, wie so häufig, bald zur Hauptsache wurden, ihn seinen Unterricht, welchen man nicht achtete, als Nebengeschäft betrachten ließen, (bisweilen unholde Stimmen der Drechsler, Uhrmacher, Klempner ꝛc. erregten, die seinem Ansehen

a) Um nur ein Beispiel zu berühren, sehe man, mit welcher Schwierigkeit dem ersten Mathematikus an der Fürstenschule zu Meißen (1725) einige Stunden eingeräumt worden sind, in Müllers Geschichte dieser Schule. Th. II. S. 273.

als Lehrer nachtheilig seyn mußten.) An manchen Orten fanden sich bisweilen noch kleine Geschäfte, welche man nach der gemeinen Ansicht mit seinem Fache in einiger Verbindung dachte, aber für seinen eigentlichen Beruf unwürdig waren: als das Stellen der Thurmuhr, die Aufsicht über die Stadtlaternen, die Wasserröhren und das Pflaster auf den Straßen, welche man ihm übertrug, um seine Einkünfte so weit zu erhöhen, daß er leben konnte! Oft wurde Leuten, welche schon ein solches Amt begleiteten, nebenbei der mathematische Unterricht in der Schule anvertraut, weil ein wissenschaftlich gebildeter Lehrer sich nicht dazu finden wollte. Wie kann man sich dabei wundern, daß unter den Unkundigen die Ansicht und Gewohnheit eingerissen ist, bei dem Namen Mathematiker zugleich auch an Drehbank, Hammer und Kneipzange zu denken?

Einen solchen in seinem Berufe als Lehrer zu betrachten, wollen wir uns ganz ersparen. Sein blos mechanisches Abrichten einiger, gewöhnlich schlechter Köpfe, kann von einem verständigen Schulmanne nicht als Unterricht angesehen und geachtet werden, und sein Ansehen ist durch ihn selbst und sein Verhältniß gänzlich vernichtet. — Allein die Lage der Dinge ist nicht immer so. Oft findet der geschickteste und von dem schönsten Eifer für wissenschaftliche Jugendbildung erfüllte Lehrer der Mathematik an dem Director der Anstalt, wo er wirken soll, einen gewaltigen Unhold, welcher, weil er selbst dieser Wissenschaft unkundig ist, sie gering achtet, wenigstens ihre höhere Kraft nicht erkennt, seine Ansicht auch seinen Schülern wissentlich und unwissentlich einflößt, und durch sein Ansehen jede noch so schöne Bemühung des erstern gänzlich erstickt. — Daß es in unsern Zeiten noch solche geben sollte, welche die mathematischen Uebungen nicht sowohl aus Unkunde derselben, als aus Besorgniß, daß der Nimbus ihrer Allwissenheit in den Augen ihrer Schüler dadurch gefährtet sey, vorsätzlich herabsetzen und unterdrücken, wollen wir nicht fürchten. — So viel aber sehen wir, daß auf gelehrten Schulen die wenigsten Jünglinge, und nicht immer die fähigsten und besten, aus freier Neigung sich der Mathematik befleißigen, sondern die meisten, wenn sie die Verhältnisse der Anstalten dazu verpflichten, sie mit Widerwillen betreiben, wenig lernen und endlich vernachlässigen. Gehen sie nun auf Universitäten über, so bleibt jene in dem Studienplane derer, welche sie nicht zu ihrem künftigen Berufe bedürfen, (nur nach Brodwissenschaften jagend!) gewöhnlich ausgeschlossen, und für diejenigen, welche mathematischen Vorlesungen beiwohnen, müssen die Professoren sich meistentheils nur auf die Anfangsgründe beschränken, wobei sie dennoch der Klage über Dunkelheit nicht gänzlich entgehen. Ohne nur das Wichtigste und Nothwendigste von diesen Wissenschaften ergriffen und verdaut zu haben, treten sie in das Leben der Geschäfte über, und ein Theil bedauert in den Jahren reiferen Verstandes das wichtige Versäumniß in den Jahren der Jugend, das dann noch auszugleichen unmöglich ist, während einem bei weiten größerem Theile die im zarten Alter eingesogene Gleichgültigkeit und Geringschätzung derselben sich nie austilgt, sondern vom neuen in jüngere

Gemüther fortpflanzt und forterbt b). — Und werfen wir noch einen Blick auf die Schaar derer, welche nach jetziger Mode ihre Bildung aus Romanlectüre schöpfen und, verliebt in ihre Seichtigkeit, gründliches und vernünftiges Denken gegen ihre vermeinte Schöngeisterei für nichts achten, — so findet sich, daß sie sich nicht nur der Unkunde unserer Wissenschaft, als einer geistlosen Sache rühmen, um Ihresgleichen geistreich zu scheinen, sondern es sich auch oft in aller Unschuld zum Vergnügen machen, witzelndes Gespötte darüber auszugießen. —

Wenn wir uns daher die Hauptergebnisse unserer Betrachtung zusammenstellen, so können wir uns nicht verheelen, daß sich das Verhältniß der Mathesis der alten heiligen Hellas gegen das unserer Mathematik gar sehr verändert hat. Anstatt daß jene weisen Väter wissenschaftlicher Vereine für Geistesbildung und Veredlung sie als ein Hauptmittel zu diesem hehren Zwecke verehrten, so sehen wir sie von vielen Vorstehern unserer Bildungsanstalten kaum geduldet, zurück gesetzt und von manchen verachtet. Statt daß sie dort als ein nothwendiges Bildungsmittel des Verstandes angesehen wurde, und sich keiner an höhere Wissenschaften wagen durfte, ohne sich an ihr geübt und durch sie an Gründlichkeit, Schärfe, Strenge und Consequenz im Denken und Forschen gewöhnt zu haben; so scheint sie jetzt demjenigen, welcher

b) Alle diese Urtheile gründen sich auf eine große Menge Erfahrungen, welche der Verfasser auf Schulen und Universitäten, die er besuchte, zu sammeln Gelegenheit hatte, und welche er mit denen erfahrener Schulmänner bereichern konnte.

sie nicht zum praktischen Leben unerläßlich hält, eine unnöthige Sache, und viele denken, sprechen, schreiben, predigen, streiten, philosophiren und — sterben, ohne je durch sie ihren Verstand mit jenen Vorzügen ausgerüstet zu haben. — Statt daß man sonst ihre Kenntniß ehrenvoll fand und sich ihrer rühmte, so rühmt man sich jetzt ihrer Unkunde und entblödet sich nicht, die Wissenschaft zu verspotten, welche die besonnenen Denker des Alterthums als das kräftigste Werkzeug erkannten, durch dessen Hülfe das Glück der Staaten und ihrer Bürger begründet werden konnte.

Diese Verschiedenheit der Sache ist nicht nur historisch auffallend, sondern auch insbesondere um der Geistesbildung der Jugend willen sehr wichtig und einer nähern Untersuchung würdig. Keine Wissenschaft noch Kunst, die aus dem Alterthume auf uns gekommen ist, hat dieses Schicksal gehabt; sondern alles, was auf Griechenlands und Italiens klassischem Boden erzeugt und geschätzt ward, ist, wenigstens seit dem Wiederaufleben der Wissenschaften in den gebildeteren Ländern Europa's, nach Verdienst gewürdiget, ja oft über Verdienst erhoben worden, da eine unbedingte Verehrung der Alten einmal Sitte geworden ist. Um so mehr muß es uns befremden, wenn wir die Einrichtung, welcher die griechischen Weisen ihre geistige Ausbildung verdankten, — das Mittel, welches die erkennende Vernunft dieser Männer zu einer Kraft erhob, die uns noch mit Bewunderung erfüllt, — wie ein aus der Mode gekommenes Kleid zurück gelegt sehen. Dieser Umstand zieht aber unsere Aufmerksamkeit um so mehr auf sich in einem Zeitalter, wo — wenn es zu sagen erlaubt ist — bei **Vielwissen** und **Vielschreiben Gründlichkeit** und **Besonnenheit des Denkens** seltner gefunden wird, und die Philosophie in der Gefahr zu seyn scheint, in regellose Träume der Einbildungskraft hin und wieder auszuwachsen. — Hier drängt sich uns sogleich die Frage auf: **Warum brauchen wir die Mathematik nicht eben so als Bildungsmittel des Verstandes, wie die Griechen, und warum steht sie als solches nicht in ebendemselben Ansehen?** Viele antworten darauf: „**Wir bedürfen dessen nicht, da wir an den alten Sprachen weit bessere, die ganze Geisteskraft des Menschen bildende, Gegenstände haben;**“ andere, oft sehr denkende und erfahrene Schulmänner weisen diese Frage mit ihrer vielfachen, schon berührten Erfahrung zurück, daß **der mathematische Unterricht gewöhnlich bei den Besten ihrer Schüler unfruchtbar bleibt, daß meistens nur mechanische Köpfe darauf eingehen, und man an ihrem Denken nicht spüren könne, daß sie Mathematik getrieben hätten.** Sie erklären die Achtung, welche die Griechen vor dieser Wissenschaft gehabt haben, entweder für ein **Vorurtheil**, oder daß **Verhältnisse** und **Lehrweise** dabei anders gewesen seyn müßten.

Ehe wir uns nun auf die Beantwortung jener Frage einlassen können, ist es nothwendig vorher gründlich zu untersuchen, **was die Griechen unter ihrer Mathematik verstanden und wie sie sie be-**

trieben haben. Daraus wird einleuchten, warum sie dieselbe für ein so wichtiges Bildungsmittel hielten und so große Vortheile davon rühmten. Dieß sey der Gegenstand eines zweiten Abschnitts.

B. Von dem Begriffe, dem Geiste und der Behandlungsweise der Mathesis der Griechen.

Um diese rein zu erkennen, müssen wir zuvörderst die Bedeutung der Ausdrücke untersuchen, mit welchen sie uns jene nennen. Sie sind μαθησις, μαθηματα, μαθηματικα. Ihr gemeinschaftliches Zeitwort μανθανειν heißt, wie bekannt, verstehen, erkennen, durch das Erkennen etwas lernen. Gemäß der Wortbildung der griechischen Sprache heißt daher ἡ μαθησις das Erkennen (als Handlung), το μαθημα das Erkenntniß (als Gegenstand) c), mithin μαθηματικος, was zu dieser Erkenntniß gehört oder führt. Um der Mannigfaltigkeit der Gegenstände unserer Erkenntniß willen, haben diese Wörter eine sehr weite Bedeutung. Wie kommt es daher, daß die Griechen die Wissenschaft von den Größen, welche sie mit einem dem Gegenstande derselben angemessenen Worte, z. B. μεγεθολογια, αριθμολογια etc. d) hätten

c) S. Buttmanns Griechische Grammatik §. 104. c. 7. Eben so die Wörter: πρασσω, πραξις, πραγμα; νοεω, νοησις, νοημα, ἑυρισκω, ἑυρεσις, ἑυρημα und dergl.

d) Es ist bekannt, daß mehrere Neuere den Namen Mathematik mit Größenlehre vertauscht haben. Insbesondere will dieß Ab. Bürga in s. Sprachkunde der Grö-

bezeichnen können, vorzugsweise das Erkennen (μαϑησις) nannten? Entstand dieser Name durch Zufall, wie der der Metaphysik, oder erzeugte ihn das Wesen der Sache selbst? — Dieß reizt uns zu einer nähern Untersuchung der Begriffe, welche die Alten mit den Wörtern μαϑησις und μαϑημα verbanden; und um so mehr, da wir in keinem neuern Werke hinlängliche Belehrung darüber finden e).

Der älteste Schriftsteller, welcher nach der Bedeutung des Worts μαϑησις geforscht hat, scheint Proclus D. zu seyn, in seinem Comment. üb. d. 1. B. d. Elem. Euclids. Hier beginnt er den letzten Abschnitt des 1. Buchs (nach der lat. Uebersetz. v. Baroccio das 15. Cap.) mit folgenden Worten:

senlehre ꝛc. Berlin 1799. 2 Thle. 8. Ob dieser Name den Begriff der Mathematik der Griechen erschöpft, wird diese Untersuchung zeigen. — Arithmologia nannte Athanas. Kircher sein Werk über die verborgenen Eigenschaften der Zahlen. Rom. 1665. 4.

e) Die, welche darüber geschrieben haben, lassen die Begriffe gewöhnlich in einer trüben Allgemeinheit schwimmen. Heilbronner (hist. mathes. univ. §. 1.) sagt: „Varias in partes abeunt auctores, si originem huius vocis (μαϑησεως) investigant. — Die Meisten treten der gemeinen Meinung bei, „daß man die Mathematik deshalb so genannt habe, weil sie die erste Wissenschaft gewesen sey, welche man in den Schulen der Griechen habe lernen müssen" (Vossius de scientiis mathematicis. C. 1. §. 4.); andere meinen auch, „weil sich die griechischen Philosophen häufig auf sie bezogen hätten (Klügels mathem. Wörterb. Th. 3. S. 603.). Wienach man eine Wissenschaft wegen des Beziehens darauf das Lernen oder Erkennen (μαϑησις) nennen konnte, leuchtet nicht ein; wie weit aber die gewöhnliche Meinung richtig ist, wird die weitere Untersuchung ausweisen.

„Nun aber der Name μαθηματικη oder der τα μαθηματα selbst, woher sollen wir sagen, daß er von den Alten diesen Erkenntnissen gegeben sey, und welchen zureichenden Grund mag er haben? Mir scheint diese Wissenschaft der Erkenntnisse des Verstandes (ἡ τοιαυτη της επιςημης των διανοητικων λογων προσηγορια) nicht wie viele andere Namen entstanden zu seyn, sondern, wie man auch wirklich sagt, von den Pythagoräern, welche sahen, daß alles, was Erkennen genennt wird (πασα ἡ καλουμενη μαθησις) Wiedererinnerung (αναμνησις) sey, nicht von außen in die Gemüther gelegt, so wie sich die Bilder der sinnlichen Erscheinungen (τα απο αισθητων φαντασματα) in der Einbildungskraft abbilden; auch nicht zufällig eingewandert (επεισοδιωδης), wie die empirische Erkenntniß (ἡ δοξαστικη γνωσις); sondern, wiewohl von äußern Erscheinungen angeregt, doch von dem Erkenntnißvermögen selbst (απ' αυτης της διανοιας) in ihm durch eigene Selbstthätigkeit erzeugt; — und welche (die Pythagoräer) ferner erkannten das, was Platon sagt: „„aus den mathematischen Erkenntnissen (εκ των μαθηματων), wenn man auf bildliche Darstellungen (Figuren) (διαγραμματα) geleitet wird,““ sagt er, „„kann man sich aufs deutlichste überzeugen, daß das Erkennen (ἡ μαθησις) in Wiedererinnerung (αναμνησις) bestehe f). Das Er-

f) Die Worte des Originals sind: „εκ των μαθηματων, εαν γαρ τις επι τα διαγραμματα αγῃ, φησιν εκεινος (Πλατων), ενταυθα αρα σαφεςατα κατηγορει, ὡς εςιν ἡ μαθησις αναμνησις.“ Diese Stelle findet sich nicht in Platons Menon, wie Proclus im Folgenden sagt, sondern, mit einer unbedeutenden Verschiedenheit, im Phädon,

kennen selbst (αυτη ἡ μαθησις) ist also die Erinnerung an Begriffe, die der Seele unveränderlich einwohnen (ἡ των αιδιων εν ψυχῃ λογων αναμνησις); und Mathematik (μαθηματικη) wird sie genannt um der letztern willen (δια ταυτης), in so fern sie die Einsicht derselben auf eine geschickte Weise (διαφεροντως) unserer Erkenntniß zuführt. Von welcher Art also der Gegenstand (το εργον) dieser Wissenschaft ist, leuchtet aus dem Namen ein."

Hier erfahren wir also nicht nur, daß der Name μαθησις der Sage und Wahrscheinlichkeit nach von den Pythagoräern herrühre, welches auch Aristoteles bestätiget g), sondern auch, was weit wichtiger für uns ist, daß der Grund dieser Benennung in der Natur der Sache liege und von den Alten unter μαθησις nicht eine eigentliche Wissenschaft verstanden worden sey, sondern blos das Verfahren, reine Erkenntnisse methodisch zum Bewußtseyn zu bringen. Allein der Bericht und die Ansicht eines Schriftstellers des sechsten Jahrhunderts christl. Zeitrechn. kann uns nicht Grund genug seyn, um darauf weiter etwas zu bauen. Wir wenden uns daher an Platons Schriften, auf welche sich Proclus bezieht, selbst. Er beruft sich auf den Dialog Menon h), worinne auch wirklich von ebenderselben Sache gehandelt wird.

S. 166. Da heißt sie so: „επειτα εαν τις επι τα διαγραμματα αγῃ, η αλλο τι των τοιουτων, ενταυθα σαφεςατα κατηγορει, ὁτι τουτο ουτως εχει."

g) Metaphys. B. 1. C. 2.

h) Zweibr. Ausg. Bd. 4. S. 351. u. f. Schleiermachers

Dieser Dialog hat die beim Platon öfterer vorkommende Frage zum Gegenstande: was die Tugend sey? Sokrates, unter welchem Namen hier Platon spricht, befragt sich mit dem Menon, ob die Tugend gelehrt, oder durch Uebung erlernt werden könne, oder ob sie dem Menschen von Natur einwohne? Sokrates verlangt vor allen von dem letztern, den Begriff der Tugend zu bestimmen; da aber die Versuche Menons, welcher nur einzelne Tugenden nennt, (als die eines Staatsmannes, einer Hausfrau rc.), vergeblich sind, so gesteht er, er wisse nicht zu sagen, was die Tugend sey, ob er gleich öfters vor vielen, nach seiner Meinung gute, Reden darüber gehalten habe. Sokrates meint, er wisse es auch nicht, wolle es aber mit ihm untersuchen. — Menon kann nun nicht begreifen, wie man etwas untersuchen und finden könne, was man noch nicht wisse. Daher lehrt ihn Sokrates, daß, was Pindaros und viele andere Weisen göttlicher Art sagen, die Seele unsterblich sey, und alles gesehen habe, was sich hier und in der Unterwelt befinde, und es nichts gäbe, was sie nicht schon erkannt hätte, so daß man sich nicht wundern dürfe, wenn sie sich auch von der Tugend und andern Dingen dessen wiedererinnere, was sie vorher gewußt habe. „Da nun" fährt er fort, „die ganze Natur unter sich verwandt ist, und die Seele alles erkannt hat, so hindert nichts, daß, wer nur an eins erinnert wird (was die Menschen Mathesis nennen), alles übrige selbst finde,

Uebersetz. der Werke Platons. Th. II. Bd. 1. S. 358. Vergl. Engels Schriften. Bd. 9.

wenn er nur standhaft ist und im Suchen nicht ermüdet i)."

Daß Platon für die Erklärung des Daseyns ursprünglicher Begriffe in unserem Gemüth zu der Hypothese einer Präexistenz der Seele, — welche Pythagorischen Ursprungs ist — seine Zuflucht nimmt, hat auf unsere Untersuchung keinen Einfluß. Der letztere Umstand aber spricht für die Meinung des Proclus, daß der Name Mathesis von den Pythagoräern herrühre (S. 25.). Was das Uebrige anlangt, so ist aus dieser Stelle, wie aus mehrern andern in Platons Schriften k), klar genug, daß er unter αναμνησις das Bewußtwerden dieser ursprünglichen, oder wie er sie nennt, unserer Seele angebornen Begriffe, und unter μαθησις, dem Erkennen die Selbstthätigkeit des Geistes verstand, die ursprünglichen (reinen) Begriffe zum Bewußtseyn zu bringen, wie dieß aus dem Fort-

i) Bd. 4. S. 351. ἁτε ουν ἡ ψυχη αθανατοςτε ουσα και πολλακις γεγονυια και εωρακυια και τα ενθαδε και τα εν ᾁδου και παντα χρηματα, ουκ εςιν ὁ,τι ου μεμαθηκεν· ὡςε ουδεν θαυμαςον και περι αρετης και περι αλλων ὁιοντε ειναι αυτην αναμνησθηναι, ἁγε και προτερον ηπιςατο· ἁτε γαρ της φυσεως συγγενους ουσης και μεμαθηκυιας της ψυχης ἁπαντα ουδεν κωλυει ἑν μονον αναμνησθεντα (ὁ δη μαθησιν καλουσιν ανθρωποι) τ'αλλα παντα αυτον ανευρειν, εαν τις ανδρειος ῃ και μη αποκαμῃ ζητων· το γαρ ζητειν αρα και το μανθανειν αναμνησις ὁλον εςιν.

k) S. Theät. S. 155. Phileb. S. 225. Phädon. S. 166. 210. v. d. Republ. B. 7. S. 173. vergl. Tennemanns System d. Platon. Philos. B. II. Th. 1. S. 33 ꝛc.

gange des Gesprächs erhellt. Um dieß genauer zu erkennen, müssen wir daher der Unterhaltung des Sokrates mit Menon weiter folgen.

Dem letztern fällt vorzüglich die Behauptung auf, daß alles Erkennen (μαθησις) Wiedererinnerung sey, welches auch wir hier in die Mitte nehmen müssen. Er knüpft daher, nachdem Sokrates geendiget hat, das Gespräch also wieder an: „Aber du sagtest als ganz entschieden (ἁπλους), daß wir es nicht (jetzt erst) erkennten, sondern daß das, was wir Erkennen nennen, Wiedererinnerung sey; kannst du mich wohl überzeugen, daß sich dieses so verhalte?" Sokrates ist sogleich bereit dazu und bittet sich einen jungen Menschen aus Menon's Gefolge aus. Dieser ruft einen seiner Sclaven herbei, welcher griechisch spricht und, wie Menon nachher bekennt, nie Unterricht in der Geometrie gehabt hat, und läßt ihn eine ziemlich schwere geometrische Wahrheit finden, so daß er ihn nichts lehrt, sondern blos durch geschicktes Fragen darauf leitet. Er zeichnet nämlich ein Quadrat und läßt ihn diejenige Linie finden, welche ein doppelt so großes Quadrat giebt, als das gezeichnete 1). Nach einer umständlichen Anleitung durch bloßes Fragen erkennt der Jüngling, daß die Diagonale (διαμετρος) des gezeichneten Quadrats die gesuchte Linie sey; — worauf Menon anerkennt, daß auch ein unbelehrter Mensch richtige Begriffe von Dingen, die er

1) Die Darstellung findet sich in Tennemanns System d. Plat. Philos. Bd. 2. S. 60. ꝛc. und in meiner Orthodidaktik der Mathem. 1. Abth. Dresden 1813. S. 26.

nicht kennt, in sich habe, und daß er durch bloßes Fragen ohne Unterricht zur Wissenschaft gelangen könne, indem er sie aus sich selbst schöpft. — Wir erkennen hieraus, daß ihm die ursprünglichen (reinen) Begriffe und Erkenntnisse nicht gelehrt zu werden, sondern einer bloßen Anleitung bedurften, um sie im Bewußtseyn entstehen zu lassen. Da nun alles, was Platon μαθησις nannte, solche Erkenntnisse zu Gegenständen hat, so leuchtet ein, daß sie nicht in einem Lehren (Mittheilen) oder Gelehrtwerden, sondern blos in einer Hinleitung zu dem Bewußtwerden der ursprünglichen Begriffe und Erkenntnisse bestand. Es fragt sich daher nur, welche Begriffe und Erkenntnisse Platon für angeborene (reine) hielt? Um dieß gründlich zu erkennen, müssen wir einen Blick in das System des Weisen thun.

Die Gewohnheit des Sokrates, jede Wahrheit auf ihre Principien zurück zu führen, welche er jedem seiner Schüler einpflanzte, führte die menschliche Vernunft gleichsam in ihre eigene Werkstatt und ließ sie selbst den gesetzlichen Gang ihrer Thätigkeit erkennen. Diese Einsicht aber war keinem seiner Schüler so vollkommen verliehen, als dem geistreichsten derselben, dem göttlichen Platon, dessen Beobachtungsgeist und Scharfsinn die wichtige Entdeckung machte, daß nicht alle unsere Erkenntnisse in der Sinnlichkeit und Erfahrung ihren Ursprung haben. Daher nimmt er zwei Hauptquellen derselben an und scheidet nach diesen ihren ganzen Inbegriff in zwei Hauptabtheilungen, in empirische und reine (angeborne). Die erstern haben die zufälligen und wandelbaren Erscheinungen der Sinnenwelt (γενεσιν), die letztern dagegen das unwandelbare, wahre Wesen der Dinge (ουσιαν), zum Gegenstande. Alles Wissen aus Erfahrung (das empirische) ist blos Meinung (δοξα) und hat gleichsam zwei Stufen, die Muthmaßung (εικασια) und das Dafürhalten (πιςις); die reine Erkenntniß (νοησις) theilt sich ebenfalls in zwei Arten; sie wird entweder aus gegebenen reinen Begriffen von dem Verstande erzeugt, ist mithin Verstandeserkenntniß oder mathematische (διανοια), oder sie beruht auf allgemeinen Principien und ist Vernunfterkenntniß oder philosophische (επιςημη) m). Die Entstehung der erstern Art dachte sich Platon so, daß durch die Eindrücke der äußern Gegenstände auf die Sinneswerkzeuge Empfindungen (αισθησεις) und Bilder (ειδωλα) in der Seele, wie in einer wächsern Tafel entstehen und Spuren davon zurück lassen, welche ihm das Gedächtniß (μνημη) sind n). Die der zweiten, nicht aus der sinnlichen Erfahrung entstandenen (reinen) Begriffe, welche schon vor den empirischen vorhanden seyn müssen, weil diese erst durch sie möglich werden, hielt er deshalb für angebornen. — Diese angebornen (reinen) Begriffe und Erkenntnisse sind daher, wie wir sehen, von doppelter Art: mathemati-

m) Die Hauptstellen darüber s. von d. Republ. B. 6. S. 125. B. 7. S. 166. vergl. Timäus. Bd. 9. S. 301. 304. u. and.

γενεσις - δοξα { εικασια. / πιςις. ουσια - νοησις { διανοια. / επιςημη.

n) S. Theät. Bd. 2. S. 155. Phileb. Bd. 4. S. 255.

sche (Begriffe des blossen Verstandes), und philosophische (Begriffe der reinen Vernunft). Jene unterscheiden sich dadurch von diesen, daß durch sie eine unendliche Zahl vollkommen ähnlicher bestimmt wird; z. B. der Begriff des Kreises, des Dreiecks ꝛc. eine unendliche Menge ähnlicher Kreise, Dreiecke ꝛc.; da die Begriffe der reinen Vernunft dagegen nur einzig sind.

Wenn nun die reinen Begriffe und Erkenntnisse nicht aus der Erfahrung in unser Gemüth kommen, sondern ursprünglich ihm einwohnen, so müssen sie auch ohne Hülfe der Erfahrung in ihm erweckt, entwickelt und zum Bewußtseyn gebracht werden können. Dieses findet sich auch wirklich, und beweißt zugleich, daß wir diese Begriffe ursprünglich besitzen. Am leichtesten und deutlichsten zeigt es sich an den Erkenntnissen der ersten Art, den mathematischen, deren Wahrheiten, wie Platon in jener Stelle des Menon darlegt o), ein ganz Unkundiger derselben in sich selbst finden kann, wenn er von einem Kundigen geleitet wird. Dieses Insichselbstfinden der reinen Erkenntnisse aber kann nicht anders geschehen, als durch Selbstthätigkeit des Geistes, d. i. durch Denken; daher hat der Kundige, welcher den Unkundigen leitet, nichts anders zu thun, als die Selbstthätigkeit des Geistes des letztern auf eine zweckmäßige Weise (methodisch, διαφερόντως) in Bewegung zu setzen und zu erhalten, so daß jene Erkenntnisse zum deutlichen Bewußtseyn gelangen; — wo sie dann Platon λογοι nennt p).

o) S. Bd. 4. S. 360. vergl. Phädon. S. 165. 166.

p) S. v. d. Republ. B. 9. S. 261.

So haben wir nun aufs deutlichste erkannt, was die Weisen des alten Griechenlands unter ihrer Mathesis verstanden. Sie war, um das Hauptergebniß unserer Untersuchung zusammen zu fassen, nichts anderes, als ein methodisches — dem Gange des menschlichen Denkens gemäßes — Verfahren, die Thätigkeit des Denk- und Erkenntnißvermögens zu erwecken und zu leiten, um die reinen Begriffe und Erkenntnisse zum deutlichen Bewußtseyn zu bringen. — Sie war daher nicht eine eigentliche Wissenschaft, sondern eine Disciplin — eine methodische Uebung (Gymnastik) des Verstandes und der Urtheilskraft. Und daraus ist begreiflich genug, warum sie als Mittel für die Bildung des Verstandes von ihnen so hoch geachtet, als Propädeutik ihrer Philosophie angesehen, und denen für unerlaßlich gehalten wurde, welche ihren philosophischen Unterhaltungen beiwohnen wollten.

Allein, warum gerade diejenigen Wissenschaften, welche die Betrachtung der Größe und Größenverhältnisse zum Gegenstande haben, den Namen μαθησις vorzugsweise behaupten, ist hier noch nicht ins klare. Diese Frage kommt mit der überein: warum die Alten die Betrachtung der Größen und Größenverhältnisse zu ihrer Verstandesgymnastik gebrauchten? Die Ursache liegt offenbar in der Natur der Gegenstände selbst, welche schon Platon richtig erkannte, dessen Ansichten darüber wir nur näher untersuchen dürfen. Wir können hier nichts besseres thun, als sie mit den Worten eines mit der Philosophie des göttlichen Weisen ganz vertrauten Gelehrten unserer Zeit aussprechen q). „Der Verstand kann diese reinen Begriffe auf eine doppelte Art verarbeiten. Er geht von ihnen entweder zu den Folgen, oder zu den Principien über. In dem ersten Falle werden diese Begriffe als Principe gedacht oder vorausgesetzt; alles was sich aus ihnen ergiebt, wird mit Hülfe der Anschauung (oder Construction der Begriffe) entwickelt r). Ein ganzes dieser Erkenntniß giebt zwar reine, aber keine strenge Wissenschaft, weil es an einem Principe fehlt. Platon nennt sie διανοια, welches man eine Wissenschaft des reinen Verstandes übersetzen könnte s). Die Mathematik macht ihr Gebiet aus t). In dem zweiten Falle betrachtet der Verstand die Voraussetzungen nicht als Principe, sondern als eben so viele Bedingungen, um das zu erkennen, was nichts weiter voraussetzt, d. h. die obersten Principe, das Unbedingte, Absolute, und leitet sodann alles aus diesen Principien ab. Alles dieses geschieht durch Begriffe, ohne die Anschau-

q) Tennemanns. System der Plat. Phil. Bd. 2. S. 73.

r) Eben so bestimmt auch Kant den Begriff der Mathematik. S. Krit. d rein. Vern. S. 741. 865. 299. 764. u. a.

s) Vergl. oben S 31.

t) B d. Republ. B. 6. S. 122. τοις τοτε τμηθεισιν (νοητοις), ὡς εικοσι, χρωμενη ψυχη, ζητειν αναγκαζεται εξ ὑποθεσεων, ουκ επ' αρχην πορευομενη, αλλ' επι τελευτην. Vergl. S. 125., wo die Geometrie und die mit ihr verwandten Wissenschaften genannt werden, u. B. 7. S. 166.

ung zu Hülfe zu nehmen. Ein Ganzes dieser Erkenntniß ist dem Platon strenge Wissenschaft (επιστημη) oder Wissenschaft der reinen Vernunft u). Denn eben darinne besteht der wesentliche Charakter der Vernunft, daß sie das, was in aller Rücksicht einerlei und unveränderlich ist (das Absolute) denkt" x). — Nun hatte Platon schon das Grundgesetz des menschlichen Erkenntnißvermögens erkannt: daß alles unser Denken von sinnlicher Anschauung geweckt wird und alle Erkenntniß davon ausgeht, mithin von anschaulichen (intuitiven) zu discursiven Erkenntnissen sich erhebt. Die Wissenschaft, welche von der Größe und den Größenverhältnissen handelt, ist aber eben diejenige, welche sich der Anschauungen zu ihren Einsichten bedient und von den anschaulichen zu den nichtanschaulichen überleitet und erhebt. Sie ist daher von der Natur selbst dazu bestimmt, das menschliche Erkennen von dem Sinnlichanschaulichen zu dem Reinen, Wahren empor zu führen und des Verstandes Kraft dafür zu wecken, zu bilden und zu erstarken. Wer erkennt hier nicht, daß diese Wissenschaft zu dem Namen μαθησις auf eine ganz natürliche Weise und mit Recht gekommen ist, und mit gleichem Recht verdient als Propädeutik zur Philosophie anerkannt zu werden? — So ist nicht allein die Meinung des Proclus gerechtfertiget; sondern

u) V. d. Republ. B. 6. S. 122. το δ' αυ έτερον το επ' αρχην ανυποθετον, εξ ὑποθεσεως ιουσα, και ανευ των περι εκεινο εικονων, αυτοις ειδεσι δι αυτων την μεθοδον ποιουμενη. Vergl. B. 7. S. 166.

x) Sophista. S. 265.

wir haben auch erkannt, was uns die Sache höchst wichtig macht, daß die alten besonnenen Weisen Griechenlands, indem sie sich ihrer μαθησις zu ihrer intellectuellen Bildung, als Vorbereitung zu vernünftigem Denken bedienten, ganz der Natur des menschlichen Gemüths folgten, mithin die eigene Entwickelung des Geistes, ohne Künstelei und Zwang, auf dem natürlichen Wege hülfreich beförderten, die Kraft desselben zu strengen, wahren und gründlichen Denken erstarkten, und dadurch ihren Zweck so vollkommen und sicher erreichten.

Da nun dieses also ist, so ziehen vorzüglich zwei Dinge unsere Aufmerksamkeit auf sich, welche wir näher zu erörtern haben: erstens die Gegenstände, welche die Griechen zu ihrer μαθησις zählten; zweitens die Art und Weise, auf welche sie dieselben zu jenem Zwecke betrieben. Beides wird sich leicht ergeben, wenn wie die Hauptstelle, wo Platon sich darauf umständlich einläßt, — im 7ten Buche von der Republik y), — genauer betrachten und andere in seinen Schriften zerstreute Aeußerungen damit vergleichen.

Die ersten der wissenschaftlichen Gegenstände, welche Platon zur μαθησις rechnete, waren, wie wir oben (S. 8.) schon sahen, die αριθμητικη und λογισμοι oder λογιστικη. Sie kommen darinne mit einander überein, daß beide von den Zahlen handeln z); über ihren

y) Bd. 7. S. 148. u. f.

z) S. v. d. Republ. B. 7. S. 148. περι αριθμον πασα.

Unterschied aber belehrt er uns beiläufig in dem Dialoge Gorgias a), wo er von der Redekunst spricht. Hier will Sokrates dem Gorgias eine Anleitung geben, wie er die Redekunst, deren Begriff Gorgias zu allgemein bestimmt hat, genauer definiren könne, und wählt zu Beispielen diese Gegenstände. „Wenn mich Jemand fragte," sagt er, „was ist die Arithmetik (αριθμητικη τεχνη) b)?" so würde ich ihm sagen: „Sie gehört zu denjenigen Künsten, welche durch das Reden ihre Herrschaft erhalten (των [τεχνων] δια λογου το κυρος εχουσων)." Und wenn er nun weiter fragte: „wovon sie handele?" so würde ich antworten: „sie ist die Kenntniß des Geraden und Ungeraden (των περι το αρτιον τε και περιττον γνωσις)." Aber wenn er nun wieder fragte: „welche Kunst nennst du nun die Logistik (την λογιστικην τεχνην)?" so würde ich sagen: „auch sie ist eine von denen, welche alles durch Reden beherrschen (και αυτη εστιν των λογῳ το παν κυρουμενων)." Und wenn er weiter fragte: „wovon handelt sie?" so würde ich erwiedern, wie es in der Volksversammlung heißt: „alles Andere verhält sich bei der Arithmetik und der Logistik auf gleiche Weise (nämlich, sie handelt von dem Geraden und Ungeraden), unterscheidet sich aber dadurch, daß die Logistik auch betrachtet, wie Gerades

a) Bd. 4. S. 11. vergl. Protagores S. 182.; v. d. Republ. B. 7. S. 130.

b) Schleiermacher hat in s. Uebers. d. Platon; Th. II. S. 31. αριθμητικη τεχνη durch „Rechenkunst" übersetzt. Warum ich Arithmetik beibehalten habe, wird das folgende rechtfertigen.

und Ungerades sich gegen sich, und zu einander verhält, in so fern es eine Menge enthält (πως εχει πληθους)." — Sowohl hieraus, als auch aus einem noch übrigen Fragmente des Theon v. Smyrna c) erhellt genugsam, daß αριθμητικη von den Zahlen an sich handelte, und ohne Zweifel die Untersuchung der Natur der Zahlen (θεαν της των αριθμων φυσεως) d) zum Gegenstande hat, wie uns Euclids Elemente, B. 7 — 10, zeigen; ob sie commensurabel oder nicht, oder in der Potenz commensurabel; ob sie Primzahlen an sich oder unter sich, figurirte Zahlen ꝛc.) e). Es gehörte dazu die Eintheilung der Zahlen nach verschiedenen Arten ihrer Erzeugung und Zusammensetzung f). Die Griechen theilten die Zahlen in Zahlen an sich (αριθμους αυτους), in Flächenzah-

c) Dieser Platoniker des ersten Jahrhunderts hat uns ein Werk über die mathematischen Begriffe Platons hinterlassen, unter dem Titel: των κατα μαθηματικην χρησιμων εις την του Πλατωνος αναγνωσιν, wovon nur ein Fragment, die Arithmetik und Musik betreffend, griechisch und lateinisch von Bouillard herausgegeben, übrig ist: Theonis Smyrnaei eorum quae in mathematicis ad Platonis lectionem utilia sunt, expositio, ed. a Ism. Bullialdo. Lutet. Par. 1644. 4.

d) B. d. Republ. B. 7. S. 149.

e) Vergl. Bossúts Gesch. d. Math. übers. v. Reimer. Hamburg 1804. 8. Th. 1. S. 36. Klügels mathemat. Wörterb. Th. 1. S. 181.

f) Diese Eintheilung findet sich sowohl in den alten griechischen Mathematikern, als auch beim Proclus, welcher im 1. B. Cap. 12. seinen Commentars so davon spricht: της αριθμητικης διαιρεσις εισ τε την των γραμματικων αριθμων θεωριαν και την των επιπεδων και την των στερεων. Die mathematischen Ausdrücke der Griechen, insbesondere die beim Nicomachus vorkommenden, hat Joach. Came-

len (αριθμους επιπεδους), und in cubische Zahlen (αριθμους τρεις ηυξαμενους και τῃ στερεᾳ φυσει ὁμοιους). Diejenigen Zahlen, welche vielfache von andern sind, theilten sie, ihrer Erzeugung aus diesen gemäß, in zwei Arten: solche, welche gleichseitigen Vierecken entsprechen, nannten sie Kräfte (Potenzen, δυναμεις), als 16 = 4 × 4; diejenigen aber, welche die länglichen beherrschen (als 12 = 3. 4, 18 = 3. 6) αρ. προμηκεις oder ἑτερομηκη g). — Was aber die ande-

rarius in dem Büchlein: De graecis latinisque numerorum notis etc. Lips. 1569. 12. erläutert, und dessen Erläuterungen sind von Tennullius seiner Ausg. des Jamblichus beigefügt.

g) Andere Eintheilungen müssen wir hier übergehen, weil sie zu weit führen würden. — Die Stelle, wo Platon davon spricht, ist im Theätet (Bd. 2. S. 59.). Die Worte, auf welche sich die letztere bezieht, heißen dort so: ὁσαι μεν γραμμαι τον ισοπλευρον και επιπεδον αριθμον τετραγωνιζουσι, μηκος ὡρισαμεθα· ὁσαι δε τον ἑτερομηκη, δυναμεις· ὡς μηκει μεν ου ξυμμετρους εκειναις, τοις δ' επιπεδοις, ἁ δυναται etc. Allein mir scheint diese Stelle gewiß verfälscht, weil sie so keinen richtigen Sinn giebt. Heindorf (Plat. dial. sel. Vol. II. p. 302.) läßt sie unerklärt. Schleiermacher (Uebers. d. Werke Plat. Th. 2. Bd. 1. S. 191.) sagt: „Jeder sieht, daß was hier Längen (μηκος) heißt, die rationalen, was Kräfte (δυναμεις) irrationale Wurzelgrößen sind.“ Allein nach Euclid, Diophant u. and. heißen δυναμεις stets die gleichseitigen Flächenzahlen (ὁσαι γραμμαι τον ισοπλευρον και επιπεδον αριθμον τετραγωνιζουσι), niemals aber die ἑτερομηκη. — J. Wolfg. Müllers Commentar über diese Stelle. Nürnb. 1797. ist mir nicht zur Hand, und ich glaube dadurch auch nichts zu missen, da Schleiermacher a. a. O. ihn des „Mißverstandes im Einzelnen“ beschuldiget. — Ich vermuthe, daß μηκος eine Glosse und δυναμεις durch Schuld des Abschreibers an einen falschen Ort gekommen sey; bin daher der Meinung, daß so gelesen werden müs-

re Zahlenwissenschaft, λογιστικη oder λογισμοι, anlangt, so zeigt schon die Etymologie der Wörter, daß sie nicht in mechanischer Rechenmethode bestand, welche Platon schwerlich zur Bildung der Denkkraft und des Erkenntnißvermögens empfohlen haben würde; sondern in Rechnen in den Gedanken (Kopfrechnen), und zwar, wie wir aus jener Stelle im Gorgias gesehen haben, nach Zahlverhältnissen; und λογιζεσθαι, schließen, nach Verhältnissen urtheilen h) kommt genau in dieser Bedeutung vor i). Als Socra-

se: ὅσαι μ. γραμμαι τον ισοπλ. κ. επιπεδ. αριθμ. τετραγωνιζουσι, δυναμεις ὡρισαμεθα· ὁσαι δ' ου, ἑτερομηκη. etc. So verschwindet alle Schwierigkeit und die Stelle giebt einen zwanglosen und mit allen alten Mathematikern übereinstimmenden Sinn. Τον ισοπλευρ. κ. επιπεδ. αριθμον durch μηκος zu erklären, bietet der Zusammenhang handgreiflich dar. — Der Verf. von Platons 13. Buche v. d. Gesetzen, Epinomis genannt, spricht am Ende auch von der Eintheilung der Zahlen, jedoch ohne Bestimmtheit. — Die Aeußerungen daselbst können wohl ein, wenn auch nicht der wichtigste, Zeuge seyn, daß diese Zugabe mit mehr Rechte dem Phil. Opuntius zuzuschreiben sey, welchen auch Tennemanns Gründe für die Aechtheit der Schrift (s. System d. Platon. Philos. Th. 1. S. 92.) nicht zurückweisen.

h) S. G. J. Vossius de scientiis mathem. c. 18. §. 1. „laxe λογιζεσθαι est ratiocinari, stricte autem per numeros ratiocinari.

i) Auch alle Composita von λογιζεσθαι und λογισμος tragen die Bedeutung des Denkens und Schließens in sich, worüber Camerarius in s. angef. Buche, welcher schon auf dem Titel die λογιστικην, methodum conficiendarum rationum nennt. In diesem sehr gelehrten Werkchen sagt er: „λογιστικη rationum conficiendarum ars, facultas vel sagacitas quaedam (Plat. in Gorgia); αριθμητικη edocta numerorum naturam atque proprietatem secundum paris et imparis scientiam."

tes in Platons Menon a. a. O. dem Knaben befiehlt, im Kopfe zu berechnen, wie viel das Quadrat von 2 und von 4' Fuß betrage, sagt er: „λογισαμενος ειπε.“ Λογιστικη (τεχνη) war mehr die die Kunst; λογισμοι dagegen die Uebungen darinne. Daß Sokrates seinen Schülern geboten habe, sich in Kopfrechnungen zu üben, erzählt Xenophon mit den Worten: εκελευε και λογισμους μανθανειν k). Λογιστικος heißt daher ein solcher, welcher im Kopfrechnen eine Fertigkeit hat, und φυσει λογιστικος l), welcher aus natürlicher Anlage dazu geschickt ist. Es war also die αριθμητικη theoretische Zahlenwissenschaft, die λογιστικη praktische m), jedoch nicht mechanische, Rechenkunst. Denn daß Platon die letztere nicht empfohlen hätte, beweißt sein Tadel derjenigen, welche die Sitte der Egyptier nachahmten, mit Steinchen (ψηφοις) zu rechnen (ψηφιζειν) n). Nur wissenschaftliche, die

k) S. Memorabilien d. Sokr. B. 7. Cap. 4.

l) S. v. d. Republ. B. 7. S. 151.

m) Dieß bestätiget auch Proclus: „ου δ' αυ ὁ λογιστικος αυτα καθ' ἁυτα θεωρει τα παθη των αριθμων, αλλ' επι των αισθητων, ὁθεν και την επωνυμιαν τοις απο των μετρουμενων τιθεται.“ Der Vorsteher aller Rechnungsangelegenheiten des Staats wurde in Athen λογιστης, und die 10 Männer, welche unter ihm standen und die Rechnungen über die Einkünfte und Ausgaben des Staats führten, ebenfalls λογισται genannt. Codex Justin. I. 44. 3. Λογιστηριον heißt nicht allein der Ort, wo die λογισται ihre Geschäfte verwalteten, sondern auch eine Schule, wo junge Leute in den λογισμοις geübt wurden. S. Camerarius in d. angeführt. Schrift.

n) S. von dem Gesetz. B. 7. S. 383. rc. Von der Republik. B. 7. S. 149. Herodot (B. 2.) sagt v. d. Egyp-

Bildung des Verstandes befördernde Arithmetik empfahl er; deshalb er auch die gemeine (την των αλλων) von der wissenschaftlichen (τη των φιλοσοφουντων) sondert o). „Jene hat es mit concreten Fällen zu thun, als 2 Heere, 2 Ochsen; diese die abstracten (reinen) Größen zum Gegenstande.“ — Ueberdieß ist sie entweder rein oder angewandt auf den Raum (Flächen), oder auf Raum und Zeit (Bewegung) p).

Aber diese Gegenstände können nach Platons Ueberzeugung zur Erweckung des Geistes und zur Bildung des Verstandes nur unter der Bedingung dienen, daß sie wissenschaftlich und methodisch betrieben werden. Blos die Behandlungsweise macht sie dazu brauchbar. Wir wollen ihn selbst darüber hören q). „Nach meiner Meinung kommt auf die Art der Betreibung (μεθοδος) aller dieser Wissenschaften, welche wir durchgegangen haben, viel an. Wenn diese auf die Gemeinschaft und die Verwandtschaft der Gegenstände (επι την αλληλων κοινωνιαν και ξυγγενειαν) führt und durch Schlüsse entwickelt, was den systematischen Zusammenhang derselben ausmacht (ᾗ εστιν αλληλοις οικεια), so trägt sie etwas zu dem Zwecke bei, welchen wir erreichen wollen, und es wird nichts Unnützes gethan; wenn man aber

tiern: γραμματα γραφουσι και λογιζονται ψηφοισιν.

o) S. Phileb. S. 301. B. d. Republ. B. 7. S. 149.

p) S. Proclus d. Comment. ꝛc. B. 1. C. 3. Platons Politikus S. 93.

q) B. d. Republ. B. 7. S. 162.

nicht so verfährt, so ist sie unnütz." Um nun dieses Verfahren näher beurtheilen zu können, fügen wir das dazu, was er an einem andern Orte seiner Republik davon spricht r). Nachdem er dort dargelegt hat, daß diejenigen, welche Staatsmänner werden wollen, durch Gesetz und Ueberredung zu einem gründlichen Studium der Zahlwissenschaft angehalten werden müssen, bis sie zu einer deutlichen Einsicht in die Natur der Zahlen vorgedrungen sind (S. 8.), fährt er fort: „nicht um des Kaufens und Einkaufens willen, wie diejenigen, welche Kaufleute oder Wirthe werden wollen, sondern des Krieges wegen und um den Aufschwung des Geistes von dem Sinnlichen zur Wahrheit und dem Wesen zu erleichtern. — Ich erkenne, wie die wissenschaftliche Uebung des Verstandes an Zahlenverhältnissen (το περι τους λογισμους μαθημα) schön, und, wozu wir sie wollen, in vieler Hinsicht nützlich ist, wofern man sie nur um der Einsicht willen treibt, aber nicht um eine Zeche machen zu können (του γνωριζειν ἑνεκα, αλλα μη του καπηλευειν). Denn sie giebt, wie wir schon sagten, dem Geiste einen höhern Schwung und nöthiget über die Zahlen selbst zu denken (διαλεγεσθαι). Sie billiget es keineswegs, wenn Jemand ihr sichtbare und fühlbare Gegenstände anstatt der Zahlen vorhält und darüber spricht. Du weißt ja wohl, daß die Kundigen dieser Wissenschaft, wenn einer die Einheit selbst in Gedanken (τῳ λογῳ) theilen (τεμνειν) will, lachen und es nicht billigen; wenn du aber dieselbe

r) B. d. Republ, B. 7. S. 148. u. ff.

theilst (κερματιζῃς) s), so multipliciren sie, dafür sorgend, daß die Einheit nicht mehr Eins, sondern als viele Theile erscheine t). — Wenn sie nun einer fragt: o ihr Wunderbaren, von welcher Art von Zahlen sprecht ihr, worinne die Einheit von der Art ist, wie ihr sie verlangt, wo jedes Theilganze mit dem Ganzen gleichartig (ισον) und nicht im geringsten verschieden ist; und auch keinen Theil in sich enthält? — Sie würden antworten, von solchen, welche blos gedacht (διανοηθηναι), nicht aber in die Hände genommen werden (μεταχειριζεσθαι) können. Du siehst daher, Freund, daß wir uns in den Verhältnissen befinden, daß uns diese Wissenschaft in der That nothwendig ist, da einleuchtet, daß sie die Seele nöthiget, sich der Erkenntnißkraft reiner Wahrheiten (αυτῃ τῃ νοησει) zu bedienen, um zur Wahrheit selbst zu gelangen. — Hast du nicht bemerkt, daß diejenigen, welche von Natur Anlage zur Erkenntniß der Größenverhältnisse haben (οἱ φυσει λογιστικοι), in allen Wissenschaften scharfdenkend (οξεις) erscheinen? Und die langsamen Köpfe (οἱ βραδεις), wenn sie darinne unterrichtet und geübt werden, im Falle sie auch keinen andern Gebrauch davon machen, ziehen doch

s) Hier ist in den Wörtern τεμνειν und κερματιζειν, welches letztere das Theilen in reiner Anschauung bezeichnet, das mechanische und wissenschaftliche Verfahren unterscheidend angedeutet.

t) Wie die Stelle zu verstehen sey, mag ein Beispiel nach unserer Weise erläutern. Ein Kundiger denkt sich z. E. von einem Thaler ½, ⅓, ¼, ⅛, $\frac{1}{24}$ ꝛc., alle mit dem Ganzen, dem Thaler, gleichartig; der Ungeübte löst ihn durch Multiplication in Groschen, als seine Theile, auf, und nimmt die verlangte Anzahl davon.

alle den Vortheil daraus, daß sie scharfsinniger werden, als zuvor. — Und ich glaube, daß man auch nicht leicht und nicht viele Wissenschaften finden wird, welche dem, der sie lernt und sich darauf legt, mehr Anstrengung kosten werden, als diese. — Aller dieser Ursachen wegen darf man eine solche Wissenschaft nicht vernachlässigen, sondern es müssen diejenigen darinne unterrichtet werden, welche die besten Anlagen besitzen (οἱ αριστοι τας φυσεις)."

Wenn schon aus diesem klar genug ist, daß Platon nur eine wissenschaftliche Betreibung der Mathematik zur Bildung des Verstandes für zweckmäßig, dagegen eine mechanische, blos das Praktische beabsichtigende, für unzulänglich hielt und verwarf, so erhebt sich diese Ueberzeugung zur höchsten Gewißheit, wenn wir ihn über die Betreibung der Geometrie, als den zweiten Gegenstand, welcher ihm zu jenem Zwecke dient, sprechen hören u).

„Daß die Geometrie für die Operationen im Kriege (προς τα πολεμικα) nützlich ist, ist offenbar. Denn um Lager aufzuschlagen, Plätze einzunehmen, die Truppen zusammen zu ziehen und auszubreiten, um bei allen Stellungen des Heers, welche man sonst, es sey in den Schlachten oder auf Märschen, zu gebrauchen pflegt, ist es nicht gleichgültig, ob einer der Geometrie kundig ist oder nicht. Jedoch dazu dürfte ein geringer Theil der Geometrie und Rechenkunst hinreichen. Aber wir müssen den weit wichtigern und höhern Gewinn, der

u) V. d. Republ. B. 7. S. 151.

aus ihr herfließt, betrachten: ob sie etwas dazu beiträgt, die Erkenntniß des Grundbegriffs des Guten zu erleichtern (προς το ποιειν κατιδειν ρᾳον την του αγαθου ιδεαν) x). Nun trägt aber, behaupten wir, alles dazu bei, was die Seele nöthiget, sich dahin zu richten, wo das seligste Wesen (ευδαιμονεστατον του οντος) wohnt, welches sie ganz (παντι τροπῳ) schauen muß. Wenn sie (die Geometrie) daher die Seele zur Erkenntniß des Wesentlichen (ουσιαν θεασασθαι) nöthiget, so ist sie tauglich, wenn sie aber das Sinnliche (γενεσιν) betrachtet y), so taugt sie nicht dazu. — Nun werden uns aber alle diejenigen, welche der Geometrie auch nur ein wenig kundig sind, nicht abstreiten, daß es sich mit dieser Wissenschaft selbst ganz entgegengesetzt verhält, als diejenigen, welche sie betreiben, in ihren Vorträgen darüber thun. Ihre Vorträge sind sehr lächerlich und gezwungen (λεγουσι μεν που μαλα γελοιως και αναγκαιως). Denn da sie alles als Praktiker (πρατ-

x) S. oben S. 6., wo von Platons Zwecke aller Jugendbildung gehandelt wird.

y) Ουσια heißt bei Pl. gewöhnlich der Inbegriff derjenigen Merkmale oder Eigenschaften, durch welche etwas nur, und ohne welche es nicht gedacht werden kann, mithin das Wesentliche. Vergl. v. d. Rep. B. 6. S. 73. Philebus S. 241. Phädon S. 178. u. and. Eine genaue Rechenschaft davon sich zu ergeben, scheint er nicht vermogt zu haben, als wir durch die kritische Philosophie in den Stand gesetzt. — Diejenigen Merkmale aber, welche nicht nothwendig zu dem Begriffe des Dinges gehören und bald so, bald anders sind, und sich immer verändern (accidentia), nennt Pl. τα γιγνομενα oder γενεσιν, das Veränderliche, das Sinnliche. S. Theaet. S. 287. γενεσις κινησις εις ουσιαν. vergl. v. der Republ B. 5 S. 29. Timäus S. 302. 348. Sophist. S. 263. Phileb. S. 240. u. and.

τεντες) um der Anwendung willen lehren, so sagen sie: „„ein Quadrat machen und verlängern und addiren““, und so sagen sie alles; allein jede Wissenschaft (μαθημα) muß ja um der Erkenntniß willen getrieben werden z). Müssen wir nicht zugestehen, daß die Geometrie die Kenntniß des Ewigunveränderlichen, aber nicht das, was bald entsteht, bald wieder aufhört, zum Gegenstande hat? Edler Freund, sie leitet die Seele zur Wahrheit und weckt den philosophischen Geist, um sich über das blos Irdische, dessen Betrachtung sich nicht ziemt, zu erheben.“

Dem gemäß empfiehlt er die Astronomie a), nicht blos um einer genauen Kenntniß von den Jahreszeiten, Monaten und Jahren, welche für den Krieg, den Landbau und die Schifffahrt nützlich ist, sondern „um des wichtigen Vortheils willen, wovon man sich aber schwer überzeugt, daß durch jede dieser Wissenschaften eine gewisse Kraft (οργανον) der Seele gereiniget und zum Leben erweckt wird, da sie durch die andern Studien (ὑπο των αλλων επιτηδευματων) geschwächt und geblendet war; an deren Erhaltung jedoch mehr gelegen ist, als an vielen Augen. Denn durch sie allein schauen wir die Wahrheit.“ — Hier lenkt Platon

z) Wie Platon hier über ein schlechtes, blos mechanisches Betreiben der Mathematik klagt, so klagt er auch, daß die Philosophie nicht nach Würde behandelt und deshalb nicht geachtet würde. S. v. d. Republ. B. 7. 169.: „ἡ ατιμια φιλοσοφιᾳ δια ταυτα προσπεπτωκεν, ὁτι ου κατ᾽ αξιαν αυτης ἁπτονται· ου γαρ νοθους εδει ἁπτεσθαι, αλλα γνησιους.“

a) V. d. Republ. B. 7. S. 153. u. f.

aber wieder ein, sich erinnernd, daß auf die Betrachtung der Flächen, die der Körper (die Stereometrie) folgen müsse, welche jedoch damals „noch nicht erfunden,“ vielmehr noch nicht bearbeitet war. „Daran,“ sagt er, „sind zwei Ursachen schuld: einmal weil sie kein Staat nach Verdienst schätzt, und sie, da sie schwer ist, nicht mit Eifer (ασθενως) betrieben wird (ζητειται); zum andern, weil diejenigen, welche sie bearbeiten, eines Führers bedürfen, ohne welchen sie sie nicht finden würden. Nun ist es erstlich schwer, ein solcher zu werden; zweitens aber, gäbe es auch einen, so würden doch diejenigen, welche solche Untersuchungen machen, nach der jetzigen Weise, aus großer Meinung von ihrem Denken, sich nicht leiten lassen. Aber wenn ein ganzer Staat sie ehrte und für sie sorgte, so würden auch sie sich überreden und sie durch anhaltendes und angestrengtes Forschen nach ihren Verhältnissen aufklären. Wenn sie auch jetzt von der Menge für ehrlos und gering geachtet ist, so wird sie doch von denjenigen, welche nach ihr forschen, ohne daß sie einen deutlichen Begriff (λογον) davon haben, wozu sie nützt, bei allen diesen Umständen wegen ihres innern Reizes mit Gewalt erweitert werden; und es ist kein Wunder, daß sie so erscheint.“ — Nach dieser Einschaltung (welche uns in manchen Stellen an die Ansicht erinnert, welche jetzt die Menge von der Mathematik überhaupt hat), knüpft er seine Unterhaltung über die Astronomie wieder an, tadelt aber ebenfalls die blos sinnliche Betrachtung des Himmels, wo man ihn „wie die bunten Verzierungen (ποικιλματα) an der Decke eines Zimmers anschaut." Er giebt folgende Vorschrift: „Wir müssen zwar diese Erscheinungen (ποικιλματα) am Himmel, in so fern sie sich an dem Sichtbaren unterscheiden lassen, für das Schönste und Regelmäßigste unter den Gegenständen dieser Art halten; aber auch, daß sie von ihren wahren Bewegungen, welche ihre wirkliche Geschwindigkeit und Langsamkeit in dem wahren Verhältniß (αριθμω) und allen ihren wahren Kreisen (σχημασι) gegen einander und gegen die dazwischen machen, weit entfernt sind. Dieses kann nur in den Gedanken und mit dem Verstande, nicht aber mit dem Gesichte erkannt werden. Wir müssen uns daher der Erscheinungen am Himmel als Bilder um der Erkenntniß jener willen (της προς εκεινα μαθησεως ἑνεκα) bedienen; so wie, wenn einer von Dädalus oder einem andern Künstler oder Mahler mit vorzüglicher Geschicklichkeit (διαφεροντως) gezeichnete oder geschnitzte Figuren fände. Ein der Geometrie Kundiger würde solche, wenn er sie sähe, zwar wegen der Arbeit für sehr schön halten; aber ein lächerliches Bemühen wäre es, sie in der Absicht zu betrachten, um an ihnen die Wahrheit eines gleichen und doppelten oder eines andern Verhältnisses zu erkennen. — Der wahre Astronom wird glauben, daß diese Werke so schön als möglich eingerichtet und von dem Schöpfer des Himmels dieser selbst und was an ihm ist, so geordnet sey; aber würde er es nicht für abgeschmackt (ατοπον) halten, wenn einer glaubte, das Verhältniß (ξυμμετρια) der Nacht zum Tage, und dieser zum Monat, und des Monats zum Jahre, und gewisser Gestirne zu sich und zu einander sey immer also, und wechseln niemals etwas, und die, welche Körper hätten und gesehen würden, strebten auch allenthalben, ihrem wahren Gesetze zu folgen? — Wir wollen daher, wie die Geometrie, auch die Astronomie behandeln, so daß wir Sinnbilder (προβληματα) gebrauchen. Von dem, was am Himmel erscheint, müssen wir absehen, wenn beim Studium der wahren Astronomie, soviel die Natur Denkkraft in unsere Seele gelegt hat (το φυσει φρονιμον εν τη ψυχη), aus dem Unnützen das Nützliche gewinnen wollen."

Als er endlich von der Musik (αρμονικη) spricht, so sagt er, nach einigen Bemerkungen über die Künstler, die wir übergehen wollen, über die Lehrer: „sie verfahren ebenso, wie jene in der Astronomie. Sie suchen in den Accorden nach dem Eindrucke, den sie aufs Ohr machen, die Verhältnisse; gehen aber nicht auf die Aufgaben ein, daß sie betrachten, welche Verhältnisse harmonisch sind, und welche nicht, und warum sie eins von beiden sind; — eine Betrachtung, welche für die Untersuchung dessen, was schön und gut ist, sehr nützlich, wenn sie aber anders behandelt wird, zwecklos ist." —

Diese Wissenschaften, welche und insofern sie den Verstand an reines und abstractes Denken gewöhnen, nennt Platon μαθηματα im vorzüglichen Sinne des Worts c). Sie alle aber sind nur eine Vorbereitung (προοιμιον) zur Dialektik, d. i. zu derjenigen Erhöhung der Erkenntnißkraft, durch welche allein wir in den Stand gesetzt werden, ohne sinnliche Anschauung, blos durch

c) Vergl. Kants Kritik d. reinen Vernunft. S. 764.

Begriffe zur reinen Einsicht in das wahre Wesen der Dinge zu gelangen und welche uns den Begriff des Guten, des höhern Gesetzes, das uns zu erkennen obliegt, zu enthüllen vermag." Die Dialektik ist ihm aber ebendieselbe Wissenschaft, welche Aristoteles Metaphysik nennt, nämlich die der Grundursachen und Grundprincipien d). Er sagt e): „die Dialectik geht allein den Weg strenger Wissenschaft, unabhängig von willkührlichen Sätzen (ὑποθεσεις) zu dem Grundbegriffe selbst, um Festigkeit zu erhalten (ἱνα βεβαιωσηται). — Ein Dialectiker wird daher ein solcher genannt, welcher den Grund (λογον) des Wesens einer jeden Sache erfaßt hat. — Wer ohne Hülfe aller sinnlichen Anschauung allein durch den Verstand nach dem, was ein jedes ist, forscht (ὁρμα), und nicht abläßt, bis er den reinen Begriff des Guten gefaßt hat, der hat in dem Gebiete des Wissens das Ziel erreicht. Zu diesem führt aber allein die Kraft der Dialektik (ἡ του διαλεγεσθαι δυναμις) denjenigen, welcher der Wissenschaften kundig ist, welche wir durchgegangen haben; auf einem andern Wege ist es zu erreichen unmöglich." — Es waren also alle jene Wissenschaften blos nothwendige Vorbreitungsmittel zu der Philosophie selbst, und ein solcher, welcher jene inne hatte, daß er sich an metaphysische Untersuchungen wagen konnte, hieß, nach von Pythagoras hergebrachter Gewohnheit, μαθηματικος f).

d) Arist. metaphys. I. 1.

e) B. d. Repubí. B. 7. S. 165. u. f.

f) Aul. Gellius in noct. Att. L. I. c. 9., wo er die Einrich-

So haben wir nun das Ziel, welches wir uns vorgesteckt hatten, so weit erreicht, daß uns das **Wesen**, **Zweck** und **Geist** der Mathematik der Griechen, nach Platons eigener Darstellung, ganz klar ist. Nur noch eins, nicht minder wichtiges ist uns noch zu erörtern übrig, nämlich die **Lehrweise**, deren sich jene besonnenen Denker bedienten, und welche Platon selbst für sehr wichtig hält g). Viele werden uns hier auf **Euclids Elemente** verweisen, und für ausgemacht halten, daß die **Alten insgesammt** nach der Weise verfahren seyen, welche wir in diesem Meisterwerke des Scharfsinns finden. Und wollten wir einwenden: Wir fragen nach der **Lehrweise der Platonischen Schule, nicht aber nach derjenigen, deren man sich ein Jahrhundert später in Alexandrien bediente**; so könnten jene sich auf die **Sage** berufen, daß **Euclid selbst in Platons Schule gebildet sey**. Allein diese **Sage** hat kein einziges Zeugniß für sich und beruht auf einer bloßen **Muthmaßung**, welche schon verschwindet, wenn wir nur die so-

tung der Schule des Pythagoras schildert, erzählt nach einigem anderm von den Schülern desselben folgendes: „ast ubi res diciderant rerum omnium difficillimas, tacere audireque atque esse jam coeperant silentio eruditi, cui erat nomen εχεμυθια: tum verba facere, et quaerere, quaeque audissent scribere et quae ipsi opinarentur expromere, potestas erat. Hi dicebantur in eo tempore μαθηματικοι: ab his scilicet, artibus, quas jam discere atque meditari inceptaverant: quoniam geometriam, gnomonicam, musicam caeterasque item disciplinas altiores μαθηματα veteres Graeci appellabant."

g) S. v. d. Republ. B. 7. S. 162., oben S. 42.

genannten Grundsätze Euclids mit den Voraussetzungen Platons vergleichen (s. unten Abschn. E. 2:). Wo und wie sich dieser große Geometer ausbildete, ist völlig unbekannt. — Aber auch die Sage als gegründet angenommen, müßte noch mancher andere Umstand, z. B. ob Euclid bei der scharfsinnigen Zusammenstellung der Sätze, die er nach des Proclus Diod. Zeugnisse von Eudoxos, Theätetos und andern vorfand h), und bei der strengen Beweißführung, welche sein einziger Zweck gewesen zu seyn scheint, auch in dem Einzelnen seine Lehrweise befolgt habe; und wenn dieß ist, ob eben diese auch die Platonische war? ob es der Geist und der Zweck der Mathesis Platons gestattete, sie dafür zu erkennen, da nach letzterem das Verfahren in den natürlichen Gang der Entwickelung und Ausbildung des menschlichen Denkvermögens gleichsam eingreifend dasselbe erhöhen sollte, „das Euclidische aber immer erst künstliches Resultat einer vollendeten Ausbildung" ist i), u. and., zuvor in Richtigkeit seyn, wenn wir jene Behauptung gelten lassen sollten. — Manche könnten jedoch die Frage nach Platons Lehrart für unbeantwortlich halten, auf des Aristoteles Be-

h) Proclus in s. Comment. B. II. C. 4. sagt: — Ευκλειδης ὁ τα στοιχεια συναγαγων και πολλα μεν των Ευδοξου, πολλα δε των Θεαιτητου τελεωσαμενος, ετι δε τα μαλακωτερον δεικνυμενα τοις εμπροσθεν εις ανελεγκτους αποδειξεις αναγαγων. Vergl. Petr. Rami schol. mathemat. p. 22.

i) So urtheilt J. F. Fries. S. System d. Logik. S. 357. Vergl. meine Orthodidakt. d. Math. I. S. 86. ꝛc. Die weitere Erörterung wird sich in der zweiten Abtheilung dieser Schrift finden.

richt sich berufend, „daß jener selbst erst untersucht habe, ob man progressiv (synthetisch) oder regressiv (analytisch) verfahren müsse?“ k) Dieser Einwand aber, wenn er auch aus dem Platon selbst nicht widerlegt werden könnte, muß schon darum zurück treten, weil die Stelle im Aristoteles eine ganz andere Beziehung hat. —

Ohne uns von einem Vorurtheile umfangen, noch von dem gewaltsamen Ansehen eingewurzelter Meinung abschrecken, noch von dem tobenden Geschrei wortgläubiger Nachbeter derselben stören zu lassen, wenden wir uns an die Quelle, d. i. an die Schriften des göttlichen Weisen selbst, und obgleich keine derselben ausschließlich mathematischen Inhalts ist, so kann es uns doch bei ihrer bedeutenden Anzahl nicht fehlen, auch über die Lehrweise seiner Mathemata ins Klare zu kommen.

Wir haben oben (S. 31.) deutlich genug erkannt, daß Platon den Unterschied der Philosophie und der Mathematik so bestimmte, daß jene von reinen Begriffen, als Grundprincipien, ohne Hülfe der Anschauung, diese aus willkührlichen Sätzen Wahrheiten folgere l). Ueber das letztere erklärt er sich so: „Du weißt, wie ich glaube (Glaukon), daß diejenigen, welche sich mit der Geometrie, mit der Rechenkunst und dergleichen beschäftigen, etwas voraussetzen, als die Begriffe: das Gleiche und das Ungleiche, Fi-

k) Aristot. Eth. ad Nicom. L. I. c. 4. „ευ γαρ Πλατων ηπορει και εζητει, ποτερον απο των αρχων, η επι τας αρχας εστιν ἡ ὁδος.“

l) S. v. d. Republ. B. 6. S. 122. ꝛc.

guren (σχηματα), drei Arten von Winkeln und ähnliche für jede Beweißart. Solche nehmen sie als bekannt (ὡς ειδοτες) zu Grundlagen (ὑποθεσεις) an, ohne daß sie es für nöthig halten, sich selbst und andern Rechenschaft davon zu geben, weil sie an sich einleuchten. Von diesen gehen sie nun aus, und indem sie das übrige daraus folgern, erreichen sie entschieden (ὁμολογουμενως) dasjenige, worauf ihre Untersuchung gerichtet ist. — Du weißt ferner, daß sie sich gewisser Figuren, die sie sich vor Augen legen (ὁρωμενοις ειδεσι) bedienen und Vorträge (λογους) darüber halten. Aber sie richten ihre Gedanken nicht auf diese, sondern auf das, was sie vorstellen: über das Viereck an sich (τετραγωνου αυτου ἑνεκα), über den Durchmesser an sich halten sie ihre Vorträge, aber nicht über diejenigen, welche sie zeichnen; und eben so die andern, selbst die, welche sie bilden und zeichnen, wozu auch die Schatten und Bilder im Wasser gehören. Auch dieser bedienen sie sich so, daß sich ihre Untersuchungen über das erstrecken, was nicht anders, als mit dem Verstande (τῃ διανοιᾳ) erkannt werden kann. — Dieß, sage ich, sey also zwar eine Art des Reinerkennbaren (νοητου), aber die Seele sey genöthiget, sich gewisser Voraussetzungen bei der Untersuchung derselben zu bedienen, indem sie nicht zu einem Grundbegriffe aufsteigt (ουκ επ' αρχην ιουσα), weil sie nicht über die Voraussetzung hinaus gehen kann, sich jedoch bildlicher Darstellungen (εικοσι), die aus der Sinnenwelt (ὑπο των κατω) entlehnt und jenen ähnlich sind, als wirklicher sich bedient, wiewohl sie nur eingebildet und gezeichnet sind." „Ich erkenne," antwortet Glaukon, „daß du von den geometrischen und mit diesen verwandten Darstellungen sprichst.“ — Wir sehen also hier aufs deutlichste, daß Platon gewisse Vorstellungen und Sätze als an sich wahr annahm, sie zum Grunde legte, (wovon unten Abschn. E. 2. mehr), und aus ihnen die Wahrheiten der Mathematik ableitete; mithin seine Lehrart progressiv (synthetisch) war, wie es die Natur dieser Wissenschaft fordert. Und in so weit stimmt auch das Verfahren in Euclids Elementen damit überein. Ob aber Platon die mathematischen Wahrheiten eigentlich lehrte, so daß er die Sätze selbst voraufstellte und sie bewieß, wie dieß in den letztern der Fall ist, und von uns, diese Manier nachahmend, geschieht, das wird uns sogleich klar, sobald wir den Begriff der Mathesis der alten Griechen, den wir hier so deutlich als möglich vorgelegt haben, den Geist, in welchem, und den Zweck, zu welchem sie sie in ihren Schulen betrieben, einer sorgfältigen Ueberlegung unterwerfen, und Umstände nebst Belehrungen Platons damit verglichen.

Wie wir gesehen haben, hatte Platon richtig erkannt, daß „die mathematischen Begriffe und Erkenntnisse dem menschlichen Gemüthe urspünglich einwohnen, oder wie er glaubte, angeboren sind.“ (S. 27. ꝛc.) Sie brauchen daher nicht gelehrt, oder (um so viel als möglich mit den eigenen Worten des Philosophen zu reden), wie von außen in die Gemüther gelegt zu werden (ουκ εξωθεν εντιθεσθαι ταις ψυχαις),“ wie dieß bei empirischen und historischen Kenntnissen der Fall ist, sondern man kann sie aus sich selbst erzeugen und entwickeln, oder, wie er in der oben angeführten Stelle des Menon sagt, „in sich selbst ergreifen (αναλαμβανειν εν ἀυτῳ)," mit einem andern Worte, selbst finden. In diesem Insichselbstergreifen, welches er in ebenderselben Stelle ebenfalls Wiedererinnern (αναμνησις) nennt, besteht ihm eben die μαθησις (s. oben S. 28.). Das Selbstfinden aber kann nur so geschehen, oder welches eben so viel heißt, die μαθησις besteht nur darinne, daß der Lehrende den Lernenden geschickt (methodisch — διαφεροντως) leitet so, daß er die urspünglich in ihm liegenden Vorstellungen und Erkenntnisse erweckt und zum deutlichen Bewußtseyn bringt. Wie Platon dabei verfuhr, sehen wir in allen seinen Dialogen auf das deutlichste; jedoch findet sich dabei noch ein Unterschied. Er thut es nämlich theils durch geschicktes Fragen, wie dieß in der angeführten Stelle des Menon der Fall und Absicht ist, — denn Socrates macht den Menon mehrmal darauf aufmerksam, daß er nichts lehre, sondern blos frage, und der Knabe alles selbst finde; — größerntheils aber legt er seinen Zuhörern blos seinen geordneten Gedankengang vor, und leitet sie so zu dem deutlichen Bewußtseyn jener Erkenntnisse, welche, wie er meint, zuvor nur dunkel und ohne Ordnung in der Seele liegen.

Wenn wir nun sehen, daß Platon alle philosophische Gegenstände, worüber wir Schriften von ihm haben, auf diese Weise mit seinen Schülern behandelte, um wie viel mehr können wir uns überzeugt halten, daß er eben so in derjenigen Wissenschaft verfuhr, die ganz dazu geeignet ist, eine Wahrheit aus der andern durch Selbstdenken streng und bündig ableiten zu lassen; ja wir können keinen Augenblick in Zweifel seyn, daß, wenn er uns einen Dialog blos mathematischen Inhalts hinterlassen hätte, der Gang desselben eben so, mithin zum Selbstfinden der Wahrheiten leitend (heuristisch) seyn würde. Dafür sprechen aber auch noch andere wichtigere Gründe. Zu jener Zeit waren Viele, wie Menon, von dem Vorurtheile befangen, „daß man das, was man nicht wisse, auch nicht finden könne, und was man wisse, nicht zu suchen brauche" m). Dieses an seiner Wurzel zu erfassen und auszurotten, war Platons eifrigstes Bemühen, weil durch jenes Vorurtheil aller Untersuchungsgeist in der Gefahr zu seyn schien, einzuschlummern. Er nahm daher, so oft er konnte, Gelegenheit, das ursprüngliche Vorhandenseyn reiner Erkenntnisse im menschlichen Gemüthe darzuthun und diese zu entwickeln n). Welche konnten ihm aber besser dazu dienen, als die mathematischen, deren ganze Entwickelung mit Hülfe sinnlicher Darstellungen geschehen kann? Und dieß thut er auch in mehreren Stellen. — Ferner schärft Platon sehr nachdrücklich ein, daß aller Unterricht zwanglos seyn müsse. Es verdient die Hauptstelle o) darüber wörtlich hier zu stehen: „Die Uebungen an Zahlverhältnissen (τα

m) S. Bd. 4. S. 339.

n) S. Bd. 4. S. 339. v. d. Gesetzen. Bd. 7. S. 385. Epinom. S. 270. v. d. Republ. B. 7. S. 151 — 152.

o) S. v. d. Republ. B. 7. S. 172.

λογισμων), in der Geometrie und allen Vorbereitungswissenschaften, welche man vor der Dialectik getrieben haben muß, muß man schon mit Knaben anfangen; aber die Methode des Unterrichts (το σχημα της διδαχης) darf nicht so eingerichtet seyn, daß sie das Lernen erzwingt; — denn keine Wissenschaft darf ein freier Mensch mit knechtischem Zwange (μετα δουλειας) lernen. Die Arbeiten des Körpers, wenn sie auch mit Zwange verrichtet werden, machen wohl den Körper um nichts schlechter; aber in der Seele haftet keine erzwungene Wissenschaft." Ob nun die Euclidische Methode so zwanglos ist, wie Platon sie hier verlangt, mag eines Jeden eigenem Ermessen überlassen seyn. Dem Unbefangenen ist keine weitere Beleuchtung nöthig. — Der wichtigste aller Gründe aber liegt in dem Zwecke der Mathesis Platons. An Selbstdenken und selbstständiges Forschen sollte sie gewöhnen; daher er sie gewöhnlich „Untersuchung (ζητησις, ζητειν)" nennt. Wie wäre es möglich gewesen, diesen Zweck zu erreichen, wenn er blos hätte lehren und demonstriren wollen, was er und andere gedacht und gefunden hatten, wie dieß nach Euclids Manier geschieht, und nicht selbst denken und selbst finden ließe? Nur wenige Aeußerungen von ihm, die wir oben S. 42. ꝛc. mitgetheilt haben, reichen schon hin, um zu erkennen, daß sich Platon einer heuristischen und zwar einer synthetisch-heuristischen (S. 56.) Methode nur bedienen konnte. Ja, er sagt da, wo er von der Geometrie spricht, selbst, daß sie nur so betrieben, zu jenem Zwecke tauge, wo aber nicht, so sey sie dazu unnütz. — So leuchtet nicht nur die Möglichkeit und Wirklichkeit, sondern selbst die Nothwendigkeit des heuristischen Verfahrens in der Platonischen Schule vollkommen ein, und es verdient wohl, jene Art des Vertrags unserer Wissenschaft, nach welcher dem Schüler blos Sätze dargegeben werden, um daraus neue zu folgern, und welche ihn in den Stand setzen, letztere selbstdenkend und selbstfindend aus jenen abzuleiten, zum Unterschiede von der Euclidischen, welche den Folgesatz selbst voraufstellt und durch die nachgebrachten Prämissen beweißt, und alles vollständig zum bloßen Anerkennen hingiebt, die Platonische Lehrweise genannt zu werden, da Platon der erste des Alterthums gewesen zu seyn scheint, der sich ihrer bediente.

Von dieser Untersuchung, die wir aus der reinen Quelle des griechischen Weisen mit Vorsicht und Sorgfalt geschöpft und ungetrübt und klar dargelegt zu haben glauben; — von der Betrachtung der einfachen Bildungsweise des Geistes, bei welcher jenes von Lage, von Klima, von physischer und geistiger Organisation begünstigte Mustervolk, gleichsam am frischen Morgen des großen Weltentages in kindlicher Einfalt und Unschuld, kein künstliches Vorbild kennend, noch nachahmend, treu und sicher der Natur folgte, und bei welcher wir, mit Liebe und Bewunderung erfüllt, gern länger verweilten, wenn es die Grenzen dieser Abhandlung gestatteten, müssen wir nun, um jene Behauptung (S. 22.) richtig erwägen und beurtheilen zu können, einen beschauenden Blick auf

C. die Mathematik unserer Zeiten richten, und besonders in solchen Anstalten, wo sie Bildungswissenschaft seyn sollte, d. i. in Gymnasien, — denn von Universitäten, wo sie einen andern Zweck hat, ist hier nicht die Rede. Aber da können wir sie weder in ihrem Wesen, noch in Hinsicht des Zwecks, noch der Art ihrer Betreibung, noch in Rücksicht des Nutzens, der der Griechen gleich achten. Was das erste anlangt, so ist sie in unsern Schulen nicht jene methodische Verstandesdisciplin, nicht das kräftige Mittel zur Bildung des Denkvermögens und Erweckung des Forschungsgeistes der Schüler, sondern ihre Gegenstände, Arithmetik, Geometrie rc., sind objective Wissenschaften, welche man um ihres Selbstzwecks lehrt und erlernen läßt. Der Unterricht darinne ist meistens entweder gelehrten Mathematikern, welche auch wohl einen academischen Vortrag halten, wodurch der flüchtige Geist des Schülers mehr an Gedankenlosigkeit als an Denken gewöhnt wird, oder sogenannten Praktikern überlassen, welche keinen andern und wichtigern Zweck kennen, als ihren Schülern die Sätze, Regeln, Formeln, Kunstgriffe rc. gehörig beizubringen und im Gebrauche derselben Fertigkeit zu verschaffen; selten Pädagogen und denkenden Didaktikern anvertraut. Gehen wir zurück auf die erste Einführung der Math. in unsere gelehrten Bildungsanstalten, welche meistens nicht über hundert Jahre hinausreicht, so scheint sie mehr, als durch besonnene Ueberlegung, von dem Vorurtheile beigezogen zu seyn, welches sich der Welt bemächtiget hatte, nachdem jene großen Begründer der neuern Philosophie: Descartes, Newton, Leibnitz, Locke, Pascal u. and., begünstiget von einer über funfzig Jahre dauernden glücklichen Ruhe, und nicht gestört von dem, den mühevollen, würdigen, heiligen Bau der Menschenbildung und Veredlung durch Wissenschaft teuflisch verödenden Kriege, unsre Wissenschaft mit ihren wichtigen Entdeckungen bereichert hatten, und man sich dahin neigte, dem Studium derselben eine wunderthätige Kraft zuzuschreiben, als welche zu der Geistesgröße solcher Männer zu erheben vermögte; ja von dem Vorurtheile, welches in jedem Knaben, der sich mit Mathematik, oder nur mit etwas unter diesem Namen verkauften, ohne Rücksicht, ob methodisch oder verkehrt, beschäftigte, den großen Denker aufblühen sah. — Daß aber die unbedingte Einführung der vorher nur auf die Universitäten eingeschränkt gebliebenen Mathematik in Gymnasien, wodurch man, unterstützt von dem Ansehen dieser Wissenschaft im Alterthume, für jden Unterricht und die geistige Ausbildung des Jünglings nichts Nützlicheres thun zu können glaubte, obgleich durch Wolfs verdienstvolle Schriften kräftig gefördert, die gehofften Früchte nicht trug, beweißt schon die Gleichgültigkeit der Einsichtsvollern und Unbefangenen im nächsten Zeitalter. Und wenn wir auch gern zugeben, was Kästner sagt p), „daß zu Wolfs Zeiten die meisten deutschen Gelehrten, vorzüglich diejenigen, nach deren Rathe junge Leute ihren akademischen Fleiß einrichteten, berühmter waren wegen ihrer Arbeitsamkeit, Folian-

p) S. Anfangsgründe d. Arithmet. Vorr.

ten aus Folianten zusammen zu schreiben, als wegen der Aufmerksamkeit, eine kurze Reihe vernünftiger Schlüsse im Zusammenhange zu überdenken," so zeigt uns doch die spätere Zeit, der man diesen Vorwurf nicht so unbedingt machen kann, daß darinne nicht allein der Grund von jener Erscheinung lag. — Die großen und glänzenden Entdeckungen, womit von Zeit zu Zeit die Physik und Astronomie bereichert wurden, welchen Wissenschaften die Mathematik Licht und Geist gewährt, erhielt daher letztere um ihres materiellen Nutzens willen in jenen Anstalten, indem ihr die Empfehlung ihrer formellen Bildungskraft mehr der Möglichkeit, als der Wirklichkeit nach verblieb. Der ursprüngliche Zweck der Wissenschaft nach dem Muster der Academie fehlte wohl fast allenthalben. Und da man diesen nicht hatte, so ist es leicht begreiflich, daß man gegen die Lehrweise gleichgültig blieb und sich der aus dunkler Zeit übergepflanzten und eingewöhnten bediente, welche sich dadurch empfahl, die Wahrheiten in gedrängter Kürze (wir können nicht sagen in Ordnung) darzulegen. Allein da wir gesehen haben, daß bei der Mathesis der Griechen die Methode das Wesentlichste war, und die gegenwärtige Manier des Vortrags von jener eine wichtige Abweichung hat, so müssen wir diese einer genauern Betrachtung unterwerfen. — Um jedoch dabei der Achtung wackerer und würdiger Männer nicht nahe zu treten, so beziehen wir uns auf die gewöhnlichsten unserer Lehrbücher, hauptsächlich diejenigen, welche für solche Anstalten, von welchen wir hier sprechen, bestimmt sind, im allgemeinen.

Diese Lehrbücher, so viel wir derer kennen, auch die besten, haben sämmtlich die Einrichtung, daß sie nach Erklärnng einiger allgemeinen Begriffe, bisweilen auch ohne solche, mit der Zahlenrechenkunst (Arithmetik) beginnen, welcher die Geometrie folgt. Die sogenannte Trigonometrie und höhere Geometrie findet sich dann beigefügt, wenn es der Zweck und die Grenzen des Lehrbuchs gestatten. Wiewohl diese Anordnung der Lehren, welche nach dem allgemeinern Bedürfnisse derselben gemacht zu seyn scheint, in so fern gerechtfertigt werden kann, so können wir sie doch, sobald unsere Wissenschaft zü einer naturgemäßen Geistesbildung beitragen soll, darum nicht gut heißen, weil sie nicht dem natürlichen Gange des menschlichen Erkenntnißvermögens gemäß ist. Denn daß alle Erkenntniß von sinnlicher Anschauung erregt wird und sich an solchen zur abstrakten erhebt und gleichsam emporrankt, ist bekannt. Es ist daher wider die Natur desselben, wenn man das frühere Alter mit abstrakten Zahloperationen beschäftiget und die raumanschaulichen Lehren nachfolgen läßt, mit welchen zu beginnen die Natur fordert. Damit soll jedoch nicht gesagt seyn, daß nun sogleich auf das Entgegengesetzte springend die Geometrie voraufgenommen und gelehrt werden, sondern blos, daß der jüngere Geist an Größenverhältnissen mittelst Raumanschauungen geübt werden soll, wie dieß die griechischen Mathematiker gethan haben, (auch Euclid in seinem arithmetischen Schriften); welchen Vortheil Segner in seinen Vorlesungen wieder zurückführte, dessen in neuerer Zeit verständige Pädagogen, mehr in Privat- als öffentlichen

Anstalten der Erziehung sich bedienen, und worinne der ehrwürdige Pestalozzi das Verdienst behält, am lebhaftesten darauf aufmerksam gemacht zu haben.

Wenn wir aber auch von der Folge der Hauptgegenstände unserer Wissenschaft absehen und einen derselben innerhalb seiner Grenzen näher beleuchten, so erkennen wir mit Bedauern in der Anordnung der Sachen eine bedeutende Unordnung. Zum Beweiße nur eine kurze Erörterung nach mehrern neuern Lehrbüchern zu dem erwähnten Zwecke, wo wir uns hier auf die Arithmetik beschränken, die uns zunächst liegt. Um der Reihenfolge willen wollen wir die Einleitungen nicht übergehen, welche meistens so anheben: „Die Mathematik ist die Wissenschaft von der Größe ꝛc.", — ohne vorher die Vorstellung der Größe richtig erörtert zu haben; — „man theilt sie in Arithmetik, Geometrie und Trigonometrie" — warum? wird nicht gesagt; — „die Arithmetik handelt von discreten Größen, die Geometrie von stetigen" — aber der Grund davon bleibt verschwiegen; — „die Trigonometrie behandelt die stetige Größe arithmetisch" — was aber das heiße, schwimmt im Trüben; noch mehr: „die Analysis nimmt das Unbekannte als bekannt an! verbindet es mit bekannten Größen in Gleichungen und entwickelt es daraus!" — wir zweifeln, daß ein mit diesem Unbekannten unbekannter Schüler sich davon einen klaren Begriff machen könne. — „Analysis des Endlichen heißt sie, wenn die Größen wirklich angegeben werden können, des Unendlichen, wenn sie sich nicht angeben lassen"! — Nach solchen, wie man sie nennt, Erklärungen kommen eine Menge mathematischer Zeichen mit ihren Bedeutungen. Aber wie kann das Zeichen verstanden werden, ohne das Bezeichnete vorher zu kennen? — Indessen diese Erinnerungen können durch die Gegenbemerkung zurück gewiesen werden, daß die Erläuterung (und Berichtigung) dieser Sachen dem Lehrer zukomme; allein wir mögten wohl zu bedenken geben, wie viele umständliche Erörterungen dazu gehören, um hier den Jüngling zur deutlichen Erkenntniß dieser Sachen zu führen; denn daß er sich mit den bloßen Namen derselben begnügen solle, kann unmöglich die Meinung seyn. Wir haben es dagegen stets natürlicher und nützlicher gefunden, den Schüler vorher die Sachen erkennen und dann die Definitionen folgen zu lassen. — Noch weniger können wir die Folge der Materien der Arithmetik in den gewöhnlichen Lehrbüchern billigen. Mit gänzlicher Auslassung einer allgemeinen Betrachtung der Größen an sich beginnt gewöhnlich der erste Abschnitt mit der Rechnung mit decadischen Zahlen, wobei die allzugroße Eil, nur die nothwendigsten Regeln zu ertheilen, kein aufmerksames Verweilen bei dem gesetzlichen Ordnen der Zahlen innerhalb des Systems, und der sinnreichen Zifferbezeichnung gestattet, wodurch die Rechenkunst ihre wundersame Macht und Herrschaft ausübt, und die sonst trockene Zahlenrechnung für den jugendlichen Geist erst ein mächtiges Interesse gewinnt. — Ohne ferner die Verhältnisse betrachtet zu haben, handelt der zweite Abschnitt von den Brüchen, deren Theorie vor der von jenen weder erfaßt, noch verstanden werden kann q); daher auch junge Leute,

q) Der um ein allgemeineres und methodisches Studium der

wie vielfältige Erfahrung bezeugt, bei der voraufgenommenen und daher zwangvollen Bruchrechnung mächtige Schwierigkeiten finden und meistens keine klare Einsicht erlangen. — Nach der Rechnung mit Brüchen schreitet man, wie mit einem Zaubersprunge, zu der Rechnung mit entgegengesetzten Grössen, ohne ihre Bedeutung, welche eine gründliche Vorbetrachtung nöthig macht, im mindesten erörtert zu haben, nebst der sogenannten Buchstabenrechnung, häufig in nichts mehr, als einem geisttödenden Formelkrame bestehend. Wiewohl Uebungen darinne sehr nothwendig sind, um in die höhern Gebiete der Wissenschaft vordringen zu können, so ist doch die erstere an diesem Orte unzeitig und unnöthig. Daß sie unzeitig ist, beweißen die Schwierigkeiten, welche Schüler, ja selbst erwachsene dabei finden, wenn sie eine gründliche Einsicht davon erlangen und sich nicht mit einem bewußtlos eingelernten Rechenmechanismus begnügen sollen, was keinem Lehrer unbekannt seyn kann; unnöthig aber, weil man die wesentlichen Lehren der Arithmetik abhandeln kann, und, dem natürlichen Baue der Wissenschaft gemäß, auch muß, ohne ihrer zu bedürfen; überdieß noch in so fern nach-

mathematischen Wissenschaften unsterblich verdiente Wolf hat sehr richtig die Lehre von den Brüchen auf die der Verhältnisse gegründet. Man muß sich daher wundern, wenn Kästner (Anfangsgründe der Arithmetik. Vorrede), welcher sonst Wolfs Verdienste anerkennt, dieß „einen großen Fehler wider die Methode" nennt, weil die größte Menge der Verhältnisse Brüche zu Exponenten habe. — Es ist Schade, daß dieser in seinem Zeitalter so sehr geehrte Mathematiker durch sein Ansehen jenes natürlichere Verfahren verdrängt hat.

theilig, weil der Schüler, wenn er bis dahin die Mathematik noch nicht trocken und lästig befunden hat, gewöhnlich hier anfängt und wenigstens nicht mit Lust, um nicht zu sagen mit Widerwillen, an das Uebrige geht. — Der nächste Abschnitt handelt von den Potenzen, welche ebenfalls vor der Lehre von den Verhältnissen nicht verständlich sind und mit welchen man sich schon in der Buchstabenrechnung wie mit räthselhaften Wesen einer andern Welt beschäftigen muß. Ihm folgt die Ausziehung der Quadrat- und Cubicwurzeln. — Nach diesen meistens schwierigen Materien schreitet man zu der einfachen und leichten Betrachtung der Verhältnisse, welche, ob wohl eine der wichtigsten der ganzen Mathematik, nur oberflächlich und nothdürftig abgehandelt wird r), um die Lehre von den Progressionen und den Logarithmen vorzubereiten. — Von der zusammengesetzten Logarithmentheorie kehrt man nun wieder zu den einfachen und leichten Gleichungen zurück, welches freilich nun bei der Anordnung der vorigen Sachen so kommen muß, und steigt von ihnen wieder zu den schwersten. — Nachdem man nun den jungen Geist mit

r) Einer der vornehmsten Mathematiker unserer Zeit hat in seinem „Grundrisse der Mathematik" die Lehre von den Verhältnissen blos als einen Anhang beigefügt, und meint, daß sie als „eine in der Arithmetik völlig überflüssige, ja wegen der Einführung einer ganz neuen und höchst unbequemen Terminologie schädliche Lehre angesehen werden müsse und nur der Gewohnheit wegen historisch mitgenommen werden könne." Wiewohl wir dem geehrten Verfasser in andern Urtheilen mit voller Ueberzeugung beitreten, müssen wir dagegen diese Lehre für eine sehr nothwendige und nützliche erklären.

diesen trocknen, schweren, mitunter geistertödenden Sachen gedrückt hat, dann erst kommt man zu den einfachen und leichten Anschauungen und den ersten Lehren der Geometrie s).

Daß dieses Verfahren nicht nur nicht systematisch, sondern vielmehr ganz regellos ist, haben denkende Mathematiker erkannt und bisweilen ausgesprochen. „In einem strengen Systeme,“ sagt Thibaut t), „würde die Folge der Lehren ganz anders ausfallen; wesentliche Theile der ersten Principien, wie z. E. die Grundbegriffe und Regeln der Combinationslehre würden in ihm gleich zu Anfange eine Stelle finden; manche Abschnitte, wie z. B. die Theorie der Logarithmen etc., würden erst da, wo sie gehörig abgeleitet werden können, vorgetragen werden.“ Jedoch trifft die Mißbilligung eigentlich nicht

s) Zum Belege stehe hier die Inhaltsanzeige der Materien der Arithmetik aus einem „für die obern Klassen gelehrter Schulen“ bestimmten Lehrbuche, dessen Verfasser ein wackerer und verdienter Lehrer einer blühenden Anstalt der Art ist, und welches wir für das beste der zu diesem Zwecke vorhandenen erkennen müssen, ob wir gleich die Folge der Sachen nicht billigen können, welche so ist:

1) Von den Zahlen und ihrer Bezeichnungsart; 2) von den 4 Species; 3) von den Brüchen; 4) von den entgegengesetzten Größen; 5) von den Einschließungszeichen; 6) von der Buchstabenrechnung; 7) von den Potenzen; 8) von dem decadischen Zahlensysteme; 9) von der Ausziehung der Wurzeln; 10) von den Verhältnissen; 11) von den Progressionen; 12) von den Logarithmen; 13) von der Rechnung mit den zusammengesetzten Interessen; 14) von den Gleichungen; 15) von dem binomischen Lehrsatze. Nach allen diesen Sachen wird erst die Geometrie angefangen.

t) Grundriß d. reinen Mathem. z. Gebrauche academ. Vorlesungen. Götting. 1809. Vorr. S. 3.

die Verfasser unserer Lehrbücher, da sie dieselben blos für den Unterricht zum praktischen Gebrauche der Sachen bestimmten, nicht aber zum Zwecke der Verstandesbildung, wo wir freilich die Forderung an die Anordnung der Lehren machen müssen, daß sie dem natürlichen Gange der menschlichen Erkenntniß gemäß sey. Dieselbe Forderung macht aber jener Zweck auch an die Entwickelung der einzelnen Wahrheiten, welche wir in den gewöhnlichen Lehrbüchern mehr gleichsam aufgezählt und oft ohne Zusammenhang finden, so daß man von dem einen auf das andere kommt, ohne zu wissen wie; noch wie nach und warum nun gerade dieses und nichts anderes folgt. — Wir übergehen die Erklärungen, (welche gewöhnlich abgerissen hingegeben werden und in manchen Büchern etwas mehr Klarheit und Bestimmtheit wünschen lassen), nicht weil wir sie für unwichtig halten, — denn die Vorstellungen, welche die Mathematik voraussetzt, müssen vorzüglich bestimmt und, durch Hülfe der Anschauung, deutlich und tief in dem jugendlichen Gemüthe geweckt und befestigt werden, — sondern weil dieß und sie in ihrer Beziehung zu erörtern, mehr in der Gewalt des Lehrers bleibt; und von den sogenannten Grundsätzen wird unten die Rede seyn. Was wir aber am wenigsten natürlich finden, ist der Vortrag der Lehrsätze, welche man als ausgemacht voraufstellt und ihre Wahrheit aus ihren Gründen künstlich beweißt, mit andern Worten, wo man den Schlußsatz voraussetzt und die Prämissen nachfolgen läßt. Da nun der natürliche Gang des menschlichen Denkens umgekehrt ist, so leuchtet ein, daß solches Verfahren nicht auf eine naturgemäße Uebung und Bildung der jugendlichen Denkart berechnet ist; vielmehr mit Recht „das künstliche Resultat einer schon vollendeten Ausbildung" u) genannt zu werden verdient. Wenn man es in sofern empfiehlt, daß es nützlich sey, dem Schüler das Ziel seiner Schlüsse vor Augen zu stellen, welches sehr wahr ist, so bemerken wir nur, daß dieß geschehen kann, ohne dem Schüler das Finden der Wahrheit durch Selbstdenken zu ersparen. — Und daß man die Sätze blos hinstellt, und anerkennen läßt, was andere gedacht und gefunden haben, nicht selbstdenken, selbstfinden läßt, sehen wir auch von andern gemißbilliget. „Unsere mathematischen Lehrbücher", sagt ein gelehrter Mathematiker und Schulmann v), „geben dem Schüler vollständig, was er, von dem Lehrer geleitet, mehr selbst finden sollte; veranlassen und nöthigen ihn also zu wenig für die Entwickelung und Uebung seiner Kräfte, diese regsam zu äußern und ihrer mächtig zu werden —. Daher die Erfahrung, daß nach einem Lehrbuche von dieser Form unterrichtete Jünglinge zwar gründliche mathematische Kenntnisse an und für sich von großem Werthe allerdings einsammeln, selten aber doch den eigentlichen Geist der Wissenschaft empfangen." — Daß ein guter Lehrer nach jeder Methode sehr nützlich seyn kann, ist gewiß; allein daß sein

u) So J. F. Fries in seinem Systeme der Logik. S. 357.

v) Herr Schulrath und Director Matthias in Magdeburg in den Erläuterungen zu seinem Leitfaden für einen heuristischen Schulunterricht rc. Magdeb. 1814. Vorr. S. 4.

Unterricht für die Bildung der Denkkraft des Jünglings ungleich fruchtbarer seyn muß, wenn er jene ihren natürlichen Gesetzen gemäß übt und letzteren die Wahrheiten unserer Wissenschaft selbst finden und wie auf eigenem Boden erzeugen läßt, ist auch ein Satz von unbestrittener Wahrheit. Wie aber eine Sprache die schwerste ist, welche die wenigste Gesetzlichkeit und Consequenz in der Bildung und Fügung ihrer Wörter hat, so ist es auch „bei dieser gänzlichen Regellosigkeit, welche im Vortrage der Mathematik herrscht, und die dem Kenner durch pedantische Formen und Kunstgriffe nicht verhüllt bleiben kann" (um nochmals mit Thibauts Worten zu reden w), und bei dem Mangel an logischer Ordnung der Lehren leicht begreiflich, daß der Erfolg des Vortrags der Mathematik nicht der erwünschte zu seyn pflegt. — In keiner Wissenschaft rächt sich ein erzwungenes und unmethodisches Verfahren mehr, als in dieser.

Wenn wir aber die unnatürliche und unwissenschaftliche Folge der Sachen als ein inneres Hinderniß erkennen müssen, so kommen dazu noch andere noch nachtheiliger wirkende äußere, welche theils in der geringern Würdigung der Wissenschaft in unserer Zeit, wovon oben (S. 17, 2c.), theils in daraus fließenden Umständen, theils auch an den Lehren selbst liegen. Die gewöhnliche Zurücksetzung der Mathematik von Seiten der Vorsteher und Lehrer an öffentlichen Bildungsanstalten und der Vorzug der alten Sprachen, nebst allem, was

w) S. Grundriß d. allgem. Arithmet. oder Analysis 2c. Th. 1. Götting. 1809. S. IV.

darauf Beziehung hat, macht, daß man dem mathematischen Unterrichte nur Nebenstunden, meistens die letzten des Vormittags einräumt, wo junge Menschen nach einer drei- bis vierstündigen Anstrengung sich mehr nach einer Erholung sehnen, als nach einer abstracten Wissenschaft. Kein Wunder also, wenn ihnen schon dadurch Abneigung gegen letztere eingeflößt wird und der Lehrer derselben ihnen nicht willkommen zu seyn pflegt. Dazu kömmt aber noch mehr. Man weiß, wie sehr die klassischen Schriftsteller der Griechen und Römer jugendliche Gemüther zu ergreifen und anzuziehen vermögen. Wenn nun mit den Schönheiten der Dicht- und Redekunst des Alterthums auf einmal trockene und abstracte Lehren und Buchstabenformeln wechseln; kann man sich wundern, wenn dann der Lehrer der Mathematik über Mangel an Aufmerksamkeit und Theilnahme an seinem Unterrichte klagt und seine Arbeit unfruchtbar bleibt? — Kann man es wohl dem besten und eifrigsten Lehrer verdenken, wenn er, oft von Seiten der Direction nicht einmal in seinem Bemühen unterstützt, sich blos an diejenigen Schüler wendet, welche er theilnehmend und lernbegierig findet, um wenigstens an ihnen zu beweißen, daß die Schuld der verbleibenden Unkunde und die seine Bemühung oft verhöhnende Vernachlässigung dieser Wissenschaft nicht ihm zuzuschreiben sey? Darf es endlich befremden, wenn ein besonnener, durch strenge Wissenschaft seine Schüler an Selbstdenken und gründliches Forschen zu gewöhnen bemühter Mann, welcher von dem in seichter Schöngeisterei schwelgenden Zeitgeiste, und von der Scheu vor allen gründlichen Uebungen des Verstandes, über welche sich jener sogleich erhaben dünkt, seine Kraft überwältiget und alle Früchte seiner Arbeit vergeblich sieht, wohl endlich ermattet und abläßt? —

Indem wir uns aber auf der einen Seite von dem geschickten und thätigen Lehrer mit Bedauern, daß leider die Verhältnisse nicht besser sind, wenden, so können wir auf der andern auch die Klagen, um nicht zu sagen Beschuldigungen, nicht verhehlen, welche hin und wieder Directoren wissenschaftlicher Anstalten, einsichtsvolle und gerechte Männer jenen entgegen stellen; — Platons Klagen über die Behandlung der Mathematik zu seiner Zeit ganz ähnlich (S. 12.). Der Hauptpunkt, in welchem sie gewöhnlich alle zusammen laufen, ist: geistlose, mechanische, professionsmäßige Betreibung x); und gestützt auf die schon (S. 22.) erwähnte Erfahrung versicherten zwei Vorsteher der blühendsten Schulen Deutschlands, daß „wenn es von ihnen abhinge, bei ihren Anstalten die Mathematik als unnütz aus dem Lectionsplane verwiesen würde." Wie vielen Antheil die bisher erwähnten Umstände daran haben mögen, kann man als Fremder natürlich nicht überschauen; allein die vielfältige Be-

x) Wenn Kausler (d. Uflackersche Exempelbuch d. Algebra rc. Vorr. S. 2.) das gewöhnliche Betreiben der Algebra „ein Kinderspiel nennt, dessen man sich bedient, um nach Taschenspieler Art und Weise Resultate hervor zu zaubern und die Auflösungen wie aus einem magischen Topfe zu nehmen" u. s. w. schildert, so können wir wohl sagen, daß dieses Urtheil nicht die Mehrzahl der Lehrer trifft; wenn aber ein witziger Recensent die mathematischen Lehrbücher den Kochbüchern ähnlich findet, wenig zu ihrer Vertheidigung einwenden. —

stätigung dieses Urtheils von Schulmännern an verschiedenen Orten Deutschlands, welche zugleich die tiefgesunkene Achtung des mathematischen Unterrichts beweißt, und welche die geistreichsten Schriftsteller der gebildetsten Nationen der Erde y) unterstützen, muß uns nothwendig überreden, daß die Zurücksetzung desselben, als Bildungsmittel nicht ganz ungegründet sey. Wenigstens ist uns aus dieser Lage der Dinge klar, warum verständige Vorsteher von Gymnasien und Schulen, oder sonst Freunde zweckmäßiger Jugendbildung dem Erlernen der alten Sprachen den Vorzug geben und diesen die meiste und schönste Zeit einräumen, die Mathematik dagegen nur auf Nebenstunden verlegen. Und

y) Wir begnügen uns hier die Urtheile blos zweier, wiewohl sich sehr vieles dagegen sagen läßt, mitzutheilen. Jean Paul (Levana od. Erziehungsl. Braunschw. 1807. §. 132.) sagt: „Das alte Vorurtheil, daß Mathematik den philosophischen Scharf- und Tiefsinn übe und fordere und sie und die Philosophie Schwestern seyen, hat sich, hoff' ich, fortgeschlichen. Mit Ausnahme des überall gewaltigen Leibnitz, waren große Mathematiker, wie Euler, d'Alembert, ja Newton schwache Philosophen. — Große Rechenmeister und große Mathematiker fand man oft unter dem Volke, ähnliche Philosophen nicht; umgekehrt blieben kräftige, tiefe Philosophen bei aller Anstrengung nur ungelenke Meßkünstler zc. — Chateaubriand (Génie du Christianisme. Par. 1802. T. III. p. 29.): „Il y a une géometrie materielle, qui aveugle les yeux de l'ame. Elle se compose de lignes, de points, d'A + B; avec du temps et de la persévérance l'esprit le plus mediocre peut y faire des prodiges. Ce n'est plus qu'une sorte de machine géometrique, qui exécute d'elle même des opérations comme la machine arithmétique de Pascal. Cependant il faut avouer, que les hommes entêtés de ces calculs ont quelque fois un mépris riducule pour les autres sciences etc. —

so sehen wir uns auf jene (S. 22.) aufgestoßene Behauptung zurück geführt, welche wir mit unterschreiben müßten, wenn wir nicht für unsere Wissenschaft eine andere Ehrenrettung hätten. Wir müssen zu dem Ende

D. die Bildungskraft der Mathsis,

wenn sie im Geiste und nach der Weise der Platonischen Schule betrieben wird, mit andern Worten, wenn sie das ist, was sie urspünglich war, erwägen, um theils zu erkennen, wie sie sich gegen die Bildungskraft der Sprachen verhält, theils mit welchem Rechte sie in dem Lehrplane unserer Gymnasien steht, oder wenn sie sich nicht in demselben befindet, darein aufgenommen zu werden verdient; — weit entfernt, ihr aus Vorliebe mehr beizulegen, als ihr ihrer Natur nach zukommt. — Bei solcher Betrachtung aber müssen wir uns ganz frei halten von Rücksichten auf besondere Zwecke, welche die meisten Anstalten, und namentlich auch unsere sogenannten gelehrten Schulen, als solche haben. Ohne die wichtige Frage zu entscheiden, „ob eingealterte Gewohnheit, oder Convenienz, oder ob die Vernunft den Zweck der Geistesbildung bestimmen soll", sprechen wir weder von solchen Anstalten, welche Vorbereitung zur Gelehrsamkeit beabsichtigen, wo mithin einige Geisteskräfte auf Unkosten der andern geübt und ausgebildet und Einseitigkeit geflissentlich erzeugt wird, noch von solchen, wo es auf Ein- und Abrichten auf gewisse Sachen und Einübung und Fertigkeit gewisser Kunstgriffe abgesehen ist; sondern von denen, welche eine der Natur gemäße Ausbildung aller Kräfte des menschlichen Geistes durch gleich stark in Thätigkeit setzende Uebung, wie sie die Vernunft gebietet, zum Hauptzwecke haben z).

Was zuvörderst die Bildungskraft des Sprachstudiums, vornehmlich der alten Sprachen anlangt, so kann wohl kein Kenner derselben in Zweifel seyn, ihnen unter allen Bildungsmitteln den Vorrang einzuräumen, weil kein anderer Gegenstand alle Kräfte der Seele so vereint zu wecken, zu beleben, zu entwickeln und zu erhöhen fähig ist. Denn da die Sprache alles ausprägt, was der Mensch in Geist und Gemüth erfaßt, so beschäftiget sie nicht nur die Kräfte des Verstandes und Urtheils, sondern auch die Einbildungskraft, Gedächtniß und Gefühl, und ist mithin nicht blos für die intellectuelle Bildung des Menschen ein wirksames Mittel, sondern gehört auch für die ästhetische und moralische unter die wichtigsten. Ohne den überschwänklichen Nutzen zu erörtern, welchen das Lesen der griechischen und römischen Klassiker für die Ausbildung des menschlichen Gemüths gewährt, wenn sie zu den reinsten, edelsten Erweckungen in der jugendlichen Seele und um den Geist, der aus ihnen für die Verschönerung des Lebens weht, — um die himmlische Kraft, die das Gemüth stärkend ergreift und erwärmt in dem jüngern Geschlechte zu beleben, behandelt werden; ohne die mannigfaltigen Uebungen zu preißen, welche die Beschäftigung nicht sowohl mit den Wörtern und deren Zusammensetzung, sondern vielmehr mit den

z) Man sehe darüber R. B. Jachmann's gehaltvolle und vortreffliche Abhandlung im Archiv deutscher Nationalbild. Jahrg. I. 1812.

von ihnen bezeichneten Begriffen und deren Verbindung, durch welche sich das Urtheil im Satze, wie in einem Bilde gleichsam ausdrückt, welche die Thätigkeit unseres Geistes vielseitig anregt, ihm Lebendigkeit und Schöpferkraft verleiht und das Spiel aller Kräfte des Gemüths frei und in mannigfaltiger Gestalt belebt; hat die Sprachbildung an sich einen eigenthümlichen, durch nichts anderes zu ersetzenden Vorzug, indem sie dem Geiste des Jünglings nicht blos die Form giebt, nicht blos gestaltet, sondern in ihn viele Keime legt, welche belebt entsprossen, sich neu gestalten, bilden und Früchte tragen. Diese großen Vortheile des Studiums der Sprachen, welche seit vielen Jahrhunderten a) anerkannt, oft erwogen und gründlich dargelegt b) sind, können daher von keinem Vernünftigen abgeleugnet werden. — Und daß in sofern die griechische Sprache, theils wegen eines größern, eine größere Fülle von Begriffen bezeichnenden Wortreichthums, theils wegen ihres gesetzlichen Ganges in der Wortbildung und Wortfügung theils wegen einer eigenthümlichen Biegsamkeit und Bildungsfähigkeit durch die mannigfaltige Auszweigung ihrer Wurzeln zu feinerer und zarterer Unterscheidung und Bezeichnung der Begriffe und Gedanken den Vorrang verdient vor ihrer rauhern und ungefälligern Tochter, der lateinischen c), wel-

a) Diese Ueberzeugung hat schon zu Karls d. Gr. Zeiten das Studium der latein. u. griech. Sprache in die Klosterschulen eingeführt. S. A. H. L. Heeren's Gesch. d. Studiums d. klass. Liter. Götting. 1797. Th. 1. S. 105. ꝛc.

b) Von den vielen Schriften üb. diesen Gegenstand s. vorzügl. d. Revisionswerk Bd. VII. u. Bd. XI.

c) Es ist bekannt, daß die lateinische Sprache nach Dionys. v.

che nicht vernünftige Prüfung, sondern „der überwältigende Strom eigenmächtig sich gestaltender Weltereignisse" unverdienterweise jener vorgesetzt hat, ist bereits von gelehrten und hochbegabten Kennern des klassischen Alterthums wahr und kräftig ausgesprochen worden d).

So gern wir aber der Sprachbildung die gebührende Gerechtigkeit wiederfahren lassen und den Werth ihrer nicht allein wirklichen, sondern selbst möglichen Wirksamkeit hochschätzend anerkennen, so ist sie doch nicht ein die geistige Ausbildung vollendender Gegenstand, sondern blos eine sehr wichtige und nothwendige Hülfleistung dazu, und auch nur unter der Bedingung, daß sie richtig in die Entwickelung der Menschennatur eingreift. Daß

Helikarn. (Archäol. B. 1.) aus der griechischen nach dem Aeolischen Dialecte entstanden ist.

d) Aus mehreren nur zwei. Zuerst Herr Schulrath D. Fr. Koch in seiner gediegenen Schrift: Die Schule der Humanität. Eine gekrönte Preisschrift. Stettin 1811. S 83. „Bevor nicht der griechischen Sprache und Literatur in unsern gelehrten Schulen ein ähnlicher Cursus, also ein gleicher Zeit- und Kraftaufwand geschenkt wird, als der lateinischen bisher so allgemein eingeräumt war, läßt sich immer noch mit Recht bezweifeln, ob wir nicht vorsätzlich den Geist lähmen, den wir frei machen wollen." — Zweitens Herr Prof. Fr. Passow in zwei sehr gehaltreichen Abhandlungen im Archiv. f. deutsche Nationalbildung. Jahrgang 1. 1812. S. 99. 2c. u. S. 324. 2c., nebst einer Nachschrift auf Herrn Pr. Köpke's Gegenbemerkungen. S. 508. 2c.; — welche sich nicht blos durch gründliche, reichgestützte Anmahnung, dem Studium der griechischen Sprache als Bildungsmittel auf Schulen den Vorrang einzuräumen, auszeichnen, sondern auch zugleich die Nachtheile, welche aus dem entweihenden und verkrüpelnden Vermengen unserer vaterländischen Sprache mit fremden Wörtern fließen, mit gerechtem Unwillen zu beherzigen geben.

die Sprache für die moralische Bildung nur ein Mittel ist zur Darstellung dessen, was das Gemüth für das Gute, Edle und Heilige empfänglich machen soll, ist an sich klar. Für die ästhetische ist sie auch nicht das erste, da die anschaulichen Werke der Kunst den Sinn für das Schöne kräftiger erwecken und bilden. Und was die intellectuelle anlangt, deren weder die Moral noch die Aesthetik entbehren kann, und deren Vorrang vor jenem eben darum klar ist, so können wir das Sprachstudium ebenfalls nicht für das allein heilbringende Mittel erkennen. Daß die natürliche Bildung des menschlichen Erkenntnißvermögens von sinnlichen Gegenständen ausgehen müsse, weil alles Denken und Erkennen von der Sinnlichkeit erweckt wird und davon anhebt, wird kein Vernünftiger bestreiten. Diesem Fordernisse entsprechen schon nicht die stachlichen Sprachformen, welche sich an nichts Sinnliches anknüpfen lassen, die man aber dem jugendlichen Alter einzuzwingen pflegt. Wenn wir aber sogleich zum Hauptvorzuge der Sprachübungen übergehen, welcher in der vielseitigen Anregung aller Geisteskräfte und Bereicherung mit Begriffen besteht, so lehrt doch eine nur kurze Beobachtung, daß der junge Mensch mit den erlernten Wörtern nur flüchtige Vorstellungen verbindet und sie seine Denkkraft nicht gründlich und tief anregen; im Gegentheil daß die gewohnte Ueberfüllung mit einer Wörterwust, das Gedächtniß allein bereichernd, den Verstand ungeübt läßt, so daß jenes mit diesem in ein abstechendes und überwältigendes Mißverhältniß kommt. Uebrigens ist wohl zu bedenken, daß die große Empfehlung des Erlernens der alten Sprachen aus einem

Zeitalter stammt, wo nicht besonnene Erwägung ihrer Bildungskraft, sondern äußere Verhältnisse sie zu Lehrgegenständen in Schulen bestimmten: die lateinische (vormals selbst diplomatische Sprache), ihre Allgemeinheit, die griechische aber, nicht um jene heidnischen Musterwerke zu lesen, sondern um das neue Testament zu verstehen. Ob jenes Urtheil Kants e): „ein stumpfer oder eingeschränkter Kopf, dem es an nichts, als gehörigem Grade des Verstandes und eigenen Begriffen desselben mangelt, ist durch Erlernung sehr wohl sogar bis zur Gelehrsamkeit auszurüsten; da es aber gemeiniglich alsdann auch an jenem (der Secunda Petri) zu fehlen pflegt, so ist es nichts ungewöhnliches, sehr gelehrte Männer anzutreffen, die im Gebrauche ihrer Wissenschaft jenen nie zu bessernden Mangel häufig blicken lassen —", gegründet sey, dieß möge der Erfahrene sich selbst entscheiden.

Darauf wird man aber sogleich sagen: „Zur Uebung des Verstandes und Scharfsinnes tragen wir Logik vor und halten Disputirübungen." Die Logik, welche nicht den Inhalt, sondern die Darstellung der bloßen Form unserer Erkenntniß zum Gegenstande hat, kann den Verstand zwar mit Regeln bekannt machen, aber nicht bilden; denn die Bildung und Erstarkung desselben kann nur durch Uebung bewirkt werden. Und daß das dürre Gerippe, welches man auf Schulen unter den vornehmen Namen Logik jungen Leuten aufzutischen pflegt, selbst den obersten Klassen unserer

e) Kritik d. rein. Vernunft. S. 172.

Gymnasien unverdaulich ist und unfruchtbar bleibt, weiß jeder Schulmann; denn das Scheinreich der Wissenschaften hat für das junge Gemüth keinen Reiz. Wichtiger für diesen Zweck ist schon die allgemeine Sprachlehre. — Was aber die Disputirübungen betrifft, so verdient gar sehr Locke's f) Ermahnung beherziget zu werden: „Haltet euren Sohn von den in den Schulen gewöhnlichen Disputirübungen zurück, und flößt ihm einen Abscheu dagegen ein. Ihr werdet sonst, statt eines tüchtigen Mannes, einen schalen Zänker aus ihm bilden, der immer recht behalten will und sich etwas darauf einbildet, andern stets zu widersprechen, oder, welches noch ärger ist, einen Menschen, der geradezu alles in Zweifel zieht, und gar nicht etwa in der Absicht, die Wahrheit zu erforschen, sondern um seinen Gegner niederzudisputiren." — Und nach einer kurzen Beschreibung derselben fährt er fort: „Nur durch reifliche und zweckmäßige Betrachtung der Dinge selbst wird die Wahrheit erforscht und begründet, nicht durch logische Kunstwörter und Syllogismen. Die letztern geben dem Menschen nicht Anleitung zur Entdeckung der Wahrheit, sondern zu dem verfänglichen und betrüglichen Gebrauch doppelsinniger Wörter — in der That eine ganz verkehrte und ärgerliche Anwendung der Verstandeskräfte, die eines edeln Mannes und Freundes der Wahrheit ganz unwürdig ist." — Weit mehr Empfehlung für die

f) John Locke, über die Erziehung der Jugend unter den höhern Volksklassen 2c., a. d. Engl. übers. v. C. S. Ouvrier. Leipz. 1787. S. 368.

Bildung der Urtheilskraft und des Scharfsinns verdient die Uebung im Schreiben der alten Sprachen, welche Feinheit des Denkens fordert, und in Interpretation der Klassiker, wodurch der Jüngling nicht in die Gefahr jener Nachtheile kommen kann. — Wenn wir aber diesen Mitteln auch alles Gute zugestehen, so fehlen ihnen doch die Kräfte, welche den sich bildenden Geist an geordnetes, consequentes, bündiges, gründliches Denken gewöhnen können, welches jedem Jünglinge unerlaßlich nöthig ist, um in der Wissenschaft, welcher er sich widmet, mit glücklichem Erfolge ein- und vorzudringen.

Diese unermeßlich wichtigen Gaben kann keine Wissenschaft in so hoher Vollkommenheit gewähren, als eine im Geiste der Platonischen Schule zweckmäßig angestellte Betreibung der Mathematik. Denn die Anschaulichkeit ihrer Lehren, wodurch sie die Regungen einer noch ungeübten Geisteskraft hülfreich fördert, und woran sie schon die Erkenntnißkraft des zarten Alter gleichsam emporranken läßt, die Genauigkeit, Gründlichkeit und Feinheit ihrer Bestimmungen, welche ihre Lehren erfordern, die Schärfe und Bündigkeit ihrer Beweiße, die Nothwendigkeit des Zusammenhangs ihrer Sätze, wodurch sie zu ununterbrochener Aufmerksamkeit, zu Strenge und Consequenz in allem Denken und Forschen gewöhnt, die Besonnenheit und Ruhe ihres Fortschreitens von Wahrheit zu Wahrheit, welche den Geist stets in den Schranken der Gesetze der gesunden Vernunft bewegt und ihm eine vor Irrthum, vor Schwärmen und Träumen, vor Leichtgläubigkeit und thörigem Dünkel schirmende Kraft verleiht, nährt und begründet, die Tiefe ihres Erfassens, zu welcher sie leitet, um von der reinen Quelle der Wahrheit selbst schöpfen zu lassen, der ordnungsvolle Gang ihrer Entwickelung endlich, welcher dem Jünglinge einen geordneten Gebrauch seines Verstandes aneignet, — diese und viele andere Vorzüge, deren sich das Sprachstudium wenig oder nicht rühmen kann, geben der Mathematik vor allen andern Bildungsmitteln der Denk- und Erkenntnißkraft einen entscheidenden Vorrang, und um so mehr, jemehr ihre Betreibung eine praktische Logik ist. Aber noch einen wichtigen, ihr ausschließlich zukommenden Vorzug können wir nicht unberührt lassen, nämlich die Erweckung und Liebe zur Wahrheit, einer heiligen Tugend, welche dem menschlichen Gemüthe den höchsten Werth verleiht. „Der jugendliche Geist," um mit des geehrten Koch's Worten zu sprechen g), „läßt sich leicht interessiren für das Schöne, Edle und Angenehme in Form und Materie für alles, wodurch die Phantasie in ein leichtes Spiel gesetzt wird. Wurde er aber zu dem Genusse des blos Leiblichen verwöhnt, trieb seine Phantasie lange dieß angenehme Spiel, so verlor sich dabei gar leicht der Sinn für das Ernste, Wichtige und Große, sobald es trocken und einfach war. — In dieser Gefahr schweben wir bei einem unvorsichtigen Gebrauche der Dichterwelt. — Ein ununterbrochenes Schwärmen der Einbildungskraft auf den Blüthenauen der Poesie, muß am Ende die Sehnen der Denkkraft abspannen und den Sinn für das Wahre schwächen. Ist nicht mancher Jüngling ein Opfer dieser

g) Die Schule der Humanität ꝛc. S. 45 — 48.

stark gereizten und beschäftigten Einbildungskraft geworden, und ist es nicht um so mehr Pflicht, die Seele des Jünglings früh durch solide Nahrung kraftvoll zu machen, damit sie nicht gar am Ende bei einer überwiegenden Neigung zum Angenehmern in einem Schmetterligsartigen Durchflattern der dichterischen Blumenlesen zu einer Kraftlosigkeit hinabsinke, welche gewöhnlich moralische Seichtheit zur Folge zu haben pflegt. — Gefühle sollen den Menschen nicht allein leiten, sie sollen ihn begleiten, ihm freundlich zur Seite stehen, indem der Sinn für das Wahre seinen Willen bestimmt u. s. w." — Das soll nicht heißen, die Dichtkunst aus dem Kreise jugendlicher Geistesübungen entfernen zu wollen; sie verdient dagegen in richtigen Schranken um einer eigenen Bildungskraft für Geist und Herz alle Empfehlung; und die Geschichte lehrt, daß die meisten der Menschen, die sich in irgend einer Wissenschaft über die Grenzen des Gewöhnlichen emporgeschwungen haben, wie Platon selbst in den Jugendjahren, Talente zur Dichtkunst zeigten und sie übten. Nur vor Mißbrauch warnend will der edle Koch neben ihr eine ernste, das Gleichgewicht haltende Wissenschaft getrieben wissen, „und hier", fährt er fort, „bietet uns die Königin aller Wissenschaften, die Mathematik, von der Elementargeometrie bis zu den Höhen der Analysis, ein weites Feld zur ersten Erweckung des Sinnes für Wahrheit, für strenge Beweisführung und für eine unerschütterliche Gewißheit an. Hier erscheint die Würde der Wahrheit in ihrer ganzen Größe und in einer ergreifenden und in der

That das Herz erschütternden Bedeutsamkeit für den Geist des Menschen. — Auf diesem Wege äußert sich gewiß in dem Jüngling die siegende Gewalt der Wahrheit, er wird sich seiner selbst bewußt, fühlt die Kraft seines Geistes, ehrt das Göttliche seiner geistigen Natur." —

Alles dieses richtig erwogen und gewürdiget, erkennen wir die mathematischen Uebungen für die ganze Bildung des menschlichen Geistes, als nicht nur nicht überflüssig, sondern vielmehr als eine nothwendige Ergänzung zu der durch Sprachen. Und um nun das Verhältniß der Kräfte beider Gegenstände zu diesem Zwecke darzustellen, so schließen wir mit dem Urtheile eines geistvollen Gelehrten und gründlich erforschenden Kenners dieses Gegenstandes h): „In der formellen Bildung der Mathematik werden die erkennenden Kräfte des Geistes überwiegend und zwar als ein Ganzes organisirend durch gleichförmig einfachen Fortschritt tief und gründlich angeregt, die rein auffassende Kraft dagegen, ferner das Gefühl, das Ethische und die Gesinnung theils beiläufig, theils gar nicht erweckend. Bei der formellen Bildung durch Sprache dagegen geht der Fortschritt von der reinauffassenden Kraft des Geistes, dem Gedächtnisse aus, die höhern erkennenden Kräfte an einem einzelnen, vielseitig wechselnden Verhältnisse der Tiefe, als rhapsodisch übend, sich aber dafür umfassender ausdehnend und auch durch formelle Bildung

h) Dr. A. F. Bernhardi's, Prof. u. Direct. des Friedrichs-Gymnas. zu Berlin, in seiner Einladungsschrift zur öffentlichen Prüfung den 14. Oct. 1815. S. 29.

des Gefühl und die Gesinnung ergreifend. Wollen wir im allgemeinen das Resultat hinstellen, so würde subjectiv die Mathematik die Stärke des Geistes, die Sprache die Geschicklichkeit desselben, jene die Tiefe, diese die Lebendigkeit und Vielseitigkeit glücklicher ausbilden, objectiv aber die Mathematik die Auffassung eines Ganzen, als solchen, die Sprache aber die Einzelheit und ihre Beziehung begünstigen." So wird es wohl keinem Unbefangenen unentschieden seyn können, ob die Mathematik im alten ursprünglichen Sinne in unsern Schulen geduldet, und wenn sie noch nicht eingeführt ist, zu gleichem Rechte und Ehre wie die Sprachen aufgenommen werden müsse. Und wie wohl sie dieß zu allen Zeiten verdient, so ist gerade unserm, um mit Jean Paul's Worten i) zu reden „neblichtem, Stützen- und Bestand-losen, mehr träumendem als dichtendem, mehr phantastischem, als phantasirenden Zeitalter das scharfe Augenmaaß der Mathematik so nöthig, der feste Halt an das Feste."

Darinne kann uns aber auch die natürliche und zweckmäßige Bildungsweise der Athenienser zum Muster dienen, welche frühzeitige Gewöhnung zum Denken zum Hauptzwecke hatte k). Sie beschäftigten das jüngste Alter auch mit Sprachübungen (γραμματα, γραμματικη) und neben diesen mit Auswendiglernen moralischer Aussprüche

i) Levana oder Erziehungslehre. Brschw. 1807. S. 370.

k) S. Hochheimer's Syst. d. griech. Pädag. Th. 2. Reisen d. jüngern Anacharsis durch Griechenland v. Barthelemy, übers. v. Biester. Berl. 1793. Th. III. Kap. 26. — A. H. Niemeyer's Originalstellen d. griech. u. römisch. Klassiker üb. die Theorie d. Erziehung u. d. Unterrichts. Halle 1813.

und Verse aus dem Homer, von welchen man zur Erlernung der Wörter und ihrer Begriffe überging l). Es wurden daher nicht dem Gedächtnisse des Knaben dürre Formen fremder Sprachen eingezwungen, sondern die Denkkraft derselben durch Begriffe in ihrer unverfälschten vaterländischen geweckt und geübt. Der Unterricht des reiferen Alters war Etymologie, Erklärung der Wörter nach verschiedenen Mundarten m) und Bedeutungen, woran sich auch kritische Beurtheilungen guter und schlechter Schreibart reihten n). Zur weitern Ausbildung las man mit Sacherklärungen klassische Schriftsteller, Dichter, vorzüglich Homer, Geschichtschreiber und Redner; wiewohl Platon den Homer nur mit Auswahl zu lesen gestatten wollte, weil er ohne solche der moralischen Bildung nachtheilig werden könnte o). So sehen wir, daß die Weisen zu Athen auf ähnliche Weise verfuhren, wie wir in unsern wissenschaftlichen Anstalten. Allein damit begnügten sie sich nicht. Der Hauptgegenstand für ihre intellectuelle Bildung war ihre Mathesis, als Vorbereitung zum Hauptziele ihrer ganzen Ausbildung, zur Philosophie, wovon wir oben schon genugsam gesprochen haben. Und so sehen wir auch, daß Grammatik und Mathesis es waren, welche die Griechen, nicht dem Zwange eingealterter Gewohnheit oder

l) Sextus Empri. advers. Mathem. L. I. c. 4.

m) Vergl. Jakobs Rede über einen Vorzug der griechischen Sprache in dem Gebrauche ihrer Mundarten. Münch. 1808.

n) Sextus Empir. adv. Mathem. L. I. c. 1. 2.

o) S. v. d. Republ. B. II. u. III. Zweibr. Ausg. Bd. 6. S. 247. 2c. u. S. 261. 2c.

unbiegsamen Vorurtheils dienend, sondern wie in kindlicher Unschuld frei und der Natur gemäß denkend und handelnd, vereinigten, und dadurch ihre geistige Bildung dahin erhoben, daß ihnen die Nachwelt ihre Bewunderung nicht versagen kann. — Ehrwürdige Weise, was wäre die Menschheit, wenn sie euern Fußtapfen, euern besonnenen Schritten stets treu gefolgt wäre! —

Bei diesem Gedanken können wir uns nicht enthalten, einen beobachtenden Blick auf die Geschichte jener Bildungsweise, wie sie die Griechen in ihren Schulen übten, zu werfen, die Geschichte gründlichen, besonnenen, vernünftigen Denkens damit vergleichend. Da sehen wir aber leider jene Geistesdisciplin und die ursprüngliche, zweckmäßige Behandlungsweise unserer Wissenschaft bald verschwinden. — Sie gleicht einem milden Gestirn, welches einst aufging und dem Forscher nach Wahrheit und Ordnung menschlichen Wissens seinen verschlungenen Pfad erleuchtete, aber wie von einem verhängnißvollen Nebel verhüllt und verdunkelt untergeht, ohne mehr, als die Hoffnung zu hinterlassen, über einem andern Horizonte wieder zu erscheinen. — Und es ist merkwürdig und der Beherzigung sehr werth, daß nur in dem Zeitalter eines ernsten, gründlichen Studiums der Mathesis auch der besonnene, gründliche Forschungsgeist, der sich über die für dem Menschen als denkendes und handelndes Wesen wichtigsten Gegenstände, über die Gottheit, das Weltall und die menschliche Seele erstreckte, wohlthätige Früchte trug, daß mit der Blüthe der Mathesis auch die Blüthe der Philosophie in Griechenland stieg und wieder hinabsank, und daß wir mit der Wiederkehr des Studiums dieser Wissenschaft freiern, gründlichern Forschungsgeist und mehr Gediegenheit und Besonnenheit des Denkens vereinigt sehen.

Hätten wir von der Entwickelung und Bildung der Schüler und Nachfolger Platons genaue Nachricht, so würde sich zeigen, welchen Antheil die mathematischen Uebungen dieser Schule an dem Streben nach systematischer Ordnung menschlicher Erkenntnisse eines Speusippos p), an dem hellen Verstandesgebrauche eines Aristoteles, der sich zu lichtvollerer Darstelluug seiner Lehren, vorzüglich in seinen logischen Schriften, so oft mathematischer Beispiele bedient, u. and., gehabt haben. Allein weil hier das Einzelne an sich für das Allgemeine nichts beweißt, so halten wir uns an das Ganze. Jemehr sich in den Philosophenschulen der Hauptzweck der Platonischen: naturgemäße Entwickelung und Uebung der Denk- und Erkenntnißkraft verlor, desto mehr sehen wir die Originalität des Denkens verschwiuden, desto mehr die Männer, welche nicht sowohl philosophirten, als sich mit Philosophie beschäftigten, frühern Systemen folgen, desto mehr den freien, selbstständigen Forschungsgeist von Auctoritätsglauben gefesselt, und Einseitigkeit, auch wohl Seichtigkeit als leichtbegreifliche Folgen. Wenn wir von Zeno's

p) Diogenes v. L. (B. 4. §. 2.) erzählt aus den Denkwürdigkeiten des Diodor, daß Speusipp der erste gewesen sey, welcher die Mathemata systematisch geordnet und unter einander subsummirt habe. Er sagt: ὁυτος πρωτος (καθα φησι Διοδωρος εν απομνημονευματων πρωτῳ) εν τοις μαθημασι εθεασατο το κοινον και συνῳκειωσε καθοσον ην δυνατον αλληλοις.

Zeitalter an, welcher durch die Wichtigkeit seines Strebens edlere Naturen zum Forschen reizte, noch achtungswürdige Denker: einen Arcesilaus, Chrysippos &c. erblicken, so war es der Kampf des Scepticismus der Akademiker gegen den stoischen Dogmatismus, wodurch die menschliche Denkkraft stark bewegt und rege erhalten, aber kein befriedigendes Ziel erkämpft wurde. — Wie sich die Vernachlässigung jener Uebungen gerächt zu haben scheint, zeigt uns theils die Schwärmerei und die Irrthümer der neuplatonischen Philosophie durch die nächsten Jahrhunderte; theils, nicht blos die Unfähigkeit, sondern auch das Vorurtheil der Unmöglichkeit, das Wahre von dem Falschen zu unterscheiden; denn die Ursachen dieses Rückfalles lagen nicht allein in äußern Umständen. Daß wir jene selbst in Alexandrien treffen, wohin sich die mathematischen Wissenschaften gleichsam geflüchtet haben, ist unserer Behauptung nicht entgegen, da das Studium der letztern, wiewohl für die Kultur der Menschheit von unermeßlichem Nutzen, in Gestalt und Zweck von der Mathesis Platons verschieden war (S. 52.). Diese heilsame Geistesgymnastik schien von nun an verschwunden. Auch des Alkinous nachdrückliche Empfehlung derselben q), selbst das ernste Bemühen des Proklus Diad. r), die dürren Zweige der vormals blühenden Wissenschaft wieder zu beleben, konnte in jenem in Schwärmerei versunkenen Zeitalter,

q) In seinem Compendium der Platonischen Philosophie, εισαγωγη εις τα του Πλατωνος, c. 7.; vergl. meine Orthodidakt. d. Math. I. S. 2.

r) Vergl. oben S. 15.

wo Nüchternheit und Besonnenheit des Denkens für Beschränktheit gehalten wurde s), und wo der überwältigende Zwang des Kirchenglaubens nebst militärischem Despotismus das Gedeihen wissenschaftlicher Unternehmungen lähmte, nicht anders als unfruchtbar bleiben. — Vier Jahrhunderte müssen wir in der Geschichte vernünftigen Denkens gänzlich übergehen. — Nachdem man aber im achten n. Ch. anfing in den zur Bildung der Geistlichen angelegten Klosterschulen auch Dialectik (Logik) zu lehren, um die Lehren der Kirche gegen häufige Angriffe der meistens vermeinten Ketzer verfechten und schützen zu können, sehen wir in den folgenden Zeitaltern nach und nach die eingeführte, aristotelisch genannte Schulphilosophie als Geistesgymnastik auftreten. Niemand kann leugnen, daß die Scholastik — abgesehen von ihren Fehlern — dadurch, daß sie ihre Ehre in der Kunst suchte, auf das spitzfindigste zu unterscheiden und zu streiten, den menschlichen Geist zu der Kraft erhob, durch welche er sich der Tyranney der Hierarchie nicht blos in Kirche und Staat, sondern auch in Glauben und Wissen mit Nachdrucke zu widersetzen und obzusiegen vermochte. Was sie aber zu solchem Ansehen erhob, war die Einheit, Deutlichkeit, Gründ-

s) Man erinnere sich nur z. B. des Marinus, der sich durch das Studium der Mathematik vorzügliche Klarheit und Gründlichkeit zu eigen gemacht und sich von der Schwärmerei seiner Zeit frei und nüchtern hielt. Von ihm sagt der dogmatische Schwärmer Damascius: ου βαθειαν αυλακα των νοηματων καρπουμενος, εξ ὡν τα σοφα βλαστανει θεαματα της των οντων φυσεως. Vita Isidori in Photii biblioth. c. 242. p. 1055.

lichkeit und Consequenz, welche sie durch Albert den Großen, Bischoff zu Regensburg (1205 — 1280), erhielt, einen Mann, welcher sich eine nicht gewöhnliche Ueberlegenheit des Verstandes, wodurch er eben so sehr, als durch den Umfang seiner Kenntnisse in seinem Zeitalter hervorragt, nicht durch die alten Sprachen, worinne er nicht unbedeutende Schwäche verräth t), sondern vielmehr durch die vielfache Beschäftigung mit Mathematik erworben hatte. — Aber wiewohl die Uebungen, welche die Scholastik dem menschlichen Verstande darbot, für jenes Zeitalter einen unermeßlichen Nutzen hatten, so war doch diese, welche nur Subtilität, nicht Gründlichkeit und noch weniger naturgemäße Bildung zum Zwecke hatte, mithin blos den Scharfsinn übte, nicht den Verstand bildete, von der Geistesdisciplin griechischer Weisen weit entfernt, und indem sie auf der einen Seite den Despotismus des Pabstthums beschränkte, war sie auf der andern selbst ein Despotismus des Verstandes, der sich von Paris aus über das ganze christliche Europa ausgegossen hatte. Freiheit des Denkens mit ihr aller Forschungsgeist und Gründlichkeit bleiben durch Bullen, und die Schrecken des Scheiterhaufens unterdrückt und verbannt; und das kräftigere Streben des menschlichen Geistes verirrt sich in Träume und Schwärmerei, so daß sich die ausgezeichnetsten Männer nicht davon frei halten.

Wenn wir nun den Spuren nachgehen, welche uns die allmählige Wiederkehr der Gründlichkeit und Freiheit

t) S. Tennemanns Gesch. d. Philosophie. Th. 8. Bd. 2. S. 489.

im Denken und Forschen bezeichnen, so finden wir sie in der Wiederkehr des Studiums nicht nur der klassischen Literatur, sondern auch der Mathematik. Die griechischen, nach Italien geflüchteten Gelehrten, ein Chrysoloras, Bessarion, Georg Gemistus (Pletho), Theodor v. Gaza, Georg Trapezunt u. and., waren nicht blos Lehrer der alten Sprachen und Literatur, sondern auch der Mathematik und eifrige Beförderer derselben u). Das letztere auf die Deutlichkeit und Gründlichkeit, welche sich diese Männer angeeignet hatten und in ihre Schüler überzutragen wußten, Einfluß gehabt hat, können wir zwar nicht mit historischen Zeugnissen darthun, aber jene auch nicht für ganz unschuldig daran halten. — Das schon von dem gelehrten, in Griechenland selbst gebildeten Mönche Barlaam (1330) vorbereitete und von dem geistvollen Pletho in die Abendländer Europa's eingeführte Studium des Platon, von den wohlthätigen Anstalten der verdienstvollen Mediceer (1438) geschützt und befördert, hatte nicht blos die Bekämpfung und Beschränkung des Despotismus der Scholastik zur Folge, sondern auch eine höhere Würdigung und ein eifrigeres Studium der Mathematik, und wir machen die Wahrnehmung, daß unter der nicht unbedeutenden Anzahl

u) Wir erinnern nur an des gelehrten Cardinals Bessarion (1395 — 1472) thätige Verwendung für die mathematischen Wissenschaften, dessen freundschaftlichen Umgang mit Purbach in Wien und an die Beförderung Regiomontan's, welchen er mit nach Italien nahm, und an dessen großem Verdienste und Ruhme er wenigstens mittelbaren Antheil hatte.

Denkern jenes Zeitalters die wenigen, welche sich nicht in den Strudel des Mysticismus und der Schwärmerei reißen ließen, sondern mit Besonnenheit und Nüchternheit in den Schranken der gesunden Vernunft zu halten vermochten, ihren Geist frühzeitig durch mathematische Uebungen gebildet und erweckt hatten.

Unter denen, welche es zuerst wagten, sich den Mißbräuchen der Scholastik unmittelbar zu widersetzen, ragt der Kardinal Nicolai von Cusa (1401 — 1464) am meisten hervor; ein Mann, welcher neben den nothwendigen, damals schon allgemeiner gewordenen Sprachkenntnissen, durch ein gründliches Studium der Mathematik, die er in hohen Ehren hielt, sich nicht blos tiefe Einsichten in diese Wissenschaft, wie seine Schriften beweisen v), sondern auch einen nicht gewöhnlichen Scharfsinn und selbstständigen Forschungsgeist erworben hatte, der sich durch sein ganzes System, insbesondere aber durch das wichtige Streben bewieß, die Grenzen des menschlichen Wissens zu ergründen. Seine Verschmelzung der Mathematik mit der Schwärmerei des Areopagiten und die symbolische Anwendung der Zahlen und ihrer Gesetze auf die Lehren seines theologisch-philosophischen Systems zeigt uns auf ähnliche Weise, wie einst die Pythagorische, die wiederkehrende Morgendämmerung eines neuen Tages für die Philosophie. — Ausgezeichnete Denker jenes Zeitalters, unter ihnen zwar sehr gelehrte und vielseitig gebildete Männer, bei welchen wir aber das Studium der Mathematik vermissen, wie

v) S. Kästners Gesch. d. Math. Th. I. S. 400. 477.

ein Pico v. Mirandola, Reuchlin, G. Zorzi (Venetus), Corn. Agrippa, Rob. Fludd (de Fluctibus) u. and., sehen wir in die Irrthümer der Cabbala und andern Mysticismus versunken w).

Weit entfernt, diese Erscheinungen dem Verdienste der Mathematik allein zuzurechnen, da die übrigen Umstände manchen Antheil daran haben mögen, so scheint doch jenes Zusammentreffen einiger Beachtung nicht ganz unwürdig, da es öfterer wiederkehrt, und wir von der Zeit an, wo das Studium der Mathematik allgemeiner wird, die Ansichten an Reinheit, der Gesichtskreis Erweiterung, das Gebiet der Philosophie mehr Bestimmtheit, das Forschen, mehr von Principien geleitet, Regelmäßigkeit gewinnt. Wenn sich dieser unermeßliche Gewinn schon aus der Natur unserer Wissenschaft erklärt, so muß er uns, die wir jetzt den Fortgang menschlicher Einsichten überschauen können, dadurch weit wichtiger werden, daß ihn der besonnene und vielseitig gebildete Reformator, Philipp Melanchthon, unter dringender Empfehlung der letztern *) wie prophetisch voraus-

w) Tennemanns Gesch. d. Philos. Th. 9. S. 133. u. ff.

*) Melanchthons Empfehlungen finden sich in zwei Vorreden: die erste vor Ioh. de Sacro Bosco libell. de Sphaera (August 1531), worinne er zum Studium der Astronomie ermahnt, als einer Wissenschaft, welche das Gemüth zu erhabenen Empfindungen und Gedanken leiten und den Glauben an das große, unermeßliche Walten der Gottheit in ihm beleben und festhalten könne, die andere von Mich.

sprach, und kräftig für die Zurückführung der Mathematik in öffentlichen Lehranstalten wirkte.

Stifelii Arithmetica integra. Norimb. 1544. Diese verdient selbst hier einen Platz.

Philippus Melanchthon Lectori S.

Non mihi, si linguae centum sint, oraque centum, enumerare possem, quam multis in rebus usus sit numerorum. Et ita sunt in conspectu atque obviae utilitates non solum numerorum, sed etiam artis, quae longas et intricatas rationes mirabili dexteritate subducit et explicat, ut neminem quemlibet hebetem esse existimem, qui non et numeros miretur et de arte ipsa praeclare sentiat. Quare si prolixum encomium de his utilitatibus instituerem, per inde facerem, ut si accenderem, quemadmodum Graeci dicunt, εν τη μεσημβρια λυχνον. Sed hominis studiosi est intelligere, quas utilitates proprie afferat Arithmetica his, qui solidam et perfectam doctrinam in caeteris philosophiae partibus explicant. Quod enim vulgo dicunt, principium esse dimidium totius, id vel maxime in philosophiae partibus conspicitur. Unus est aditus ad praestantissimam philosophiae partem de motibus coelestibus, cognitio Arithmetices. Et haec tantam vim habet, ut mediocriter exercitatus in Arihmetica facile caetera perspiciat et assequatur. Ita plus quam dimidium totius eius philosophiae tenet is, qui mediocriter cognovit Arithmeticen. Hanc tantam utilitatem praediti generosis naturis diligenter considerent, ut et excitent animos ad amorem huius artis et praeparent se ad percipiendas caeteras artes. Quid quod multum etiam in phy-

Welchen Einfluß das Studium der Mathematik auf die vollendete Ausbildung des Verstandes, auf den

---

sicis, multum in historicis utimur hac sublimiori doctrina de numeris. Denique turpe est homini versanti in literis negligere hanc artem, quae est et inchoatio ratiocinationis universae, quae primum discernit unum et multa, eaque distribuit, qua luce proprie homines distant a pecudibus. Ideo boni et docti viri summa vi anniti debent, ut in scholas revocent hanc doctrinam, ut, postquam explosa est illa diluta et loquax Sophistice, quae oppresserat Dialacticen et Physicen, nunc veteris et purioris philosophiae studia iterum accendantur. Haec diligentia multis modis praefutura est Reipublicae. Nam simplici et pura doctrina adsuefactae mentes rectius iudicent, quaerunt certa in doctrinis, non tenent mordicus incerta. Magnum id hoc bonum est, quod haec ipsa consuetudo affert amorem veritatis, qui bonos viros efficit, et diligenter adsuefacit animos ad moderationem etiam in reliqua vita. Quid est autem rebus humanis magis salutare, quam eos qui propter doctrinam reipubl. praeficiuntur et veritatis amantes esse et moderatos? Ita bene et praeclare merebuntur Scholae de genere humano, si veram, utilem, puram doctrinam proponent iuventuti eamque simul ad veritatis amorem et ad diligentiam ac moderationem in vita instituant. Proinde laudan-

Scharfsinn, auf die gereifte Urtheilskraft und die sich nie übereilende Besonnenheit dieses Ehrwürdigen gehabt, durch welche er dem Fortgange und Siege der Reformation so förderlich war, und wie viel jenes mittelbar zur Ordnung, Bestimmtheit und Klarheit seiner Begriffe, wodurch er als Philosoph und Exeget über alles, was er behandelte und lehrte, Licht und Anmuth verbreitete, mitgewirkt hat, ist zwar mit der Geschichte seiner Bildung verschwiegen geblieben. Indeß beweißen seine Aeußerungen, daß er auch diese Wissenschaft nicht oberflächlich berührt hatte. Ohne uns jedoch eine Vermuthung darüber zu erlauben, erinnern wir blos an einige Thatsachen.

Als Melanchthon im J. 1518 nach Wittenberg kam, fand er schon mathematische Vorlesungen über Euclid's Elemente, und Ioh. a Sacro Bosco Sphaera mundi, eingeführt, und zwar, wie es in einer eigenen Statute von 1514 heißt: „quia mathematica teste Apollonio prima et certissima scientia est, sine qua Aristoteles, illud omnium artium robur et fundamen-

---

dus est conatus multorum, qui hoc tempore aut vetera scripta edunt atque illustrant de his disciplinis, quae fontes philosophiae continent, aut cudunt nova. Hoc consilio Arithmeticum scriptum Mich. Stifelii studiosae iuventuti commendandum esse duxi, quod cum ad exercitationem proderit, tum vero ad causas perceptionum quaerendas plurimum lucis afferat. Bene Vale. Vitebergae Calend. Ianuar. 1543.

tum minime intelligi potest. — Wiewohl selbst der unter dem Namen der aristotelischen, herrschenden Zeitphilosophie zugethan, welcher er auch, ihrer Gebrechen wohl bewußt, aus Mangel einer bessern in den Protestantismus überpflanzte x), fühlte er die Nothwendigkeit einer Reform derselben, und erkannte, daß vor allen die tiefgeschlagene Wurzel ihres verdorbenen Zustandes: das Streben nach Sophistik, ausgerottet werden müsse, und daß diese Krankheit derselben nur durch Leitung und Gewöhnung der studirenden Jugend an gründliches, besonnenes und consequentes Denken geheilt werden könne. Zu diesem Zwecke aber empfiehlt er, wie einst Platon (s. oben S. 5.) nichts dringender, als das Studium der Mathematik, und zwar nicht blos als Mittel, die leere, in eitles Wortgepränge versteckte scholastische Sophistik zu verdrängen und Liebe und selbstständiges Streben nach Wahrheit und den ächten Forschungsgeist zu entzünden, sondern auch überhaupt als feste Grundlage für das Studium aller andern Wissenschaften; und fordert er deshalb Lehrer und Vorsteher der Schulen mit edlem Eifer auf, die mathematischen Wissenschaften in ihre Anstalten zurück zu führen und sie zu diesem

x) Camerarii vita Melanchth. p. 15. etc. Melanchth. orat. de studiis corrigendis declam. I. p. 506. seqq. — de utilitate philos. decl. I. p. 533. Hier sagt er: „eruditam philosophiam requiro, non illas cavillationes, quibus nullae res subsunt. Ideo dixi, unum quoddam philosophiae genus eligendum esse, quod quam minimum habeat sophistices et iustum methodum retineat. Talis est Aristotilis doctrina, —

Zwecke zu betreiben. Sein, aus weiser Vorsorge, die im Geiste seines Zeitalters, und aus fester Ueberzeugung, die in der Natur unserer Wissenschaft begründet war, entsprungenes thatkräftiges Bemühen, hatte zu Wittenberg die Anstellung zweier Professoren, eines der Astronomie (mathematum superiorum), des andern der reinen Mathematik (mathem. inferiorum) zur Folge, welche Einrichtung, wenn auch nicht forthin im Geiste ihres großen Stifters, bis zum Jahre 1784 fortgedauert hat.

Jene Reform der Philosophie aber, deren Bedürfniß Melanchthon erkannte (welche jedoch während jener heftigen Erschütterung der Kirche nicht rathsam seyn mochte y), sehen wir bald darauf einen Bernhardin Telesius aus Cocenza (1508 — 1588) beginnen, welcher nicht blos die erforderliche Kenntniß der Sprachen und der Philosophie mit lichtvoller Einsicht und Schärfe der Urtheilskraft verband, sondern auch mit nöthiger Energie des Geistes gerüstet war, um sich dem gleichsam festgewurzelten Ansehen des Aristoteles zu widersetzen, die Fesseln des eingealterten Geisteszwanges kräftig zu zerbrechen und neue Wege zu bahnen. Er studirte von 1527 an zu Padua unter Hier. Amalthäus und Friedr. Delphinus Philosophie und vornehmlich Mathematik, worinne er es so weit brachte, daß er selbst neue Entdeckungen machte; und „die Klarheit, Verständlichkeit und Gründlichkeit,“ sagt Tennemann z), „die er sich durch das Studium

y) Vergl. Tennemanns Gesch. d. Philos. Th. 9. S. 118.
z) Ebendas. S. 280.

der Mathematik angeeignet hatte, lud ihn zur scharfen Prüfung der aristotelischen Naturlehre ein, deren Resultat das Erstaunen war, wie es möglich gewesen, daß so viele vortreffliche Männer, so viele Nationen, ja beinahe das ganze menschliche Geschlecht von einer so blinden Verehrung gegen den Aristoteles, der so viele Irthümer in so wichtigen Gegenständen begangen habe, sich eine so lange Zeit hindurch habe hinreißen lassen." — Dieß ist aus seinem eigenen Geständnisse a). Indem wir, gerecht gegen jenes Zeitalter, die Mängel seines Systems entschuldigen, müssen wir in seiner Unternehmung die ersten Regungen eines kräftigen, scharfen, freimüthigen Forschungsgeistes erkennen und ehren. — Das wichtige Verdienst, welches unsere Wissenschaft durch ihre eigenthümliche Kraft um den hellen Verstand dieses Reformators der Naturphilosophie hatte, erstreckte sich aber auch weiter, indem jene Klarheit, Gründlichkeit und Besonnenheit, womit er forschte und lehrte, den fruchtbaren Thomas Campanella, den reinschauenden Franz Bako b) von Verulam, u. and., welche dem Geiste ihres Zeitalters eine bessere Richtung gaben, weckte, entzündete und leitete. Ob Campanella, wenn er, anstatt einen seichten, gebrechlichen Vortrag der Scholastik zu hören, die ihm nicht gnügte, das Glück gehabt hätte, seinen lebendigen, schnelleindringenden, unternehmenden Geist an der strengen Wissenschaft

a) Telesius de rerum natura. Ausg. 1565. prooemium, welches in den spätern Ausgaben fehlt.

b) Bako's Urtheil über die Mathematik, s. de dignitate et augmentis scientiarum. L. III. c. 6.

übend, gleichsam zu zügeln und sich mehr Schärfe und Tiefe, mehr Besonnenheit und Ruhe anzueignen, der Philosophie sicherere Fortschritte verschafft und sich manches Trübsal vermieden haben würde, ist eine Vermuthung, die sich bei der Betrachtung seiner Lehren und Schicksale leicht darbietet. — Einen vielseitig gebildeten, lichtvollen und freimüthigen, aber auch deshalb heftig verfolgten Denker des 16ten Jahrhunderts können wir hier nicht unberührt lassen: Giordano Bruno (verbrannt 1600), welcher seiner hellen Einsicht wegen um ein Jahrhundert zu früh geboren zu seyn scheint. Wird es einst noch gelingen, die Jugendgeschichte dieses merkwürdigen Mannes aufzuklären c), so wird sich beweißen, wie viel Antheil daran die Mathematik hatte, welche ihm Lieblingsstudium war, die er während seines Aufenthalts in Wittenberg öffentlich lehrte, und deren gründliche Kenntniß allenthalben in seinen Schriften vorleuchtet. — Was aber die Reform der Philosophie dem Studium der Mathematik verdankt, beweißt sich am ausgezeichnetsten durch Petrus Ramus, welcher sich frühzeitig und gründlich mit dieser Wissenschaft beschäftigte d), welcher die Kunst zu denken aus ihr

c) S Tennemanns Gesch. d. Philosophie. Th. 9. S. 374. vergl. Buhle's Gesch. d. Philos. Th. 2. S. 704.

d) S. Pet. Rami arithmeticae. Libb. II. geometr. Libb. XXVII. Basil. 1630. Praef. „Adolescens fuit ingenio quidem ad omnes artes percipiendum admirabili, studio autem in literis Latinis et Graecis, in philosophia praecipue et mathematica tanto, ut ardentius aut flagrantius nihil unquam viderim. Quare quum mathematica professio vacaret, et a nobis in examen productus, aemulatione competitorum severius examinatus

zu lernen nachdrücklich empfahl e), und sich um die Verbesserung der Methode nicht blos der Mathematik, sondern auch alles Unterrichts ein wichtiges Verdienst erwarb.

Daß die Naturlehre die großen Fortschritte, die sie in diesem Zeitalter durch Kepler, Galiläi und dessen Schüler rc. gewann, einem eifrigern und gründlichern Studium die Mathematik verdankt, ist an sich klar und nicht zu sagen nöthig.

Nicht unverdienterweise beginnt man mit Descartes (1596 — 1650) das lichtvollere Zeitalter der neuern Philosophie. Die Jugendgeschichte dieses Denkers zeigt uns, daß er sich in der Jesuitenschule zu la Fleche, wo er gebildet wurde, viel und gründlich mit den mathematischen Wissenschaften beschäftigte, welche ihn vor allen anzogen f). Den Einfluß, welchen die Uebungen in derselben auf seinen Scharfsinn, auf die Klarheit seiner Ideen, auf die Gründlichkeit und Strenge seiner Untersuchungen hatten, kann selbst der Befangene nicht wegleugnen, und die Jugendgeschichte seines gelehrten und wißbegierigen Zeitgenossen und Schülers, Gassendi (1592 — 1655), bietet uns dieselbe Wahrnehmung dar g). — Was sollen wir von den größten, von Mit- und Nachwelt angestaunten Geistern dieses Jahrhunderts, Newton und

esset, ita mentes omnium cepit, ut etiam adversarii eo loco dignissimum iudicarent. —

e) Pet. Ramii scholae in liber. artes. Basil. 1578. Scholae mathem. L. II. J. A. Eberhardt's Gesch. d. Philosophie. Halle 1796. S. 265.

f) Buhle's Gesch. d. Philos. Bd. III. S. 4. 87.

g) Ebendas. S. 88.

Leibnitz, sagen? Die Mit- und Nachwelt hat erkannt und anerkannt, wie sich durch sie die mächtige Kraft der Wissenschaft verherrlichet hat, in welcher sie sich unsterbliche Denkmähler errichteten. — Was wir hier über Joh. Locke (1632 — 1704) dem scharfsinnigsten Denker der Britten, der mit dem größten der Deutschen in der Begründung der Philosophie wetteiferte, zu sagen haben, läßt sich aus der bekannten, dringenden Empfehlung der Mathematik zur Bildung eines gründlichen Denkers leicht abnehmen h). — Um uns bei einer Reihe eben so ausgezeichneter Mathematiker, als gründlicher Philosophen, einem Marq. de l'Hospital, Tschirnhausen, Hobbes, Christ. Wolf, Lambert und and. nicht weiter aufzuhalten, sey nur erlaubt, den Blick noch auf den, unserm Zeitalter nächsten, großen Denker zu richten: Imman. Kant (1724 — 1804). Wenn ihm, der die Tiefen des menschlichen Erkenntnißvermögens erforschte, eine gründliche Kenntniß des Wesens unserer Wissenschaft zu diesem Zwecke nothwendig war, die sich in der Kritik der reinen Vernunft genugsam beurkundet, so legt er, der die Werke eines Newton studirte, in seiner Betrachtung des Weltbaues i) eine umfassende Kenntniß ihrer Lehren dar. Ob das Studium dieser Wissenschaft zur Tiefe und Größe seines Geistes etwas beigetragen habe, überlassen wir eines Jeden eigenem Erwägen, so wie wir überhaupt bei allen

h) Posthumous Works. London 1706. on the Conduit of the understanding. §. 7.

i) S. Allgem. Naturgeschichte d. Theorie des Himmels 2c. 4te Aufl. 1808.

diesen Bemerkungen blos die Absicht haben, auf das Zusammentreffen des Studiums der Mathematik mit den sicheren Fortschritten der Philosophie aufmerksam zu machen, welches einiger Beherzigung nicht ganz unwerth zu seyn scheint. — Lassen wir nun zwar das Urtheil Jean Paul's k), daß „außer dem überall gewaltigen Leibnitz große Mathematiker schwache Philosophen gewesen seyen," auf Euler, Dalembert, Newton sich berufend, hier bei sich beruhen, da er blos beweißen will, daß die Mathematik und Philosophie nicht „Schwestern" seyen, so wird dagegen das andere, daß „kräftige, tiefe Philosophen bei aller Anstrengung ungelenke Meßkünstler bleiben", durch die aufgeführten Beispiele völlig entkräftet. Und wenn er hofft, daß sich das alte Vorurtheil, daß die Mathematik den philosophischen Scharf- und Tiefsinn übe und fordere, fortgeschlichen habe", so hoffen wir, daß er nichts anderes meine, als jenen geistertödenden Formelkram, von welchem als solchem man allerdings für die eigentliche Geistesbildung des Jünglings keinen Gewinn hoffen kann. Es sey aber nun genug davon geredet. —

Wenn wir uns jetzt, den ganzen Gang unserer Betrachtung überschauend, die Hauptergebnisse derselben zusammenstellen, so bestehen sie zuvörderst in der Wahrnehmung, daß die hochgeachtete Mathesis der Griechen, welche ihre Propädeutik der Philosophie ausmachte, eine Geistesdisciplin war, die sich der raumanschaulichen Leh-

k) S. Levana oder Erziehungslehre. §. 132.; vergl. oben S. 69.

ren unserer Wissenschaft methodisch bediente, um den zu bildenden Geist des Schülers an sinnlichlichen Anschauungen zu den nichtsinnlichen reinen Erkenntnissen überzuführen und zu erheben, so daß zu diesem Zwecke vornehmlich Platon seine Schüler nichts lehrte, sondern sie blos anleitete, die Wahrheiten selbst zu finden, und wir darum diese Lehrweise die Platonische nannten; zweitens in der Ueberzeugung, daß solche naturgemäße Uebung des Geistes zur Vollendung der Ausbildung desselben eine nothwendige Ergänzung ist, wozu noch kommt, daß sich in allen frühern Zeitaltern, wo wir das Studium unserer Wissenschaft wahrnehmen, auch die durch nichts anderes völlig zu ersetzende Bildungskraft derselben beweißt, durch deren Anerkennung sie die besonnensten Denker, ein Melanchthon, Locke, Wolf rc. ihren Zeitgenossen und dem künftigen Menschengeschlechte, als das sicherste Gegengift gegen leere Spitzfindigkeit und verfinsternden Mysticismus, dringend empfohlen haben. — Auf der andern Seite aber lehrt eine Betrachtung unserer gegenwärtigen Mathematik, daß sie sich in unsern Schulen ihrer alten Würde und Ehre nicht erfreut, noch zu jenem Zwecke eigentlich und vorzüglich betrieben wird, sondern bei einem durch das frühere Schicksal der Wissenschaften geschaffenen, nicht von der Vernunft bestimmten Zwecke von dem Studium der alten Sprachen überwältiget und zurückgesetzt ist; und daß auch unsere Lehrbücher, seit des edeln Pestalozzi Auftritte für den ersten Unterricht im zartern Alter, doch für die weitere Fortbildung in und durch diese Wissenschaft nicht zu diesem Zwecke eingerichtet sind, und darum das Bemühen derjenigen Lehrer, welche durch ihren Vortrag die ursprünglichen Vortheile derselben, so weit es die äußern Hindernisse erlauben, zu erzielen suchen, sehr mühevoll und gewöhnlich nur für einzelne Schüler fruchtbar bleibt. Dieß zusammen veranlaßte auch mich, über Mittel nachzudenken, wodurch hierinne einige Verbesserung bewirkt werden könne. Alle Neuerung vermeidend und sehr wohl eingedenk, daß sich jede Verbesserung, wenn sie gelingen soll, an das Eingewohnte anschließen müsse, fand ich bei oft wiederholter Betrachtung der gemachten Erfahrungen, den Vortrag der Wissenschaft mehr im Geiste Platons einzurichten, stets sehr zweckmäßig. Mit meiner Bearbeitung öffentlich vorzutreten, fühlte ich mich nicht berufen, noch konnte in den Jahren des verhängnißvollen Drucks französischer Herrschaft, die in unserm deutschen Vaterlande fast jede wissenschaftliche Unternehmung lähmte und erstickte, kein Gedanke dazu gefaßt werden. Solchen hielt aber auch überdieß eine nicht ungegründete Schüchternheit zurück, da in neuern Zeiten oft mißgreifende Künstelsucht im Unterrichte gegen alles Neuscheinende ein nicht ganz ungerechtes Mißtrauen erregt hat, und selbst das Nützliche um des Rufs der Neuheit willen, bisweilen dem Schicksale nicht entgehen kann, ungeprüft verworfen und schonungslos niedergeschlagen zu werden. Allein ein unerwartetes Ereigniß, das um die Ehre derer noch zu schonen, die es veranlaßten, hier verschwiegen bleibe, gab die Veranlassung, die gefaßte Ansicht und Absicht in oben (S. 1.) erwähnter Abhandlung unbefangenen und gründlichen Kennern zur Prüfung vorzulegen. Gelehrte Beurtheiler erfüllten diesen Wunsch mit einer nicht so erwarteten Nachsicht gegen das, was dort zwischen den zahl- und namenlosen Störungen des Kriegs (womit im Jahr 1813 Dresden heimgesucht wurde), und bei dem Mangel literärischer Hülfsmittel, die die Vorsicht damals zu verbergen gebot, nur unvollkommen angedeutet werden konnte; — welche den ausgesprochenen Dank um so mehr verdient, da nicht jeder Schrift eine gründliche und gerechte Beurtheilung zu Theil wird, und manche bisweilen mit einer nicht blos dem unbefangenen Leser Eckel erregenden, sondern auch zum allgemeinen Aergerniß den guten Ruf der Wissenschaften, so wie die Ehre eines kritischen Instituts verletzenden Inhumanität behandelt werden l)! — Mit der Billigung des angedeuteten Plans nicht nur, sondern auch der Ermunterung zur Ausführung desselben, vereinigte sich

l) Wenn z. B. auf den ersten Blick einleuchtet, daß der Recensent seine Privatverhältnisse unzeitig einmischt; — wenn der Schriftsteller, der nicht dem eingewöhnten Schlendriane folgt, ohne weiteres für verrückt erklärt wird, weil — Hr. Rec. nicht so weit vorgerückt ist, und auch nicht willens zu seyn scheint, mit der Zeit fort zu rücken, u. dergl. Exempla sunt odiosa. — Jetzt tritt ein Journal auf, welches nicht die der Isis geweihten Rinder, sondern Thiere langohrigen Geschlechts in seine Dienste nimmt, und mit den Köpfen derselben die encyklopädischen Blätter ziert!! Wohl mag es gut seyn, wenn, wie in Aegypten, die berühmte Göttin — also der Ruf —, die Barbaren zu bändigen, jedes Zeitalter einen Canis Criticus hat; indessen möchte ihm doch wohl zu rathen seyn, von der erfreulichen Preßfreiheit keinen Mißbrauch zu machen, damit es ihm nicht gehe, wie dem Canis Grammaticus des 17ten Jahrhunderts, Caspar Schoppius, im Jahr 1614 zu Madrit. —

die Wahrnehmung, daß geehrte, um die wissenschaftliche Jugendbildung hohes Verdienst sich erwerbende Männer auch anderwärts bereits die Vortheile einer solchen Betreibung der Mathematik erkannt hatten und zu erreichen edel bemüht waren. Denn zu gleicher Zeit mit jener Abhandlung erschien zur Beförderung des heuristischen Verfahrens überhaupt des gelehrten Schulraths und Directors, Hrn. Matthias in Magdeburg bekannter Leitfaden rc., und unter dem 18ten September 1814 auf Verfügung des erleuchteten Königl. Preußischen geheimen Staatsraths und Oberpräsidenten, Herrn Sack, eine Instruction für die Gymnasien in den Königl. Preußischen Rheinprovinzen m), worinne nicht nur der Mathematik als Bildungswissenschaft ihr altes gebührendes Recht neben der Grammatik eingeräumt (§. 1.), sondern auch (§. 6. c.) die platonisch-heuristische Lehrweise vorzüglich anempfohlen wurde. — Im Falle daher vielleicht das hier erscheinende Buch hin und wieder ein von den Vortheilen dieser Lehrart, zu welcher es bestimmt ist, überzeugter Lehrer zu gebrauchen gedenken sollte, so scheint es in so fern seines Verfassers unerläßliche Pflicht,

E. den Zweck, die Einrichtung und den Gebrauch

desselben noch etwas näher zu erörtern.

1) Der Zweck gegenwärtiger Arbeit, wiewohl er schon aus dem Bisherigen einleuchten wird, ist, um

m) Sie findet sich abgedruckt im Allgem. Anzeig. d. Deutschen. Jahrg. 1815. Nr. 15. S. 146.

ihn bestimmt auszusprechen: Neben dem unermeßlichen Nutzen, wechen die Mathematik durch ihre Lehren für das praktische Leben gewährt, auch die ursprünglichen nicht minder wichtigen Vortheile derselben als Gymnastik des Geistes so weit als möglich zu erreichen. Zu diesem scheinen aber zwei Punkte unveränderlich festgehalten werden zu müssen:

a) Anstatt die Sätze der Wissenschaft, wie gewöhnlich, nach einander voraufzustellen und diejenigen auf welche sie sich gründen oder aus welchen sie folgen, (die Prämissen), zum Beweiße nachfolgen zu lassen; mithin anstatt die Wahrheiten, welche andere gefunden haben, blos zum Anerkennen hinzustellen und ihre Richtigkeit zu beweißen; erfand es sich jenem Zwecke entsprechender, die letztern (die Prämissen) dem natürlichen Gange des menschlichen Denkens gemäß voraufzustellen, so daß der Schüler in den Stand gesetzt werde, die Wahrheiten selbst (die Schlußsätze), nebst den Regeln durch eigenes Denken abzuleiten, und so durch fortgesetzte Verbindung der gefundenen Sätze die ganze Wissenschaft nach ihrem ureigenthümlichen Baue selbstfindend zu entwickeln; — welches Verfahren eine naturgemäße Uebung der Denk- und Urtheilskraft gewährt, und darum mit der Lehrweise Platons übereinkommt; um es mit zwei Worten zu sagen, anstatt der Euklidisch-ostensiven n) Methode der Platonisch-heuristischen sich zu bedienen.

n) Die Euclidische Methode „Ostensivam" zu nennen, scheint aus dem Aristoteles Analyt. post. L. I. c. 13. entlehnt.

b) Bei einem solchen Selbstfindenlassen der Wahrheiten macht aber die systematische Ordnung derselben ein der wichtigsten Erfordernisse aus, und mußte daher die logische Ein- und Unterordnung der Sachen zu den ersten Geschäften gehören; — (eine Arbeit, die mehr Schwierigkeit hat, als dem, welcher sie nicht selbst versucht, auf den ersten Blick einleuchten mag, ja von einem Schleiermacher für unmöglich gehalten zu seyn scheint o).

Die Vortheile dieser zwei Punkte, von welchen dieser über die Einrichtung, jener über den Gebrauch dieses Buchs noch einige Bemerkungen veranlassen wird, sind an sich so einleuchtend, daß sie kaum einer Andeutung bedürfen. Denn durch die, wie Cicero p) sie nennt, „unersättliche Begierde nach Wahrheit, welche von Natur in dem menschlichen Gemüthe liegt, und das dem Menschen eigene Suchen und Forschen nach ihr", die ihm desto theuerer wird, je mühevoller dieses ist, hat für das Gemüth des Jünglings, welches mit eigener Kraft erklimmen, mehr als Geschenk liebt, das Selbstfinden, wenn schon in jeder Wissenschaft, vorzüglich in der Mathematik, wo die Anschauung die Schritte so sicher leitet, einen eigenen Reiz, und erweckt unter jungen Leuten in der edelsten Beschäftigung des Geistes einen Wetteifer, so, daß sie jenen Zweck:

o) S. Grundlehren einer Kritik der bisherigen Sittenlehre. S. 350.

p) Tusculan. I. 19. Natura inest mentibus nostris insatiabilis quaedam cupiditas veri videndi. — Veri inquisitio atque investigatio hominis est propria.

mit stets gefesselter Aufmerksamkeit selbstdenkend und selbstständig forschend gründlicher und tiefer in die Sachen einzudringen ꝛc., aus eigenem Triebe erreichen; — einen unaussprechlich wichtigen Zweck: denn je mehr der Mensch gewöhnt wird, die Ursachen der Dinge selbst zu erforschen, desto mehr steigt sein Bestreben, sich der Welt nützlich zu machen. — Das heuristische Verfahren kann zwar auch auf die Art geschehen, daß man dem Schüler blos Fragen und Aufgaben vorlegt, und deren Beantwortung und Auflößung, durch Zurückweisung auf bekannte Sätze erleichtert, ihm selbst überläßt, mithin problematisch-heuristisch, dessen man sich auch bisher in sehr vielen guten Schulen bedient und zu welchem Herr Schulrath Matthias jenen vortrefflichen Leitfaden nebst Erläuterungen gegeben hat, welches verdienstvolle Werk in jedes Schulmanns Händen seyn sollte. — Durch die logische Einordnung der Sätze aber wird solches Verfahren und die ganze Geistesbeschäftigung zugleich eine praktische Logik, welche dann einen besondern, so häufig unfruchtbaren Vortrag dieser Wissenschaft entbehrlich macht. Es gnüge dieses mit dem Urtheile des geistvollen Harris zu rechtfertigen, welcher sagt q): „Es giebt wohl wenig

q) Hermes oder philosoph. Untersuchung über die allgemeine Grammat. v. Jak. Harris, übers. v. Everbeck. Th. 1. Halle 1788. Vorr. S. xxv. Vergl. die gehaltvolle Schrift: üb. d. logische Wichtigkeit d. Mathematik auf Gymnasien ꝛc. — ein Beitrag zur Gymnastik des jugendlichen Geistes, von Dr. J. G. E. Föhlisch. Wertbh. 1814. 8. — Die Schule der Humanität ꝛc. v. Fr. Koch. S. 48.

Wissenschaften von einem so großen innern Werthe, als die mathematischen. — Sie sind die edelste Anwendung der Logik oder der allgemeinen Kunst zu schliessen. — Wer demnach die Mathematik in dieser Rücksicht studirt, wird nicht nur durch die Mathematik ein erfahrner Logiker und durch die Logik ein gründlicher Mathematiker; sondern auch ein verständiger Philosoph und scharfsinniger Denker in Ansehung aller möglichen Gegenstände der Wissenschaften und des Nachdenkens." — Indem daher diese zwei Punkte eben diejenigen sind, welche, indem sie dem Lernenden logisches Denken und systematisches Ordnen des Gedachten aneignen, die Mathematik zur Propädeutik der Philosophie machen, wie im Alterthume; so sind sie es auch, welche dem Jünglinge die Gabe verliehen, sich sowohl in der Wissenschaft selbst leicht zu orientiren, ihn zum Herrn seines Stoffs machen, und ihn mit der Kraft rüsten, für jeden vorkommenden Fall das Anwendbare mit Einsicht zu wählen und mit Richtigkeit zu behandeln.

Allein dabei begegnen wir einer gewissen Klasse von Lehrern, nicht sowohl Professoren der Mathematik, als vielmehr Mathematikern von Profession, welche eine wissenschaftliche Betreibung unserer Wissenschaft für unnütz halten und die Bildungskraft derselben weder kennen, noch achten r). „Wir wollen Praktiker bilden, darum treiben wir alles sogleich praktisch", tritt man mit praktisch-vornehmen Tone auf, meinend, uns

r) Mathematica multi sciunt, mathesin pauci Renaldinus de Arte analytic. praef.

damit zurückgewießen zu haben. — In so fern dieses Wort die Anwendung der Wissenschaft im Leben bedeutet, welche so unendlich ist, daß man fast die Worte Schillers auf sie anwenden könnte:

Was der Mensch bildet und was er schafft,
Das dankt er dieser — Wissenschaft; —

so möchte solch ein Einwurf nichts als ein Mißverständniß seyn, da das wissenschaftliche Betreiben viel gewisser zu diesem Zwecke führt. Wenn aber „das Praktischtreiben" in dem Hingeben der Sätze, einem Vor- oder Nachdemonstriren derselben mit allen Punkten, und einem Haufen Beispielen zur Einübung der auswendig gelernten Regeln und Kunstgriffe besteht, so müssen wir wohl zu beherzigen geben, daß solches nicht unterrichten, sondern höchstens ein Abrichten genannt werden kann, welches selbst Institute sehr untergeordneten Zwecks entweiht, den selbstschaffenden Geist des Menschen zu einer blos gehorchenden Maschine herabwürdiget, den denkenden Kopf mit hemmenden Schranken belästiget, und durch langweiliges, immer wiederkehrendes Werk dem Vorzüglicherm Unlust und Widerwillen erregt; — und gegen eine große Häufung von Beispielen, welcher wir zwar jenen wichtigen, aber auch einzigen Nutzen zugestehen können, auf der andern Seite mit Kant erinnern, „daß sie der Richtigkeit und Präcision der Verstandeseinsicht Abbruch thut *).
Wenn wir aber, eines Jeden Ueberzeugung und Ansicht, wenn sie auf Einsicht gegründet ist, wohlachtend, jenen Männern von dem Zwecke des eigentlichen Unterrichts

*) Kritik der rein. Vernunft. S. 173.

auch so viel nachlassen, daß sie ihre Schüler blos auf dasjenige einrichten, wovon diese in ihrem künftigen Berufe unmittelbare Anwendung machen können, so leuchtet ja ein, daß um zu erkennen was, wo und wie man es anwendet, eine gründliche Einsicht in die Sachen und ihren Zusammenhang nothwendig, und ohne solche die größte Fertigkeit in dem gerade Eingeübten für 50 Fälle vergeblich ist, wenn ein 51ster vorkommt, auf welchen man nicht eingerichtet wurde. Wenn also die angedeutete wissenschaftliche Behandlung der Mathematik schon den Vorzug hat, daß sie dem künftigen Praktiker zu seinem Berufe tüchtiger macht, so kommt dazu noch der, daß sie auch zum praktischen Verstandesgebrauche führt und gewöhnt. Und sollte es wohl in der Welt einen Beruf geben, wozu kein Verstand erfordert würde? — Solches nicht entscheidend, kehren wir zu unserer Sache zurück.

Wenn jener angedeutete Zweck erreicht werden soll, so müssen auch die äußern Umstände, welche auf den mathematischen Unterricht nachtheilig wirken, so weit es der Direction eines Instituts möglich ist, beseitiget werden, — welches in unserm Zeitalter, das sich den aus dunkler Zeit stammenden Vorurtheilen immer mehr entwindet, auch zu hoffen steht. — Andere Hindernisse fallen von selbst, sobald sie sich nicht mehr auf diese stützen können. — Es gehört dazu vorzüglich die äußere Nachsetzung desselben dadurch, daß man ihm theils nur Nebenstunden einräumt, theils den Schülern nach Gefallen daran Antheil zu nehmen, oder ihn ungestraft zu verabsäumen gestattet. Die Entschuldigung, der Mathematik zum künftigen Berufe nicht zu bedürfen, kann dabei nicht statt finden, weil ein geübter Verstand jedem Studirenden nicht blos zum künftigen Berufe, sondern auch zu jeder Wissenschaft, er werde Theolog oder Jurist oder Arzt ꝛc., das nothwendigste ist, und wir leicht wahrnehmen, daß die durch Verstand und Scharfsinn überlegenern Menschen in allen Verhältnissen mehr walten, leiten, ordnen, wirken und herrschen. Und ist es schon aus den oben (S. 73.) angedeuteten Gründen nützlich, die Mathesis auf die ersten frischen Morgenstunden zu verlegen, so ist es auch noch um der Erhöhung ihrer Achtung willen. Die zweite Stunde des Morgens scheint sich daher am besten dazu zu eignen, weil dadurch die mathematischen Uebungen zwischen andere fallen, und in solchen Anstalten, wo die Schüler nicht unter streng beschränkender Disciplin stehen, schon dadurch manche Verabsäumnisse verhütet werden. Daß man die dem Schüler interessantern Lehrgegenstände nicht vor, sondern nachfolgen läßt, bedarf keiner Erwähnung. Zu den Mitteln, durch welche der mathematische Unterricht mehr Interesse gewinnt, gehört auch, daß man, nicht wie gewöhnlich ein halbes Jahr Arithmetik, das andere Geometrie allein, oder was noch schlimmer ist, jene in den untern! und diese in den obern Klassen lehrt, sondern beide zu gleicher Zeit in abwechselnden Stunden vorträgt. — Ein anderer nicht unwichtiger Umstand aber ist die Classification der Schüler. Was sich auch im allgemeinen gegen das Lectionssystem und für das Classensystem sehr gegründet einwenden läßt t), und die vorzüglichsten Gym-

t) S. die geistvolle Abhandl. über die Berücksichtigung d. In-

nasien durch weise Einrichtung beider Vortheile zu vereinigen streben, so scheint doch zu unserm Zwecke das erstere ausschließlich nothwendig. Denn wenn schon nach jeder Methode die Mathematik die möglichste Gleichheit an Fähigkeiten und Kenntnissen der zugleich zu belehrenden Jünglinge fordert, so ist dieß vorzüglich bei der zum Selbstfinden leitenden der Fall, und daher jeden ohne Hoffnung zurück bleibenden in eine tiefere Classe zurück treten zu lassen, weil er nur zum Nachtheile der übrigen nachgebracht werden könnte. — Den mathematischen Unterricht in Lehrgänge (Cursus) zu theilen, ist als nothwendig bereits anerkannt und in mehrern guten Lehrbücher geschehen, wiewohl der Gesichtspunkt, nach welchem die Materie entweder dem einen, oder dem andern zugetheilt wird, etwas anders genommen werden kann. Wieviel jedem Lehrgange zugetheilt werde und müsse, hängt theils von der Zahl der Classen, in welchen die Mathematik geübt wird, theils von der Grenze, bis zu welcher, ab. Zu weiterer Prüfung stehe hier eine aus Ueberlegung und Erfahrung gewonnene Ansicht.

Da zum heuristischen Verfahren schon eine gewisse Fertigkeit im Denken und Abstrahiren erfordert wird, so scheint es am nützlichsten, die mathematischen Uebungen in zwei Arten zu theilen: vorbereitende und selbstfindende, so daß die letztern blos auf die zwei obern Classen der Gymnasien beschränkt bleiben. Demgemäß müssen jene theils in Zeichnung und

dividualität ꝛc. v. R. B. Jachmann im Archiv deutscher Nationalbildung. 1ster Jahrg. 1812.

mündlicher und schriftlicher Beschreibung geometrischer Figuren (διαγραμματα), d. i. geometrischer Anschauungslehre, anderntheils in Einübung der 4 Species der Rechenkunst mit unbenannten und benannten Zahlen, sowohl auf der Tafel, als in Gedanken (Kopfrechnungen, λογισμοι) bestehen, und zwar ebenfalls nicht nach, sondern zu gleicher Zeit neben einander in wechselnden Stunden. Zu beiden haben wir sehr brauchbare Anleitungen; zu jener von Tillich, Ladomus, Hoffmann ꝛc., zu dieser von Köhler, Arendt ꝛc. welche in Ersch Liter. der Math. S. 25. und S. 19. genannt sind. Der Nutzen dieser Uebungen ist in neuern Zeiten vornehmlich von denen, die über Pestalozzi's Methode geschrieben haben, genugsam dargestellt worden. Außerdem aber, daß sie der Hand, dem Auge und dem Verstande Fertigkeit und Kraft verleihen, verdient das Aufsuchen, Abstrahiren, bündige und bestimmte Aussprechen und Niederschreiben der Eigenschaften der Figuren hier besondere Aufmerksamkeit und Empfehlung. Denn dieses gewöhnt nicht nur an die Strenge der Bestimmungen, die die Wissenschaft selbst fordert und an eine gewisse Bündigkeit in der Sprache, gerade das, was nöthig ist, kein Wort zu viel, noch zu wenig zu sagen, sondern ist auch die beste Vorbereitung zum Selbstfinden der Wahrheiten selbst. In Anstalten, wo die Mathematik in 4 obern Klassen getrieben wird, kann man zu größerem Vortheile zwei Lehrgänge dieser Uebungen machen, so, daß der heuristische Unterricht der Lehren selbst den zwei obersten aufgespaart bleibt. Für diese möchte dann vielleicht das gegenwärtige Lehrbuch brauchbar seyn, in welchem jeder Haupttheil der reinen Mathematik, so weit sie in Gymnasien vorgetragen werden muß, um Jünglinge in den Stand zu setzen, dann akademische Vorlesungen, sowohl über die höhern Gegenstände jener selbst, als auch über Physik, Astronomie ꝛc. zu verstehen und zu verdauen, in zwei Lehrgänge getheilt sind. Der Natur der Wissenschaft gemäß u) zerfällt das ganze Buch in drei Theile, von welchen der erste Arithmetik, der zweite Geometrie mit Einschluß der sogenannten Trigonometrie, der dritte Phoronomie oder reine Bewegungslehre enthält. Es erscheint jetzt zuvörderst der erste Lehrgang des ersten Theils; und sollte diese Arbeit nicht unbrauchtbar erfunden werden, so wird zunächst der erste des zweiten (der Geometrie) und so fort die übrigen gedruckt werden. Da aber jedem Theile eine kurze Vorrede vorgesetzt werden muß, welche über den Plan und Gebrauch desselben Rechenschaft giebt, so ist hier blos

2) von der Einrichtung des ersten, so weit er jetzt erscheint, zu reden nöthig.

Diejenigen Vorstellungen und Begriffe, deren Vorhandenseyn in der menschlichen Erkenntniß die Mathematik nicht nachweisen kann, und welche mithin über ihrem

u) S. Einleitung §. 13. Es heißt dort S. 13.: Jakob Hermann habe sich zuerst des Namens Phoronomie bedient; es hat sich aber nach dem Drucke dieser Stelle gefunden, daß er schon in Ehrh. Weigelii idea matheseos universae Ienae 1660. C. IX. p. 48. vorkommt.

Gebiete vorausliegen, gehen auch, wie gewöhnlich, in einer Einleitung voraus. Anstatt eines vereinzelten Hinstellens der bloßen Erklärungen derselben, schien es wissenschaftlicher und nützlicher, auf analytischem Wege zu dem Gebiete der Wissenschaft ein- und vorzudringen, dem Aufsuchen eines Grundes gleichend, auf welchem sich ein fester Bau erheben soll (§. 1 — 15.). Es schließen sich daran noch einige die Wissenschaft angehende Lehren (§. 16 — 18.), nebst einer allgemeinen Uebersicht der Geschichte derselben, welche an keinem andern Orte einen schicklichen Platz fanden. Zu welchem Gebrauche, wird weiter unten erörtert. — So gewiß nun allen theoretischen Vernunftwissenschaften, um Kants Worte zu brauchen, „synthetische Sätze a priori als Principien zum Grunde liegen müssen v)", so müssen auch die Grundsätze der Mathematik, da sie eine solche Wissenschaft ist, solche Sätze, mithin Axiome in Kants Sinne des Worts seyn. An ein Axiom aber können wir daher folgende Forderungen machen:

a) Es muß ein allgemeiner Satz seyn, d. h. er darf keinen höhern Erkenntnißgrund haben, sondern muß vielmehr den Erkenntnißgrund aller andern Sätze der Wissenschaft enthalten;

b) er muß absolute Nothwendigkeit und apodiktische Gewißheit haben, wodurch er sich über alle Demonstration erhebt;

c) er muß sich auf den Gegenstand der Wissenschaft selbst beziehen, d. h. nicht blos formel

v) Kritik d. rein. Vern. S. 6. 189. ff.

seyn, sondern einen Satz der Wissenschaft wirklich zum Grunde setzen. Dadurch erhält er die Kraft und wird würdig (ἀξιοῦται) solcher Wissenschaft zum Grundsatze (ἀξίωμα) zu dienen.

Nun bedient man sich aber, wie bekannt, unter dem Namen Grundsätze oder Axiome jener 12 Sätze, welche den Elementen Euclids vorgesetzt sind; allein eine genaue Ansicht derselben zeigt, daß sie schon der ersten Forderung nicht entsprechen, in dem der erste bis achte, ingleichen der 10te voraussetzen, daß Größen einander gleich, der 9te aber, daß sie ungleich sind, die übrigen aber speciell auf die Geometrie sich beziehen, mithin hier nicht in Betrachtung kommen. Auch leisten jene der letzten Forderung nicht Gnüge, weil sie blos allgemeine Formeln der Größe sind, wie sie auch Kant nennt w). Dieß erkannte schon der scharfsinnige Apollonius von Perga, indem er den ersten Euklidischen Grundsatz demonstrirte und behauptete, das Princip der Geometrie müsse nicht-geometrisch (ἀγεωμετρήτου) d. i. philosophisch seyn; später aber Petr. Ramus, welcher sagt: „Talia exiomata non dico mathematica non esse, sed omnino, cum sint axiomatum consectaria, axiomata esse nego, in quibus Euclides Apollonii se longe dissimilem praestitit. Apollonius enim e principiis indemonstrabilibus propositiones demonstrabiles effecit; at Euclides contra e demonstrabilibus propositionibus facit indemonstrabilia princi-

w) Kritik der rein. Vernunft. S. 206.

pia x)." — Allein Ramus thut hier dem Euclides sehr unrecht, da jene im Originale keinesweges Axiome genannt sind, sondern blos den bescheidenen Namen: „allgemeine Erkenntnisse" (κοιναι εννοιαι) führen. Auch hatte zu Euclids Zeit das Wort αξιωμα noch gar nicht jene Bedeutung, und ist es, wenn die Sätze wirklich von Euclid herrühren (wiewohl dieß auch noch einigem Zweifel unterworfen ist), ein späterer Zusatz, vielleicht von Proclus, oder einer noch spätern Hand. Zur Rechtfertigung dieser Meinung nur einige Bemerkungen.

Proclus, welcher Euclids Elemente aus Alexandrien mit nach Athen gebracht, oder wenigstens das Studium derselben hier allgemeiner gemacht zu haben scheint, sagt in seinem Commentare darüber, da, wo er von der Methode spricht (B. II. C. 8.): „Zuerst muß man die Grundbegriffe (τας αρχας) und das, was aus ihnen folgt, von einander sondern, welches ja auch (δη και) Euclides vor jedem Buche, wie man es nennt und vor jedem abzuhandelnden Gegenstande (προ πασης πραγματειας) thut, so daß er die allgemeinen Grundbegriffe der Wissenschaft τας κοινας της επιστημης αρχας) auseinander setzt." Wir sehen, daß hier Proklus in aristotelischer Sprache von den Definitionen (όροις) spricht, welche wir auch in den Elementen vor jedem Buche wirklich finden. Nun fährt er fort: „dann aber theilt (er?) dieselben allgemeinen Begriffe in die Voraussetzungen

x) Scholae mathematicae. L. VIII. p. 157.

(τας ὑποθεσεις), in die Erfordernisse (τα αιτηματα) und in die Grundsätze (τα αξιωματα)." Allein dieß findet sich im Euclid schon nicht „vor jedem Buche", und auch vor dem ersten weder ὑποθεσεις (denn die Definitionen kann Pr. kaum darunter verstehen), noch αξιωματα, sondern „κοιναι εννοιαι;" und die αιτηματα endlich haben ein so schülerhaftes Ansehen, daß man sich leicht geneigt fühlt, sie dem Verfasser der optischen Schriften Euclids beizulegen. — Wenn wir aber den Proclus weiter lesen, so wird uns bald klar, warum er diese Eintheilung macht und diese Namen braucht. „Denn", fährt er fort, „diese alle sind von einander verschieden und ist αξιωμα und αιτημα und ὑποθεσις nicht ein und dasselbe, wie ja der göttliche Aristoteles sagt;" — und nachdem er den Unterschied dieser drei Wörter erörtert hat, schärft er nochmals ein: „auch nach des Aristoteles Erklärung werden αξιωμα und αιτημα und ὑποθεσις auf ebendieselbe Weise unterschieden," — fügt jedoch wohlwissend hinzu: daß „man oft auch alle diese (Grundbegriffe) Voraussetzungen (ὑποθεσεις) nenne; so wie die Stoiker ein Axiom jede gegründete Behauptung (πασαν αποφασιν ἁπλην): so daß nach ihnen auch die ὑποθεσεις αξιωματα, nach den andern aber auch die αξιωματα ὑποθεσεις heißen." — Diese „Andern" aber sind die Platoniker (s. S. 54.). —

So sehen wir, daß die gemachte Eintheilung mit dem göttlichen Aristoteles, dem Dictator der damaligen Philosophie, in Uebereinstimmung gebracht werden soll, welche in jenem Zeitalter freilich jeder Sache eine wichtige Empfehlung gab und wohl nöthig war, wenn sie Eingang finden sollte. Daß es dem Proclus darum zu thun war, wird uns um so wahrscheinlicher, da das Streben, die Lehren der damals in großem Ansehen stehenden Philosophen bis auf die Worte in Einklang zu bringen, welches er sich wohl zu Alexandrien angeeignet hatte, und aus welchem er dazu alle Berührungspunkte aufsucht und benutzt, auch in seinen übrigen Schriften unverkennbar ist. Daß er zu solcher Absicht bisweilen mit den Ausdrücken tauschen mußte, ist natürlich, und wir haben hier eben einen Beweiß. Denn in der Stelle des Aristoteles, auf welche Proclus zielt y), findet sich natürlich das Wort αξιωμα nicht, weil es erst in der stoischen Schule, und zwar durch die Dialektik des Chrysippos (welcher 280 v. Ch., mithin fast 30 Jahre später als Euclid blühete, geboren wurde), jene wichtige Bedeutung bekam z), sondern das im Aristoteles gewöhnliche προτασις. Zu solcher ganz unschädlichen Wortvertauschung konnte sich aber unser überall vereinigende und um Einklang bemühte Proclus entweder durch das allmächtige Ansehen der Chrysippischen Dialectik a), wo das Wort αξιωμα eine sehr bedeutende Rolle spielte, leicht bewogen fühlen, oder aber sie konnte auch nicht absichtlich seyn. Denn bei seiner großen Menge Arbeiten und der Unbequemlichkeit des

y) Analytic. poster. L. I. c. 23. (ed. Buhle).

z) Diogen. Laert. L. VII. v. 65. 68. etc. 73.

a) Diogenes v. L. (B. 7. §. 180.) erzählt: manche hätten geglaubt, daß wenn es bei den Göttern eine Dialectik gäbe, sie keine andere seyn könnte, als die Chrysippische.

Nachschlagens der Schriften in damaliger Form, müssen wir wohl annehmen, daß er bisweilen aus seinem sonst sehr gewaltigen Gedächtnisse citirte und sich einmal irren konnte, oder er bediente sich bei der Seltenheit und Kostbarkeit der aristotelischen Schriften des berühmten Commentars derselben von Alexander von Aphordisias, dessen Erklärungen damals und späterhin als die Norm des ächten Peripaticismus galten, und welcher in manchen Stellen das Wort προτασις durch αξιωμα wirklich erklärt. Und in der Sache machte Pr. keinen Fehler. Denn ebenderselbe Alexander Aphrodis. erklärt προτασις auch durch „λογος καταφαντικος η αποφαντικος, αληθης η ψευδης" b), eben so Ammonius c) αξιωμα, und ganz übereinstimmend mit dem Berichte des Diogenes v. L. aus der Dialectik des Chrysippos selbst geschöpft d). Und wenn wir bedenken, wie gewaltig Aristoteles nicht nur in Lehre, sondern auch in Wort und Form zu jener Zeit herrschte, so müssen wir eben so verzeihlich als begreiflich finden, nicht nur wenn Proclus jene Wörter mit ihren Unterschieden in den Euclides zu dessen größerer Empfehlung aufnahm, sondern auch, wenn ein späterer Freund des letztern, der vielleicht dessen Elementen nur οροι, aber noch keine αιτηματα und αξιωματα vor-

b) Comment. in Aristot. prior. analytic. I. Edit. Aldin. Venet. 1520. p. 4. etc.

c) Comment. in Aristot. περι ερμηνειας. init.

d) Diogen. Laert. L. VII. §. 65. Daß diese ganze Stelle aus dem Commentare des Ammonius hier eingeschoben sey, hat Aldobrandinus wohl nicht gemeint. Auch andere beweisen, daß Diogenes aus den διαλεκτικοις οροις des Chrysipp, die er hier citirt, selbst schöpfte.

gesetzt fand, sich zum Verdienst machte, noch solche zu schmieden, entweder meinend, einem Mangel abzuhelfen, oder um dem Euclides einen Freundschaftsdienst (es war ja eine pia fraus) zu erweißen, damit wenigstens die drei gefeierten Wörter da seyn. Zu einer andern Zeit mehr davon. — Wir, in verbis faciles -- halten uns jetzt an die Sachen, und da wissen wir, daß Aristoteles unter jenen drei Wörtern drei Arten von Grundurtheilen der Vernunftschlüsse (αρχας συλλογιστικας), die Stoiker aber unter αξιωμα einen Satz verstehen, welcher, und in so fern er seinen Erkenntnißgrund in sich selbst hat e), und welcher nach dem Zeugnisse des Plutarch mit dem Platonischen λογος gleichbedeutend ist f).

Diese Erinnerung Plutarchs aber veranlaßt uns auch, einen Blick in die Schriften Platons selbst zu thun, forschend, welches Grundsatzes der Mathematik dieser Weise Athen's sich bediente. Da finden wir zwar, daß das vielbedeutende Wort λογος g) in dem Sinne, in welchem es Plutarch dort anführt, ein Vernunftgrund heißt, dessen sich, wie er sagt, „der Philosoph

e) Diogen. Laert. L. VII. §. 65. Αξιωμα εστιν αποφαντον ὁσον εφ᾽ἑαυτῳ.

f) De Platonicis quaestionib. in fine. ed. Lips. 1778. Vol. X. p. 203 πρωτη συνθεσις, ἡν οἱ μεν προτασιν, οἱ δε αξιωμα, Πλατων δε λογος προσηγορευκεν. Wir wissen, daß die οἱ μεν die Peripatetiker, die οἱ δε die Stoiker waren.

g) S. Tennemanns System der Platonischen Philosophie. Th. 2. S. 197.

als eines Werkzeugs bediene h)", aber auch, daß es Platon nicht von der Mathematik braucht, ja daß er gar kein Grundprincip derselben kannte, ihr daher den Rang einer philosophischen Wissenschaft auch nicht gestattete. Zur Ueberzeugung müssen wir ihn nochmals selbst hören i). „Wir sehen, daß die Geometrie und die Lehren, die sich auf sie gründen (ἑπομεναι) über das Wesentliche (περι το ον) gleichsam träumen und es ihnen unmöglich ist, etwas Wahres (Nüchternes ὑπαρ) zu erkennen, bis sie Voraussetzungen (ὑποθεσεις) annehmen, und diese unbeweglich (ακινητους) lassen, indem sie den Grund (λογον) derselben nicht angeben können. Wo aber eine Grundlage (αρχη) ist, die man nicht kennt, und das, woraus der Schluß (τελευτη) und die Zwischensätze (τα μεταξυ) zusammengesetzt sind, auch nicht kennt, wer wird behaupten, daß eine solche Zusammenstellung (τοιαυτη ὁμολογια) je eine philosophische Wissenschaft (επιστημη) sey." — Wenn wir daher bei Platon ein Princip der Mathematik vergeblich suchen, so ist es doch wichtig zu wissen, welcher „Voraussetzungen" er sich bediente? Die vornehmsten haben wir aber bereits (S. 54.) gesehen, nämlich allgemein: das Gleiche (το αρτιον) und das Ungleiche (το περιττον); für die Geometrie besonders: Figuren (σχηματα)

h) Von der Republ. B. 9. S. 261. δια λογων που εφαμεν δειν κρινεσθαι. — λογοι δε τουτου (φιλοσοφου) οργανον.

i) Von der Republ. B. 7. S. 165. Vergl. B. 6. S. 125. und oben S. 54.

und drei Arten von Winkeln (γωνιων τριττα ειδη k). Wir sehen daher, daß sich die Euclidischen sogenannten Axiome sämmtlich nicht unter ihnen befinden, finden aber, (die speciellen auf die Geometrie blos sich beziehenden abgesondert), in denen die allgemeine Größenlehre angehenden Platons: daß Größen einander gleich, und daß Größen einander ungleich sind, eben diejenigen, welche den Euclidischen zum Grunde liegen (S. 122.), mithin daß Platon einen Schritt tiefer eingedrungen war, als der Verfasser der letztern; — und nach seiner Ueberzeugung bis an die äußerste Grenze; denn er sagt a. a. O.: „man könne nicht höher hinausgehen (ουκ ανωτερω εκβαινειν)." Daraus erkennen wir zugleich, warum er im Gorgias l) die Arithmetik „als die Kenntniß der Lehren von dem Gleichen und dem Ungleichen (των περι το αρτιουτε και το περιττου γνωσις) definirt. — Demungeachtet aber können wir, einem unwürdigen Auctoritätsglauben nicht folgend, die Platonischen Voraussetzungen in dieser Gestalt nicht annehmen, indem sie blos Zufälligkeit, nicht aber absolute Nothwendigkeit haben.

Der Gegenstand der reinen Mathematik ist die reine Quantität (το ποσον). Reines Quantum oder Größe (μεγεθος) aber ist nichts, als eine Synthesis in reiner Anschauung. Erklärt man Größe

k) Von der Republ. B. 6. S. 122.

l) Ebendas. B. 4. S. 11.

durch: „das, was sich vermehren und vermindern läßt,“ so nennt man nur eine ihrer allgemeinsten Eigenschaften, gemäß welcher man von jeder Größe behaupten kann, daß sie sich vermehren und vermindern läßt. Eben so könnte man auch sagen: Größe ist das, was sich in's Unendliche eintheilen läßt u. dergl., und ist daher solche Definition unzulänglich. Aber wie man auch die Größe definire, so kommen wir durch alle aus ihr geleitete Sätze, weil sie analytisch sind, mit unserer Erkenntniß nicht um einen Schritt weiter, wenn wir nicht den Gegenstand selbst durch Vergleichung in die Gewalt unseres Verstandes bringen. Die Vergleichung zweier Subjecte aber fordert ein Prädikat, nach welchem sie geschieht (Vergleichungsbegriff). Ein solches Prädikat der reinen Größe kann aber nichts anderes seyn, als wieder Größe (ποσητης m), d. h. daß sie eine gewisse Größe hat oder groß ist. (Daher ist auch das Wort Größe in so fern wir jedes Eigenschaftswort, als Güte, Härte rc. nur im Singular gebräuchlich). Wir können daher Größen (μεγεϑη) nur nach ihrer Größe (ποσητητα) vergleichen und die Größe der einen durch die Größe der andern bestimmen. Die Bestimmung eines Gegenstandes durch sein Prädikat aber ist der Form nach dem Satze des zwischen zwei widersprechenden Vorstellungen ausgeschlossenen dritten unterworfen, dessen allgemeine Formel ist: Einem Dinge

m) Die griechischen Namen sind von Aristoteles entlehnt.

A muß das Prädikat eines andern B entweder zukommen oder nicht; ein drittes ist unmöglich. Dieser Satz auf Größen angewendet, heißt daher: Eine Größe A muß die Größe einer andern B entweder haben oder nicht, mit andern Worten: A muß B entweder gleich oder ungleich seyn. So haben wir den Satz, welcher allen obigen Forderungen Gnüge thut, und als ein wirkliches Axiom gleichsam die Spitze unserer Wissenschaft ausmacht. — Wie nahe Platon und wie der Verfasser der Euclidischen Grundsätze dabei war, sieht ein Jeder selbst.

Wie sich nun von diesem Satze aus die Arithmetik systematisch entfaltet, zeigt die unten S. 145. beigefügte Uebersicht des Inhalts derselben, so weit als dieser Lehrgang führt, welcher das System der Wissenschaft einfach bis zur Grenze menschlicher Erkenntniß entwickelt (§. 188.), wozu nichts, als hin und wieder einzelne Bemerkungen nöthig zu seyn scheinen. — Daß in der ersten Abtheilung des ersten Abschnitts blos die Hauptlehren abgesondert und in voraus entwickelt werden, mithin jene gleichsam den Grundbau der ganzen Wissenschaft enthält, ist, wiewohl es vielleicht auf den ersten Blick befremden mag, für die gründliche Einsicht in das Wesen der Wissenschaft, und daher für den Unterricht in dieser für unsern Zweck nützlicher und nöthiger, als in andern, z. B. in der Geschichte, wo man es einstimmig für unerlaßlich hält, den Schüler mit den Hauptperioden, gleichsam Hauptakten des großen Schauspiels der Weltbegebenheiten, voraus bekannt zu machen, um daran die andern zu reihen. Ist es erlaubt, den Unterricht in der Geschichte mit der Ausarbeitung eines Gemäldes zu vergleichen, in welchem man vor allen diejenigen Gegenstände, welche im Vordergrunde stehen, an ihrem Orte darzustellen pflegt, und an diese die weniger wichtigen sich anschließen läßt; so gleicht jene einer Ueberschauung der Hauptgegenstände unserer Wissenschaft von einem erhabenen Standpunkte innerhalb ihres Gebietes aus. Wenn aber solcher Grundbau, wie die Karte eines Landes, dem Bewußtseyn des Jünglings lichtvoll vorschwebt, so wird er, vertraut mit der Oekonomie der Wissenschaft, bei jedem Schritte, den er in ihrem Gebiete vorwärts thut, sich deutlich bewußt seyn, wo er sich befindet, wieviel zurück gelegt und wieviel noch zu durchwandern ist. — Die Wichtigkeit dieses Vortheils scheinen auch bereits frühere Mathematiker erwogen zu haben, namentlich Hausen, Kästners Lehrer, dessen Elementen n) sich ebenfalls eine Uebersicht der Hauptgegenstände vorgesetzt findet. — Unnöthige Abweichungen von dem gewöhnlichen, habe ich mir nie erlaubt, und über nöthige geben die untergesetzten Noten an ihren Orten Rechenschaft. Wiewohl die Combinationslehre nicht eigentlich der Mathematik, sondern einer allgemeinen Methodik angehört, so ist doch um ihrer Anwendung willen in der Mathematik, eine systematische Entwickelung ihrer Hauptgesetze nöthig und zwar vorder Theorie der systematisch-gedachten Zahlen, weil diese jene schon erfordert. Das Selbstauffinden ihrer Gesetze

n) Elementa matheseos auct. Chr. Aug. Hausen. Lips. 1734. 4. P. I.

gewährt überdieß eine sehr nützliche Uebung der Urtheilskraft, welche zu den Abstrahiren der Regeln im folgenden Abschnitte vorbereitet. — Daß die Decimalbrüche oder decadische Zahlen fallender Ordnungen nicht wie gewöhnlich der Lehre von den gebrochenen Zahlen, welche der von den Verhältnissen angehört, folgt, sondern mit den decadischen Zahlen steigender Ordnungen zugleich abgehandelt sind, weil in ihnen ebendieselben Gesetze walten, wie dieß auch schon von Segner in seinen Vorlesungen geschehen ist; desgleichen daß die Lehre von den Brüchen hier erst nach der Betrachtung der Verhältnisse kommt, durch welche jene erst Licht erhält und dem Schüler verdaulich wird, — an welchem Ort sie auch der verdiente Methodiker Wolf verwieß, — könnte weiter keine Bemerkung veranlassen, als daß man sich wundern muß, daß spätere Mathematiker von der natürlichen Anordenung der Sachen, die ihnen Segner und Wolf gegeben hatten, wieder abgewichen sind. — Die Zahlbezeichnung der Griechen (§. 70.) und ihre Rechnungsweisen sind beigefügt, weil sie jedem Studirenden interessant seyn müssen, nicht blos dem Mathematiker, sondern auch jedem, der sich mit dem klassischen Alterthume beschäftiget. Weil sie jedoch manchem Lehrer nicht wesentlich scheinen möchten, so befinden sie sich blos in den Noten. Dazu kommt noch ein Geschenk des verehrten Herrn Hofrath Böttiger, an dessen unermeßlichen Reichthum der Kenntniß des Alterthums ich mich einst wendete, als meine Nachforschungen über die Rechnungsweisen der Römer immer vergeblich waren.

Glücklicher als Benzenberg o) erhielt ich von ihm mit gewohnter Biederkeit die gelehrte Abhandlung, welche hier am Schlusse beigefügt ist. —

Um aber durch dieses Buch den oben S. 111. angedeuteten Zweck zu erreichen, daß die Mathematik zugleich dem Verstande eine kräftige Uebung in logischen Denken und Selbstfinden der Wahrheiten derselben gewähre, sind nicht allein Sätze mit Sätzen verbunden und auf natürliche Weise aus diesen die neuen schließend abgeleitet, sondern es ist auch von dem Buche ein zweiter Abdruck gemacht, in welchem alle Schlußsätze, so weit sie sich in diesem mit „—" ausgezeichnet finden, nebst allen Noten, ausgelassen sind und in derselben Verlagshandlung unter dem Titel erschienen:

Anleitung zum Selbstfinden der reinen Mathesis nach Platonischer Weise ꝛc.

welche, um ganze Classen auf einmal zu beschäftigen, jeder Schüler in die Hände bekommen muß; und indem ich über die heuristische Lehrweise überhaupt nur auf die vortreffliche Vorrede zu verweisen brauche, welche Herr Schulrath Matthias den Erläuterungen zu seinem Leitfaden ꝛc. vorgesetzt hat, sind

3) über den Gebrauch des gegenwärtigen Thei-

o) Dieser, als praktischer Geometer und durch seine Versuche über die Gesetze des Falls, berühmte Mathematiker erzählt nämlich in seinen Briefen über die Schweiz (Th. 2. S. 367.), daß er einst von dem Homeriden V. auf die Frage nach der Rechnungsweise der Alten die Abfertigung bekommen habe: „bei den Dichter kommen keine arithmetischen Aufgaben vor."

les beim Unterrichte nur noch einige Bemerkungen nöthig.

Was in diesem Buche bei dessen Ausarbeitung mir die Deutlichkeit das erste, die Kürze das zweite Gesetz war, dem Schüler selbst zu finden überlassen ist, sind theils Wahrheiten, welche als Schlüsse aus den in jedem §. aufgestellten Sätzen folgen, öfters aber Regeln, zu deren Ableitung jeder Zeit ein Schema in Zahlen und Buchstaben vorhergeht, und bisweilen allgemeine Zeichenformeln für Regeln, damit die Uebung allseitig sey. Die Ueberschriften der §§. dienen nicht blos zur Erleichterung des Nachschlagens in dem Buche, sondern haben auch den Nutzen, daß sie dem Schüler im voraus andeuten, was er in jedem §. zu finden hat. Der Gang des Unterrichts aber ist dieser: ein aufgerufener Schüler lieset einen §., so weit er in seinem Buche steht, mit Aufmerksamkeit und laut vor. Ob er den Sinn desselben deutlich erfaßt habe, kann sich der Lehrer bald durch Fragen darüber überzeugen. Bisweilen wird jener sogleich nach dem Durchlesen die sich ergebende Wahrheit so bündig, wie es seyn muß, aussprechen, bisweilen aber wird der Lehrer durch zweckmäßige Erinnerungen zu Hülfe kommen müssen; denn das zu Findende ist so abgebrochen, daß auch die besten Köpfe Beschäftigung haben. Ist der Satz oder Regel nicht richtig oder nicht bündig genug ausgedrückt, so kann man einen andern Schüler darüber urtheilen lassen und nach Befinden die Bestimmungen beider einem dritten zur Entscheidung vorlegen, wodurch nicht nur die Schüler in beständiger Aufmerksamkeit und die Urtheilskraft derselben in steter

Thätigkeit erhalten wird, sondern auch unter ihnen ein Wetteifer entsteht, welcher den übrigen selbst ein Leben einhaucht, das man mehr zu bezügeln, als anzuregen nöthig hat; wiewohl man sich deshalb dennoch anderer, die Nacheiferung fördernder, in wöchentlichen Censuren, Auszeichnungen und Belohnungen ꝛc. bestehenden Mitteln, wenn sie nöthig sind, bedienen kann. — Ist eine Wahrheit richtig gefunden und bündig in Worte gefaßt, so ist nöthig, daß sie alle Schüler vollständig niederschreiben, entweder sogleich in Gegenwart des Lehrers, oder, wenn die Schüler keiner Nachhülfe mehr bedürfen, außer der Stunde, als Privatarbeit. Welche von beiden Weisen zweckmäßiger sey, hängt von mehrern Umständen ab. Dazu muß sich aber jeder Schüler entweder sein Buch mit Schreibepapier durchschießen lassen, oder ein Heft dazu halten, worin er die gefundenen Wahrheiten, oder wenn der Lehrer auch aus den Noten noch etwas mitzutheilen für gut befindet, einschreibt. Diese Hefte aber müssen alle Wochen von dem Lehrer durchgesehen und das Unrichtige, Unbestimmte und Mangelhafte nicht corrigirt, sondern angestrichen und auf diejenigen §§. zurückgewiesen werden, aus welchen es der Schüler selbst berichtigen kann. Ein solches Heft wird dann eine ordnungsvolle Sammlung von Wahrheiten, Regeln und Formeln, welche mithin das Wesentlichste in compendiöser Kürze enthält, und welches insbesondere der angehende Praktiker bei allen Wanderungen wie einen begleitenden Rathgeber in der Tasche bei sich führen kann.

Ob die Grundbegriffe, welche die Einleitung (§. 1 — 20.) enthält, sokratisch entwickelt werden können, oder ob ein akroamatischer Vortrag derselben in der Ordnung, welche der natürliche Gang der Untersuchung giebt, oder auch eine zweckmäßige Verbindung beider Lehrarten anwendbar und nützlicher sey, muß nach den Umständen entschieden werden. Die erstere scheint beim Privatunterrichte, beim öffentlichen aber die letztere den Vorzug zu verdienen. Bei beiden ist zur vollkommensten Deutlichkeit Erläuterung durch schematische Beispiele nöthig, wovon die beigefügte Kupfertafel die vornehmsten enthält. Sollte es Lehrer geben, welche eine so tiefe Erörterung der Grundbegriffe für unnöthig oder für das Jünglingsalter noch zu schwer halten, so steht es ihnen stets frei, sie anfangs nur obenhin zu berühren und dann gelegentlich gründlicher darauf einzugehen. Wenn §. 18. einer größern Ausführung würdig ist, um das junge Gemüth den unermeßlichen Nutzen beherzigen zu lassen, welchen die Mathematik auf die Kultur des Menschengeschlechts in aller Hinsicht gehabt hat, und um die möglichst größte Achtung in ihm zu erwecken, so kann dagegen der Entwurf der Geschichte derselben (§. 19 — 20.) hier vielleicht ganz überschlagen oder blos durchgelesen, und am Ende des Lehrganges nach Maaßgabe der noch übrigen Zeit erörtert werden.

Der erste Abschnitt macht gewissermaaßen schon für sich einen Lehrgang aus. In Anstalten, wo in 4 Classen die Mathematik getrieben wird, kann man mit ihm schon in der dritten von oben beginnen. So wie die allgemeine Größenlehre durchaus mit Raumanschauungen zu begleiten ist, so ist es nützlicher, die Natur der Kubiczahl anstatt durch bloße Zeichnung, wie in Segners Vorlesungen, an einem aus Holz gebildeten und aus 8, oder 27, oder 64 kleinen Kubis bestehenden Kubus darzulegen. Die §§. 41 — 44. haben blos die Absicht, den Lernenden mit dem Wesen der Potenzen rc. in einfachster Gestalt bekannt zu machen, um dann die Bildung eines Zahlensystems gründlich zu verstehen. — Die Combinationslehre, deren sich schon die Griechen bedient haben p), nöthiget bei der Findung ihrer Gesetze sich schon der in der Größenlehre entwickelten Operationen zu bedienen, indem die Combination der Addition, die Permutation der Multiplication, die Variation endlich der Potenzirung sich bedient. Die S. 97 rc. angefügten Tafeln sind in dem Auszuge für den Schüler weggelassen, weil er sie, jede an ihrem Orte, selbst entwerfen soll, wozu §. 48. und 51. Schemata gegeben sind. Zu §. 56. kann man mehr Beispiele sinnreicher Versetzungen lesen, besonders in Leibnitii comment. de Complexionibus. Opp. ed. Duteus. Vol. II. P. II.

Der zweite und dritte Abschnitt fordern die Abstraktion der Regeln von einfachern und leichtern zu zusammengesetztern, wie es die Materie giebt, fortschreitend zu ihrer Erleichterung sind Beispiele mit Ziffern und Buchstabengerippe als allgemeine Schemata hingestellt. Daß erstere vorausgehen, gründet sich auf die vielfältige Erfahrung, daß junge Leute ihre Einsicht in die Sache durch die schon gewohnten Ziffern weit leichter gefördert finden, als durch die Buchstabenbezeichnung; letztere aber, welche

p) Anacharsis Reisen von Barthelemy, übers. von Biester. Th. 2. S. 21.

an diesem Orte keineswegs von dem Schüler gerechnet werden sollen, können unten §. 160 — 163., wo diese Buchstabenschemata in hellerem Lichte erscheinen, nochmals verglichen werden. Die §. 73. ꝛc. in den Noten erwähnten Deutungen mancher Zahlen kann man dem Schüler historisch bekannt machen, mehr warnend als lehrend, damit wir nicht mehr „mathematische Philosophien“ bekommen. — Von der Rechnung mit benannten Zahlen, so wie von der Regel de tri, steht für jeden Fall nur ein Beispiel, indem auf die empfohlnen Exempelbücher verwießen ist; dazu aber ein Verzeichniß der vornehmsten Maaße und Gewichte, aus Nelkenbrechers Taschenbuche, 11te Aufl. Berl. 1815., geschöpft, am Schlusse beigefügt, weil ein solches in jenen meistens fehlt. Da junge Leute immer in Beispielen, wie sie im praktischen Leben vorkommen, geübt werden müssen, so scheint es am zweckmäßigsten, von einer Stunde zur andern eine gewisse Anzahl derselben aus jenen Büchern zur Privatübung aufzugeben. Ueberdieß ist es nützlich, nicht nur nach Beendigung jeder Stunde über die durchgegangenen §§. Fragen zu diktiren, welche jeder Schüler schriftlich und wo möglich im Zusammenhange beantworten muß, sondern auch nach Vollendung eines Abschnitts, oder nur eines Theils desselben, nach Ableitung der vorgesetzten Inhaltsanzeige, eine gedrängte aber zusammenhängende Darstellung der Sachen machen zu lassen, wodurch der Schüler des Stoffes Herr und Meister wird und welche ihm das weitere Vordringen erleichtert und dazu anreizt. Um recht verstanden zu werden nur ein kurzes Beispiel. Es diene dazu der Anfangs des zweiten

Abschnitts: „Die Zahlen (§. 65.), welche man mit gewissen Zeichen (Ziffern, §. 66.) zu bezeichnen pflegt, muß der menschliche Verstand nach Ordnungen denken (§. 67.), welchen so geordneten Zahlenbau man ein Zahlensystem (§. 68.) nennt. Die Ordnungen aber können nach zweierlei Richtungen gehen, d. i. steigend und fallend seyn (§. 69.), und werden nach der Grundzahl des Systems genannt; die Zahlen der erstern Art ganze, die der letztern Brüche: als im decadischen jene ganze Decimalzahlen, diese Decimalbrüche (§. 70.). Zwischen den Ordnungszahlen befinden sich daher eine gewisse Anzahl Zahlen (Zwischenzahlen, §. 71.), welche durch ihre Stelle ihre Bedeutung bekommen. Das Einordnen der Zahlen nennt man Numeriren (§. 72.). Betrachtet man nun einen solchen Zahlenbau (System) nach seiner Fügung, so erkennt man sie wie aus gewissen Stammzahlen (§. 72.) oder Primzahlen (§. 74.) gleichsam entsprossen, unter welchen 5 (§. 75.) die merkwürdigste ist." —

Indem ich noch um gütige Nachsicht gegen die wenigen Druckfehler, welche sich aller Sorgfalt ungeachtet eingeschlichen haben, so wie gegen etwaige Mängel zu bitten habe, schließe ich mit dem Wunsche, bald eine gründliche Beurtheilung meines Unternehmens zu sehen, als Freund der Wahrheit zugleich versichernd, daß ich gerechten und freundlichen Tadel als Belehrung und mit Danke empfangen werde, ungerechtem und inhumanem aber begegnen zu müssen nicht fürchtend. Geschrieben zu Dresden im October 1816.

Der Verfasser.

Ueber die Abbildung einer alten Rechentafel.

Zu §. 72.

Um die Rechentafeln der Griechen und Römer genauer kennen zu lernen und zu ersehen, was sie eigentlich unter ψηφίζειν, ψήφοις λογίζεσθαι, calculos ponere, ducere etc. verstehen, müssen bildliche Vorstellungen zu Rathe gezogen werden. Der Obertheil eines marmornen Sarkophags im Capitolinischen Museum bietet uns die deutlichste Abbildung a). Die ganze Vorstellung giebt uns eine der Familienscenen, die so oft auf römischen Sarkophagendeckeln vorkommen. Der Hausvater wird beim Gastmale an der Tafel liegend gedacht. Denn das Bett, auf welchem er ausgestreckt da liegt, muß als ein Tischbett, lectus tricliniaris, angenommen werden. Daher auch die leichte, in jedem andern Falle unrömische Bekleidung, da ihm das Gewand nur den Unterleib und die Füße be-

a) Musei Capitolini Tom. IV. continens marmora anaglypha, Tab. XX.

deckt b). Er trägt also das leichte Gewand, das man um sich warf, um in der zwanglosesten Bequemlichkeit sich den Tafelfreuden zu überlassen, und von dem ernstern Römer, welcher diese Sitte wohl erst von den lebenslustigern und weichlichern Griechen angenommen hatte, mit einem griechischen Worte synthesis genannt wurde. Der römische Hausherr ist also hier, um den eigentlichen Ausdruck zu brauchen, synthesinatus. Ihm zur Seite sitzt die Hausfrau nach alter römischer Ehrbarkeitssitte, wo aus leichtbegreiflichen Ursachen die Accubation mit den Männern für ehrbare Frauen als unanständig galt c). Der Kopfputz dieser sitzenden Matrone erinnert an die Mode, wie sie unter den Flaviern und deren nächsten Nachfolgern bei Kaiserinnen und vornehmen Römerinnen in Büsten und Münzen oft vorkommt und in Juvenals berüchtigtem Misogyn, der sechsten Satire, so scharf gezüchtiget wird d). Wir können daraus auf das Zeitalter schließen, in welches dieser Sarkophag gesetzt werden kann e). Es ist übrigens sehr gewöhnlich, daß auf Sarkophagen Hausfrauen neben dem Hausherrn so sitzend gefunden werden. Die Römer scheinen diese Vorstellung von den Begräbnißmarmorn der Griechen entlehnt und oft nachgeahmt zu haben f). Am Ende dieses Tischblattes, zu den Füßen des liegenden Hausherrn, steht eine kleine männliche Figur (ist es ein Sohn dieses

b) S. Zoega zu den Bassi Rilievi. T. I. p. 42.

c) Feminae cum viris cubantibus sedentes coenitabant. Valerius Maximus II. 1. 2. vergl. zu Sueton Aug. c. 65.

d) Juvenal VI. 502. Statius nennt es suggestum comae, Sylv. I. 2. 114., ein hochaufgethürmtes Toupee.

e) S. Eckhel doctrina Num. Vet. Vol. VI. p. 521.

f) Marmor. Oxoniens. n. 142. Zoega Baasi Rilievi n. XI. u. XXXVI. mit dem in den Anmerkungen citirten Marmor. T. I. p. 43. not. 5.

Ehepaars, ist es ein Sclave, dieß mag, ohne den Marmor und die Haare des Jünglings genau untersucht zu haben, schwerlich bestimmt werden), der in der Linken eine länglichtviereckte Tafel, die lange schmale Seite nach der Brust zugekehrt, hält, und mit der Rechten auf die darauf reihenweise gelegten Rechensteine (calculos, ψήφους) hinzeigt. Dieses Bild giebt einen sehr deutlichen und anschaulichen Begriff einer alten Rechentafel, und darum ist diese Figur hier besonders ausgezeichnet worden. Offenbar hat dieser kleine Rechenmeister Beziehung auf die liegende Figur des Hausherrn, der durch eine Schriftrolle in der einen Hand und durch einen vollen Beutel in der andern ganz unbezweifelt andeutet, daß sich's hier um eine Schenkung, ein Vermächtniß, oder des etwas handle, und daß also da unten nicht vergeblich gerechnet werde. So viel mag jeder, ohne eben ein Oedipus zu seyn, beim Anblick dieses Sarkophag-Reliefs enträthseln und auslegen können. Es war aber die Unart früherer Ausleger antiquer Reliefs, Vasen, geschnittener Steine u. s. w., jeder Vorstellung sogleich einen bestimmten Mythus, eine Geschichte, eine Person unterzulegen. So fand auch in diesem Falle der gelehrte Ausleger des Capitolinischen Mormorreliefs, der Canonikus und Bibliothekar der Corsinischen Bibliothek, Foggini, in seiner Auslegung (T. I. p. 92. ff.) in dieser Vorstellung nichts Geringeres, als den in Cilicien zu Selinus (dem nachmaligen Trajanopolis) auf seinem Sterbebette liegenden Kaiser Trajan. Die neben ihm sitzende Matrone ist nun ganz natürlich die Kaiserin Plotina. Der sterbende Kaiser adoptirt hier den P. Aelius Hadrian zu seinem Sohne und Reichserben. Bei einer solchen Adoption, sagt Foggini, mußte ein Wagemeister (libripens) gegenwärtig seyn, weil der natürliche Vater den Sohn, den er dem andern zur Adoption überließ, um ein Stück Kupfer, welches der Adoptirende in die Wage warf, erkaufte, und diesen Wagemeister erblicken wir hier. Was doch die Erklärungssucht nicht alles sieht und weiß! Ein jeder Anfänger in den römischen Rechtsalterthümern hat schon aus seinem Heineccius gelernt, daß bei dieser Privatadoption die Wage selbst eine Hauptrolle spielte und nach der unerläßlichen Formalität durchaus nicht fehlen durfte g). Und nun ist auf unserm Marmor weder von einer Wage noch von einem Wagemeister das geringste zu erblicken. Dem belesenen Foggini schwebte aus Doddwell's Vorlesungen die Stelle aus des Plinius Lobrede auf Trajan vor, wo der Panegyrist von einer Adoption am feierlichen Ehebette spricht h); dieß glaubte er nun in diesem Tischbette zu finden, und so mußte sich alles übrige, es mochte noch so abweichend seyn, damit zusammenreimen lassen.

Noch einmal! wir brauchen für unsern Zweck nur die Rechentafel. Nennt man die dabei stehende Figur einen Rechenknecht, so bekommen wir, dießmal in der neuen Bedeutung genommen, sogar zwei Rechenknechte auf einmal! Mehr bedarf es doch gewiß nicht.

Nur einige allgemeine Bemerkungen mögen hier noch ihren Platz finden. Die Alten rechneten natürlich an den Fingern beider Hände nach einem bekannten Typus, den wir aus Beda Venerabilis kennen i).und der in vielen Werken über die Geschichte der Mathematik wiederholt worden ist k). Dieß ist die älteste Rechenmaschine, die

g) Die Handlung hieß ja adoptatio per aes et libram. S. Burmann zu Ovid IV. ex Ponto. 15. 42. und zu Sueton Aug. c. 64.

h) Ante genitalem torum. Plin. Panegyr. C. 8. Doddwell Praelectt. XVIII. ad Spartian. p. 553.

i) S. Possini spicilegium Evangelic. etc. p. 161. in I. A. Fabricii Observatt. selectt. Hamburg 1712; vergl. Jacobs zur gr. Anthologie Vol. II. P. II. p. 20

k) Mit vielem Scharfsinne behandelte diese Elementararithme-

uns mit der natürlichen Elle, vom Ellenbogen herab, die Natur selbst anerschaffen hat, und durch sie ward auch das decadische Rechensystem zuerst begründet. Allein, sollte genauer gerechnet werden, so mußte die Rechentafel mit den Rechensteinen dazu genommen werden. Dieß versteht sich wohl von selbst. Zum Ueberflusse mag es eine Stelle aus des Aristophanes Wespenkomödie beweißen, wo der Sohn den mit einem eigenen Wahnsinn behafteten Bdelykleon bittet, er möge doch einmal die Staatseinkünfte Athens nur in einem allgemeinen Ueberschlag bringen:

„Rechne jetzt nur so im Durchschnitt mit der Hand, nicht mit dem Steine" l).

Natürlich stiegen auf der Rechentafel Werth und Bedeutung der Zahlen nach der Stellung m), von den Einern zu Zehnern, Hunderten, Tausenden u. s. w., die aller Wahrscheinlichkeit nach durch Linien (scipta) getrennt und potenzirt wurden. Man sieht dieß unter andern deutlich aus der schon von J. Fr. Gronov n) belobten Stelle des Polybius, wo von dem in Ungnade gefallenen Günstling Apelles die Rede ist und der Geschichtschreiber dabei die Bemerkung macht o): „die Günstlinge der Fürsten gleichen den Rechenpfennigen auf der Rechentafel p);

tik, die in der Pestalozzischen Methode eine neue Stütze erhielt, schon Goguet Origines des Loix. T. I. p. 203. ff. (ed. in 4.). Das bekannte πεμπάζειν führt eigentlich auf das noch einfachere pentadische System.

l) Aristoph. Vesp. 656. Brunk.

m) Die sich nach der Schriftweise richtete, von der Rechten zur Linken oder von der Linken zur Rechten. S. Herodot II, 36.

n) de Pecunia vet. III, 15. p. 237.

o) Polybius V, 26. Vol. II. p. 267. ed. Schweigh.

p) παραπλήσιοι τοῖς ἐπὶ τῶν ἀβακίων (ἀβάκιον ist also der Name der Rechentafel, was der damals noch junge Hemsterhuy's zu Pollux X, 105. falsch verstand) ψήφοις.

denn diese gelten nach dem Willen des Rechnenden bald einen Kupferpfennig, bald ein Talent, und so sind die Höflinge, die ein Blick ihres Herrn beseligt, auf der Stelle die Verstoßenen und Unglücklichen.“ Dieß Gleichniß hatte früher schon **Solon** gebraucht, und es wurde in den Apophthegmen der Alten auf mannigfaltige Weise verändert wieder erzählt, indem es nun auch auf die bloße Fingerrechnung bezogen wird q). Allein der Hauptbegriff ist überall derselbe. Der Stein, Rechenpfennig, oder wie das Rechenzeichen sonst heißen mag, gilt nach der Reihe, in welcher es steht, so viel oder so wenig.

Man versteht nun mit einem Blicke auf den Rechenmeister in unserm Marmor auch alle die Redensarten von **Rechenstein setzen, abziehen** u. s. w. r). Die Rechensteine selbst waren ohnstreitig Anfangs wirklich kleine runde Kiesel, wie das Wort ψῆφος (und calculus) zur Gnüge beweißt. Es leidet aber keinen Zweifel, daß man sich später auch andere Surrogate statt der unbequemen Kieselsteinchen bediente und ganz eigentliche Rechenpfennige (aera, jettons) hatte, der berüchtigten **Lupinen** gar nicht zu gedenken, die wohl eben so gut zum Rechnen, als zu Theatermünzen sich bequemten. Diese Asse oder

q) S. **Wyttenbach** Animadversiones in Plut. Apophth. Reg. p. 174. B. T. II. p. 1047. der Octavausgabe.

r) Man nennt dieß im Allgemeinen calculorum ratio. Nun die Formen ponere, disponere, ducere calculos, ducere rationem, subducere, deducere (subtrahiren), calculos, rationem, s. Gronov observat. II, 10. pag. 221. etc. Ruhnken zu Terenz Adelph. V, 4. 1. Daher τιθέναι und ponere für summiren, ansetzen. S. **Hemsterhuys** zu Lucian T. I. p. 340. **Valkenaer** zu Theokrits Adoniaz. p. 241. Zu bemerken ist, daß putare mit seinen compositis, computare, exputare u. s. w. eigentlich von der Fingerrechnung, ducere, von der Rechnung mit Rechensteinen zu verstehen ist, obgleich der verstümmelte Donatus zu Terenz, Adelph. V. 4. 1., das Gegentheil sagt.

Kupfermünzen nun (denn hier beim Rechnen bloße Marken oder jettons anzunehmen, berechtiget uns keine Stelle des Alterthums s), trugen die Knaben, die vor allen genaue Rechner zu werden sich bestreben mußten, in eigenen Käsichen mit Fachwerke, wie andere Münzen, und das sind die loculi, die man doch nie mit Beutel übersetzen sollte. Daher die bei Horaz zweimal gelesene Stelle von der damaligen ächt-arithmetischen Pädagogik der Schulknaben in Rom und in den Provinzialstädten, welche Horaz schildert, wie sie zum Rechenmeister gehen:

Links am Arme die Beutel gehängt und die ziffernden Täflein t).

Es würde, wenn man hier auf die Bilderjagd gehen und alte Denkmähler in Menge vergleichen wollte, so schwer nicht seyn, noch mehrere Abbildungen dieser und ähnlicher Rechentafeln aufzufinden. Wir erinnern uns, auf den Abbildungen eines geschnittenen Steins, den Millin in Kupfer stechen ließ, einen Mathematiker in der spätern Alexandrinisch-römischen Bedeutung, das heißt einen Sterndeuter, Astrologen, gesehen zu haben, der eine solche Rechentafel, um seine Ephemeriden zu berichtigen und den Heroscop zu stellen, in der Hand hält. Ja, es dürfte nicht so ungereimt seyn, als es aussieht, in dem bekannten Relief in der Villa Albani, welches das Magazin eines Fleischhändlers vorstellt, mitten un-

s) Daß es dergleichen gegeben habe, wird niemand bezweifeln, wer die Abhandlung von Sperling u. andern, die Eckhel in den prolegomenis p. XIII. anführt, genau prüft. Schon die goldenen Denare in Trimalchios Bretspiel, Petron. c. 33. p. 129, Burm., führen dahin.

t) Laevo suspensi loculos. tabulamque lacerto Satir. I. 6. 74. nach Voß Uebersetzung. Heindorf (S. 151) hat die loculos richtig gegen Geßner von Kapseln erklärt, ob gleich die Rechentafeln gewiß auch Einschnitte hatten, wie etwa unsere Münztabletten.

ter den Fleisch- und Mundvorräthen, die da hängen, auch das Rechenbret zu erblicken, mit den zum Setzen der Rechensteine eingeschnittenen Vertiefungen u).

u) S. Zoega's Bassi Rilievi n. 28. Zoega, der hier nur den Morelli abschrieb (T. I. p. 132.), hat dieß zu oberflächlich abgefertigt.

Dresden, den 1. October 1816.

Böttiger.

Inhalt.

Einleitung.

Begriffe, welche die Mathesis voraussetzt. §. 1 — 20.

Erster Theil. Die Arithmetik.

Von dem Denken der Größen, Zahlen und Verhältnisse.

Die reine

Mathesis.

Erster Lehrgang.

Πλατων πολιτειων διαλ. ἑβδομ.

Οιμαι γε και ἡ τουτων παντων ὡν διεληλυθαμεν μεθοδος εαν μεν επι την αλληλων κοινωνιαν αφικηται και ξυγγενειαν, και συλλογισθη ταυτα η εστιν αλληλοις οικεια, φερειν τι αυτων εις ἁ βουλομεθα την πραγματειαν, και ουκ ανονητα πονεισθαι· ει δε μη, ανονητα.

Einleitung.

Begriffe, welche die Mathesis voraussetzt [1].

Von den Dingen der Natur.

§. 1. Da die Dinge der Natur, welche uns allenthalben umgeben, mit uns in einer solchen Verbindung stehen, daß wir an ihnen und durch sie unsere Geschäfte verrichten und unser Wirken im Leben ohne sie nicht möglich ist, so haben wir eine möglichst genaue Kenntniß derselben nöthig. Um aber diese zu erlangen, müssen die Stoffe und die Eigenschaften derselben einer sorgfältigen Betrachtung unterworfen werden. Der Inbegriff alles dessen, was man entweder von ihnen weiß oder an ihnen wahrnimmt, macht eine eigene Wissenschaft aus, welche die **Naturwissenschaft** (τα φυσικα) heißt, und welche in zwei Haupttheile: die **Naturbeschreibung** (**Naturgeschichte**, historia naturalis) und die **Naturlehre** oder **Physik** (φυσικη) getheilt wird.

Qualität und Quantität.

§. 2. Solche Betrachtung der Dinge der Natur läßt uns bald wahrnehmen, daß sie in einer zweifachen Hinsicht geschehen kann. Wir können

a) entweder blos erkennen, **von welcher Art** (**qualis**) ein Gegenstand sey, d. i. seine Eigenschaften an

1) S. Vorrede Abschn. E.

sich; z. E. bei einem Steine, daß er aus einem harten, spröden Stoffe besteht, daß er Schwere, Dichtigkeit u. s. w. hat. Diese Beschaffenheit nennt man seine Qualität (qualitative Eigenschaften);

b) oder wir untersuchen, wieviel (quantum) er von einer Beschaffenheit, die er besitzt, enthält; z. E. wieviel er Schwere, oder Härte rc. hat, wieviel er Raum einnimmt rc. Dieses heißt die Quantität desselben.

Merkwürdig ist, daß nichts Qualitatives gedacht werden kann ohne Quantität, mithin die Quantität eine nothwendige Bedingung der qualitativen Eigenschaften ist, um sie wahrzunehmen.

a) Qualität.

§. 3. Um die qualitative Beschaffenheit der Dinge wahrzunehmen, hat uns die Natur fünf Werkzeuge verliehen, die wir Sinne nennen. Jeder derselben beherrscht gleichsam sein eigenthümliches Reich so, daß sich keiner in das des andern mischen kann: das Auge das Reich der Farben, das Ohr das der Töne, der Geruch das der Düfte u. s. w. Diese Werkzeuge, von den äußern Eindrücken zur Thätigkeit bestimmt, setzen unser Gemüth in einen solchen Zustand, daß es das wahrgenommene Aeußere gleichsam in sich findet, d. i. empfindet. Die dadurch erlangte Kenntniß von den Eigenschaften der Dinge nennt man die Erfahrung oder empirische Erkenntniß (von εμπειρω), welche die Physik durch künstliche Versuche noch bereichert.

Homogen und heterogen.

§. 4. Wenn mehrere Dinge Eigenschaften mit einander gemein haben, so heißen sie in so fern gleichartig oder homogen (ὁμογενα); z. B. Eisen und Kiesel, in so fern beide Mineralien sind. In so fern sie aber von einander verschiedene Eigenschaften besitzen, werden sie ungleichartig oder heterogen (ἑτερογενα) genannt; als Eisen und Kiesel, in so fern jenes Metall, dieser Stein ist. Merkwürdig ist, daß Dinge, nur in so fern sie gleichartig sind, verglichen, d. i. gleichgesetzt werden können (z. E. das Gold mit dem Eisen, in so fern beide Metalle, die Linde mit der Eiche, in so fern beide Bäume sind ꝛc.); in so fern sie dagegen ungleichartig sind, lassen sie sich nicht vergleichen, sondern unterscheiden.

b) Quantität.

§. 5. Alle Eigenschaften aber müssen quantitativ seyn, wenn sie erkannt werden sollen [a]). Denn wenn wir sehen, daß ein Stein hart ist, so muß er ein gewisses Quantum Härte, wenn wir fühlen, daß er schwer ist, so muß er ein gewisses Quantum Schwere ꝛc. haben. Es ist daher die Quantität eine allgemein nothwendige Eigenschaft der Dinge. Hierbei ist merkwürdig,

a) daß wir uns jedes Quantum als ausgedehnt vorstellen müssen;

b) daß wir das Quantum jeder Art größer und geringer denken können, ohne die Vorstellung des Gegenstandes selbst aufzuheben; z. B. wenn wir den Stein schwerer und leichter denken, so bleibt doch die Vorstellung des Steins als solchen unverändert.

Daraus erkennen wir, daß das Denken der Quantität einem freien Vermögen unseres Geistes angehört, welches der Verstand ist.

Positiv und negativ.

§. 6. Wenn wir nun für jedes Quantum die Ausdeh-

a) Kants Kritik der reinen Vernunft. 5te Aufl. 1799. S. 202. ꝛc.

nung im Raume, die Linie (Fig. 1.) zum Bilde wählen und in derselben einen gewissen Grenzpunkt annehmen, so können wir uns die Zunahme und Abnahme nach zwei sich entgegengesetzten Richtungen denken, von welchen die eine positiv oder bejahend genannt und mit + (plus) bezeichnet wird, die andere mit — (minus) bezeichnet, negativ oder verneinend heißt. Dieser Umstand erzeugt in unserem Gemüthe von jeder quantitativen Vorstellung zwei sich entgegengesetzte Arten, als:

positive (+)	negative (—)
rechts	links
hoch (Höhe)	tief (Tiefe)
warm (Wärme)	kalt (Kälte)
stark (Stärke)	schwach (Schwäche)
hell (Licht)	finster (Finsterniß)
reich (Vermögen)	schuldig (Schulden)

u. s. w.

Grenzen. Größe.

§. 7. Haben wir einen Punkt a (Fig. 2.), in welchem sich das Positive von dem Negativen abscheidet, festgesetzt, und wir wollen von jenem oder von diesem ein bestimmtes Quantum denken, so müssen wir noch einen andern Punkt b oder c annehmen, wodurch es von dem, was über b oder c hinaus liegt, abgesondert wird. Die Punkte, zwischen welchen ein Quantum gedacht wird, heißen die Grenzen (fines, ὁροι), und das zwischen ihnen liegende Quantum eine Größe (μεγεθος, αριθμος [3]), wel-

3) Das Wort αριθμος, welches von αρειν, fügen, anpassen abgeleitet wird (Vossius de scientt. mathem. c. VI. §. 1.), heißt bei den Pythagoräern sowohl Größe, als Zahl (Tennemans Gesch. d. Phil. Th. 1. S. 103.), und so kommt es auch bei Platon vor. Später unterschied man die Zahl durch einen Zusatz, als: αριθμος μεγεθος εχων. Aristot. metaphys. XIII. c. 6.

che, wenn sie von dem positiven Quantum genommen ist, wie ab, positive, und von dem negativen Quantum, negative Größe genannt wird. So ist ein zwischen 2 Grenzen gedachter Raum (z. E. ein Fuß,) eine Raumgröße, eine zwischen 2 Grenzen gedachte Zeit (als eine Stunde), eine Zeitgröße, ein Ton (c, d, ꝛc.) eine Tongröße u. s. w. Da nun im allgemeinen jede quantitative Vorstellung eine Ausdehnung ist (§. 5. a.), so ist überhaupt eine Größe eine zwischen Grenzen gedachte Ausdehnung.

Anmerk. Hier muß man einen nothwendigen Unterschied machen zwischen den Begriffen: eine Größe seyn und Größe haben oder groß seyn. Jenes Wort bedeutet eine bestimmte begrenzte Ausdehnung und hat einen Plural, die Größen; dieses, blos im Singular gebräuchlich, heißt unbestimmt blos quantitativ seyn.

Gleich und ungleich.

§. 8. Wenn nun Größen, wie (Fig. 3) ab und cd eine und ebendieselbe Ausdehnung oder Größe haben, so nennt man sie gleich (aequalia, ἴσα) und bezeichnet sie mit = (als ab = cd), wo mithin in so fern die eine anstatt der andern gesetzt werden kann. Es heißt daher diese Beschaffenheit ihre Gleichheit (aequalitas) und die gleichgesetzten Größen eine Gleichung (aequatio). Haben aber Größen, als ab und ce verschiedene Ausdehnung oder Größe, so heißen sie ungleich (inaequalia, ἄνισα), und diese Beschaffenheit die Ungleichheit (inaequalitas), welche mit Z bezeichnet wird (als ab Z ce). Diese Größen geben natürlich keine Gleichung, sondern lassen blos eine Vergleichung (comparatio) zu, in so fern sie gleichartig sind (§. 4.)

Stetig und unstetig.

§. 9. Zwei Dinge kann der menschliche Verstand nicht zugleich denken, sondern er denkt sie nach einander; so auch die Grenzen einer Größe a und b. Er muß daher in den Gedanken von a zu b übergehen und bei diesem Uebergange alle Theilchen durchlaufen, welche zwischen den Grenzen a und b ununterbrochen an einander gedacht werden können. In so fern nun eine Größe innerhalb ihrer Grenzen ununterbrochen zusammenhängend gedacht wird, nennt man sie stetig (quantum continuum); in so fern man sie aber durch die Grenzen von dem, was über diese hinaus liegt, abgeschieden denkt, unstetig oder discret (quantum discretum). So sind z. B. Raum, Zeit ꝛc. stetig; aber ein Fuß, eine Stunde ꝛc. discrete Größen 4).

Endlich und unendlich.

§. 10. Alles was Grenzen hat, nennt man endlich (finitum), und in so fern ist jede Größe als ein begrenztes Quantum endlich. Aber das Denken der Grenzen (die Begrenzung) setzt voraus, daß noch etwas Gleichartiges über den Grenzen hinaus liegt; denn wäre dieß nicht, so wäre keine Begrenzung nöthig. (Z. E. die Punkte [Fig. 2.] c und b grenzen den dazwischen liegenden Raum cb von dem ab, der über den Grenzen c und b hinaus liegt). Da nun innerhalb und außerhalb der Grenzen gleichartiges Quantum (hier Raum) liegt und in demselben unendlich viele Punkte (Grenzen) gedacht werden können, so leuchtet ein, daß jedes gleichartige Quantum nach innen und nach außen in unendlich vielen Punkten be-

4) Bei Platon heißt das Stetige, το συγκεχυμενον, das Nichtstetige (Discrete) το κεχωρισμενον, διωρισμενον, S. von der Republ. B. 7. S. 147.

grenzt werden kann, welches man unendliche Begrenzbarkeit nennt. Daraus folgt, daß sich jede Größe ins unendliche größer und kleiner denken läßt, und erklärt sich, daß uns der Raum und die Zeit unendlich erscheinen. Denn jede Raum- oder Zeitgröße, die wir denken, erfordert, daß wir uns über ihren Grenzen hinaus noch Raum oder Zeit denken. (Grenzenlosigkeit des Weltalls, Ewigkeit).

Zeit und Raum.

§. 11. Bei der Betrachtung der Dinge der Natur bemerken wir aber nicht bloß, daß sie da sind, sondern auch daß mit ihnen etwas geschieht, namentlich, daß sie sich bewegen und wirken. Um beides zu erkennen, besitzt der menschliche Verstand ursprünglich zwei Grundvorstellungen: Zeit und Raum, ohne welche ihm keine Vorstellungen von den Dingen möglich sind. Denn wir können uns keinen Körper denken, außer im Raume ausgedehnt, und keine Ausdehnung (Größe) ohne Zeit. Desgleichen kann auch nichts geschehen ohne Zeit. Da nun kein Körper ohne Raum denkbar ist, so leuchtet ein, daß alles, was mit dem Körper geschieht (Bewegung und Wirkung) nicht ohne Zeit und Raum gedacht werden kann. Hieraus erkennen wir, daß

a) die Zeit die nothwendige Bedingung des Denkens jeder Größe überhaupt [5]);
b) der Raum die nothwendige Bedingung des Denkens jedes Körpers [6]);
c) beide zusammen nothwendige Bedingungen des Denkens seiner Bewegung seyn müssen.

Reine Größe.

§. 12. Schon daraus, daß wir eine Linie, einen

5) Kants Kritik der reinen Vernunft. S. 46. 2c.
6) Ebendas. S. 37. 2c.

Kreis rc. nach Willkühr grösser oder kleiner denken und auf alle Gegenstände übertragen können, (z. E. eine Linie bis zum Monde, einen Kreis um die Erde rc.), sehen wir, daß die Vorstellung der Größe in unserer Willkühr steht; und nicht aus der Erfahrung kommt (wie Baum, grün rc.), sondern schon vorher in unserm Verstande vorhanden ist, um dadurch Erfahrungen zu machen. Solche Vorstellungen, welche wir nicht erst aus der Erfahrung erhalten, sondern schon vor der Erfahrung in uns liegen, nennt man reine. Denkt man daher eine Größe von jedem sinnlichen Gegenstande unabhängig, so heißt sie reine Größe (q. purum). Da aber auch die Begriffe Zeit und Raum, gleichsam die Formen, in welchen wir Gegenstände als Größen denken, nicht aus der Erfahrung genommen werden, so heißen sie die reinen Formen der Größe.

Anmerk. Daß die Vorstellung der Größe ursprünglich in unserm Gemüth liegt, erkennen wir auch daraus, daß wir sie auf alle nichtsinnliche Begriffe anwenden können. Wir sagen z. B. die Größe der Macht, der Liebe, des Verstandes, des Scharfsinns und dergl.

Mathematik.

§. 13. Unser Denken besteht nun theils in der Vergleichung, theils in der Verbindung gewisser Vorstellungen zu Begriffen und Urtheilen, durch welche wir gewisse Wahrheiten gewinnen. Vergleichen und verbinden wir daher reine Größen nach einer bestimmten Ordnung, so ergiebt sich ein unendlicher Reichthum unter sich zusammenhängender reiner Wahrheiten, deren Inbegriff eine eigene Wissenschaft ausmacht, welche man Mathesis (μαθησις) oder gewöhnlicher Mathematik (μαθηματικη, mathematica) nennt. Wenn aber die Sätze einer Wissenschaft in ihre natürliche und nothwendige Ordnung gestellt sind oder werden, so nennt man sie **systematisch** und den Inbegriff derselben ein **System**. Da nun dieß bei der Mathematik geschehen kann, so ist sie in so fern eine **systematische Wissenschaft**.

Anmerk. Der griechische Name **Mathematik** (von μανθανω, ich erkenne, lerne durch Erkennen,) bedeutet eigentlich die **Hinleitung zu reinen**, d. i. nicht aus der Erfahrung geschöpften **Erkenntnissen**. Da sich nun die Griechen dazu der Wissenschaft der Größen bedienten, so bekam diese jenen Namen vorzugsweise. Sie brauchen dafür vier Wörter: 1) μαθησις, das Erkennen reiner Wahrheiten durch eigene Selbstthätigkeit des Geistes; 2) μαθηματικη sc. τεχνη, die Kunst, die reinen Erkenntnisse in sich selbst zu finden, oder in andern zu erwecken; 3) τα μαθηματα, reine Wissenschaften, als Arithmetik, Geometrie ꝛc.; 4) τα μαθηματικα, einzelne Lehren oder Wahrheiten derselben [7]).

Reine Mathematik.

§. 14. Da aber die Größen nur mittelst jener reinen Grundvorstellungen, der **Zeit** und des **Raumes**, oder **beider zugleich**, betrachtet werden können (§. 11.), so zerfällt unsere Wissenschaft in drei Haupttheile, von welchen

I. der erste **von den reinen Größen** an sich handelt und **Arithmetik** (αριθμητικη) heißt;

II. der zweite **von den Größen des Raums**, **Geometrie** (γεωμετρια) genannt;

III. der dritte von den **Größen der Zeit und des Raums in ihrer Beziehung**, oder **von den Gesetzen der Bewegung**, welche man **Phoronomie** (φορονομια) nennt.

Da nun die Vorstellungen **Zeit** und **Raum** ur-

7) S. Vorrede S. 23. u. f.

sprünglich in unserm Gemüthe, mithin reine Vorstellungen sind (§. 12.), so ist auch jeder dieser Haupttheile eine reine Wissenschaft, und man nennt sie zusammen reine Mathematik (math. pura). Jeder derselben enthält allgemeine Wahrheiten seiner Art; jedoch ist der erste in Rücksicht der andern allgemeinerer Natur, und kann in so fern allgemeine Mathematik genannt werden.

Anmerk. 1) Αριθμητικη sc. τεχνη (von αριθμος, die Größe, die Zahl) heißt Größen- und Zahlenlehre von Pythagoras so genannt [8]); 2) γεωμετρια (von ἡ γη, die Erde, das Land, und μετρειν, messen), Feldmeßkunst, weil sie in ihrem Mutterlande Egypten ihren Anfang davon genommen hat [9]); 3) φορονομια (von φορεω ich trage und νομος das Gesetz) bedeutet die Wissenschaft, welche von den Gesetzen handelt, nach welchen die Körper durch den Raum getragen, d. i. bewegt werden [10]).

8) S. oben §. 7. und Vorrede S. 36. Heilbronneri hist. Math. univ. L. IV. c. 1.

9) Ueber den Ursprung der Geometrie berichtet uns Herodot in seiner Geschichte. Nach ihm (B. II. [Euterpe] C. 109.) hat der K. Sesostris jedem seiner Unterthanen gleichviel Land zugemessen und darnach ihnen gleichviele Abgaben aufgelegt. Wenn aber der Nil einem etwas entrissen hatte, so wurde es durch Feldmesser bestimmt und die Abgabe gemindert. „Dadurch" sagt er, „scheint mir die Geometrie erfunden und nach Griechenland übergegangen zu seyn (δοκεει δε μοι ενθευτεν γεωμετριη ἑυρεθεισα εις την Ἑλλαδα επανελθειν.) Strabo, Proclus, Servius u. and. haben es diesem nachgesprochen. So fiel der Ursprung der Geometrie etwa 1000 Jahre vor d. christl. Zeitr.; aber, daß er früher hinaus zu setzen sey, ist ausgemacht. Auch spricht dafür die Sage, daß man die Erfindung derselben dem allesvermögenden Theut zugeschrieben habe, in Platons Phädros; vergl. Imblich. vit. Pythag. c. 29. Diogen. Laert. proem. segm. 11. Lib. VIII. 11.

10) Die reine Bewegungslehre kommt in allen bisherigen

Angewandte Mathmatik.

§. 15. In so fern nun alle Dinge der Natur mittelst der Grundvorstellungen, Zeit und Raum, erkannt werden, sind sie der Mathematik nothwendig unterworfen. Ihre Wahrheiten lassen sich daher in dieser Hinsicht auf sie anwenden, und nicht nur alle Kenntnisse, welche wir in so fern von ihnen erlangen, sondern auch alle Regeln, nach welchen wir sie gebrauchen und unsere Geschäfte an und mit ihnen verrichten (§. 1.), mithin alle Künste sind in so weit nur durch sie möglich. Sie hat daher eine überaus große und allenthalben verbreitete Herrschaft. Die vornehmsten dieser Kenntnisse und Kün-

Lehrbüchern der Mathematik nicht vor. Ihre vornehmsten Lehren werden in der Physik nach Bedürfniß mitgenommen. Allein da die Gesetze der Bewegung an sich reine Wahrheiten der Mathematik sind, so gehört auch ihre Wissenschaft der reinen Mathematik als ein Eigenthum an, und muß als Theil derselben hier abgehandelt werden. — Dieses haben schon die Platoniker erkannt. Proclus Diadochus, der gleichsam der Dollmetscher ihrer Ansichten darinne ist, sagt in seinem vortrefflichen Commentare über das 1. B. der Elemente Euclids im 3ten Abschnitte, er wolle die zuvor untersuchten Grundlehren (τας αρχας) nun an den Zahlen (εν αριθμοις), an den Raumgrößen (εν μεγεθεσι), und an den Bewegungen (εν κινησεσι) betrachten. — Des Namens Phoronomie hat sich zuerst Jac. Hermann in seinem gelehrten, aber nicht von Fehlern freien, Werke: Phoronomia s. de viribus et motibus corporum etc. Amstelod. 1716. 4. bedient. Sie als reine Wissenschaft, als Theil der reinen Mathematik zu bearbeiten, hat vornehmlich Iman. Kant (s. metaphys. Anfangsgründe der Naturlehre, Vorrede,) empfohlen und Joh. Schulz in sein. Anfangsgründen der reinen Mechanik wirklich ausgeführt. E. G. Fischer aber hat in sein. Untersuchung „über den eigentlichen Sinn der höhern Analysis ꝛc. Berl. 1808. gr. 8.“ wo sich die 2te Abth. mit der reinen Mechanik beschäftiget, diese Phorometrie genennt. Vergl. meine Orthodidakt. d. Math. ꝛc. 1. Abth. Dresd. 1813. S. 52.

ste, welche mit den Verhältnissen unseres Lebens in so wichtigem Zusammenhange stehen, sind: die Rechenkunst, niedere und höhere (Algebra) [11]), die Zeitrechnung (Chronologie) [12]), die Feldmeßkunst (Geodäsie) [13]), die Erdbeschreibung (Geographie) [14]), die Optik [15]), die Perspecti-

11) Algebra bedeutet bei den Arabern die Einrichtung (von dem Artikel al und geber, einrichten.) M. Stifel (arithm. integr. c. 4.) nennt sie Ars Gebri. Der Name ist in alle Sprachen aufgenommen; die Holländische ausgenommen, wo sie Stellkonst heißt. S. Meusels Leitfaden d. Gesch. d. Gelehrsamkeit. Abth. 2. S. 592. ꝛc. Ihr erster Schriftsteller ist Diophantus. S. §. 19. vergl. Kästners Gesch. d. Math. Th. I. 150. III. 111. — Schriften in Ersch Liter. d. Math. S. 30. ꝛc.

12) Χρονολογια (von χρονος, die Zeit, und λογος, das Verhältniß,) gründet sich mit auf die Astronomie und mathem. Geographie. Einen besondern Theil macht die Geschichte des Calenders aus. S. Gehlers und J. K. Fischers physik. Wörterbb. Schriften in Ersch Liter. d. Math. S. 141.

13) Der Name γεωδαισια (von γη, Erde, δαιω, ich theile,) rührt von Aristoteles her (Metaphys. III. 8.). Zollmann scheint seine Anleit. z. prakt. Geometr. Halle 1744. zuerst so genannt zu haben. S. Kästners Gesch. d. Math. Th. I. S. 636. III. 285. ꝛc. 360. Schriften in Ersch Liter. d. Math. S. 51. ꝛc.

14) Γεωγραφια (von γη und γραφειν, beschreiben). Zum Unterschied von der physischen und politischen heißt sie hier mathematische Geographie, und betrachtet die Gestalt, die Wendung und alles was an der Erde meßbar ist. Daß ihr Ursprung sehr alt ist, beweißt das Buch Hiob und Homer (s. Uebers. v. J. H. Voß.) Ueb. die Geograph d. Alten, s. Voß Uebers. d. Gedichte d. Virgil. B. II. 61. 119. 304. 396.

Die Zeichnung der Karten soll nach Eustathius, (der sie πινακογραφια nennt,) Hekatäus v. Milet (Schüler des Pythagoras) erfunden haben. Auch die Römer bedienten sich solcher. S. Properz Eleg. B. 4. E. 3. V. 37. Varro de re rust. 12. Viele Verdienste hat Eratosthenes um sie. S. §. 19. Mannerts Geographie. Busch Geschichte d. Erfindungen, Bd. 5. Schriften in Ersch Liter. d. Math. S. 142. ꝛc.

15) Ἡ οπτικη (von οπτω, ich sehe,) handelt von den

ve [16]), die Gnomonik [17]), die Statik (fester und

Strahlen des Lichts und deren Brechung. Sie theilt sich in die Katoptrik (von dem Zurückstrahlen des Lichts, Spiegeln,) und Dioptrik (von dem Durchstrahlen des Lichts, Fernröhren, Mikroscopen ꝛc.). Auch die Lehre von den Farben gehört dazu. — Ihre ersten Grundsätze waren schon in Platons Schule bekannt. (Vossius de scientt. math. p. 108.). Euclids opt. Schriften können wegen ihrer Fehler nicht ächt seyn. Für ein hohes Alter der Brenngläser spricht eine Stelle in Aristophanes Wolken (Act. 2. V. 764.), und im Plinius (H. N. B. 37. C. 2.). Archimeds Brennspiegel, womit er die römische Flotte angezündet haben soll, scheint Erdichtung (Bossüts Gesch. d. Math. S. 268. ꝛc.); jedoch wußten die Alten, daß die Sonnenstrahlen durch eine mit Wasser gefüllte Kugel entzünden (Plin. H. N. B. 36. C. 26. B. 37. C. 6. Lactantius de ira Dei c. 10.), und daß dadurch die Schrift vergrößert wird, (Seneca quaest. nat. I. 6.). S. Busch Gesch. d Erfind. B. 2. S. 214. — Ob sie Brillen hatten ist ungewiß. In neuerer Zeit haben sich vorzüglich B. la Porta, Keppler u. and. um die Optik verdient gemacht. — Erfindung d. Fernröhre durch die Kinder eines Brillenmachers (vermuthlich Zach. Jansen in Middelburg. S. Bossüts Gesch. d. Math. Th 2. S. 128); und die Spiegeltelescope von Newton u. Gregory. Newtons Verdienste um die Farbenlehre: S. Bossüts Gesch. d. M. Th. 2. S. 404. ꝛc. Göthe's Farbenl. — Tschirnhausens Brennspiegel. Entdeckung des Flintglases (Philos. Transact. 1754). Busch Geschichte d. Erfind. Th. 4. S. 370. Vergl Kästners Gesch. d. Math. Th. II. 238. IV. 53. Schriften in Ersch Literat. d. Math. S. 110.

16) Diese (von perspicere, in die Ferne schauen,) handelt von der Erscheinung entfernter Gegenstände und gehört theils der Geometrie, theils der Optik an. Zu jener rechnete sie schon Aristoteles (praedicam. post. 20.). Kästners Anfangsgr. Th. I. 591. Dessen Gesch. d. Math. II. 1. ꝛc. Fur Anfänger vorzügl. Valencienne's prakt. Anleit. z. P. Hof 1803. — Ersch Liter. d. Math. S. 107.

17) Ἡ γνωμονικη (von γνωμων, ein Stift, an welchem man die Wendung der Sonne erkannte,) ist sehr hohen Alters. Nach Herodot (II. 109.) scheinen die Babylonier die Erfinder gewesen zu seyn. Die Sonnenwenden bei Homer

flüssiger Körper oder Hydrostatik)[18], Mechanik[19]),

(Odyss. XV. 402.) werden verschieden gedeutet. — Den ersten Sonnenzeiger (ἡμικυκλιον) errichtete der Caldäer Berosus (Vitruv. XV. 9.); den Gnomon, d. i. einen Zeiger, den man richten konnte, erfand (nach Diogenes v. Laerte) Anaximander v. Milet (600 v. Ch.). Plinius (H. N. II. 76.) läßt ebendenselben den ersten in Sparta aufstellen. Verbesserer der Sonnenuhren und verschiedene Formen derselben nennt Vitruv. a. a. O. — Ueber die berühmte Sonnenuhr, welche unter August Manlius auf d. Campus Mart. setzen ließ, dessen Zeiger ein Obelisk war, s. Plinius Naturgesch. B. 35. C. 10., vergl. Ostertags Abhandl. darüb. Regensb. 1785. Martini über die Sonnenuhren d. Alten durch Denkmähler d. Alterth. erläutert. Leipz. 1777. Montucl. histoir. d. Math. T. I. p. 715. Neue Schriften in Ersch Lit. d. math. Wissensch. S. 141.

18) Die Statik (ἡ στατικη sc. θεωρια, von ἱστημι, ich stehe,) von dem Gleichgewichte der Körper. Wenn diese flüssig sind, so heißt sie Hydrostatik (ὑδροστατικη). Schon Aristoteles (de coelo. IV. 6.) ist ihrer Erfindung nahe gewesen. Nach Vitruv (IX. 3.) ist Archimedes durch die Untersuchung der Krone des Hiero darauf gekommen, welches Plutarch, Proclus u. a. bestätigen. Von Archim. selbst ist eine Schrift de humido insidentibus arabisch auf uns gekommen. S. Montucla hist. de Math. T. I. p. 237. etc. Bossüts Gesch. d. Math. Th. 1. S. 158. Kästners Gesch. d. Math. IV. 41. Schriften in Ersch Liter. d. Math. S. 95. ꝛc. — Dazu zählt man auch die Hydrodynamik (von ὑδωρ und δυναμις) von der Kraft des Wassers (bei Mühlen und and. Maschinen), und die Hydraulik (ὑδραυλικη, von το ὑδωρ, das Wasser, und αυλος, eine Röhre) Als Erfinder werden Ktesibius (berühmt durch die Wasserorgeln, Vitruv. X. 10.) und Hero, sein Schüler (Vitruv X. 12.), genannt.

19) Diese, von μηχανη, eine Maschine, so genannt, ist wegen ihres Bedürfnisses eine der ältesten Wissenschaften und früh gebildet. Dieß beweißt schon der Tempel zu Ephesus (Vitruv. Archit. X. 6. Plinius H. N. B. 36. C. 21.). Als Wissenschaft ehrt sie den Archimedes als Vater, welcher allein ein Schiff ins Meer bewegte. vergl. §. 19. h. — Montucla hist. d. Math. T. I. p. 688. Kästners Gesch.

die Baukunst [20]) (bürgerliche, Schiffs-, Mühlen-, Wasser-, Brücken-, Straßen-, Festungsbaukunst [Fortification] [21]), Artillerie [22]), Astronomie [23]) und

d. Math. II. 98. ꝛc. IV. 1 ꝛc. Schriften in Ersch. Liter. d. Math. S. 94.

20) Architectura (τεχνη αρχιτεκτονικη, von αρχι und τευχω, ich führe etwas auf). Sie gehört zu den ältesten Künsten. (Mauern zu Babylon, Piramyden [nicht Pyramiden], Tempel z. Ephesus ꝛc.). Das älteste, aber verlorene Werk üb. d. Baukunst war von Eratosthenes, das ausführlichste der alten Welt von Vitruv in 10 Büchern. S. §. 20. N. 45. Stieglitz Encyclopädie d. Bauk. u. deſſ. Geſch. d. Bauk. d. Alten. Lpzg. 1792. Ersch Liter. d. Math. S. 621. Die Schiffsbauk. (architect. navalis) ist eine Erfindung der Phönicier. J. Js. Berghaus Gesch. d. Schiffahrtskunde b. d. vornehmsten Völkern des Alterth. Lpz. 1792. Ersch Liter. d. Math. S. 555. Von dem Mühlenbaue spricht Vitruv (X. 10) nicht als von einer damals neuen Erfindung, wofür man sie nach dem Epigramme des Antipater v. Thessalonich (Ciceros Zeitgenossen), in der Anthologia gr. (Ausg. v. Jacobs. Th II. S. 105.) hat halten wollen. S. Beckmanns Beitr. zur Geschichte der Erfindungen. B. 2. St. 1. Schriften in Ersch Liter. d. Math. S. 522. Ueber die Wasser-, Brücken- und Straßenbaukunst s. K. F. Wiebeking's Beiträge ꝛc. Darmst. 1808. Schriften in Ersch Liter. d Math. S. 548. —

21) Die Befestigungskunst kannten schon die Alten (Jul. Cäsar u. Polybius); in Deutschland sind zuerst Festungen am Rheine v. Drusus angelegt (Florus ep. rer. R. IV. 12.) S. Busch Handb. der Erfindungen. Th. 4. S. 183. Werke in Ersch Liter. d. Math. S. 620.

22) Die Artillerie (von artus, ein Glied, ein Stück,) handelt von dem Gebrauche und der Wirkung des Geschützes. Von der Belagerungskunst der Alten erzählt Vitruv B. 10. und Vegetius (epit. rei milit.). Durch die Erfindung des Pulvers hat sie eine andere Form erhalten. Die Geschichte dieser Wissensch. s. in Busch Gesch. d. Erfindungen. Th. 1. S. 201. Schriften in Ersch Lit. d. Math. S. 617. ꝛc.

23) Die Astronomie (von αστηρ, der Stern, und νομος, das Gesetz,) handelt von den Verhältnissen und den Gesetzen der Bewegung der Weltkörper. Alle alten Völker haben sich früh-

andere; ja alle Handwerke gehören mehr oder weniger dazu [24]). Die hier genannten kann man, jede für sich, als eigene Wissenschaften ansehen, welche zusammen, in so fern sich ihre Lehren auf die Mathematik gründen, angewandte Mathematik (math. applicata), oder auch gemischte (math. mixta) genannt werden, aber eigentlich Theile der Physik (§. 1.) sind. Auch theilt man die Mathematik in die niedere und höhere [25]), welches aber nicht anders heißt, als in die leichtere und schwerere; endlich auch in die wissenschaftliche und praktische (technische) [26]).

Evidenz.

§. 16. Da wir nun aus dieser Betrachtung erkannt haben, daß die Mathematik eine systematische Wissenschaft allgemeiner Wahrheiten ist, welche die Vergleichung und Verbindung reiner Größen darbietet, so sind

zeitig mit Beobachtung der Sterne abgegeben, aus Bedürfniß für Landbau und Schiffahrt. Seit der Erfindung der Fernröhre ist sie mit vielen und großen Entdeckungen bereichert. S. Bossüts Geschichte d. Math. Th. 2. S. 178 ꝛc. Busch Gesch. d. Erfind. Th. 1. Kästners Gesch. d. Math. II. 300. ꝛc. IV. 84 ꝛc. Bode's Anleit. z. Kenntn. d. gestirnt. Himmels. — Ersch Liter. d. Math. S. 125. ꝛc.

24) Schriften über alle Gewerbe und Handwerke s. in Ersch Lit. d. math. Wissensch. Abschn. III. S. 529. ꝛc.

25) Zur niedern Mathematik rechnet man die Elemente der Arithmetik und Geometrie (worüber d. Schriften in Ersch Lit. d. Math. S. 1 — 30.); zur höhern die Lehren v. d. entgegengesetzten Größen, den Reihen, Kettenbrüchen, die Analysis des Endlichen und Unendlichen (Differenzialrechnung), die krummen Linien (vorzügl. Kegelschnitte,) u. mehr. Ersch. Lit. d. Math. S. 30 — 43.

26) Unter der praktischen versteht man alle Rechen- und Meßkunst, Gebrauch der Instrumente und math. Zeichenkunst. Ersch Liter. d. Math. S. 44 — 58.

a) diese Wahrheiten, weil sie rein (von der Erfahrung unabhängig) sind, Erzeugnisse unseres freien selbstthätigen Denkvermögens, und ihre Gewißheit beruht nicht auf äußern Thatsachen, sondern liegt in ihnen selbst (z. E. 2mal 3 = 6). Da aber alle Größen im Raume, d. i. als Linien dem Auge dargelegt werden können, so vereinigt sich mit jenem Vorzuge auch der, daß die Wahrheiten der Mathematik demonstrirt werden können. Dieses nennt man Evidenz (von evidere) [27]) und daher die Wahrheiten selbst evident.

Heuristik der Mathematik.

§. 17. b) Wegen des systematischen Zusammenhangs aber müssen die Wahrheiten der Mathematik so unter sich verbunden seyn, daß eine aus der andern folgt, und daß die Gewißheit des folgenden auf der Gewißheit seines Vordersatzes beruht. Wenn wir nun mathematische Wahrheiten bis auf ihren Grund verfolgen, welches Verfahren man regressiv (analytisch) nennt, so müssen sie auf einem allgemeinen Satze beruhen, welchen man deshalb den Grundsatz oder Axiom (ἀξίωμα) [28]) nennt, der seine Gewißheit in sich selbst hat und von jedem denkenden Menschen anerkannt wird, (z. E. zwei Größen sind einander entweder gleich oder ungleich), u. dgl. Hat man einen solchen Grundsatz gefunden und man verbindet ihn mit einem andern allgemein anerkannten, so folgt daraus ein neuer Satz: (Z. E. wenn zwei Größen einander entweder gleich oder ungleich, und zwei Theile einer Größe

27) Ueber die Evidenz der mathem. Wahrheiten s. vornehmlich M. Mendelson's Preißschrift über die Evidenz in metaphysischen Wissenschaften. Berl. 1786. 1. Abschn. S. 13. Im. Kants kleine Schriften. Königsb. 1797. Th. 2. S. 482. f.

28) Kants Kritik der rein. Vern. S. 197.

auch zwei Größen sind, so sind die Theile einander entweder gleich oder ungleich) Wenn man auf diese Weise immer die rechten Wahrheiten, welche in so fern Vordersätze (antecedentia) oder Prämissen (praemissa) heißen, verbindet, und die sich ergebende Wahrheit richtig daraus ableitet, welche in so fern der Schlußsatz oder die Folge (consequens) heißt [29]; so ergeben sich die Wahrheiten der Mathematik nach der Reihe von selbst. Dieses Verfahren, in so fern man eine Wahrheit nach der andern, gleichsam fortschreitend, erzeugt, nennt man progressiv (synthetisch) [30], in so fern man aber dadurch immer neue Wahrheiten findet, Heuristik (von ἑυρισκω, ich finde), oder heuristische, selbstfindende Methode [31]). Die abgeleiteten und so dargelegten Wahrheiten heißen Lehrsätze oder Theoreme (θεωρηματα).

Nutzen derselben.

§. 18. Diese selbstfindende Entwickelung der Mathematik gewährt einen eben so wichtigen, als vielfachen Nutzen:

a) Sie leitet unsern Geist von der Erscheinung zur Wahr-

29) Vergl. Fries System der Logik. S. 189. ꝛc.

30) Ebendas. S. 582 — 588.

31) Der heuristischen Methode bediente sich schon Platon. S. Vorr. S. 52 u f. Vergl. Engels Versuch der Logik aus Platon Dialogen zu entwickeln; Sämmtliche Schriften Bd. 9. Mendelsons Abhandl. über d. Evidenz in d. metaph. Wissensch. Berlin 1786. S. 17 Leibnitz's Nouveaux essais sur l'entendement humain p. Raspe 1755. p. 33. sq. Kästners Anfangsgr. d. Arithmet. Geometr. ꝛc. Götting. 1800. S. 11. J. Fr. Fries System d. Logik. S. 511. Meine Orthodidaktik d. Mathem. Abth. 1. S. 32. ꝛc. Klügels Anfangsgr. d. Arithm. Geom. ꝛc. Vorr. S. V.

heit und ist ihm eine beständige Aufforderung zum Selbstdenken;

b) sie ist eine stete Uebung unseres Denkvermögens nach den natürlichen Gesetzen seiner Thätigkeit, — eine Gymnastik des Verstandes und der Urtheilskraft;

c) sie verleiht unserm Geiste Ordnung, Gründlichkeit, Consequenz und Strenge im Denken, Forschen und Beweisen; rüstet unsern Verstand mit Kraft, unser Urtheil mit Schärfe, und gewöhnt uns an Ausdauer in schwierigen Untersuchungen;

d) sie weckt und nährt in unserm Gemüthe die Liebe zur Wahrheit, mit welcher die Liebe zum Guten in unzertrennlicher Verbindung steht, und pflanzt in uns die Gewohnheit eines selbstständigen Strebens nach ihr;

e) sie schützt daher vor Irrthum und Schwärmerei, vor Vorurtheil und blindem Ergreifen fremder Meinung, und vor thörichtem Eigendünkel;

f) sie läßt uns die Einrichtungen und Wirkungen der Werkzeuge, womit wir unsere Geschäfte verrichten, und der Maschinen, welchen wir sehr viele Bequemlichkeiten und Vortheile verdanken, erkennen, und zeigt uns die erhabene Kunst, Erde und Himmel zu ermessen;

g) sie schließt die wundervollen und ewigen Gesetze der Natur in ihrer schönen Harmonie unserer Erkenntniß auf, und erleuchtet uns die Wege, auf welchen wir sie erforschen können.

h) Endlich erquickt sie ihre wahren Verehrer mit einer Fülle der würdigsten Freuden, welche dem menschlichen Gemüthe lichtvolle Einsicht und der Besitz unwidersprechlicher Wahrheit gewährt; verleiht ihm die herrliche Gabe, in jedem Gebiete seines Forschens mit Ordnung, Licht und

Kraft zu wandeln, und ist ihm gleichsam eine schützende Genie seines geistigen Lebens [32]).

Geschichte der Mathematik [33]).

§ 19. Diese wichtigen Zwecke hatten die Väter unserer Wissenschaft, die ehrwürdigen Weisen des alten Griechenlands, vorzüglich der göttliche Platon und seinne Schüler, bei ihrem Unterrichte darinne vor Augen, und indem sie die Mathematik, ihrer Natur gemäß, als eine Vorübung zu abstracten Denken und Forschen, mithin als Propädeutik ihrer Philosophie benutzten, bildeten sie sich durch sie zu so besonnenen Denkern, daß wir sie noch bewundern [34]).

Ihr Ursprung liegt in dem Dunkel der Geschichte des Alterthums. In unvollkommenen Zustande wurden einige ihrer Wahrheiten von Thales (600 v. Ch. G.) aus ihrem Mutterlande Egypten nach Kleinasien verpflanzt [35]) und von Pythagoras (550 v. Ch. G.) und

32) Welchen Werth die Griechen der Mathematik als Bildungswissenschaft des Verstandes beilegten, s. Vorrede S. 3. u. f.

33) Das ausführlichste Werk, das wir über die Geschichte der Mathematik besitzen, ist: Histoire des Mathematiques par Montucla. Nouvelle edit consider. augmentée etc. IV Tomes 4to en VII — X. (1799 — 1802). (etwas zu breit). — I. Ch. Heilbronneri Hist. Math. universae. Lips. 1742. (sehr gründlich gelehrt). — A. G. Kästners Geschichte d. Mathemat. seit d. Wiederherstellung d. Wissenschaften bis z. J. 1800. Götting. 1796. ꝛc. 4 Bd. 8. (6 Thl. 8 Gr.) eine Menge nützlicher Notizen ohne Kritik (vergl. Recens. in d. allgem. Liter. Zeit. 1799. Nr. 45. S. 356. u. f.) Carl Bossut's Vers. einer allgem. Gesch. d. Mathem. a. d. Franz. übers. u. m. Anmerkk. und Zusätzen v. Reimer. 2 Thle. Hamb. 1804. gr. 8. (3 Thlr. 8 Gr. sehr brauchbar).

34) S. Vorrede S. 23. u. f.

35) Thales, geb. zu Milet in Kleinasien 632 v. Ch., der Vater der Philosophie der Griechen, soll Egypten durchreiset und daselbst die Pyramyden aus ihren Schatten zu berechnen

seinen Schülern zu einem interessanten Agregate erweitert [36]). Dieses, von Anaxagoras (450 v. Ch.) nach Athen, dem Hauptsitze aller Wissenschaften des Al-

gelehrt haben. — Daß er die mathematischen Kenntnisse aus Egypten nach Griechenland gebracht habe, erzählen Diogenes v. Laerte (vit. philos. I.), Apulejus (Flor. 18.) u. and. — Gewiß ist, daß er sie zuerst in Griechenland in Aufnahme gebracht hat. Herodot u. Diogenes berichten: er habe die Sonnenfinsterniß vorausgesagt, welche den 6jährigen Krieg zwischen den Cyaxares, K. v. Medien, und Alyattes, K. v. Lydien, beendigte; — wahrscheinlich die, welche auf den 30sten Juli d. J. 605 v. Ch fällt. Heilbronner hist. math. univ. p. 103. S. Montucla hist. des mathem. Vol. I. p. 102. Buhle's Geschichte d. Philos. Th. I. S. 190. Tiedemanns erste Philos. Griechenlands. S. 101.

36) Pythagoras aus Samos (geb. 583 v. Ch.), ein Mann von edlem Eifer, ausgebreitetem Ruhme und gewaltigem Ansehen. Der Hauptgegenstand seines Forschens war, die Natur durch Hülfe der Zahlen zu enträthseln, mit welchen daher seine ganze Philosophie verwebt war. Ueber ihn haben wir nur trübe Quellen; meistens nur zerstreute Notizen in griechischen und römischen Philosophen S. Tennemann's Gesch. d. Philosophie. Th. 1. Buhle's Gesch. d. Philosoph. Th. I. S. 232. Sie sind sorgfältig geprüft in Meiners Gesch. d. Wissenschaften Griechenlands und Roms Th. I. S. 187. ꝛc. Man kann nicht unterscheiden, was von ihm, oder seinen Schülern herrührt, daher man besser sagt: Pythagoräer. Nach Apulejus (Flor. 15.), Justin (Hist. L. XX. 4.) u. and. hat er die Geometrie von den Egyptiern, die Arithmetik von den Phöniciern, die Astronomie von den Caldäern erlernt. Er liebte Zahlengeheimnisse (Horat. Epod. XV.) — Seine vornehmsten Entdeckungen sind: sein geometrischer Lehrsatz (s. Geometr.), abacus. (§. 81.), die figurirten Zahlen u. s. w.; mehrere in der Physik und Astronomie. S. Diogenes Laert. vit. phil. VIII. Iamblich. und Porphyrius de vita Pythag. Sextus Empir. adv. Mathem. X. Plutarch. de placitis philos. L. II. c. 12. Geminus εἰσαγωγή c. 1. Plinius Hist. H. N. II. c. 8. Montucla hist. de Math. T. I. p. 114. etc.

terthums, gebracht [37]). erhielt hauptsächlich durch Platons Schule (400 v. Ch.) eine wissenschaftliche Gestalt und eine bedeutende Vollkommenheit [38]). Mit der Aca-

37) Anaxagoras aus Klazomene, ein Schüler des Anaximenes (um 456 v. Ch.), der mit dem hellsten Geiste die ausgezeichnete Gabe verband, talentvolle Männer für die Wissenschaft zu gewinnen, zog diese glänzenden Ehrenstellen vor und sammelte die Musen aus ihren zerstreuten Sitzen in Athen. S. Tennemanns Gesch. d. Philos. Th. 1. — Archytas, Pericles, Euripides, auch Socrates und Themistocles werden unter seine Schüler gezählt. Seine Verdienste um die Mathematik sind nicht unbedeutend, wiewohl die Physik und Astronomie die Hauptgegenstände seines Forschens waren. S. Buhle's Gesch. d. Philos. Th 1. S. 210. — Anacharsis Reisen übers. v. Biester. Th. II. S. 311.

38) Um die schönste Blüthe der Mathematik in Griechenland hat Socrates sehr wichtige Verdienste. Zwar hat er die Mathematik selbst nicht bereichert; entweder weil er nach Platons Zeugnisse kein Talent dazu hatte, oder weil alle seine Bemühungen nur auf das Praktische, d. i. auf die Moralität seiner Mitbürger und das Wohl des Staats gerichtet waren. Er achtete aber unsere Wissenschaft und befahl seinen Schülern das Rechnen (λογισμους) und die Geometrie. S. Xenophons Memorab. B 7. C. 4. — Daß sie der besonnene Weise von dem Nachgrübeln über dunkle geometr. Probleme (δυσξυνετα διαγραμματα) zurück hielt, nicht einsehend, wozu sie nützten, muß deshalb gebilliget werden, weil zu seiner Zeit die von Pythagoras übergegangene Gewohnheit, die Natur aus Zahlverhältnissen zu erklären und die Gestalt der Erde durch geometrische Construktion zu finden, viele denkende Köpfe zu schwärmerischen Speculationen verleitete, welchen Socrates sehr entgegen war. S. Zeune zu Xenophon a. a. O. Xenophon scheint daher seinen Lehrer nicht mißverstanden zu haben, wie der würdige Hindenburg (z. angez. Stelle) meinte, welcher nicht zugeben zu können glaubte, daß der Weiseste der Vorzeit von der Mathematik abgerathen hätte. — Demungeachtet hat auch diese Wissenschaft ihm, mit welchem die schönste Blüthe der griechischen Philosophie begann, unsterbliche Verdienste zu verdanken. Denn seine Gewohnheit, jede Wahrheit

demie aber erlosch allmählich ihr hehrer Geist und ihre würdigere Behandlungsweise. — Ein Jahrhundert später sehen wir die auf griechischen Boden gezeugten Zweige der Wissenschaft nach Alexandrien verpflanzt, wo Euclides (300 v. Ch.) sich das unsterbliche Verdienst erwirbt, jene Wahrheiten mit unübertrefflichem Scharfsinne zusammen zu stellen und sie in seinen Elementen, wie in

aus ihren Principien zu erklären und auf ihre Gründe zurück zu führen, flößte seinen Schülern einen würdigern, wissenschaftlichern Forschungsgeist ein, welcher auch in unserer Wissenschaft die schönen Früchte erzeugte, die wir in der Schule Platons, des geistreichsten seiner Schüler, gedeihen sehen.

Platon (geb. 428 v. Ch.) der Stifter der Akademie, wegen der Größe seines Genies, schöpferischer Phantasie und ausgebreiteten Gelehrsamkeit, der Göttliche genannt. In seiner Schule bekam die Mathem. einen kräftigern Schwung u. wissenschaftliche Behandlungsweise. S. Vorr. S. 5. ꝛc. u. meine Orthodid. 1. Abth. S. 10 ꝛc. Sein Schüler Speusippos soll nach Diogenes v. L. B. IV. 1. das erste Compendium der Mathem. geschrieben haben: und nach ebendemselben gebührt dem Platon, nicht dem Eudoxus, die Entdeckung der Eigenschaften der Kegelschnitte. Ihm war die Math. nothwendige Propädeutik der Philosophie (s. Vorrede S. 33.). Als Mathematiker hat man sonst Platon wenig geachtet und das Auge nur auf Euclid geheftet, ohne sich nach jenem umzusehen, der ihm den Glanz verlieh. Montucla (hist. des math. Vol. I. p. 163.) läßt ihm aber die verdiente Gerechtigkeit wiederfahren, indem er das Zeitalter, wo die Mathematik in Platons Schule überging, als eine der merkwürdigsten und fruchtbarsten für diese Wissenschaft schildert. Vergl. Bossüts Gesch. d. Math. übersetzt v. Reimer. Th. 1. S. 69 u. 113. Die vornehmsten Stellen, wo Platon von der Math. spricht und sie als Bildungsmittel empfiehlt s. Vorr S. 27. ꝛc., vergl. das klassische Werk v. Tennemann: System d. Platon. Philos. und ebendess. Geschichte d. Philos. Th. 2. — Buhle's Gesch. d. Philosophie. Th. 2. Schleiermachers Uebersetz. d. Platon mit Anmerkk. Meiners Gesch. d. Wissensch. ꝛc. Th. 2. S. 683. Anacharsis Reisen, Th. II. S. 90. ꝛc. III. 198. V. 133.)

ein Archiv für die Nachwelt nieder zu legen [39]). — Im folgenden Jahrhunderte zieht noch **Archimedes** in Sy-

39) Euclides war Zeitgenosse des K. Ptolemäus Lagi (300 v. Ch.). Ob er zu Alexandrien oder Gela in Sicilien geboren ist, ist ungewiß, und daß er in Athen in Platons Schule gebildet worden sey, nicht begründete Vermuthung. — **Proclus Diadochus** im Comment. üb. d. 1 Buch d. Elemente, B. II. C. 4. erzählt (als Sage): er habe den K. Ptolemäus (der ein großer Freund und Beschützer der Wissenschaften war, s. Heynii opusc. acad. I. p. 76. sqq.), in der Geometrie unterrichtet; und da dieser ihn **nicht** verstanden und gefragt habe, ob er ihm die Sache nicht auf eine andere Weise begreiflich machen könne? habe er geantwortet: „Für Könige gäbe es keinen abgesonderten Weg zur Geometrie (μη ειναι βασιλικην ατροπον προς γεωμετριαν). — Seine Elemente (στοιχεια), wiewohl sie nur Materialien zur Geometrie enthalten, zeichnen sich durch unübertrefflich strenge Methode aus, so daß seine Gegner ihn darinne keines Fehlers mit Grund haben überführen können. (S. Wolfs elementa mathes. V. c. 3. 3. Kästners Gesch. d. Math. Th. 1. S. 278 u. 381.). Sie bestehen aus 15 Büchern, von welchen das 7te bis 10te arithmetischen, die übrigen geometrischen Inhalts sind. Vergl. Bossuts Geschichte d. Math. übers. v. Reimer. Th. 1. S. 35. ꝛc. u. 79. ꝛc. Die zwei letzten Bücher werden mit mehr Rechte dem **Hypsicles**, einem Zeitgenossen Plutarchs (Fabricii bibl. gr. IV. p. 20. edit. Harles.) zugeschrieben. Dieses Werk ist das älteste systematische über die Mathematik; daher Euclid der **Vater der Math.** genannt wird. Es hat bei den Mathematikern ein eben so großes Ansehen erlangt, als die Bibel bei den Theologen, und auf die Cultur des Menschengeschlechts einen unermeßlichen Einfluß gehabt. — Die Ordnung, in welcher die Wahrheiten vorgetragen werden, ist, zwar **streng consequent**, aber nicht die **natürliche**, d. h. den natürlichen Gesetzen des menschlichen Verstandes folgende. S. **Thibauts** Grundr. d. r. Math. Gött. 1800. Vorr. S. 2. **Fries** Syst. d. Logik. S. 357. Meine Orthodidakt. d. Math. 2te Abth. — Auch hat Euclid eine Schrift über die Musik (ἁρμονικη), Data (sehr wichtig) und phaenomena, hinterlassen, und ihm werden, wohl mit Unrecht, elem. optica et catoptr. (voller Fehler) zugeschrieben. — Die Ausgabe, welche alle Werke um-

rakus (200 v. Ch.), sowohl durch seine schönen und wichtigen Erfindungen, als auch durch die merkwürdige Vertheidigung seiner Vaterstadt unsere Aufmerksamkeit eben so sehr, als die Bewunderung seiner Zeitgenossen auf sich [40]); aber mit ihm scheint der Geist für unsere Wis-

faßt, ist von David Gregory griech. u. latein. zu Oxford 1703. in Fol. — 13 Bücher Elem. griech. u. latein. v. Fr. Commandinus zu Lond. 1620. Fol.; zu Glasgow 1756. in 4. (sehr schön); v. Is. Barrow. Cambridge 1615. in 8. Sämmtliche 15 Bücher v. G. Fr. Bärmann. Lpzg. 1741. u. 1769. 8. Uebersetzt ins Deutsche von J. Fr. Lorenz. Halle 1781. 8.; 3te Aufl. von Mollweide. Halle 1809. 8.; ins Englische 1—6. und 11. u. 12. Buch v. Rob. Simson, daraus ins Deutsche v. M. Reder. Paderborn 1806; ins Arabische durch Nasiridin Tusin. Rom. 1594. (sehr selten). Vergl. Moutucl. hist. des math. T. I. p. 204.

Nach Euclid zeichnete sich zu Alexandrien Eratosthenes von Cyrene (geb. 275 v. Ch.) als Mathematiker am meisten aus. Ihn ließ der K. Ptolomäus Evergetes als Bibliothekar nach Alexandrien kommen. — Verdienste um die Astronomie und Geographie. — Fabricii bibl. gr. edit. Harles. 1804. T. IV. p. 123. Heilbronner hist. math. univ. c. X. p. 249. — Er war der erste, welcher die Schiefe der Ecliptik entdeckte und die Größe der Erde zu bestimmen suchte, worinne er sehr irrte. S. Ideler's Abhandl. üb. d. Gradmess. d. Alten in Zachs monatl. Correspond. 1811. Bd. 13. S. 453. (wichtiger als ganze Bibliotheken). Merkwürdig ist sein Sieb (κοσκινον), S. §. 74. A. 1. — Von sein. Schriften sind nur die καταστερισμοι (Beschreibung und Fabeln der Sternbilder,) auf uns gekommen, welche griech. Joh. Fell. Oxford 1672. 8. und Schaubach. Götting. 1795. (vorzüglich) herausgegeben haben, und die in Th. Gale opusc. mythol. gr. et lat. Amstelod. 1688. 8. und in Dion. Petavii Uranolog. Paris. 1630. Fol. sich befinden. S. Schubachs Geschichte der griech. Astronom. bis auf Eratosthenes. Götting. 1802. 8. — Mannerts Geogr. Th. 1. S. 91. Bougine's Handb. d. Literärgesch. Th. 1. S. 193.

40) Archimedes (geb. zu Syrakus um 287 v. Ch.), ein Mann von göttlicher Erfindungskraft, womit er die Mathematik und Physik bereicherte. Urheber der Mechanik, Ent-

senschaft allmählig erloschen, so daß wir in den folgenden Jahrhunderten nur noch einzelne Schatten von ihr übrig sehen [41]).

decker der Verhältnisse des Durchmessers zum Kreise, des Kegels und der Kugel zum Cylinder zc. Letzteres ließ er auf sein Grabmahl setzen, welches Cicero (s. Tuscul. quaest. L. V. c. 23.) wiederfand. Von seinen Erfindd. s Melot mén. de l'Academ. de inscript. XIV. 228. etc. Pappus B 8 zählt deren 40. Er soll allein ein Schiff ins Meer gebracht und zum K. Hiero gesagt haben: da mihi, ubi consistam, et terram movebo. Plutarch in Marcello. I. p. 305., nach Athenäus (deipnosoph. V. 10.) mit einer Schraube ohne Ende (Pappus VIII. 10.) Man nannte ihn daher: πολυμηχανος, ἑκατογχειρ. — Ueber die merkwürdige Vertheidigung seiner Vaterstadt s. Polybius L. VIII. Livius Pat hist. R. XXIV. c. 34. Unerkannt von einem röm Soldaten ermordet im J. 212 v. Ch.. (Noli turbare circulos). Vergl Heilbronner hist. math. univers. I c. 10 p. 258. Montucl. hist. de math. T. I. p. 221. — Ausgaben: Opera gr et lat. c comment. Eutocii Basil. 1544. fol.; von Barrow. Lond. 1676. 4. De sphaer. et cylindro. Libb. II. de quadrat. parab. Arenanius etc. ed. Claud. Richard. Par. 1646 fol. — S Kästners Geschichte d. Math. Bd. 2. S. 64. Bossüts Gesch. d. Math. übers. v. Reimer Th. 1. S. 146. u. 371. — Arenarius et dimensio circuli c. Eutocii in hanc comment. ed. I. Wallis. Lond. 1676. vid. Wallisii opp. T. III. Oxon. 1699. fol — Sämmtliche Werke ins Franz übers. v. Payrard in 2 Theilen, nebst einer Abhandl. über die Arithmetik der Griechen von Delambre. Vergl. Montucl. hist. de math. T. I. p. 221. etc. — Bougine's Handb. d. Literärgesch. Th. I. S. 188.

41) Die merkwürdigsten nach Archim. sind: Apollonius v. Perga in Pamphilien (um 200 v. Ch.), merkwürdig durch 8 Bücher von den Kegelschnitten, meistens aus des Aristäus Werke von den Kegelschnitten (s. Pappus in praefat. Lib. VII. coll. math.) entlehnt, wurde von seinen Zeitgenossen der große Geometer genannt. Die ersten 4 Bücher sind noch griechisch, die 3 nächsten lateinisch, das 8te gar nicht mehr vorhanden, jedoch von Halley in sein. Ausg. Oxford 1710 wieder hergestellt. Montucla histoire des math. T. I.

p. 245. Heilbronner histor. Math. univ. I. §. 157. — Bossuts Gesch. d. Math. übers. v. Reimer. Bd. 1. S. 90.

Claud. Ptolemäus aus Pelusium in Egypten lebte unter d. K. Mark Aurel (um 140 n. Ch) zu Alexandrien. Berühmt durch sein Sonnensystem (μεγαλη συνταξις της αστρονομιας. Lib XIII.), s. Geographie (γεωγραφικη ὑφηγησις. Lib. VII.) u. mehrere Schriften Das erstere Werk ist gemeiniglich unter dem arabischen Titel: Almagest bekannt. Seine Verdienste um die Astronomie schildert Bailly in sein Gesch. d. Astronomie d. Alten, n. d. Franz. Lpzg. 1777. Th. 2. S 156 u f., und in d. histoire de l'Astrom. moderne etc. Paris 1779. Vol II.; die um die Geographie Raidel (comment. critico-liter de Cl. Ptolomaei geographia. Norimb. 1737) und Mannert in sein Geographie der Griechen u Römer. Th. I. S. 129 ꝛc. II. S. 1. u. and. Ueberhaupt vergl. Montucla hist. des Mathem. T. I. S. 286. u. f. Heilbronner hist. math. univ. p. 343. sqq. Ausg. aller Werke mit Theons Comm. griech; Basel 1538. Fol., öfters griech. u. lat. S. Heilbronner l. c. Bossüts Gesch. d. Math. Th. 1, S. 385

Diophantus (zu Alexandrien im 4ten Jahrhund n. Ch. unter Julian,) war, wenn auch nicht Erfinder der Algebra, wie Regiomontan gemeint hat, doch der erste Schriftsteller darinne. Er schrieb 13 Bücher üb. die Arithmetik, wovon nur noch 6 übrig sind, welche Bachet Meciriac. Paris 1621. Fol. griech. u. lat. herausgegeben hat, aber schon früher zu Basel 1575 von Xylander ins Latein. übersetzt erschienen waren. S Bossüts Gesch. d. Math Th 1. S. 26 u. 54. ꝛc. 387. Montucla hist. des math. Vol. I. p. 520. etc. Kästners Gesch d Math Th. 3. S. 152.

Pappus v. Alexandrien, ein eifriger Beförderer der Mathematik nnd Philosophie, lebte unter Theodosius d. Gr. (gegen 400 n. Ch.). Von seinen 8 Büchern mathemat. Sammlungen (μαθηματικων συναγωγων), welche uns die Art der Untersuchungen der Alten zeigen, sind nur die 6 letztern vollständig vorhanden, welche Commandinus 1588 in latein. Uebersetz. herausgegeben hat, und die letzten Sätze des 2ten Buchs übrig. Letzteres findet sich griech. und latein. in Wallis opp. Oxon. 1688. Tom. III. p. 395. Man schreibt ihm noch mehr Schriften zu. S. Heilbronner histor. math. univ. p. 372. Bossüts Gesch. übers. v. Reimer. Th. 1 S.

§. 20. Aber der Name Mathematik wird nach und nach auch auf andere Disciplinen übergetragen 42) und weicht von seiner ursprünglichen Bedeutung so weit

389. — Sein Zeitgenosse und Landsmann Theon commentirte die Werke des Euclid und des Ptolemäus μεγαλη συνταξις, welcher Comment. zu Basel 1538. Fol. gr. gedruckt worden ist. Merkwürdig ist seine Tochter Hypatia, welche selbst die Philosophie und Mathematik zu Alexandrien mit Beifall lehrte und den Apollonius und Diophantus commentirte, aber 415 n. Ch. ein Opfer des Fanatismus der Christen wurde. S. Socrates hist. eccles. L. VII. c. 15. Bossüts Gesch. d. Math. Th. 1. S. 28. Gesch. d. Philos. f. Liebhaber. Th. II. S. 136. 397.

Proclus Diadochus, ein Platoniker (480 n. Ch.), hat unter mehrern Schriften einen etwas weitschweifigen, aber mit vortrefflichen Ansichten und vielen historischen Notizen erfüllten Commentar über das 1ste Buch der Elemente des Euclid hinterlassen, welcher sich griech. an der Basler Ausg. der Werke Euclids v. 1533 befindet. Vollständiger ist er in der latein. Uebersetz. v. Baroccius 1560. F., u. in der englischen. Lond. 1788. 4. Fabricii biblioth. gr. edit. Harles. 1804. Vol. IX. p. 416. S. Vorr. S. 11. Meine Orthodid. 1. Abtheil. S. 88. Note. u. 50. — Eine bessere Ausgabe wäre sehr zu wünschen.

42) Die Etymologie des Wortes μαθηματα ließ zu, daß man alle Gegenstände des wissenschaftlichen Unterrichts darunter begriff. Zu Pythagoras Zeit zählte man blos die Zahlenwissenschaft, Geometrie, Musik und Astronomie dazu; Platon fügte ihnen die Stereometrie bei; unter Aristoteles sehen wir die Zahl der Gegenstände derselben noch durch die mechanischen und optischen Wissenschaften bereichert. Da aber die μαθηματα im Alterthume blos Vorbereitungswissenschaften waren, so kann es uns weniger wundern, wenn man später auch die Grammatik, Rhetorik u. dgl. dazu rechnete — Wie vieldeutig der Name Mathematik im zweiten Jahrh. n. Ch. war, beweißt uns hinlänglich das gelehrte Werk, welches der eben so scharfsinnige, als witzige Arzt, Sextus Empirikus gegen die Mathematiker schrieb (προς τους μαθηματικους αντιρρητικοι λογοι); von welchen das erste gegen die

ab, daß wir in den ersten Jahrhunderten christl. Zeitrechnung mit dem Namen Mathematiker blos Sterndeuter, Nativitätsteller, Zauberer u. dergl. bezeichnet sehen, welche als dem Staate gefährlich mit Strafen belegt, verfolgt und durch Gesetze verbannt [43]); später aber von

Gramatiker, d. h. Geographen, Geschichtschreiber, Mythographen rc., das zweite gegen die Rhetoren, das dritte gegen die Geometer, das vierte gegen die Arithmetiker, das fünfte und sechste gegen die Astronomen und Musiker, das siebente und achte gegen die Logiker, das neunte und zehnte gegen die Physiker gerichtet ist. S. Tennemanns und Buhle's Gesch. d. Philos. Th. III. Fabricii bibl. graec. edit. Harl. Vol. V. p. 527. Vergl. Tiedemanns Geist d. speculat. Phil. Th. II. S. 346.

43) Die Astrologie und Nativitätstellerei, d. h. aus dem Stande der Gestirne bei der Geburt des Menschen seine Schicksale vorhersagen, scheint bereits frühzeitig in Rom eingerissen zu zu seyn. Beinahe 200 Jahre v. Ch. gieng das Unwesen schon so weit, daß ein praetor peregr. Cornel. Hispalus unter dem Consulate des M. Popill. Laenas und Cn. Calpurnius (nach dem Berichte des Valer. Maxim. I. 3. 2.) ein Edict gab, daß alle Caldäer (levibus atque ineptis ingeniis, fallaci siderum interpretatione quaestuosam mendaciis suis caliginem injicientes) binnen 10 Tagen Rom und Italien verlassen sollten. Caldäer und Mathematiker aber einerlei (Aul. Gellius in noct. Attic. L. I. c. 9. „vulgus, quos gentilitio vocabulo Caldaeos dicere oportet, mathematicos appellat.“). — Dagegen blühte gleichsam die Astrologie in Rom unter den Kaisern Tiberius, Vitellius, Domitian u. dergl.; die sie aber unter dem Volke ausübten, werden als leichtfertige, schlechte Menschen geschildert. (s. Tacit. hist L. I. c. 22. Iuven. Satyr. XIV. VI. —). Sueton erzählt, daß Vitellius (Cap. 14.) „keinen feindseliger gewesen sey, als vernaculis et mathematicis, so daß er, wenn einer angezeigt worden sey, ihn unverhört habe hinrichten lassen. — Gesetze gegen sie enthalten der Codex Iustinianeus X. tit. 18. „de maleficis et mathematicis et caeteris similibus“, und der Codex Theodos. IX. tit. 16. „de mathematicis urbe Ro-

den Christen, mit deren Lehren die ihrigen nicht überein-stimmten [44]), verachtet werden. Das lange Zeitalter von Roms Weltherrschaft scheint für unsere, nur bei besonnener Ruhe gedeihenden, Wissenschaft fast ganz unfruchtbar geblieben zu seyn [45]). Durch die dunkeln Jahr-

ma et civitatibus omnibus pellendis et codicibus eorum cremandis." Vergl. L. IV. VI. XI. XII.

44) Augustinus und Hieronymus sagen: „mathematicas pietatis non esse scientias," und Possevinus (bibl. sel. T. II. 15.): „es sey nichts so sehr wider die Christen, als wenn sie sich der Mathesis ergäben." Viele Kirchenversammlungen haben sich den Mathematikern entgegengesezt. S. Heilbronner hist. math. univ. L. 1. c. 1. p. 16.

45) Die wenigen Römer, welche uns als Freunde unserer Wissenschaft genannt werden, sind:

M. Terentius Varro, wegen seiner Gelehrsamkeit der Plato der Lateiner genannt; geb. A. V. C. 638, Zeitgenosse und Freund des Cicero. Er hat 4 mathematische Schriften geschrieben, welche Censorinus, Frontinus, Cassiodor und Vitruv citiren. Cassiodor (mathem. discipl. L. I. p. 580.) sagt: der curiosissimus Varro hätte sich das Weltall länglichrund, eyförmig vorgestellt; allein es sey doch allzu unanständig (nimis indecorum), menschliche Meinung den göttlichen Lehren der Bibel vorzuziehen! vergl. Fabricii bibl. lat. T. I. p. 124. Heilbronner hist. math. un. I. p. 290.

P. Nigidius Figulus scheint nach Varro der Gelehrteste gewesen zu seyn. Gellius in noct. A. III. 14. Ciceronis ep. ad famil. L. IV. 13. und die Bemerkungen des Manutius dazu; vergl. Augustin. de civit. Dei. L. V. c. 3. Gellius führt mehrere seiner Schriften an. S. Fabricii bibl. lat. ed. Ernest. III. 19. Gesch. d. Philos. f. Liebhaber. II. 117.

M. Vitruvius Pollio (nach Stieglitz Encyclop. d. Baukunst. V. 384.), zu Formiä in Latium geb., ein berühmter Baumeister zu Zeiten des Jul. Cäsar und August, schrieb 10 Bücher: de architectura ad. Imp. Aug. Unter Cäsar leitete er die Kriegsmaschinen (s. B. VIII. c. 4. X. 16.) Sein Werk ist das einzige dieser Art aus dem Alterthume.

hunderte des Mittelalters finden wir unter dem Namen Mathematik blos eine unvollkommene Rechen- und Meßkunst von den Arabern und der christlichen Geistlichkeit erhalten und fortgepflanzt [46]. — Nach der Wiederher-

Die 7 ersten Bücher handeln von dem Bauen verschiedener Arten von Gebäuden, im 8ten geht er zum Brunnenbaue und den Wasserleitungen über, das 9te handelt von den Sonnenuhren und das 10te von allerhand Maschinen. Ausgg. v. J. v. Låt. Amsterd. 1649. Fol. mit italiän. Uebers. v. Galiani. Neapel 1758. F. — v. Rode. Berlin 1804 4. u. übers. v. Ebend. 1796. 2 Bde. 4. vergl Heilbronner hist. math. un. I. p. 300.

Sext. Iul. Frontinus, ein sehr geachteter Römer, der sich aus niederem Stande zu den höchsten Ehrenstellen emporhob. Unter Domitian (70 n. Ch.) war er Prätor und (74 .n Ch.) Consul; unter d. K. Vespasian war er Feldherr in Britannien mit Glück und Ruhm; Nerva übertrug ihm die Aufsicht üb. die Wasserleitungen; unter Trojan starb er. Er schrieb: Strategematt. L. IV. und de aquaeductibus urb. R. Jene sind ex rec. Fr. Oudendorpii. Lugd. Bat. 1731. 8., dieses op. I. Peleni Patavii, 1722. 4. S. Fabricii bibl. lat. II. c. 19.

Anicius Manl. Torq. Severin. Boethius, (geb. zu Rom 470 n. Ch.) studirte zu Athen 18 Jahre Philosophie, war Consul in Rom; und auf Befehl Theodorichs, K. d. Gothen, 525 n. Ch. im Gefängnisse hingerichtet. Sein daselbst geschriebenes Buch: De consolatione philosophica beweißt, daß er den Proclus D. in Athen gehört hatte. Seine mathematischen Schriften sind: De arithmetica Libb. II., welche er aus dem Nicomachus geschöpft hat, de geometria Lib. II., de musica Libb. V. und eine latein. Uebersetz. des 1sten Buchs d. Elem. Euclids wird ihm zugeschrieben. Ausgabe sein. Werke zu Venedig 1492. Basel 1546. u. 1570. F. Montucla hist. des math. T. I. p. 492. Gesch. d. Phil. f. Liebhaber. Th. II. S. 380.

46) Die Araber übten vornehmlich diejenigen mathematischen Wissenschaften, welche sie für Handel und Schiffahrt bedurften: Arithmetik und Sternkunde. Sie verbreiteten Diophants algebraische Erfindungen, oder erfanden die Algebra vom neuen, wie Wallis meint. Opp. T. II.

stellung des wissenschaftlichen Geistes in Italien und Deutschland aber lebte dieser auch in unserer Wirthschaft allmählig wieder auf, und wir sehen sie in den letzten drei Jahrhunderten durch den Scharfsinn und Fleiß eines Regiomontanus [47]), Petr. Ramus [48]), Stifel [49]), Re-

p. 4. 5. — Als die ältesten Schriftsteller darüber werden genannt Muhamed Ben Musa (Sohn Moses) und Thebit Ben Corrah (im 9ten Jahrh.). Mehrere s. in Montucla hist. des math. I. p. 403. — Unter den Kalifen wird vornehmlich Harum al Raschid († 809), der Karl dem Gr. eine künstliche Wasseruhr schenkte, als Freund der math. Wissenschaften genannt. S. Beckmanns Beiträge zur Gesch. d. Erfindd. S. 159. Montucla hist. des math. T. I. p. 354 — 412. Durch sie sollen unsere Zahlzeichen nach Europa gekommen seyn, wovon unten §. 66. Anm.

Von den Arabern hat die mathematischen Wissenschaften vornehmlich Gerbert, als Pabst Sylvester der II. († 1003), nach Frankreich und Italien gebracht. S. Montucla hist. des math. T. I. p. 499. etc. Im 13ten Jahrh. ragt vorzüglich Albert d. Gr. Bischh. zu Regensburg (1205 - 1280) hervor. Seine Hauptschriften: Summa de scientia mathem. music. geometr. etc. Commentt. in Boethium, Euclid. Ptolemaeum. Montucla hist. des mathem. T. I. p. 507. Bayle Dictionn. hist. crit. —

47) Sein eigentlicher Name war Joh. Müller von Königsberg in Franken, ein Schüler Purbachs (1421 — 1461), eines verdienten Astronomen, hochgeachtet wegen seiner Verdienste um die Trigonometrie. S. Montucla hist des mathem. T. I. p. 166. Bossüts Gesch. d Math. Th I. S. 348. u. f. Kästners Gesch. d. Math. Th. 2. S. 526 ꝛc.

48) Eigentlich de la Ramée, geb. 1515, ermordet 1572 bei der Pariser Bluthochzeit, ein Mann von gewaltigem Scharfsinne, womit er hauptsächlich die Math. läuterte. S. Kästners Gesch. d. Math. Th. 2. S. 723. u. f. — Zu gleicher Zeit machten sich Nic. Tartaglia v Brescia († 1557) und Hier. Cardan (1501 — 1575) um die Algebra verdient. Vergl. Nachrichten von den Leben u. d. Erfindungen berühmter Mathematiker. 1788. Th. 1. S. 56. 261.

49) Der Erfinder der Logarithmen († 1567). Hauptbuch: Arithmetica integra. Norimb. 1544 mit Ph. Melanchthons Vor-

per [50]), Brigg, Galiläi [51]), Vieta [52]), Descartes, Pas.

rede. S. Kästners Gesch. der Mathem. Th. 1. S. 112. ꝛc. Montucla hist. des math. T. II. p. 19. Biograph. B. 6. St. 4. S. 458.

50) Ein Schotte, dessen eigentlicher Name Napier oder Nepair, Baron von Merchiston (1550 — 1618), fand die Logarithmen mit Stifel zu gleicher Zeit S. Klügels math. Wörterb. Th. 3. S. 534. Bossüts Gesch. d. Math Th 2. S. 9. Vergl. unten §. 182. Ueber seine Rechenstäbchen, s. §. 96. Anm. Vergl. Kästners Gesch. d. Math. Th 3. S. 70. ꝛc. Montucla hist. des math. T II. p. 15. etc. Brigg (1560 — 1630) und Vlacq (1628), Berechner der Logarithmen, s. §. 182. Montucla hist des math. T. II. 27. Kästners Gesch. d. Math. Th. S. 13. ꝛc.

In diesem Zeitraum fällt die Erfindung des Meßtisches von Joh. Prätorius (1537 — 1616), daher mensula Praetoriana genannt; s. Montucla hist. des math. T. I. p. 585. Kästners Gesch. d. Math Th. 3. S. 297. und die Rectification des Kreises durch Ludolph v. Ceulen († 1610). Montucla hist. des math Th II. p. 6. etc. Kästners Gesch. d. Math. Th. 3. S. 50. ꝛc Klügels math. Wörterb. Th. 1. S. 649.

51) Galilaeo Galilaei (1564 — 1642), unsterblich durch seine Verdienste um die Physik und Astronomie. Bewegungsgesetze, Planetensystem, Fernröhre, Schicksal. S. Montucla hist. d. Math. T. II. p. 286. Lebensbeschr. v. Vinc. Viviani. Kästners Gesch. d. Math. Th. 4. S. 179. ꝛc. Bossüts Gesch. d. Math. Th. 2. S. 51. ꝛc. Seine Werke sind zu Florenz 1718 in 3 Theilen erschienen.

52) Epoche der Ausbildung der Algebra und Analysis. Franz Vieta (1540 — 1603). Seine opera math. von Schooten. Leyden 1646. Fol. Kästners Gesch. d. Math. Th. 3. S. 162. ꝛc. Montucla hist. des math. T. II. p. 571. — Harriot (1560 — 1621), Artis analyticae praxis. Lond. 1631. fol. Montucla hist. des math. T. II. p. 105. Kästners Gesch. d. Math. Th. 3. S. 176. Noch schätzbare Manuscripte von ihm sind von Zach gefunden worden; s. dessen monatl Correspond. ꝛc. B. VIII S. 30 ꝛc Bode's astronom. Jahrb. 1788. S. 152. ꝛc. S. Kästners Gesch. d. Mathem. Th. 3. S 44 — des Cartes (Cartesius) (1596 — 1650) Methodiker. Montucla hist. des math. T. II p. 110. etc. Bossüts Gesch. d Math. Th. 2. S. 17. — Bl. Paskal (1623 — 1662), Erfinder des arithmet. Dreiecks

kal, J. Wallis, Newton, Leibnitz [53]), Euler, d'Alembert, de la Grange [54]), Vega [55]), Hindenburg [56]), Carnot [57]), Gaus [58]) und vieler anderer bis zu einer sehr großen Vollkommenheit ausgebildet.

(s. unten §. 148.), einer Rechenmaschine (s. unten §. 96.), verdient um die Algebra. S. Montucla hist. des math. T. II. p. 61. Bossüts Gesch. d. Math. Th. 2. S. 19. — J. Wallis, Dr. d. Theolog. u. Prof. d. Mathem. zu Oxford (1616 — 1703). Arithmetica infinitorum. 1655. Algebra. Seine Werke erschienen zu Oxford 1665, 1693, 1699 in Fol. S. Heilbronneri hist. math. un. L I. c. 2. p. 699. Montucla hist. des math. T. II. p. 348. —

53) Die Erfinder der Differenzialrechnung. G. W. Leibnitz (1646 — 1716) machte diese große Erfindung in den Actis Eruditor. m. Octobr. 1684 bekannt; Isaak Newton (1642 — 1727) bediente sich ihrer in seinem Werke: Philosophiae natur. principia mathem. 1686., welches tiefsinnige Werk die Bewegungen der Himmelskörper hauptsächlich zum Gegenstande hat. S. Montucla hist. des math. T. II. 361. etc. 383. etc. Bossüts Gesch. d. Mathem. Th. 2. S. 139. ꝛc. Streit über diese Erfindung, nicht sowohl der Männer, als ihrer Nationen, der Deutschen und Engländer. S. Bossüts Gesch. d. Math. Th. 2. S. 198. u. f. — In Frankreich machte sich der Marq. de l'Hospital (1661 — 1714) in der Analysis berühmt. Bossüts Gesch. d. Math. Th. 2. S. 269.

54) Zeitraum der höchsten Ausbildung der Algebra. Leonh. Euler (1707 — 1783). Comment. Petropolit. vett. et novae. Algebra etc. — d'Alembert (1717 — 1783) Integralrechnung, Dynamik ꝛc. — de la Grange (geb. 1736); Schriften in Ersch la France liter. T. I. p. 130. II. p. 228. — de la Croix (1744 — 1794) Analysis. Schriften in Ersch la France liter. T. I. p. 321.

55) Georg Vega (1754 — 1802) Logarithmentafeln. 1794. S. Ersch Liter. d. Math. S. 36.

56) K. F. Hindenburg (1741 — 1808) Combinationslehre, mit Anwend. auf die Analys. S. Ersch Lit. d. Math. S. 37. Vergl. unten §. 63.

57) L. N. M. Carnot (geb. 1753). Géométrie de position à Par. 1803 4. — Berichtigung der Lehre von den negativen Größen. vgl. §. 24. Ersch la France lit. T. I. p. 248.

58) K. F. Gaus Verdienste um die höhere Analysis. Disquisitt. arithmeticae. Lips. 1801.

Erster Theil.

Die Arithmetik.

Erster Lehrgang.

Πλατων πολιτειων διαλογ. ἑβδομ.

— το περι τους λογισμους μαθημα κομψον εστι και πολλαχη χρησιμον ἡμιν προς ὁ βουλομεθα, εαν του γνωριζειν ἑνεκα τις αυτο επιτηδευη, αλλα μη του καπηλευειν.

Die Arithmetik.

Von dem Denken der Größen, Zahlen und Verhältnisse.

Erster Abschnitt.

Von den Größen.

Einleitung.

§. 21. Die Arithmetik hat die Vorstellung und das Denken der reinen Größen an sich zum Gegenstande (§. 14.). Ihre Betrachtung, welche mit der Vergleichung derselben beginnen muß, bietet eine Reihe allgemeiner Wahrheiten dar, deren Inbegriff die allgemeine Arithmetik ausmacht und Größenlehre heißt. — Aber auch die Verbindung, in welche die Größen gesetzt werden können, hat ihre Gesetze, welche für die Untersuchung und Entwickelung der Wahrheiten der Mathematik von manuigfachem Einflusse sind, und deren Darstellung Combinationslehre (ars combinatoria) oder Syntaktik (συνταξις) genennt wird. Es handelt daher dieser Abschnitt von zwei Gegenständen:

A) Von dem Denken der reinen Größen an sich (Größenlehre).

B) Von den Gesetzen der Verbindung der Größen (Combinationslehre).

A. Von dem Denken der reinen Größen an sich, (Größenlehre).

1.

Eine Größe, und mehrere in Vergleichung.

§. 22. Denken wir zuerst a) eine Größe für sich allein (als Fig. 4. a, b, c, ꝛc.), so ist sie weder groß noch klein; wir können weiter nichts von ihr behaupten, als daß sie eine Größe ist und, mit keiner andern verglichen, auch keiner andern gleich oder ungleich seyn kann. Man pflegt daher zu sagen: sie ist sich selbst gleich ($a = a$, $b = b$, $c = c$), und nennt dieß den Satz der Identität (Einerleiheit). Z. E. 1 Fuß ist = 1 Fuß, 1 ℔ = 1 ℔ u. dergl.

b) Vergleichen wir aber zwei Größen, a nnd b, oder a und c, welche, da jede Vergleichung Gleichartigkeit fordert (§. 4.), gleichartig seyn müssen, so können sie entweder einander gleich (als $a = b$), oder einander ungleich ($a \gtrless c$), d. h. die eine größer ($b > c$), die andere kleiner ($c < b$) seyn. Ein dritter Fall ist nicht möglich; daher dieser Satz der Satz des ausgeschlossenen dritten heißt.

c) Nehmen wir mehr als 2 Größen, 3, 4, 5 . . . überhaupt eine unbestimmte Anzahl, welche wir mit einem allgemeinen Zeichen n (numerus) bezeichnen wollen, so kann die Vergleichung derselben nur so geschehen, daß immer nur je zwei auf einmal verglichen werden (§. 9.), wo mithin wieder das vorige Gesetz statt finden muß. Es ist daher das Resultat dieser Betrachtung, daß

eine Größe „sich selbst gleich seyn muß“; mehrere Größen „aber einander gleich oder ungleich seyn können.“

Anmerk. Es ist hieraus an sich klar, daß wenn (Fig. 5.)

1) $a = b$ und $c = b$, auch $a = c$; desgleichen $a = d$, $b = d$, $c = d$, $a = b = c$,

d. h. wenn zwei (oder mehrere) Größen einer dritten, (4ten 5ten ꝛc.) gleich sind, so sind sie „sich auch selbst gleich."

2) im Gegentheile, wenn $a \gtrless b$, und $c = b$, so ist $a \gtrless c$; und $a \gtrless d$, $b = d$, $c = d$, $a \gtrless b \gtrless c$

d. h. wenn von zwei (oder mehrern) Größen eine der dritten (4ten, 5ten ꝛc.) ungleich ist, so sind „auch sie selbst einander ungleich."

Ganzes und Theil.

§. 23. Sind nun Größen einander gleich (Fig. 4. $a = b$), so können sie, weil sie rein gedacht sind, für einander gesetzt werden (wie 16 Gr. statt eines Guldens), welches nicht geschehen kann, wenn sie einander ungleich sind (12 Gr. nicht statt eines Guldens). Da aber reine Größen eben dadurch, daß sie rein sind, auch gleichartig (§. 22. b.) sind, so läßt sich bei ungleichen Größen die kleinere (Fig. 6. b) in der größern a enthalten denken. In so fern wird die größere das Ganze, die kleinere der Theil genennt. Umgekehrt gehen daraus die mathematischen Wahrheiten hervor:

a) daß das Ganze größer ist, als „der Theil";
b) „ der Theil kleiner „ „ „das Ganze"[1]).

Ganzes und Theil durch einander bedingt.

§. 24. Hieraus ist klar, daß das Größere a, als

1) Euclid. B. VII. 4. Vergl. Matthias Erläuterungen zu dem Leitfad. d. heur. Schulunterr. 1. Abtheil. 1814. S. 19.

Ganzes, nur in Rücksicht des Theils b, und des Kleinere b, als Theil, nur in Rücksicht des Ganzen a erkannt werden kann; mithin sind die Begriffe des Ganzen und Theils durch einander bedingt, wie die Begriffe groß und klein selbst. — Beobachten wir die Thätigkeit unseres Verstandes dabei, so bemerken wir, daß, wenn wir

a) einen Theil b vom Ganzen a denken, wir einen andern Theil d, als Rest davon ausgeschlossen, abgesondert denken müssen. Diese Absonderung nennt man Subtrahiren (Subtractio, ἀφαίρεσις), und bezeichnet sie mit — d. h. weniger (minus), z. B. (Fig. 6.) $b = a - d$, $d = a - b$, $5 = 9 - 4$, $4 = 9 - 5$ Denjenigen Theil, welchen man absondert oder abzieht, b heißt der Subtrahend (num. subtrahend.), die Größe aber, von welcher man abzieht, a der Minnend (num. minuendus), und der übrigbleibende Theil d, der Rest oder die Differenz (n. differens).

b) Wenn wir a als Ganzes denken, so müssen wir die Theile b und d wieder zusammensetzen, welche Operation man mit +, d. i. mehr (plus) bezeichnet und Addiren (additio, σύνθεσις) nennt; z. E. (Fig. 6.) $a = b + d$, $9 = 5 + 4$ [a]). — Die Theile, welche

a) Der Gebrauch der Zeichen + und —, sowohl für die entgegengesetzten Größen (§. 6.) als auch für die Addition und Subtraction, hindert oft die Deutlichkeit der Sachen und hat sogar zu Irrthümern Veranlassung gegeben. Man hat daher für positiv und negativ andere Zeichen vorgeschlagen. Wilkens (die Lehre von d. entgegengesetzt. Größen rc. Brschw. 1800.) setzt die positiven ohne Zeichen ($+a = a$), über die negativen aber einen Querstrich, z. E. $-a = \bar{a}$. — v. Winterfeld (Anfangsgr. d. Rechenk. 2te Aufl. 1809.) schlägt für positive ⊢ oder ⌐, für negative ⊣ oder ¬ als Zeichen vor. Für schicklicher aber hält er die Umdrehung der Buchstaben und Zahlen, nur Schade, daß sich manche, als

zusammen das Ganze ausmachen, nennt man partes efficientes (sc. totum), auch Posten; das Ganze aber Summe oder Aggregat.

Will man sich aber einen Theil vom Ganzen denken, so setzt dieses schon voraus, daß das Ganze aus Theilen zusammen gesetzt ist, mithin setzt die Subtraction schon die Addition voraus. Sie sind einander entgegen gesetzt und lösen einander auf.

Diese hier einzeln dargelegten Wahrheiten lassen sich nun, weil sie allgemein sind, in einen gemeinen Satz fassen, nämlich

ein Ganzes ist gleich „dem Inbegriffe seiner Theile;" und die Theile zusammen „machen das Ganze aus."

Anmerk. 1. Da diese Operationen in Vergleichung der Größen bestehen (§. 22.), die Vergleichung aber nur bei gleichartigen Dingen statt finden kann (§. 4.), so folgt, daß „nur gleichartige Grö-

i, r. o. x 2c und o, 1, 8 2c. nicht umkehren lassen, andere dadurch andere Buchstaben geben, als b, d, p, q 2c. Besser sind Winterfelds neuere Vorschläge, für die Rechnungsoperationen die Zeichen des zu- und abnehmenden Mondes zu gebrauchen, nämlich

für die Addition ☽, für die Subtraction ☾,
" " Multiplication ☽, " " Division ☾;

jedoch, wie er selbst gesteht, nicht vollkommen passend. Carnot, welcher uns in der Vorrede zu seiner Géométrie de position, à Paris 1803., über die negativen Größen richtig belehrt hat, nennt deshalb die positiven directe, die negativen indirecte. — Da man in unserer Zeit noch nicht aus Liebe zum Richtigen das gewohnte Unnütze verläßt, so ist es wohl für jetzt besser, mit Beibehaltung der gewöhnlichen Zeichen beim Unterrichte die Begriffe positiv und additiv, negativ und subtractiv, oder welches dasselbe ist, mit Carnot die qualitative und quantitative Bedeutung von + und — genau unterscheiden zu lassen. Dieses hat noch den Vortheil, daß es den Scharfsinn mehr übt.

ßen, addirt und subtrahirt, ungleichartige aber weder addirt, noch subtrahirt werden können."

Anmerk. 2. Die Addition, wie auch die Subtraction entspricht allen Arten von Größenvorstellungen, sowohl der Länge, nach welcher wir auch die Zeit denken, als auch der Fläche, als auch dem Körperraume, in so fern sie als solche als Ganze und Theile gedacht werden.

Anmerk. 3. Wenn ein allgemeiner Satz mit allgemeinen Zeichen ausgedrückt wird, als $a = b + d$, $b = a - d$, so nennt man dieß eine Formel, und wird die dadurch angedeutete Wahrheit in Worten ausgesprochen, eine Wortformel.

Addition und Subtraction.

§. 25. Aus diesen Wahrheiten fließen die Regeln für die Addition und Subtraction in der Rechenkunst.

a) Soll man Größen addiren, $b + d$; $5 + 4$, so muß man „sie als Theile (Posten) zu einem Ganzen zusammen setzen; als $b + c = a$, $5 + 4 = 9$."

b) Soll man Größen subtrahiren, $a - b$, $9 - 5$, so muß man „den Subtrahendus als einen Theil von dem Minuendus als dem Ganzen absondern, um die Differenz zu erkennen; $a - b = d$, $9 - 5 = 4$."

Diese Operation besteht blos in einer Theilung (partitio) der Größen, nicht in einer Eintheilung (divisio). S. §. 31.

Anm. Für die Bezeichnung der Größen überhaupt hat man die kleinen lateinischen Buchstaben gewählt, und daher wird die Rechnung mit allgemeinen Größen Buchstabenrechnung (algorithmus speciosus) genannt [3]).

3) Die kleinen lateinischen Buchstaben, statt der großen, hat Harriot (1560 — 1621) eingeführt. Der Name Algo-

Differenzbeziehung (gewöhnl. arithmetisches Verhältniß.)

§. 26. Da die Begriffe des Ganzen und des Theils durch einander bedingt sind (§. 24.), so leuchtet ein, daß wir das Ganze a (Fig. 6.) und den Theil b nur mittelst ihrer **Beziehung auf einander** und durch das **Bewußtwerden des Unterschiedes** d erkennen ($a = b + d$, $b = a - d$). Diese Beziehung, welche in Subtraction besteht und am bequemsten mit ÷ (als a ÷ b) bezeichnet wird, nennt man gewöhnlich (wiewohl in doppelter Hinsicht unschicklich) **arithmetisches Verhältniß** (ratio arithmetica) [4]), besser **Differenzbeziehung**. Die auf einander bezogenen Größen a ÷ b heißen in so fern die **Glieder** (**termini**, ὅροι). Durch diese Beziehung wird aber blos so viel möglich, daß wir die **Größen als Ganze und Theile erkennen**, nicht aber **welchen Werth sie gegen einander haben**, d. i. **in welchem Verhältnisse**

rithmus, welcher schicklicher von ἀλγος und ἀριθμος (s. Renaldinus de arte analyt. T. 1. p. 25.), als aus der Zusammensetzung des Arabischen Artikels al mit ἀριθμος (Klügels mathem. Wörterb. Th. 1. S. 68.) abgeleitet wird, ist zuerst von **Ioan. de sacro Bosco** (1250) gebraucht worden, der seine Arithmetik: „Algorithmus s. arithmetica introductio“ nannte; **speciosus** ist von **Vieta** (1540 — 1603) hinzusetzt.

4) Daß der Name **arithmetisches Verhältniß** ganz unschicklich ist, theils weil es gar kein **Verhältniß** (s. §. 36.) ist, theils weil hier noch gar nicht von **Zahlen** gehandelt wird, ist schon genugsam anerkannt und oft ausgesprochen. Auch den reindenkenden Griechen war es völlig unbekannt, und ist nur ein Product obscurer Zeiten. Der Name verdient als unnütz weggeworfen zu werden. Vergl. §. 36. Anmerk. S. **Joh. Schulz's** Anfangsgr. d. rein. Math. Königsberg 1790. S. 178. Lehrb. d. Combinat. Lehre u. d. Arithmet. v. **Fischer u. Krause**. Dresd. 1812. S. 238.

sie gegen einander stehen, welches noch unbestimmt bleibt.

Anmerk. Ein Theil, der durch Subtraction erkannt wird, heißt in so fern ein aliquanter Theil (pars aliquanta), z. B. b und d von a, 4 und 5 von 9.

Gleiches mit Gleichem addirt und subtrahirt.

§. 27. Wenden wir die beiden Operationen, die Addition und Subtraction, auf gleiche Größen an, als $a = b + d$, $9 = 4 + 5$, $b = a - d$ ꝛc., welche gleichgesetzten man eine Gleichung nennt (§. 8.), und wir addiren oder subtrahiren auf beiden Seiten eine und dieselbe oder verschiedene Größen, so ergeben sich für beide Operationen zwei Hauptwahrheiten:

1) z. B. $9 = 5 + 4$ allgem. $a = b + d$
addirt $+5 = 5$ addirt $c = c$

$9 + 5 = 5 + 4 + 5 = 14.$ $a + c = b + c + d$

d. i. Gleiches zu Gleichem addirt giebt „gleiche Summen."

2) $9 = 5 + 4$ allgem. $a = b + d$
subtr. $5 = 5$ subtr. $d = d$

$9 - 5 = 4$ $a - d = b$

d. i. Gleiches von Gleichem subtrahirt giebt „gleiche Differenzen."

Hieraus folgt, daß Gleiches mit Ungleichem addirt und subtrahirt, „ungleiche Summen und Differenzen geben müsse" [5]).

5) Da sich diese Sätze demonstriren lassen und auf einem oberern Grundsatze beruhen, so ist es fehlerhaft, sie als Grundsätze anzunehmen, wie in den gewöhnlichen Lehrbüchern geschieht, welche ohne Kritik den Elementen Euclids gefolgt sind, wo sie B. I. Axiom 1. 2. 3. 4. 5. als solche aufgeführt werden. Kant (Kritik d. r. Vern. S. 204.) sagt: „Daß Gleiches zu

2.

Größe (Einheit) als Maaß und Vielfaches derselben (Zahl) [6].

§. 28. Der **Zweck** alles Denkens der Größen aber ist, ihren **Werth** zu erkennen. Da nun eine Größe an sich weder groß noch klein ist, sondern erst durch die Vergleichung mit einer andern als groß oder klein erkannt wird (§. 22. b), so hat auch jede Größe an sich keinen bestimmten Werth, sondern dieser muß erst durch die Vergleichung mit einer andern bestimmt werden, welche ein Theil von jener ist (§. 23.), und deren Werth **als bekannt angenommen** wird. Jede Größe aber, weil sie eine ist (§ 22. a), ist $=1$; sie wird darum die **Einheit** (unitas, μονας) genannt, und in so fern man sie nicht auf eine andere bezieht, **absolute Einheit**. Wollen wir nun den Werth einer Größe a (Fig. 7.) mittelst eines solchen als Einheit angenommenen Theils m bestimmen, so müssen wir untersuchen, **wie vielmal** dieser in jener enthalten ist, oder **wie vielmal** m aneinander gedacht werden muß, um a auszumachen. Diese Untersuchung nennt man **messen** und die Größe m, womit sie geschieht, das **Maaß** (mensura, μετρον). Dadurch aber, daß wir erkennen, **wievielmal** das Maaß m als Einheit in der Größe a enthalten ist, erkennen wir ihren Werth als Vielfachen der Einheit, d. i. als **Zahl** (αριθμος), der **Zusammensetzung einer Menge Einheiten** [7]). Ist nun die Größe ein 2fa-

Gleichem hinzugethan und von diesem abgezogen, ein Gleiches gebe, sind analytische Sätze, indem ich mir der Identität der reinen Größenerzeugung mit der andern unmittelbar bewußt bin; Axiomen aber sollen synthetische Sätze a priori seyn."

6) Euclides Elem. B. VII. Deff.

7) So definirt die Zahl schon der scharfsinnige Euclid. (B. VII.

ches von der Einheit, so erkennen wir ihren Werth durch die Zahl 2; ist sie das 3fache davon, durch die Zahl 3, u. s. f. So kommen wir zum Bewußtseyn der Zahlen 1, 2, 3, 4, 5, 6, 7, 8, 9, 10 ꝛc. Es ist mithin allgemein eine Zahl n das n-fache ihrer Einheit. Um also den Werth einer Größe zu erkennen, müssen wir „einen Theil davon als Einheit annehmen, die Größe damit messen, d. i. untersuchen, wievielmal sie darinnen enthalten ist, und den Werth derselben in einer Zahl zu unserer Erkenntniß zu bringen."

Gemeinschaftliches Maaß [8]).

§. 29. Wollen wir nun die Werthe zweier Größen in ihrer gegenseitigen Bestimmung erkennen, so erfordert die Natur unseres Erkenntnißvermögens, daß wir beide als Zahlen einer und ebenderselben Einheit denken. Wir müssen daher eine dritte Größe als Maaß suchen, welche beide mißt, mithin ein gemeinschaftliches Maaß (κοινον μετρον, mensura communis,) für beide ist [9]). Um aber dieses gemeinschaftliche Maaß zu finden, so müssen wir die Größen mit einander vergleichen. Man sieht nämlich, ob die eine b (Fig. 8.) ein oder mehrmal in a ohne Rest enthalten ist. Ist dieses der Fall, so ist b selbst das gemeinschaftliche Maaß für a und b; bleibt aber ein

Def. 2. αριθμος εστιν το εκ μοναδων συγκειμενον πληθος). Man muß sich daher wundern, wenn Kästner (Arithmet. S. 24.) und manche andere sagen; „Eine Zahl ist eine Menge von Dingen einer Art." — Vergl. Kants Krit. d. rein. Vern. S. 111. 182. Kraushaars Vers. einer festen Bestimm. d. ersten Vorstell. u. Grundbegr. d. Größenl. Herschfeld 1814. S. 3.

8) Euclid. VII. 1.

9) Euclid. VII. 2. 3.

Rest c, so nimmt man diesen wieder und vergleicht damit sowohl a als b. Bleibt hier kein Rest, so ist c das gemeinschaftliche Maaß für beide Größen, bleibt aber ein Rest m, so vergleicht man mit diesem wieder sowohl a als b. Mißt dann m mehrmals wiederholt beide Größen ohne Rest (wie Fig. 8.), so ist m das gemeinschaftliche Maaß; bliebe aber wieder ein Rest r, so müßte man mit diesem wieder beide Größen vergleichen u. s. fort, bis entweder kein Rest bliebe, oder dieser so unbedeutend würde, daß man ihn nicht zu achten brauchte. Hat man für 3 Größen das gemeinschaftliche Maaß zu suchen, so sucht man es erst für zwei und dann für die dritte u. s. f. — Wollte man das gefundene gemeinschaftliche Maaß in gleiche Theile theilen, so würde ein solcher Theil ebenfalls ein gemeinschaftliches Maaß für beide Größen, aber ein kleineres. Daher nennt man das zuerst auf diese Weise gefundene das größte gemeinschaftliche Maas (mens. comm. maxima). Z. E. von 12 und 18 sind 1, 2, 3 auch gemeinschaftliche Maaße, aber 6 ist das größte.

Commensurabel und incommensurabel.

§. 30. Aus dieser Betrachtung leuchtet ein, daß bei Untersuchung des gemeinschaftlichen Maaßes zweier Größen zwei Fälle statt finden können:

a) entweder man findet diejenige Größe, welche die beiden andern a und b vollkommen mißt (das gemeinschaftliche Maaß, wie m in Fig. 8.); dann heißen sie commensurabel (μεγεθη συμμετρα), wo ihre Werthe als Zahlen vollkommen erkannt und ausgesprochen werden können (αριθμοι ρητοι);

b) oder man findet bei fortgesetzter Untersuchung nie ein gemeinschaftliches Maaß für sie, wo sie dann incommensurabel (μεγεθη ασυμμετρα) genennt werden. Dann können ihre Werthe, denen man sich blos nähern kann, in Zahlen nicht vollkommen erkannt, noch ausgesprochen werden (αριθμοι αρρητοι) [10]. — Daß es solche giebt, liegt in der unendlichen Theilbarkeit der Größen. Denn so klein auch das Maaß seyn mag, so könnte doch der Rest noch kleiner seyn. (§. 10.)

Multiplication und Division.

§. 31. Untersuchen wir aber, wie wir den Werth einer Größe mittelst eines Maaßes, d. i. als Zahl erkennen, so findet sich, daß es auf zweierlei Art geschehen kann; nämlich:

a) entweder wir denken eine Größe a (Fig. 7.) aus einem mehrmal wiederholten Theile m zusammengesetzt, mithin als ein Vielfaches von m, wenn m in so fern das Einfache ist. Dieses Denken eines Vielfachen von einem Einfachen nennt man Vervielfachung oder Multiplication (multiplicatio, πολλαπλασιασμος) [11]) und bezeichnet es mit × oder mit einem Puncte, als 2×5 oder 2.5 = 10, a×b oder ab. Diejenige Größe oder Zahl, welche vervielfacht wird, heißt Multiplicandus, die Zahl aber, welche ausspricht, wievielmal der Multiplicandus wiederholt gedacht wird, Multiplicator, welcher aber (§. 28.) nichts anders, als eine Zahl seyn kann [12]); beide

10) Vergl. Euclids Elemente Buch X.; und über die Bezeichnung der commensurabeln und incommensurabeln Größen, die Uebersetzung von J. F. Lorenz. S. 294.

11) Euclids Elem. B. VII. Def. 15. S. 6. rc.

12) „Mit einer Größe multipliciren", ist ungereimt, wiewohl man es in manchen Lehrbüchern gesagt findet. Alle Multiplication ist ohne Zahl nicht möglich, jede Größe aber ist als solche = 1. Wenn man in der Geometrie eine Seite mit der andern multiplicirt, um eine Fläche zu erhalten, so muß man wenigstens eine Seite als Zahl

zusammen Factoren. Das Vielfache, welches dadurch erzeugt wird, nennt man das Product und pflegt es allgemein mit P zu bezeichnen; z. E. $m \times n = m . n = mn = P$.

b) oder wir denken eine Grösse a nach einer andern m, als Maaß angenommen, eingetheilt, und werden uns bewußt, wie vielmal diese in jener enthalten ist. Diese Eintheilung nennt man Division (divisio, μερισμος). Diejenige Grösse oder Zahl a, welche eingetheilt (dividirt) wird, heißt Dividendus; diejenige, nach welcher man eintheilt m Divisor; beide zusammen ebenfalls Factoren. Die Zahl aber, welche ausspricht, wievielmal (quoties) der Divisor im Dividend enthalten ist, wird Quotient genennt, (welcher stets eine Zahl seyn muß). Die Bezeichnung dieser Operation sind 2 Puncte, als $12:4 = 3$, $a:m = q$, oder Untereinandersetzen der Factoren, als: $\frac{12}{4} = 3$, $\frac{m}{a} = q$.

Die Multiplication und Division stehen einander eben so entgegen und lösen einander auf, wie die Addition und Subtraction.

Anmerk. Es leuchtet ein, daß die Multiplication eigentlich nichts anders ist, als eine abgekürzte Addition, denn $4 + 4 + 4 = 4 . 3 = 12$; auf

denken, wenn anders der Flächenraum in einer Zahl bestimmt werden soll; denn $1 \times 1 = 1$ ist keine Multiplication, und eine Linie mit einer Linie multiplicirt, giebt auch keine Fläche, sondern um durch Multiplication eine Fläche zu erhalten, muß man erst eine Fläche, und diese dann mehrmal, d. i. mittelst einer Zahl denken. Daß dieß so ist, liegt ursprünglich in der menschlichen Anschauung. S. Kants Kritik d. rein. Vern. S. 40.; vergl. Ebendess. sämmtl. kleine Schriften. Königsb. 1797. Bd. 2. S. 488. Joh. Schulz's Anfangsgründe d. rein. Math. S. 178.

gleiche Weise kann man sich durch **mehrmaliges Abziehen** der Zahl des **Quotienten** bewußt werden: als von 12 läßt sich 4 3mal abziehen. Eine solche Große oder Zahl, welche durch mehrmaliche Zusammensetzung eine andere ausmacht, wird in so fern ein **aliquoter Theil** (pars aliquota) genennt, im Gegensatz eines **aliquanten** (§. 26. a) z. E. 2, 3, 4, 6 sind aliquote Theile von 12. — Noch ist der Unterschied zwischen **Theilung** (partitio, τμησις) und **Eintheilung** (divisio, μερισμος) zu bemerken. Jene theilt auch in ungleiche, diese in gleiche Theile.

Regeln dieser Operationen.

§. 32. Aus dieser Betrachtung lassen sich nun die allgemeinen **Regeln** für die **Multiplication** und **Division** ableiten und bestimmen:

a) Soll man eine Größe oder Zahl mit einer Zahl **multipliciren**, als $3 . 4 = 12$, allg. $m . n = mn$, so muß man sie „**so vielmal zusammensetzen, als der Multiplicator Einheiten hat.**"

b) Soll man eine Größe oder Zahl durch eine andere **dividiren**, als $\frac{12}{4} = 3$, $\frac{mn}{m} = n$, so muß man „**jene** nach **dieser eintheilen** und **sehen**, wie **vielmal** sie in jener **enthalten** ist."

Anmerk. Merkwürdig ist, daß die Multiplication **zweier Factoren** der Berechnung des **Flächenraums** entspricht (wie [Fig. 9.] $3 . 5 = 15$, $ab \times ac = abcd$), daher bei den Alten die Producte aus 2 Factoren, **Flächenzahlen** (αριθμοι επιπεδοι oder προμηκεις) [13]), eben so die Producte aus **drei** Factoren, dem **Körperraume** entsprechend, **cubische Zahlen** (αριθμοι στερεοι) heißen [14]). Auf gleiche Art entspricht das Suchen **einer Seite** von einer Fläche der **Division**,

13) Euclid. Elem. B. VII. Def. 16. Vergl. Vorr. S. 39.

14) Euclid. Elem. B. VII. Def. 17. Vorr. S. 39.

welche in so fern παραβολη und einer der Factoren die Grundlinie (το εμβαδον), der andere die Seite (η πλευρα) genannt werden.

Gleiches mit Gleichem multiplicirt und dividirt.

§. 33. So gewiß bei gleichen Größen, welche als solche statt einander gesetzt werden können (§. 8.), durch eine und ebendieselbe Operation ebendasselbe hervorgebracht werden muß, so folgt, daß

a) wenn man gleiche Größen mit einer Zahl multiplicirt, als

$$\begin{array}{rl} & (5+3)=8 \\ \text{multipl.} & 3=3 \\ \hline & 15+9=24 \end{array} \qquad \text{allg.} \begin{array}{c} a=(b+d) \\ n=n \\ \hline an=bn+dn \end{array}$$

die Producte „gleich bleiben";
oder: Gleiches mit Gleichem multiplicirt, giebt „Gleiches."

c) wenn man gleiche Größen mit einer Zahl dividirt, als

$$\begin{array}{rl} & \overline{18+6}=\overline{24} \\ \text{divid.} & 3=3 \\ \hline & =6+2=8 \end{array} \qquad \text{allgem.} \begin{array}{c} \frac{an}{n}=\frac{bn+dn}{n} \\ \hline =a=b+d \end{array}$$

die Quotienten, „gleich bleiben";
oder: Gleiches mit Gleichem dividirt, giebt „Gleiches."

Hieraus leuchtet ein, daß Gleiches mit Ungleichem, oder Ungleiches mit Gleichem multiplicirt oder dividirt, „Ungleiches geben müsse."

Multiplication und Division der Summen und Differenzen.

34. Jene Regeln bezogen sich nur auf einfache Grö-

ßen oder Zahlen. Aber jede derselben kann als Ganzes (Summe von Theilen), oder als Theil (Differenz vom Ganzen und dem andern Theile) angesehen werden (§. 23.) Soll daher eine Summe oder Differenz mit einer Zahl multipliciret oder dividirt werden, so müssen sich diese Operationen auf alle ihre Bestandtheile erstrecken. Diejenigen Größen oder Zahlen, welche eine Summe oder Differenz ausdrücken, pflegt man, um sie mit dem andern Factor nicht zu verwechseln, in Klammern einzuschließen.

a) Multiplication.

1) $(6+4+2)\times 3 = 6.3+4.3+2.3 = 18+12+6 = 36 = 12.3.$

allgem. $(a+b)\times c = (a+b)c = ac+bc.$

2) $(10-7)\times 5 = 10.5-7.5 = 50-35 = 15 = 3.5$

allgem. $(a-b)\times c = (a-b)c = ac-bc.$

Sollen also Summen oder Differenzen von Größen oder Zahlen mit einer Zahl multiplicirt werden, so muß man „alle Bestandtheile damit multipliciren."

b) Division.

1) $(6+4+2):3 = \frac{(6+4+2)}{3} = \frac{6}{3}+\frac{4}{3}+\frac{2}{3} = \frac{12}{3}$

allgem. $(a+b):c = \frac{(a+b)}{c} = \frac{a}{c}+\frac{b}{c}.$

2) $(10-4):2 = \frac{10-4}{2} = \frac{10}{2}-\frac{4}{2} = 5-2 = 3.$

allgem. $(a-b):c = \frac{(a-b)}{c} = \frac{a}{c}-\frac{b}{c}.$

Sollen daher Summen oder Differenzen mit einer Zahl dividirt werden, so muß man „alle Bestandtheile derselben damit dividiren."

Anmerk. Eine und dieselbe Zahl, welche für mehrere Größen oder Zahlen Multiplicator oder Divisor ist, nennt man einen gemeinschaftlichen Factor (f. communis). Haben mehrere Größen oder Zahlen einen solchen, so kann man ihn auch durch das Einschließen jener wieder absondern, z. E.

$$(15+9)=3.5+3.3=3.(5+3)=3.8=24.$$

allgem. $ac+bc+dc=(a+b+d)c.$

$$\frac{15}{3}+\frac{9}{3}+\frac{6}{3}=\frac{15+9+6}{3}=(15+9+6):3.$$

allgem. $\frac{a}{c}+\frac{b}{c}+\frac{d}{c}=\frac{a+b+d}{c}=(a+b+d):c.$

Coefficienten.

§. 35. Denkt man sich gewisse Größen a, b, c, d ꝛc. 1, 2, 3, 4, 5, . . . nmal, als 3a, 4b, 5c . . . nx (wo die Buchstaben jede beliebige Größe oder Zahl bedeuten können), so nennt man die Zahlen, welche anzeigen, wie vielmal man diese Größen denkt, Coefficienten (numeri coefficientes, weil sie zugleich mit den Größen das Facit ausmachen). Z. E. in 3a ist der Coeffic. 3, in 4b ist der Coeffic. 4, . . . in nx ist der Coeffic. n. Steht eine Größe ohne Coefficienten, so muß dieser, weil sie doch eine Größe ist, = 1 seyn, als a = 1a. Da also die Coefficienten angeben, wie vielmal eine Größe gedacht ist, so folgt, daß sie allemal „Zahlen seyn müssen."

Anmerk. Da alle Maaße, deren wir uns bei unsern Geschäften bedienen, Größen des Raums, der Zeit, des Gewichts oder überhaupt des Werths sind (als Elle, Fuß ꝛc., Stunde, Jahr ꝛc., Pfund, Loth ꝛc., Thaler, Groschen ꝛc.), so sind die Zahlen derselben ihre Coefficienten; z. E. 5 Ellen, 7 Stunden, 6 Pfund, 4 Thaler, 12 Groschen ꝛc.

Ganze Zahl und Bruch.

§. 36. Wir haben nun §. 28. und 29. gesehen, daß wenn wir die Werthe der Größen bestimmt erkennen wollen, wir sie als Zahlen denken müssen (als Fig. 8. a = 5, b = 3, c = 2 ꝛc.), und wollen wir ihre Werthe vergleichen, beide Größen Zahlen einer und ebenderselben Grundeinheit oder eines gemeinschaftlichen Maaßes m seyn müssen. Diese Wahrheiten bieten eine zweifache Ansicht der Zahlen dar:

a) Denken wir eine Größe an sich (a oder b oder c ꝛc.), als ein Vielfaches von einem gewissen Theile von ihr (m, der Grundeinheit), so ist sie eine ganze Zahl (numerus integer), $a = 5$, $b = 3$, $c = 2$ ꝛc.

b) Denken wir aber zwei oder mehrere Größen als Zahlen eines und ebendesselben gemeinschaftlichen Maaßes m, und vergleichen, d. i. messen sie an einander, so können zwei Fälle statt finden:

1) messen wir die kleinere an der größern (den Theil am Ganzen), b an a, c an b ꝛc., so erscheint jene als ein Theil von der ganzen Zahl, welchen man einen ächten Bruch (fractio genuina) oder eigentlichen Bruch (fr. vera) nennt und $\frac{b}{a} = \frac{3}{5}$, $\frac{c}{b} = \frac{2}{3}$, $\frac{c}{a} = \frac{2}{5}$, $\frac{m}{c} = \frac{1}{2}$, $\frac{m}{b} = \frac{1}{3}$, $\frac{m}{a} = \frac{1}{5}$ bezeichnet.

2) messen wir dagegen die größere an der kleinern (das Ganze am Theile) a an b, b an c ꝛc., so erkennen wir sie größer, als die, woran wir sie messen $\left(\frac{a}{b} = \frac{5}{3} = 1 + \frac{2}{3}, \frac{b}{c} = \frac{3}{2} = 1 + \frac{1}{2} \text{ ꝛc.}\right)$ und man nennt sie in so fern einen unächten Bruch (fractio spuria).

Beide Arten sind Quotienten des ersten Gliedes durch das zweite; bei beiden nennt man die obere Zahl, welche ausspricht, wie vielmal man sich Einheiten von der untern denken soll, den Zähler (numerator), die untere aber den Nenner (denominator).

Anmerk. Ein Bruch, welcher zum Zähler 1 hat, als $\frac{1}{2}$, $\frac{1}{3}$, $\frac{1}{4}$, $\frac{1}{5}$ rc. heißt ein Stammbruch. — Jede ganze Zahl kann man auf eine Bruchform bringen, wenn man sie selbst als Zähler und 1 als Nenner nimmt, z. E. $5 = \frac{5}{1}$, $6 = \frac{6}{1}$.

Verhältniß.

§. 37. Aus dieser Betrachtung leuchtet ein, daß wenn die Werthe der Größen erkannt werden sollen, sie nach einer als bekannt und zum gemeinschaftlichen Maaße beider angenommenen Grundgröße verglichen und in ihrer gegenseitigen Beziehung gedacht werden müssen [15]).

15) Um den so wichtigen Begriff des Verhältnisses richtig zu fassen, scheint nichts besser zu seyn, als Euclids Definit. (Elem. B. V. 3.) gründlich zu verstehen: „λογος εστιν δυο μεγεθων ὁμογενων ἡ κατα πηλικοτητα προς αλληλα ποια σχεσις." Die quantitat. Beziehung (ποια σχεσις) zweier gleichartigen Größen kann zweierlei Art seyn: entweder wenn man fragt, wie viel (quantum) eine Größe gegen die andere ist, welche Beziehung wir Differenzbeziehung (§. 26.) genannt haben, oder wie viel (quot) sie gegen einander betragen, wo die Beziehung ihr Verhältniß ausmacht. Diese durch die deutsche Sprache nicht erreichbare Bestimmung wird durch den Zusatz „κατα πηλικοτητα" gewonnen, denn πηλικος wird stets in Beziehung auf eine vorher bekannte Größe gebraucht, als πηλικα ετη, wie viel Jahre rc. Wenn Wallis (Opp. II. p. 665.) das Verhältniß definirt: ratio est ea magnitudinum homogenearum inter se relatio (s. habitudo), qua invenitur, quomodo se habet altera ad alteram secundum quantuplicitatem considerata," so leuchtet ein, daß er jene Kürze und Bestimmtheit der griechischen Definition durch die lateinische Sprache nicht erreicht hat; der Bündigkeit der griechischen können wir aber in unserer Sprache schon näher kommen, wenn wir sagen: das Verhältniß zweier gleichartigen Größen

z. E. 2 gegen 4 ist $= \frac{2}{4}$, 3 gegen 5 ist $= \frac{3}{5}$, 2 gegen 3 $= \frac{2}{3}$; aber 5 gegen 3 $= \frac{5}{3} = 1\frac{2}{3}$, 3 gegen 2 $= \frac{3}{2} = 1\frac{1}{2}$ etc. Diese gegenseitige Beziehung nennt man ihr **Verhältniß** (ratio, λογος) und bezeichnet es (..); (z. B. 5..3 heiß: 5 verhält sich zu 3; a..b, a verhält sich zu b)[16]. Die Größen oder Zahlen, welche im Verhältnisse gedacht werden, heißen die **Glieder desselben** (termini, ὅροι), und zwar das erste a das **Vorderglied** (term. antecedens), das andere das **Hinterglied** (term. consequens). Diese Beziehung findet aber statt

a) sowohl wenn wir eine Zahl in Rücksicht ihrer Einheit selbst betrachten 5 = 5..1, 3 = 3..1, a = a..1; mithin bei der **ganzen Zahl**;

b) als auch **wenn wir eine Zahl mit einer andern Zahl vergleichen**, d. i. bei der **gebrochenen Zahl**, als $\frac{3}{5} = 3..5$, $\frac{2}{3} = 2..3$, $\frac{3}{2} = 3..2$, $\frac{b}{a} = b..a$.

Es ist daher

a) **jede ganze Zahl ein Verhältniß derselben „zu ihrer Einheit;“**

ist **ihre gegenseitige Beziehung in Hinsicht eines gemeinschaftlichen Maaßes.** — Die gewöhnliche Erklärung des **Verhältnisses**, welche nur auf Zahlverhältnisse paßt, hat schon Joh. Schulze (Anfangsgründe d. rein. Math. Königsb. 1790. S. 178.) zu berichtigen gesucht.

16) Ehemals bezeichnete man das Verhältniß mit **einem** Puncte, als a.b, weil aber dieß die Multiplication bedeutet, so führte **Leibnitz** dafür zwei Puncte ein, als a:b, welche Beziehung für die Division gilt, daher eben so unbequem war, und auch nur in Deutschland üblich wurde. Es haben darum in neueren Zeiten **Mönnich**, v. **Winterfeld**, **Krause** und andere sinnige Mathematiker die weit schicklichere Bezeichnungsart a..b aufgenommen.

b) jede gebrochene Zahl ein Verhältniß „des Zählers zu dem Nenner."

Anmerk. Nach dem gewöhnlichen Sprachgebrauche pflegt man das eigentliche Verhältniß das geometrische Verhältniß zu nennen, um es von dem fälschlich so genannten arithmetischen (§. 26.) zu unterscheiden. Da aber diese Unterscheidung eben so unnöthig als unnütz ist, weil es an sich nur ein Verhältniß giebt, so pflegt man jetzt, wie die Griechen, welche nur ein Verhältniß (λογος) kennen, das Beiwort geometrisch wieder wegzulassen und blos Verhältniß zu sagen [27]).

Rational und irrational.

§. 38. Aber aus §. 30. ist bekannt, daß wenn wir zwei Größen mittelst eines gemeinschaftlichen Maaßes vergleichen, diese entweder commensurabel und in Zahlen völlig aussprechbar (αρ. ρητοι), oder incommensurabel und in Zahlen nicht vollkommen aussprechbar (αρ. αρρητοι) sind. Da nun das Verhältniß in nichts anderm, als in einer Vergleichung der Glieder, in Hinsicht einerlei Grundmaaßes besteht, so muß dieser Umstand derselben in so fern eine doppelte Art der Verhältnisse geben:

a) Wenn die Größen commensurabel sind und beide in Zahlen vollkommen ausgesprochen werden können, wie a = 5, b = 3, c = 2 rc., so muß auch ihr Verhältniß in Zahlen genau erkannt und ausgesprochen werden können. Ein solches nennt man ein endliches Verhältniß (λογος ρητος), wie 5..3, 5..2, 2..3 rc. Die Glieder

27) Nicomachus macht noch den Unterschied, daß er λογος, das Verhältniß einer größern Zahl zur kleinern (als 5..3), das der kleinern zur größern (3..5) ὑπολογος nennt. — S. Ioach. Camerarius de Graecis latinisq. numer. notis etc. Lips. 1569. —

desselben werden in so fern rationale Zahlen genannt;

b) wenn die Größen incommensurabel sind und nicht beide in Zahlen vollkommen ausgesprochen werden können, so kann auch ihr Verhältniß nicht in Zahlen erkannt und ausgesprochen werden. Es wird daher ein unendliches Verhältniß (λογος αρρητος) genannt und $.\infty.$ bezeichnet (z. B. $a.\infty.x$ heißt: a steht zu x in einem unendlichen Verhältnisse). Die Glieder eines solchen heißen Irrationalgrößen (numeri surdi).

Name oder Exponent.

§. 39. Wenn wir nun nach §. 37. durch das Verhältniß zweier Größen den Werth erkennen, welchen sie gegen einander haben, jeder Werth aber nur als Zahl bestimmt erkannt werden kann (§. 28.), so muß auch der Werth eines Verhältnisses in einer Zahl (ganzen oder gebrochenen) zu unserer Erkenntniß kommen, welche entsteht, wenn man das erste Glied durch das zweite dividirt: als $4..1 = \frac{4}{1} = 4$, $5..3 = \frac{5}{3}$, $3..2 = \frac{3}{2}$, $3..5 = \frac{3}{5}$, $2..3 = \frac{2}{3}$, $1..3 = \frac{1}{3}$, allgem. $a..b = \frac{b}{a}$, $b..a = \frac{b}{a}$.

Die Zahl, durch welche der Werth eines Verhältnisses erkannt wird, heißt der Name des Verhältnisses oder der Exponent (n. rationem exponens). Da aber die Glieder des Verhältnisses, mithin die Factoren des Exponenten rational oder irrational, und daher das Verhältniß endlich oder unendlich seyn kann (§. 38.), so muß auch der Exponent darnach verschieden seyn, nämlich

a) bei endlichen Verhältnissen „rational“

b) bei unendlichen . . . „irrational“

Ueberhaupt wird jedes Verhältniß, es sey das einer Zahl zu ihrer Einheit, oder das einer Zahl zu einer andern, als ein Größenwerth erkannt; und da jeder Größenwerth allen Rechnungsoperationen unterworfen werden kann, so müssen auch auf die Verhältnisse „alle Operationen anwendbar seyn, d. i. man muß sie addiren, subtrahiren, multipliciren und dividiren können."

Proportion.

§. 40. Vergleicht man daher die Größenwerthe zweier Verhältnisse, so muß von ihnen gelten, was im allgemeinen von zwei verglichenen Größen gilt (§. 22. b.), d. i. sie müssen entweder einander gleich oder ungleich seyn. Z. E. 2..4=3..6; 2..4> 2..6. Sind sie einander gleich, so nennt man die Gleichung derselben eine Proportion (proportio, αναλογον, αναλογια), und die Größen, welche sie bilden, proportional oder analog (μεγέθη αναλογα), als a..b=c..d [18]).

3.

Verhältniß als Maaß, und Vielfache derselben oder Progression.

§. 40. Wie nun durch mehrmalige Zusammensetzung oder Vervielfachung einer Größe die Reihe der Zahlen entsteht (§. 28.), eben so kann auch durch die mehrmalige Zusammensetzung eines gewissen Verhältnisses, wenn es als Einheit angenommen wird, eine Reihe

18) Euclid. Elem. B. IV. Deff. 6. 8. — Die Bezeichnung der Proportion in den ältern Zeiten war a.b::c.d und ist noch außer Deutschland üblich, da die von Leibnitz vorgeschlagene: a:b=c:d, und blos von den Deutschen angenommene, wegen ihrer Uebereinkunft mit dem Zeichen der Division unbequem ist (§. 37.).

von Vielfachen desselben gebildet werden, welche man eine Progression (progressio) nennt. Ist z. E. 3..1, oder $\frac{1}{3}$..1 das Verhältniß, dessen Größenwerth man als Einheit annimmt und welches in so fern das Grundverhältniß (βασις) heißt, so ist

a) im ersten Falle

$(3.3)..3 = 9..3 = \frac{9}{3} = 3$; flgl. $9..3 = 3..1$

$(3.3.3)..(3.3) = 27..9 = \frac{27}{9} = 3$; " $27..9 = 3..1$

$(3.3.3.3)..(3.3.3.) = 81..27 = \frac{81}{27} = 3$; " $81..27 = 3..1$

u. s. w.

Wenn dah. 3..1 d. einfache Verhältniß ist, bezeichnet 3^1

so ist 9..1 das zweifache; " " 3^2

" 27..1 das dreifache " " 3^3

" 81..1 das vierfache " " 3^4

" 243..1 das fünffache " " 3^5

u. s. w.

Auf diese Weise erzeugt sich eine Reihe von Zahlen, in welcher immer das nächst höhere Glied so vielmal größer, als die Zahl des Grundverhältnisses ist. Man nennt sie daher eine zunehmende oder steigende Progression (series s. progressio divergens),

als 1.. 3.. 9.. 27.. 81..243..729.....

bez. $3^0..3^1..3^2..\ 3^3..3^4..3^5..\ 3^6$.....

allg. 1.. a.. aa.. aaa..aaaa..aaaaa.....

bez. $a^0..a^1..a^2,..a^3..\ a^4..\ a^5$.....

b) im zweiten Falle

$\frac{1}{3.3} .. \frac{1}{3} = \frac{1}{9} .. \frac{1}{3} = \frac{1}{3}..1$

$\frac{1}{3.3.3} .. \frac{1}{3.3} = \frac{1}{27} .. \frac{1}{9} = \frac{1}{3}..1$

$\frac{1}{3.3.3.3} .. \frac{1}{3.3.3} = \frac{1}{81} .. \frac{1}{27} = \frac{1}{3}..1$

u. s. w.

Wenn daher $(\frac{1}{3}..1)$ d. einfache Verhält.; bezeichnet 3^{-1}
so ist $(\frac{1}{9}..1)$ = zweifache = = 3^{-2}
= $(\frac{1}{27}..1)$ = dreifache = = 3^{-3}
= $(\frac{1}{81}..1)$ = vierfache = = 3^{-4}
= $(\frac{1}{243}..1)$ = fünffache = = 3^{-5}
u. s. w.

und es entsteht dadurch eine Reihe, in welcher jedes nächste Glied so vielmal kleiner wird, als die Zahl des Grundverhältnisses ist, weshalb sie eine abnehmende, oder fallende Reihe oder Progression (series s. progressio convergens) heißt:

als: $1 .. \frac{1}{3} .. \frac{1}{9} .. \frac{1}{27} .. \frac{1}{81} .. \frac{1}{243} .. \frac{1}{729} ...$

$= 1 .. \frac{1}{3^1} .. \frac{1}{3^2} .. \frac{1}{3^3} .. \frac{1}{3^4} .. \frac{1}{3^5} .. \frac{1}{3^6} ...$

bez. $3^0 . 3^{-1} .. 3^{-2} .. 3^{-3} .. 3^{-4} .. 3^{-5} .. 3^{-6} ..$

allg. $1 .. \frac{1}{a} .. \frac{1}{aa} .. \frac{1}{aaa} .. \frac{1}{aaaa} .. \frac{1}{aaaaa} ...$

$= 1 .. \frac{1}{a} .. \frac{1}{a^2} .. \frac{1}{a^3} .. \frac{1}{a^4} .. \frac{1}{a^5} ...$

bez. $a^0 .. a^{-1} .. a^{-2} .. a^{-3} .. a^{-4} .. a^{-5} ...$

Potenzen.

§. 42. Die Glieder einer solchen Reihe lassen sich nun in zweierlei Hinsicht betrachten: theils nämlich als Vielfache des Grundverhältnisses, auf welches sie sich beziehen; theils als Einfache dieser Vielfachen.

a) Als Vielfaches des Grundverhältnisses heißt ein Glied eine Potenz oder Dignität (potentia, dignitas, δυναμις [19]).

19) Den Namen Potenzen haben die Zahlen zufällig erhalten. Die Griechen sagten: „Eine Linie mit sich multiplicirt macht (δυναται), ein Quadrat (δυναμιν);

Es ist daher	$3 = 3^1$,	$a = a^1$,	von d. 1sten	Potenz
"	$3 \cdot 3 = 3^2$,	$aa = a^2$,	" 2ten	"
"	$3 \cdot 3 \cdot 3 = 3^3$,	$aaa = a^3$,	" 3ten	"
"	$3 \cdot 3 \cdot 3 \cdot 3 = 3^4$,	$aaaa = a^4$,	" 4ten	"
"	$3 \cdot 3 \cdot 3 \cdot 3 \cdot 3 = 3^5$,	$aaaaa = a^5$	" 5ten	"
	.	.		
	.	.		
	.	.		
"	$3 \cdot 3 \cdot 3 \ldots = 3^n$,	$aaaa \ldots = a^n$,	" nten	"

Das Bilden der Potenzen nennt man zur Potenz erheben oder Potenziren, wofür sich aus der bisherigen Betrachtung leicht eine allgemeine Regel ableiten läßt. Um eine Zahl zur 2ten Potenz zu erheben, als $2^2 = 4$, $5^2 = 25$, $b^2 = bb \ldots$ so „multiplicirt man sie mit sich selbst;“

zur 3ten Potenz, als $2^3 = 8$, $5^3 = 125$, $b^3 = bbb \ldots$ so „multiplicirt man die Zahl der 2ten noch einmal mit der Grundzahl;rc.“

allgemein: Soll man eine Zahl auf die nte Potenz erheben, als 4^n, $5^n \ldots m^n$, so „multiplicirt man sie so vielmal mit der Grundzahl, als der Exponent n Einheiten hat.“

Anmerk. Wie jede Zahl an sich, mithin ihre erste Potenz einer Linie entspricht, so entspricht die zweite Potenz dem Quadrate (Fig. 12.), die dritte dem Cubus rc., daher jene die Quadratzahl (num. quadratus), diese Cubiczahl (num. cubicus) heißt; die vierte Potenz daher Biquadratzahl (num. biquadratus).

daher in der lateinischen Uebersetzung potentiam (vergl. Platon Theätet. Bd. 2. S. 59)

20) Bei den Alten heißt gewöhnlich die Grundzahl πλευρα, latus; die Quadratzahl δυναμις, die Cubiczahl κυβος, die 4te Potenz δυναμο-δυναμις, die 5te δυναμοκυβος, die 6te κυβο-κυβος. Diophantus bezeichnet die Einheit μ°, die Grundzahl ς, die zweite Potenz δ$^{\upsilon}$,

Wurzeln.

§. 43. b) Das Grundverhältniß aber, als das Einfache der Potenzen, wird die Wurzel (radix, latus, πλευρα) genennt, und zwar gegen die Quadratzahl, die Quadratwurzel, bez. $\sqrt{}$ [21])

" " Cubiczahl, " Cubicwurzel, bezeichn. $\sqrt[3]{}$

" " Biquadratzahl " Biquadratwurzel, " $\sqrt[4]{}$

u. s. w.

Es ist also

$$\begin{array}{llll}
\sqrt{9} = \sqrt{3^2} = 3; & \text{allg.} & \sqrt{aa} = \sqrt{a^2} = a \\
\sqrt[3]{27} = \sqrt[3]{3^3} = 3; & " & \sqrt[3]{aaa} = \sqrt[3]{a^3} = a \\
\sqrt[4]{81} = \sqrt[4]{3^4} = 3; & " & \sqrt[4]{aaaa} = \sqrt[4]{a^4} = a \\
\sqrt[5]{243} = \sqrt[5]{3^5} = 3; & " & \sqrt[5]{aaaaa} = \sqrt[5]{a^5} = a
\end{array}$$

u. s. w.

Die Zahl, welche über dem Wurzelzeichen steht ($\sqrt[3]{}$, $\sqrt[4]{}$, $\sqrt[n]{}$) heißt der Wurzelexponent (num. radicem exponens).

Das Verfahren, aus einer Potenz die

die 3te κ^{υ}, die 4te $\delta\delta^{\upsilon}$, die 5te $\delta\kappa^{\upsilon}$ u. s. w., mithin eine Reihe

$$\begin{array}{l}
a^0 \,..\, a^1 \,..\, a^2 \,..\, a^3 \,..\, a^4 \,..\, a^5 \,..\, a^6 \,....\\
\mu^0 \,..\, \varsigma \,..\, \delta^{\upsilon} \,..\, \kappa^{\upsilon} \,..\, \delta\delta^{\upsilon} \,..\, \delta\kappa^{\upsilon} \,..\, \kappa\kappa^{\upsilon} \,....
\end{array}$$

Demgemäß wären die Zeichen der alten Algebristen, welche lateinisch schrieben: R. Q. C. QQ. S (Sursolidum). QC. bS. QQQ. CC. etc.

Oughtred schrieb: A. Aq. Ac. Aqq. Aqc. Acc. ....

Harriot " a. aa. aaa. aaaa. aaaaa. aaaaaa. ...

von Descartes in a^1. a^2. a^3. a^4. a^5. a^6. ...

verändert. S. Heilbronneri hist. math. univ. L. I. c. 27. p. 521.

21) Das Wurzelzeichen ist unstreitig aus einem r entstanden. Bei alten Algebristen findet sich dafür dieses Zeichen ℞. S. Heilbronneri hist. math. univ. l. c.

Wurzel zu gewinnen, nennt man das Ausziehen der Wurzel (extractio radic.) oder auch depotenziren, welches dadurch geschiehet, daß man diejenige Zahl sucht, welche „durch mehrmaliges Multipliciren mit sich selbst die Potenz wiedergiebt.

Logarithmen.

§ 44. Die Werthe endlich, welche die Vielfachen eines Grundverhältnisses (die Potenzen) gegen das Grundverhältniß selbst haben, sprechen die Zahlen 1, 2, 3 4, 5... aus. Man nennt sie in so fern die Verhältnißzahlen oder Logarithmen (λογαριθμοι) [22]. Ist z. Beisp. das Grundverhältniß $= 3..1 = 3^1$, so ist

der Logarithm. v. 3 od. 3^1, (bez. λ3, oder log. 3) = 1
" 9 " 3^2, (" λ9, " log. 9) = 2
" 27 " 3^3, (" λ27, " log. 27) = 3
" 81 " 3^4, (" λ81, " log. 81) = 4
u. s. w.

Allgemein: wenn das Grundverhältniß $a..1 = a^1$, so ist
der Logarithm. v. a oder a^1, (bez. λa, oder log. a) = 1
" aa " a^2, (" λaa, " " aa) = 2
" aaa " a^3, (" λaaa, " " aaa) = 3
u. s. w.

22) Diese ist die einzig richtige Bestimmung der Logarithmen, welche auch Klügel (Math. Wörterb. Th. 3. S. 481.) giebt. Durch die gewöhnliche Erklärung, wo man eine (geometrische) Progression mit einer arithmetischen (wie man sie unschicklich nennt) verbindet, kann kein Mensch einen richtigen Begriff von dem Wesen der Logarithmen erhalten. — Auch kann nicht unbedingt gebilliget werden, daß man sagt: die Exponenten heißen auch die Logarithmen der Zahlen der Potenzen (s. H. W. Brandes Lehrb. d. Arithmetik, Geometrie 2c. Oldenb. 1808.), da sie nur in so fern Logarithmen heißen, als sie die Werthe der Zahlen

Reihe: 1 ..3 ..9 ..27..81..243..729.....
Bez. 3^0..3^1..3^2..3^3..3^4..3^5 ..3^6.....
Logar. 0 . 1 . 2 . 3 . 4 . 5 . 6.....

Allgemein

Reihe 1 ..a ..aa ..aaa..aaaa..aaaaa....
Bez. a^0..a^1..a^2..a^3 ..a^4 ..a^5....
Logg. 0 . 1 . 2 . 3 . 4 . 5....

Wenn daher ein gewisses Grundverhältniß angenommen und von ihm eine Progression gebildet ist, so sprechen die Logarithmen die Werthe aus, welche „die Glieder der Progression in Beziehung auf das Grundverhältniß haben" [23]).

Schluß.

§. 45. Werfen wir nun auf diese Betrachtung noch einen Rückblick und stellen uns die Hauptgegenstände nochmals vor Augen, so ordnen sie sich von selbst unter drei Klassen:

I. durch die Vergleichung der Größen erkennen wir weiter nichts, als daß sie „als Ganze und als Theile gedacht werden können."

II. Ihre Werthe aber erkennen wir mittelst einer Größe als gemeinschaftlichem Maaße, welches wir als Einheit annehmen, als Zahlen, welche sich

A. entweder in Beziehung „auf ihre Einheit, als ganze Zahlen;"

der Potenzen zur Zahl ihres Grundverhältnisses ausdrücken.

23) Mit den Logarithmen schließt sich die Wissenschaft. Denn wenn wir nun eine Potenz zur Grundeinheit annehmen, die Potenz potenziren und Wurzel aus Wurzel ziehen, welche Fälle oft in Rechnungen vorkommen, so denkt und thut man doch nichts anderes, als potenzirt und zieht Wurzeln aus. S. meine Orthodid. 1. Abth. S. 61. 2c.

B. oder in Beziehung „auf einander (als Verhältnisse, Brüche) betrachten lassen.“

III. Und wie sich von einer Einheit Vielfache (Zahlen) denken lassen, so lassen sich von einem Verhältnisse Vielfache denken, welche

A. entweder an sich (Potenzen, Wurzeln),

B. oder mittelst ihrer Verhältnißzahlen (Logarithmen) betrachtet werden können.

So haben wir die Haupttheile des Gebietes überschaut, welches wir hier zu durchwandern haben. Allein, da die Betrachtung der Gegenstände desselben ohne Verbindung der Größen nicht geschehen kann, so müssen wir zuvor noch die allgemeinen Gesetze der Verbindung derselben untersuchen.

B. Von den Gesetzen der Verbindung der Größen (Combinationslehre oder Syntaktik).

Einleitung.

§. 46. Aus §. 13. wissen wir, daß das Denken der Größen nicht bloß in der **Vergleichung**, sondern auch in der **Verbindung** derselben besteht. Letztere hat ihre Gesetze (§. 21). Nach der Entwickelung der Wahrheiten, welche aus der **Vergleichung** der Größen hervorgehen, und der Untersuchung, wie wir die Werthe derselben erkennen, gehen wir daher zu der andern Untersuchung über, nach **welcherlei Weise und Gesetz** sie sich **verbinden** lassen. Wiewohl aber daraus, daß Körper und andere Dinge auf ebenso vielerlei Art in Verbindung gebracht werden können, als die Größen an sich, einleuchtet, daß sich die Gesetze der Verbindung **nicht allein auf reine Größen** erstrecken, sondern **Dinge aller Art**; so ist doch hier nur von der Verbindung **reiner Größen** die Rede. Man nennt sie in so fern **Elemente**, und bezeichnet sie mit a, b, c, d, e ꝛc. in alphabetischer Ordnung:

1 Element	a	heißt	eine	Union	(unio)
2 Elemente	ab	heißen	"	Ambe	(binio)
3 "	abc	"	"	Terne	(ternio)
4 "	abcd	"	"	Quaterne	(quaternio)
5 "	abcde	"	"	Quinterne	(quinio)
u. s. w.					

Ueberhaupt wird jede Zusammensetzung einer gewissen Anzahl Elemente eine **Complexion** (complexio) genennt.

Verbindungsarten.

§. 47. Bei solcher Zusammenstellung mehrerer Elemente kann aber eine dreifache Untersuchung statt finden: nämlich

1) entweder, wieviel Unionen, Binionen, Ternionen u. s. w. eine gewisse Anzahl Elemente gewähren; als a b c, oder 1 . 2 . 3 . geben

3 Unionen,	a . b . c;	1 . 2 . 3
3 Binionen,	ab . ac . bc;	12 . 13 . 23
1 Ternion,	abc;	123.

Diese Operation nennt man die Verbindung (Combinatio) in der engern Bedeutung;

2) oder wievielmal sich mehrere Elemente versetzen lassen, z. E. abc in acb, bac, bca, cab, cba, welches man Versetzung (permutatio) nennt;

3) oder, wenn man beide Operationen vereiniget, wieviel bei den möglichen Verbindungen einer gewissen Anzahl Elemente Versetzungen statt finden können. Dieses nennt man Variiren (Variatio).

Wievielmal sich eine gewisse Anzahl Elemente verbinden oder versetzen läßt, kann natürlich nur durch Zahlen bestimmt werden; daher die Gesetze, welche die Combinationslehre entwickelt, nur in Zahlen ausgesprochen werden können (§. 28). Wir haben daher erst von der Combination, dann von der Permutation, endlich von der Variation zu handeln.

Anmerk. Bei dem Worte Verbindung (combinatio) hat man eine doppelte Bedeutung zu unterscheiden. In der weitern bezeichnet es das Verbinden gewisser Dinge, Vorstellungen oder Zeichen aller Art überhaupt, daher Combinationslehre; in der engern eigentlichen Bedeutung aber, wie hier, heißt es die Zusammenstellung gewisser Elemente nach einer Regel (lexicographisch, ohne Versetzung) [24].

1.

Verbindung (combinatio).

§. 48. Die Verbindung oder Combination hat die Untersuchung zum Gegenstande, wieviel 1, 2, 3, 4, 5 ꝛc. überhaupt eine gewisse Anzahl Elemente, welche Zahl wir allgemein mit n bezeichnen wollen, Unionen, Binionen, Ternionen, Quaternionen u. s. w. gewähren. Man schreibt sie daher lexicographisch neben einander so lange, bis alle Fälle erschöpft sind, als ab, ac, ad... bc, bd... Es kann aber dabei zwei Weisen geben:

a) entweder man verbindet blos jedes einzelne Element lexicographisch mit einem andern, als ab, ac, ad,... bc, bd, be,...

b) oder man verbindet auch jedes einzelne Element mit sich selbst, als aa, ab, ac, ad.. bb, bc, bd, cc, cd ꝛc.

Dieses Verbinden mit sich selbst nennt man Wiederholung (repetitio); daher die erstere Art Verbindung ohne Wiederholungen (combinatio omissis repetitionibus), die letztere Verbindung mit Wiederholungen (comb. admissis repetitionibus) heißt.

Ein Beispiel wird dieß deutlich zeigen. Sollen die Verbindungen von 3 Elementen abc untersucht werden; so sind sie

24) S. Dictionnaire de l'Academie franç. art. Combinaison.

a) Ohne Wiederholungen.

I. Unionen	a. b. c.	3
II. Binionen	ab. ac. bc.	3
III. Ternionen	abc.	1

b) Mit Wiederholungen.

a. b. c.	3
aa. ab. ac. bb. bc. cc.	6
aaa. aab. aac. abb. abc. acc. bbb. bbc. bcc. ccc.	10

Gesetze der Verbindung.

§. 49. Nach den angegebenen Regeln lassen sich nun die Gesetze der Combination entwickeln:

a) ohne Wiederholungen.

I. Unionen.

Es ist an sich klar, daß bei jeder Anzahl Elementen soviel Unionen möglich sind, als Elemente vorhanden, als a. b. c, a. b. c. d. ꝛc.

II. Binionen.

1 Element kann keine Binion geben; denn
2 Elemente a b gewähren erst 1 Binion a b.
3 Elemente a b c müssen nicht nur die vorige Binion ab, sondern auch, weil sich das dritte Element c sowohl mit a, als auch mit b verbinden läßt (ac, bc), noch „2 Binionen, mithin 1 + 2 = 3 Binionen gestatten."
4 Elemente a b c d müssen erstens die von 3 Elementen,

mithin 3 Binionen enthalten; dann aber, da sich jene 3 Elemente auch mit dem 4ten d verbinden lassen (nämlich ad, bd, cd), mithin noch 3 dazu kommen, so ist die Zahl ihrer Binionen „3 + 3 = 6."

5 Elemente a b c d e haben daher nicht nur diese 6 Binionen, sondern wegen der Verbindung der übrigen 4 mit dem 5ten, „6 + 4 = 10 Binionen."

6 Elemente a b c d e f müssen daher aus gleichem Grunde „10 + 5 = 15 Binionen gestatten."

7 Elemente a b c d e f g „15 + 6 = 21 Binionen zulassen; u. s. w."

Da wir nun hieraus sehen, daß „

2 Elemente	1	= 1	}	Binionen gewähren,"
3 „ „	1 + 2 . . .	= 3		
4 „ „	1 + 2 + 3 . . .	= 6		
5 „ „	1 + 2 + 3 + 4 . .	= 10		
6 „ „	1 + 2 + 3 + 4 + 5 .	= 15		
7 „ „	1 + 2 + 3 + 4 + 5 + 6	= 21		
. . . .	. . .	. .		
. . . .	. . .	. .		
. . . .	. . .	. .		
n „ „	1 + 2 + 3 + 4 + 5 .... (n − 1)			

so können wir die allgemeine Wahrheit abnehmen, daß die Zahl der Binionen von einer gewissen Anzahl Elementen gleich ist „der Summe der Zahlen von 1 bis zu derjenigen Zahl, welche um 1 kleiner ist, als die Zahl der Elemente (n − 1)."

Um sich aber das Zusammenzählen einer solchen Reihe von Zahlen zu ersparen, kann man sich eines leichten Kunstgriffes bedienen. Man bemerkt nämlich, daß die Summe des ersten und letzten Gliedes stets gleich der Summe des 2ten und vorletzten, und so immer die Summe je zweier vom ersten und letzten gleichweit entfernter

Glieder der des ersten und letzten gleich ist; z. B. bei 7 Elementen $1 + 6 = 2 + 5 = 3 + 4$, mithin bei n Elementen die Summe jedes solchen Gliederpaares $= n - 1 + 1 = n$. Die Anzahl solcher Gliederpaare kann aber nur halb so groß seyn, als die Zahl der Glieder, folglich $= \left(\frac{n-1}{2}\right)$. Da man also, um die Summe der Reihe zu erhalten, die Summe des ersten und letzten Gliedes $= n$ so vielmal nehmen muß, als die halbe Zahl der Glieder beträgt $\left(\frac{n-1}{2}\right)$, so ist für jene die allgemeine Formel „$\frac{n(n-1)}{2} = \frac{n^2 - n}{2}$ (§. 34. a.)"

Es ergiebt sich daher für die Zahl der Binionen die Regel: „Man multiplicirt die Zahl der Elemente mit sich selbst, zieht die Zahl derselben ab und dividirt die Differenz mit 2, z. E."

10 Elem. geb. „$\frac{10 \cdot 10 - 10}{2} = \frac{100 - 10}{2} = \frac{90}{2} = 45$ B."

12 „ „ „$\frac{12 \cdot 12 - 12}{2} = \frac{144 - 12}{2} = \frac{132}{2} = 66$ B."

20 „ „ „$\frac{20 \cdot 20 - 20}{2} = \frac{400 - 20}{2} = \frac{380}{2} = 190$ B."

III. Ternionen.

§. 50. Daß 1 und 2 Elemente keine, nur

3 Elemente abc erst 1 Ternion geben können, ist an sich klar.

4 Elemente abcd müssen nicht nur diese abc liefern, sondern da jene 3 Binionen von 3 Elementen (ab, ac, bc, §. 49. 3) auch noch mit d verbunden werden können (abd, acd, bcd), so müssen sie „$1 + 3 = 4$ Ternionen zulassen."

5 Elemente abcde geben daher zuerst die vorigen 4 Ternionen und wegen der Verbindung des 5ten Elements

e mit jenen 6 Binionen aus 4 Elementen abe, ace, ade, bce, bde, cde (§. 49. 4.), 4+6=10 Ternionen."

6 Elemente abcdef gewähren daher 10 Binionen aus 5 Elementen, hier verbunden mit dem 6ten, „10+10 =20 Ternionen."

7 Elemente gestatten aus gleichem Grunde 20 und wegen §. 49. 6. noch 15, „folglich 20+15=35 Ternionen." u. s. w.

Sammeln wir diese Resultate wieder, so erlauben

3 Elemente	1 = 1		
4 „ „	1+ 3= 4		
5 „ „	4+ 6=10		
6 „ „	10+10=20	Ternionen.	
7 „ „	20+15=35		
.	. . .		
.	. . .		
.	. . .		

Da nun die erstern Zahlen (1, 4, 10, 20 ...) die Zahlen der Ternionen von einer um 1 geringern Anzahl Elementen (von n—1 Elementen), die andern aber (3, 6, 10, 15...) die Zahlen der Binionen von einer ebenfalls um 1 geringern Anzahl, d. i. von (n—1) Elementen sind (z. B. Ternionen von 7 Elementen =35=20+15, mithin in der Zahl der Ternionen von 6 Elementen =20 und der Zahl der Binionen von 6 Elementen =15 [§. 49. 6.]); so leuchtet ein, daß die Zahlen der Ternionen von n Elementen zusammengesetzt sind „aus den Zahlen der Ternionen von (n—1) Elementen und aus den Zahlen der Binionen von (n—1) Elementen."

Schreiben wir daher die Zahlen der Ternionen und Binionen von einer gewissen Anzahl Elementen, welche die Differenzen der Zahlen der Ternionen von einer um

1 größern Anzahl Elementen sind unter einander, so gewinnen wir eine allgemeine Methode die Ternionen nach der Reihe zusammen zu setzen.

3 .	4 .	5 .	6 .	7 .	8 .	9 .	10 ...	Elemente.
1	4	10	20	35	56	84	120 ..	Ternionen.
	3	6	10	15	21	28	36	Binion. (§. 49.)
		3	4	5	6	7	8	(n — 2).

Um z. B. die Ternionen von 8 Elementen zu gewinnen, so addirt man 6 zu der Zahl der Binionen von 6 Elementen 6 + 15 = 21, und diese, als die Zahl der Binionen von 7 Elementen, zu der Zahl der Ternionen von 7 Elementen, wodurch die Zahl der Ternionen von 8 Elementen = 56 erhalten wird. Eben so um die Ternionen von 9 Elementen zu erhalten, addirt man „7 zu 21 = 28, und 28 + 56 = 84; und die Ternionen von 10 Elementen, 8 + 28 = 36, und 36 + 84 = 120 ꝛc."

Allgemein: Um nach diesem Verfahren die Ternionen von n Elementen zu gewinnen, so addirt man „die Zahl (n — 2) zu der Zahl der Binionen von (n — 1) Elementen, und die erhaltene Summe zu der Zahl der Ternionen von (n — 1) Elementen" [25]).

IV. Quaternionen.

§. 51. 4 Elemente abcd gestatten 1 Quaternion; daher weniger als 4, keine.

5 Elemente abcde müssen erstlich die vorige Quaternion abcd; dann aber, weil die 4 Ternionen, welche 4 Elemente geben (§. 50. 4.), auch noch mit dem 5ten e verbunden werden können (abce, abde, bcde, bcde), noch 4 Quaternionen, folglich „1 + 4 = 5 Quaternionen zulassen."

25) Die Entwickelung der allgemeinen Formeln im 2ten Lehrgange.

6 Elemente a b c d e f gewähren daher sowohl diese 5 Quaternionen, als auch wegen Verbindung des 6ten Elements f mit den 10 Ternionen aus 5 Elementen (§. 50. 5.) „noch 10; daher zusammen 5 + 10 = 15 Quaternionen."

7 Elemente a b c d e f g nicht blos die vorigen 15, sondern auch (nach §. 50. 6.) noch „20, folglich zusammen 15 + 20 = 35 Quaternionen."

8 Elemente a b c d e f g h liefern daher „35 + 35 (§. 50. 7.) = 70 Quaternionen." u. s. w.

Da wir nun hieraus wiederum erkennen, daß z. B. die Zahl der Quaternionen von 5 Elementen aus der Zahl der Quaternionen von 4 Elementen, und der der Ternionen von 4 Elementen; die Zahl der Quaternionen von 6 Elementen aus der der Quaternionen von 5 Elementen und aus der der Ternionen von 5 Elementen u. s. w. zusammengesetzt sind, so folgt, daß die **Zahlen der Quaternionen von n Elementen „aus den Zahlen der Quaternionen von (n — 1) Elementen, und denen der Ternionen von (n — 1) Elementen bestehen.**

Das Untereinanderschreiben der Quaternionen und Ternionen von einer gewissen Anzahl Elementen gewährt daher wieder eine allgemeine Methode, die Quaternionen von einer um 1 größern Anzahl Elementen zu erhalten: als

4 .	5 .	6 .	7 .	8 .	9 .	10 ...	Elemente.
1	5	15	35	70	126	210 ..	Quaternionen.
	4	10	20	35	56	84	Ternionen. (§. 50.)
		6	10	15	21	28	Binionen. (§. 49.)
			4	5	6	7	(n — 3)

Um z. E. die Quaternionen von 9 Elementen zu finden, so addirt man „(9 — 3) = 6 zu der Zahl der Binionen von 6 Elementen (6 + 15 = 21), diese Summe zu der

Zahl der Quaternionen von 8 Elementen ($56 + 70 = 126$)."

Allgemein: Um die Zahl der Quaternionen von n Elementen zu finden, addirt man „die Zahl ($n - 3$) zu der Zahl der Binionen von ($n - 3$), die Summe zu der Zahl der Ternionen von ($n - 2$) Elementen, und diese Summe zu der Zahl der Quaternionen von ($n - 1$) Elementen."

Ein ähnliches Verfahren findet nun auch bei den Quinionen, Sexionen, Septinionen u. s. w. statt.

Anmerk. Um der leichtern Uebersicht willen ist eine ausführliche Darstellung der Verbindungen mit Buchstaben nebst den Zahlen ihrer Gesetze sehr nützlich [26]).

b) mit Wiederholungen.

I. Unionen.

§. 52. Da die Unionen keine Combinationen sind, so können keine Wiederholungen statt finden; daher (wie §. 49.) die Zahl der Unionen immer „der Zahl der Elemente gleich seyn muß."

II. Binionen.

1 Element a, welches nur mit sich selbst wiederholt werden kann, kann „auch nur 1 Binion geben (aa)."

2 Elemente ab, welche ohne Wiederholung 1 Binion zulassen (§. 49. 2.), geben mit der Wiederholung jedes Elements (aa, bb) „$1 + 2 = 3$ Binionen."

3 Elemente abc, welche ohne Wiederholung 3 Binionen gewähren (§. 49. 3.), enthalten mit Wiederholung jedes Elements (aa, bb, cc) „noch 3, folglich $3 + 3 = 6$ Binionen.

4 Elemente abcd müssen daher aus gleichem Grunde

26) S. am Ende dieses Abschnitts Taf. I. a.

(nach §. 49. 4) 6, und mit 4 Wiederholungen „6+4 = 10 Binionen enthalten."

5 Elemente a b c d e gestatten deshalb obige 10 (§. 49. 5.) nebst 5 Wiederholungen, mithin zusammen „10+5 = 15 Binionen."

6 Elemente a b c d e f aus gleicher Ursache „15+6=21."

7 Elemente a b c d e f g daher „21 + 7 = 28." u. s. f.

Da also hier einleuchtet, daß die Zahl der Binionen **mit** Wiederholungen von 7 Elementen gleich ist der Zahl der von 6 Elementen + 7, die von 6 Elementen gleich denen von 5 Elementen + 6 u. s. w., so muß die **Zahl der Binionen von n Elementen** gleich seyn „der **Zahl der von (n — 1) Elementen** + n."

Aber wir können uns auch aus obiger Formel für die Zahl der Combinationen **ohne** Wiederholungen (§. 49.) leicht eine für die Zahl der Combinationen **mit** Wiederholungen ableiten. Jene war bei n Elementen $= \frac{n^2 - n}{2}$; setzen wir also hier noch einmal n dazu, so ist sie

$$= „\left(\frac{n^2 - n}{2}\right) + n = \tfrac{1}{2}n^2 - \tfrac{1}{2}n + n = \tfrac{1}{2}n^2 + \tfrac{1}{2}n = \left(\frac{n^2 + n}{2}\right)"$$

In Worten giebt sie also die Regel: „Man multiplicirt die Zahl der Elemente mit sich selbst, addirt **sie** noch einmal zum Producte und dividirt die Summe durch 2.

Z. E. 7 Elemente geben

$$\frac{7 \cdot 7 + 7}{2} = \frac{49 + 7}{2} = \frac{56}{2} = 28 \text{ Bin. mit W.}$$

12 Elemente geben

$$\frac{12 \cdot 12 + 12}{2} = \frac{144 + 12}{2} = 72 + 6 = 78 \quad . \quad , \quad .$$

20 Elemente geben

$$\frac{20 \cdot 20 + 20}{2} = \frac{400 + 20}{2} = 200 + 10 = 210 \quad . \quad , \quad .$$

Anmerk. Vergleichen wir die Binionen ohne Wiederholungen mit denen mit Wiederholungen, so finden wir eine vollkommene Uebereinstimmung zwischen denen von n Elementen ohne Wiederholungen und denen von (n — 1) Elementen mit Wiederholungen. Weiß man daher die Zahlen der Binionen ohne Wiederholungen, so weiß man auch die der Binionen von „einer um 1 geringern Zahl von Elementen mit Wiederholungen."

III. Ternionen.

§. 53. Wie sich oben (§. 50.) die Ternionen aus den Binionen ohne Wiederholungen durch Hinzusetzen noch eines Elements ergaben, so wird dieses auch bei den Wiederholungen der Fall seyn.

1 Element a kann nur 1 Ternion geben aaa.

2 Elemente a b müssen nicht nur dieses aaa, sondern auch, weil man zu jenen 3 Binionen (§. 52. 2.) das zweite Element b noch einmal hinzufügen kann (aab, abb, bbb), auch noch „3 Ternionen, mithin 1 + 3 = 4 Ternionen gewähren."

3 Elemente a b c erhalten daher die vorigen 4 und aus Verbindung des 3ten Elements c mit den Binionen (§. 52. 3.) (aac, abc, acc, bbc, ccc) „4 + 6 = 10 Ternionen."

4 Elemente a b c d gestatten nicht blos die vorigen 10, sondern auch aus den Binionen (§. 52. 4.) „noch 10, zusammen 10 + 10 = 20 Ternionen."

5 Elemente a b c d e gewähren daher sowohl jene 20, als auch (nach §. 52. 5.) „noch 15, mithin 20 + 15 = 35 Ternionen."

6 Elemente diese 35 und (§. 52. 6.) „21, also 35 + 21 = 56 Ternionen."

7 Elemente „56 + 28 = 84. u. s. w."

Es entstehen also die Zahlen der Ternionen

von 7 Elementen durch Addition der Zahl der Ternionen aus 6 Elementen und der der Binionen aus 6 Elementen; die Zahl der Ternionen aus 6 Elementen aus der Zahl der Ternionen aus 5 Elementen und aus der der Binionen aus 6 Elementen; allgemein die Zahl der Ternionen aus n Elementen „durch Addition der Zahl der Binionen aus (n—1) Elementen zu der der Binionen aus (n—1) Elementen."

Anmerk. Eine Vergleichung der Ternionen ohne Wiederholungen mit denen mit Wiederholungen zeigt, daß die Ternionen jener Art von n Elementen denen dieser Art aus (n—2) Elementen gleich sind. Hat man daher die Zahl der Ternionen von n Elementen ohne Wiederholungen, so hat man sie auch von denen „von (n—2) Elementen mit Wiederholungen."

IV. Quaternionen.

§. 54. Auf gleiche Weise werden die Zahlen der Quaternionen mit Wiederholungen gebildet.

1 Element a kann nur 1 Quaternion geben, aaaa.

2 Elemente ab müssen außer dieser noch so viel gestatten, als 2 Elemente Ternionen liefern, weil sie noch einmal mit dem 2ten Elemente b verbunden werden (aaab, aabb, abbb, bbbb,) (§ 53. 2.), mithin „1 + 4 = 5 Quaternionen."

3 Elemente abc gewähren daher sowohl diese 5, als auch (aus §. 53. 3.) „10, folglich 5 + 10 = 15 Quaternionen."

4 Elemente abcd gestatten daher „15 + 20 (aus §. 53. 4.) = 35 Quaternionen."

5 Elemente „35 + 35 = 70 Quaternionen."

6 Elemente „70 + 56 = 126 Quaternionen."

7 Elemente „126 + 84 = 210 Quaternionen.“ u. s. w. Daher allgemein: n Elemente liefern zusammen so viele Quaternionen, als „(n—1) Elemente Quaternionen und n Elemente Ternionen geben.“

Anmerk. Die Vergleichung der Quaternionen ohne und mit Wiederholungen zeigt, daß die von n Elementen ohne Wiederholungen denen von „(n—3) Elementen mit Wiederholungen gleich sind. Weiß man daher die erstern, so weiß man auch die letztern.“

Auf ebendieselbe Weise werden nun auch die Zahlen der Quinionen, Senionen u. s. w. gewonnen [27].

2.

Versetzung (permutatio).

§. 54. Um zu sehen, wievielmal sich eine gewisse Anzahl Elemente anders setzen läßt, oder wieviel Versetzungen eine Complexion gestattet, muß man sich eines bestimmten regelmäßigen Verfahrens bedienen. Dieses ist: Man bezeichnet die Elemente mit Buchstaben nach alphabetischer Reihenfolge und versetzt sie nach lexicographischer Ordnung. Z. B.

a	b	c	d
a	b	d	c
a	c	b	d
a	c	d	b
a	d	b	c
a	d	c	b
b	a	c	d
b	a	d	c
b	c	a	d
b	c	d	a
b	d	a	c
b	d	c	a

1) Zuerst versetzt man blos die beiden letzten Elemente cd, indem man die ersten ab unverändert läßt;

2) dann vertauscht man das dritte c mit dem zweiten b und versetzt wieder die beiden letzten bd.

3) Nun setzt man auch das vierte d in die zweite Stelle, rückt das zweite b in

27) S. Tafel I. b.

die dritte und versetzt wieder die letzten u. s. fort, bis zum ersten, wenn mehr als 4 Elemente sind.

4) Sind dann außer dem ersten alle Elemente an der zweiten Stelle gewesen, so stellt man das zweite b in die erste und verfährt wie vorher.

5) Sind auch hier alle Ordnungen erschöpft, so tritt auch das 3te c und das 4te d u. s. w. in die erste Stelle, so daß die übrigen immer in alphabetischer Ordnung fortrücken. Das übrige Verfahren bleibt das vorige.

c a b d
c a d b
c b a d
c b d a
c d a b
c d b a
d | a b c
d | a c b
d | b a c
d | b c a
d | c | a b
d | c | b a

Anmerk. Das Einschalten der Elemente, um daraus zu sehen, wie sie versetzt worden sind, nennt man Involution, und solche Darstellung, wodurch man zugleich die Permutationen einer geringen Anzahl von Elementen bekommt, involutorisch.

Gesetze der Versetzung.

§. 56. Da die Combinationen zweierlei Art sind, ohne und mit Wiederholungen, so sind es auch die Versetzungen der Complexionen, welche sich daher sowohl in solche theilen, worinne kein Element, als auch in solche, wo ein oder mehrere Elemente wiederholt sind.

a) Ohne Wiederholungen.

1 Element a (Union) kann nur 1 Stellung, aber keine Veränderung zulassen (a, b, c ꝛc.)

2 Elemente a b (Binion), wo jedes sowohl am Ende, als am Anfange stehn kann (ab, ba) gewährt daher „1 . 2 = 2 Stellungen."

3 Elemente abc (Ternion) müssen die vorigen 2 Versetzungen liefern, und weil das dritte Element c bei **jeder** derselben 3 **Stellen** einnehmen kann (abc, acb, cab, und bac, bca, cba), „1.2.3=6 Versetzungen."

4 Elemente abcd (Quaternion) geben daher nicht allein die vorigen 6, sondern weil das 4te Element d sich bei jeder an 4 **verschiedenen** Stellen (z. E. abcd, abdc, adbc, dabc u. s. f.) befinden kann, 1.2.3.4 = 24 Versetzungen."

5 Elemente abcde (Quinion) müssen aus gleichem Grunde sowohl 1.2.3.4=24 und wegen der 5 verschiedenen Stellen bei jeder Versetzung, „1.2.3.4.5 = 120 Versetzungen haben."

6 Elemente abcdef (Senion) enthalten daher „1.2.3.4.5.6=720 Versetzungen." u. s. w.

Wenn also eine gewisse Anzahl von Elementen allgemein n heißt, so werden n Elemente „1.2.3.4.5....n Versetzungen, oder umgekehrt n.n—1.n—2.n—3...2.1. Versetzungen gewähren"[28]).

Anmerk. Diese Gesetze finden unzählbare Anwendungen bei der Zusammenstellung verschiedener Dinge, Personen, Stoffe, Blumen, Farben, bei Verzierungen, in der Baukunst, in der Chemie u. dergl.[29]), so auch bei dem Zusammentreffen der Karten in Spielen und Kunststücken[30]), Auch giebt die Versetzung der Buchstaben mancher Wörter (welche Anagrammata heißen), oder der Wörter mancher Verse sinnreiche Veränderungen und angenehme Unterhaltung[31]).

28) S. Tafel II. a.

29) S. Torbern Bergmanni Opusc. phys. et chem. Holm. 1779—83. Vol. IV. p 231. etc. C. A. Semlers Vers. üb d. combinator. Methode rc. Dresden 1811.

30) Klügels math. Wörterb. Lpzg. 1803. Th. 1. S. 445.

31) So wird aus Sache, Asche, Achse, aus Dame, Ma-

b) Mit Wiederholungen.

§. 57. Sind aber in einer Complexion 1 oder mehrere Elemente mehrmal enthalten (als aab, aaabb ꝛc.), so

de. (S. Dolz prakt. Anleitung zu schriftl. Aufsätzen. Leipz. 1807. S. 30 — 31.)

Die 24 Versetzungen der Buchstaben von Roma enthalten die Wörter: amor, armo, Maro, mora, Omar, oram, ramo. Dergleichen Wörter enthalten mehrere Epigramata Owens, als:

Recta fides certa est, arcet mala schismata, non est
Sicut creta fides fictilis; arte caret.

So lassen sich die Wörter in ganzen Versen aus classischen Schriftstellern versetzen; z. B. Virg. Ecl. I. 1.

Tityre tu patulae recubans sub tegmine fagi
Tu putulae recubans sub tegmine, Tityre, fagi.
Tegmine sub putulae recubans tu, Tityre, fagi. etc.

Virgil. Aen. I. 232.

Perfide sperasti divos te fallere, Proteu.
Fallere sperasti te divos, perfide Proteu. etc.

Der Jesuit Bernhardt Bauhusius machte auf die Jungfrau Maria folgenden Vers:

Tot tibi sunt dotes, Virgo, quot sidera coelo,

dessen 40320 Versetzungen nach Puteanus und G. I. Vossius (de scieut. math. c. VII.) 1022, nach J. Wallis 3096, und wenn man die Spondaicos dazu zählt, 3312 Hexameter geben.

Als i. J. 1617 der Kaiser Matthias, der König Ferdinand von Böhmen und der Erzherzog Maximilian in Dresden zusammen kamen, machte ein sächsischer Dichter, Georg Kleppis, folgenden Vers darauf:

Dant tria jam Dresdae, ceu sol dat, lumina lucem;

dessen 362880 Permutationen 45870 Hexameter gestatten, wenn man die Spondaicos zuläßt.

Eins der interessantesten Kunststücke dieser Art ist das Anagram, welches Jablonsky, Rector in Lissa, machte, als Stanislaus, der Stammerbe der Lisczinskyschen Familie, von

können soviel Versetzungen, als diese Elemente nach vorigen § gegeben haben würden, nicht statt finden; oder welches ebensoviel ist: es müssen, um soviel Versetzungen aus der ganzen Zahl, welche die Anzahl der Elemente giebt, wieder herausfallen.

I. Da bei einer Union keine Versetzung möglich ist, so ist hier nicht von ihr die Rede.

II. Ist bei einer Binion ein Element wiederholt (aa), so muß die Zahl ihrer Versetzungen zweimal geringer seyn, als wenn jene verschieden wären (§. 56. 2.), nämlich „$\frac{1.2}{1.2} = 1$ Anordnung zulassen."

III. Wenn bei einer Ternion

1) ein Element zweimal wiederholt ist (aab), so muß die Zahl der Versetzungen 2mal geringer seyn, als bei 3 verschiedenen (§. 56. 3.), mithin „$\frac{1.2.3}{1.2.} = 3$ Anordnungen;"

seinen Reisen zurückkehrte. Er veranstaltete einen Schulactus, wo 13 Schüler, als Ritter gekleidet, ein Ballet tanzten. Jeder trug auf seinem Schilde einen goldenen Buchstaben, nämlich:

1	2	3	4	5	6	7	8	9	10	11	12	13
A.	C.	D.	E.	I.	I.	L.	M.	N.	O.	S.	S.	V.

Der Tanz hatte 7 Abschnitte. Nach jedem standen die jungen Ritter in einer veränderten Reihe, so daß die Buchstaben ihrer Schilde jedesmal einen andern Ausspruch gaben. Man las nach dem Ende des ersten Abschn. Domus Lescinia.
" " zweiten " Incolumis ades.
" " dritten " Omnis es lucida.
" " vierten " Lucida sis omen.
" " fünften " Mane sidus loci.
" " sechsten " Sis columna Dei.
" " siebenten " I scande solium.

Das letzte war wie prophetisch ausgesprochen; denn am 2ten Juli 1704 wurde Stanislaus Lesczinsky wirklich als König von Polen von Carl XII. eingesetzt.

2) ein Element dreimal wiederholt (aaa), so muß die Zahl der Versetzungen „$1 . 2 . 3 = 6$mal geringer seyn, daher $\frac{1 . 2 . 3}{1 . 2 . 3} = 1$ Anordnung."

IV. Wenn in einer Quaternion

1) ein Element wiederholt ist (aabc), so ist die Zahl der Versetzungen, (wie bei III. 1), „2mal geringer, als bei verschiedenen (§. 56. 4); also $\frac{1.2.3.4}{1.2.}$ $= 3 . 4 = 12$ Complexionen;"

2) zwei Elemente wiederholt sind (aabb), so ist die Zahl der Versetzungen $1 . 2 . 1 . 2 = 2 . 2 = 4$mal geringer, daher „$\frac{1 . 2 . 3 . 4}{1 . 2 . 1 . 2} = 3 . 2 = 6$ Anordnungen."

3) Ein Element dreimal wiederholt (aaab) liefert „$\frac{1 . 2 . 3 . 4}{1 . 2 . 3} = 4$ Complexionen."

4) Ein Element viermal wiederholt (aaaa), giebt „$\frac{1 . 2 . 3 . 4}{1 . 2 . 3 . 4} = 1$ Complexion."

V. Wenn in einer Quinion

1) ein Element wiederholt ist (aabcd), so müssen aus der ganzen Anzahl (§. 56. 5.) zweimal soviel Versetzungen herausfallen, folglich „$\frac{1 . 2 . 3 . 4 . 5}{1 . 2 .} =$ $3 . 4 . 5 = 60$ Anordnungen statt finden."

2) Sind zwei Elemente wiederholt (aabbc), so fallen $2 . 2 = 4$mal so viele Versetzungen weg, mithin ist die Zahl der Anordnungen „$\frac{1 . 2 . 3 . 4 . 5}{1 . 2 . 1 . 2} = 30$."

3) Ist ein Element 3mal, das andere 2mal wiederholt (acabb), so wird die Zahl der Anordnungen noch geringer, nämlich „$\frac{1 . 2 . 3 . 4 . 5}{1 . 2 . 3 . 1 . 2} = 10$."

4) Ist ein Element viermal wiederholt (aaaab), so kommt die ganze Anzahl der Versetzungen auf „$\frac{1.2.3.4.5}{1.2.3.4} = 5$ herab;“

5) ein Element 5mal wiederholt (aaaaa), so „hebt sich die Zahl der Versetzungen wieder auf $\frac{1.2.3.4.5}{1.2.3.4.5}$ $= 1$ Anordnung;“ u. s. w.

Um aber diese Gesetze in einer allgemeingültigen Zeichenformel auszudrücken, so heiße die Zahl der Elemente n, die Zahl der Wiederholungen eines Elements aber m, so ist dann die Anzahl der Versetzungen $\frac{1.2.3.4\ldots.n}{1.2.3..m}$;“ würde aber auch noch ein anderes Element rmal wiederholt, so wäre die Zahl der Versetzungen $=$ „$\frac{1.2.3.4\ldots.n}{1.2.3\ldots m.1.2..r}$.“ u. s. w. [32]).

3.

Versetzung aller Verbindungen oder Variationen.

§. 58. Wenn nun die Variationen in den Permutationen aller Combinationen bestehen, so ist einleuchtend, daß sich die Zahlen der Variationen aus denen der Combinationen und Permutationen zusammensetzen lassen müssen. Z. B. drei Elemente abc haben ohne Wiederholungen 3 Binionen (ab, ac, bc, §. 49. 3), jede Binion aber 2 Versetzungen (ab, ba, ac, ca, bc, cb. §. 56. 2.), mithin lassen 3 Elemente $3.2 = 6$ Variationen zu. Wir entwickeln sie jetzt nach der Reihe.

32) S. Tafel II. b.

a) Ohne Wiederholungen.

I. Da bei 1 Elemente a keine Versetzung möglich ist, so kann auch keine Variation statt finden, folglich nur eine Anordnung.

II. Zwei Elemente ab geben 1 Combination. Da sich nun diese 2mal versetzen läßt (ab, ba. §. 56. 2.), so müssen jene auch „1 . 2 = 2 Variationen geben."

III. Drei Elemente abc geben (§. 49. 3.)

1) 3 Binionen. Da nun jede derselben 2mal versetzt werden kann (§. 56. 2.), so muß die Zahl ihrer Variationen „3 . 2 . = 6 seyn;"

2) 1 Ternion (§. 50.); und da diese (§. 56. 3.) 6 Versetzungen zuläßt, so folgt, daß sie „auch eben soviel Variationen hat."

IV. Vier Elemente abcd geben

1) 6 Binionen (§. 49. 4.); da aber ebenfalls jede 2mal versetzt werden kann (§. 56. 2.), so muß die Zahl ihrer Variationen = „6 . 2 = 12 seyn."

2) 4 Ternionen (§. 50.); weil aber jede derselben 6 Permutationen erlaubt (§. 56. 3.), so muß die Zahl ihrer Variationen „4 . 6 = 24 seyn."

3) 1 Quaternion (§. 51.), welche 24 Permutationen zuläßt; folglich giebt sie auch „24 Variationen."

V. Fünf Elemente abcde gewähren

1) 10 Binionen (§. 49. 5.); daher ist wegen §. 56. 2. die Zahl der Variationen derselben = „2 . 10 = 20."

2) 10 Ternionen (§. 50.); mithin die Menge der Variationen (§. 56. 3.) „6 . 10 = 60."

3) 5 Quaternionen (§. 51.); daher die Summe der Variationen = „5 . 24 . = 120."

4) 1 Quinion, welche nach (§. 56. 5.) 120 Versetzungen giebt, liefert mithin auch „120 Variationen."

Eben so verfährt man, um die Variationen von 6, 7, 8 ... n Elemententen zu erhalten. — Es läßt sich daher aus dem bisherigen Verfahren die allgemeine Regel ableiten, daß man, um die Zahl der Variationen von n Elementen ohne Wiederholungen zu bekommen, die Zahlen ihrer Binionen, Ternionen, Quaternionen ꝛc. „mit den Zahlen der Versetzungen jeder der letztern multipliciren müsse" 33).

Anm. Aus obiger Formel für die Binionen $\left(\frac{n^2-n}{2}\right)$ (§. 49.) und der Zahl der Versetzungen derselben 1.2 (§. 56. 2.) läßt die Formel für die Variationen der Binionen aus n Elementen zusammensetzen:

Sie ist $=$ „$2.\left(\frac{n^2-n}{2}\right)=\frac{2n^2-2n}{2}=(n^2-n)$.

Ist $n=2$,	so sind d. Varr. d. Bin.	$=$	$4-2=2$
„ $n=3$,	„ „ „	$=$	$9-3=6$
„ $n=4$,	„ „ „	$=$	$16-4=12$
.			.
.			.
.			.
„ $n=12$,	„ „ „	$=$	$144-12=132$

u. s. w."

b) Mit Wiederholungen.

§. 59. Nach diesem Verfahren lassen sich auch die Zahlen der Variationen mit Wiederholungen finden, wenn wir die Wiederholungen noch hinzufügen, welche die Binionen, Ternionen, Quaternionen ꝛc. aus einer gewissen Anzahl Elementen gewähren.

I. Unionen.

Da bei den Unionen weder eine Combination noch eine Permutation statt finden kann, so ist auch keine Va-

33) S. Tafel III. a.

riation möglich, sondern die Unionen bleiben immer den Zahlen der Elemente gleich.

II. Binionen.

1) Ein Element (aa, bb, cc ꝛc.), welches keine Permutation gewährt, kann auch keine Variation zulassen, sondern nur eine Anordnung.

2) Aus zwei Elementen ab ist die Zahl der Variationen ohne Wiederholungen = 1 . 2 = 2 (§. 58. II.); da aber auch jedes dieser Elemente wiederholt werden kann (aa, bb), so ist die Zahl der Variationen = „2 + 2 = 4 = 2 . 2."

3) Aus 3 Elementen sind die Variationen = 2 . 3 = 6 (§. 58. III.); wegen der Wiederholung jedes Elements aber „2 . 3 + 3 = 3 . 3 = 9 Variationen."

4) Aus 4 Elementen sind die Variationen 3 . 4 = 12 (§ 58. IV.); wegen der Wiederholung jedes Elements aber = „3 . 4 + 4 = 4 . 4 = 16 = Variationen."

5) Aus 5 Elementen ist die Zahl der Variationen = 4 . 5 = 20; durch die Wiederholung aller 5 Elemente aber = „5 . 5 = 25 Variationen."

6) Aus 6 Elementen ist die Zahl der Variationen = 5 . 6 = 30; mithin nach der Wiederholung aller Elemente = „6 . 6 = 36 Variationen." u. s. f.

Hieraus erkennt man schon, daß, da die Zahlen der Variationen der Binionen mit Wiederholungen die Quadratzahlen der Zahlen der Elemente sind, die Anzahl der Variationen der Binionen aus n Elementen = „nn = n^2."

Wenn man daher die Anzahl der Variationen von den Binionen mit Wiederholungen gewinnen will, so darf man nur „die Zahl der Elemente mit sich selbst multipliciren."

III. Ternionen.

§. 60. Da bei den Ternionen die Binionen noch einmal mit allen Elementen verbunden werden (§. 53.); z. B. aus 2 Elementen sind

die Binionen;	daher die Ternionen
aa ab	aaa aab
ba bb	aba abb
	baa bab
	bba bbb

so leuchtet ein, daß „man die Zahlen der Variationen der Ternionen noch einmal mit der Zahl der Elemente multiplicirt." Daher sind

1)	aus	1	Elemente	die	Variationen	„ $= 1.1.1. = 1$"
2)	:	2	:	:	:	„ $= 2.2.2. = 8$"
3)	:	3	:	:	:	„ $= 3.3.3. = 27$"
4)	:	4	:	:	:	„ $= 4.4.4. = 64$"
5)	:	5	:	:	:	„ $= 5.5.5. = 125$"
		.				. .
		.				. .
		.				. .
n	:	n	:	:	:	„ $= n.n.n. = n^3$"

Es sind mithin die Zahlen der Variationen mit Wiederholungen „die Cubiczahlen aus den Zahlen der Elemente."

Allgemein.

§. 61. Auf eben diese Weise, wie die Zahlen der Ternionen aus denen der Binionen entspringen, so erzeugen sich die der Variationen der Quaternionen aus denen der Ternionen, und aus denen der Quaternionen die der Quinionen, und aus diesen die der Senionen u. s. w. als

IV. Quaternionen:

1)	aus 1	Elem.	sind die	Variatt.	= „1.1.1.1.	=	1"
2)	: 2	:	:	:	= „2.2.2.2.	=	16"
3)	: 3	:	:	:	= „3.3.3.3.	=	81"
4)	: 4	:	:	:	= „4.4.4.4.	=	256"
.	.				.		.
.	.				.		.
.	.				.		.
n	: n	:	:	:	= „n.n.n.n.	=	n^4"

V. Quinionen:

1)	aus 1	Elem.	sind die	Variatt.	= „1.1.1.1.1.	=	1"
2)	: 2	:	:	:	= „2.2.2.2.2.	=	32"
3)	: 3	:	:	:	= „3.3.3.3.3.	=	243"
.	.				.		.
.	.				.		.
.	.				.		.
n)	: n	:	:	:	= „n.n.n.n.n.	=	n^5"

So läßt sich nun für die Variationen für jede Complexion und jede Anzahl von Elementen, welche n heißen mag, die allgemeine Regel ableiten, daß die Zahl derselben

1)	aus den	Unionen	= „n^1	S. Taf. III. b.
2)	: :	Binionen	= „n^2	
3)	: :	Ternionen	= „n^3	
4)	: :	Quaternionen	= „n^4	
5)	: :	Quinionen	= „n^5	
.		.	.	
.		.	.	
.		.	.	
m)		m—nionen	= „n^m seyn müsse, d. h.	

„man erhebt die Zahl der Elemente auf die Potenz der Zahl der Complexion" [34].

34) S. Tafel III. b.

Geschichte der Combinationslehre.

§. 62. Von der Kenntniß der hier gefundenen Wahrheiten und der Kunst sie zu entwickeln, findet sich in den aus dem Alterthume auf uns gekommene Schriften keine Spur. Ihre Bearbeitung beginnt erst mit der Wiederauflebung der Wissenschaften im 16ten Jahrhunderte. Der erste bekannte Versuch ist von Johann v. Buteon (1559), welcher die mit 4 Würfeln möglichen Würfe darstellte und alle Variationen der 4 ersten Classen von Verbindungen aus 6 Buchstaben untersuchte [35]. Ausführlicher behandelte sie Fr. Vieta (1615), welcher aber alles mit Worten ausdrückte [36], und Th. Harriot († 1621) wendete sie auf die Algebra an [37]. — Pascal und Fermat (um 1640) wechselten Briefe über die Combinationen in Spielen [38]. Von ernstern Bemühungen um die Wissenschaft und ihre Anwendung zeugen Pet. Mersenne's sinnreiche Anwendung der Combinationsgesetze auf der Verbindung der Töne der Musik [39], und des Jesuits P. Guldin (um 1630) Berechnung, wieviel sich aus den 23 Buchstaben des Alphabets Wörter bilden lassen [40]. Van Schooten (1657) [41]) verfertigte eine Tafel über die Verbindungen.

§. 63. Aber die vielseitigen und wichtigen Anwen-

35) v. Logistica. cf. Pfaffii dispuiss. analyt. p. 311.

36) De emendat. aequatt. v. Opp. a Fr. a Schooten. Lugd. Bat. 1646.

37) Artis analyt. praxis ad aequatt. alegebraicas resolvendas.

38) Fermati opp. Tolos. 1679. p. 139 — 188.

39) Cogitt. physic. mathem. p. 296. Harmonicorum Lib. VII. p. 115.

40) Problema arithm. de rerum combinatt.

41) exercitt. mathem. Lugd. Bat. 1657. Tom. V.

bungen dieser Lehre erkannte in ihrem Umfange und Werthe zuerst G. W. Leibnitz [42]), welcher sie zur Wissenschaft erhob, mächtig erweiterte und ihre Anwendung nicht allein auf die Mathematik, sondern auch auf seine Erfindung einer Combinirkunst der Begriffe, welche zur Erfindung aller Wahrheiten, zur Berichtigung aller Irrthümer und zugleich zur Bildung einer allgemeinen philosophischen Sprache dienen sollte, erstreckte [43]). Von nun an beschäftigten sich die denkendsten Männer jenes Zeitalters damit. Indem sie an Joh. Wallis (1685) [44]), Jacob Bernoulli (1705) [45]) und andere wichtige Bearbeiter fand, leitete sie einen Alb. Girard (1629) [47]), Isaak Newton (1642 — 1727) und mehrere zu merkwürdigen Entdeckungen. Nicht unbedeutend sind die Verdienste L. Eulers (1707 —

42) Schon im 20sten Jahre disputirte und schrieb er eine merkwürdige Abhandlung darüber: Disput. arithm. de complexionibus. Lips 1666. — Ars characterist. Lips. 1668. v. Opp. ed. Dutens. T. II. P. II. p. 339. Acta Erudit. Lips. 1700. mens. Mai.

43) Diese Anwendung der Combinationslehre behandelte außer Leibnitz auch Athan. Kircher (s. ars magna sciendi, Amstel. 1669). Aufschluß über die Leibnitzische Idee findet sich in einer Abhandlung von ihm (historia et commentatio ling. characteristicae univers. etc.), welche Raspe dem Supplementbande zu den Werken Leibnitz's S. 533. angefügt hat; außerdem in mehrern Briefen von ihm gelegentliche Erwähnungen. Ausführlicher aber hat sich Leibnitz in bis jetzt noch ungedruckten Papieren darüber erklärt, in deren Besitze ich mich befinde, und welche ich dem Publico auch im Drucke mittheilen werde. S. meine Orthodidaktik d. Math. Dresden 1813. S. 66. Anm.

44) Opp. Vol. II.

45) Ars conjectendi. Basil. 1713. Sect. II.

46) Invention nouvelle en l'Algebre etc. 1629.

47) Arithmet. univers. (ed. Graves. p. 192.)

1785) [48]) um sie, wiewohl ihre höchste systematische Ausbildung C. F. Hindenburg (1741 — 1808) [49]) aufbehalten war, welcher die Reihe derjenigen, welche sie mit Anwendung auf die sogenannte Analysis bearbeitet haben, anführt [50]).

48) Observatt. analytt. variae de combinatt. in Commentt. Petropol. vett. T. XIII. 1751. p. 64.

49) Novi systematis permutationum etc. primae lineae. Lips. 1781.
   Der polynomische Lehrsatz, das wichtigste Theorem rc. Leipz. 1796.
   Sammlung combinat. analyt. Abhandl. 2te Samml. Leipz. 1800.
   Ueber die combinat. Analysis und Derivationscalcül, einige Fragmente. Leipz. 1803.

49) Werke über die Anwendung der Combinationslehre auf die Analysis von H. A. Töpfer, C. Gf. Fischer, Stahl, Weingärtner rc. s. in Ersch Liter. der Math. S. 37. Sinnreiche Vorschläge für ihre Anwendung auf fast alle Wissenschaften und Künste finden sich in Ch. A. Semlers Versuch üb. die combinat. Methode rc. Dresden 1811. 8.

Tafeln
zur
Combinationslehre.

a) Ohne Wiederho

Elemente.	1		2		3		4	
I. Unionen.	a	1	a b	1	a b c	3	a b c d	4
II. Binionen.	—	o	a b		ab ac bc	3	ab ac ad bc bd cd	6
III. Ternionen.	—	o	—	o	a b c	1	abc abd acd bcd	4
IV. Quaternionen.	—	o	—	o	—	o	abcd	1
V. Quinionen.	—	o	—	o	—	o	—	o
VI. Senionen.	—	o	—	o	—	o	—	o

lungen. §. 49 — 51.

5		6	
a b c d e	5	a b c d e f	6
ab ac ad ae bc bd be cd ce de	10	ab ac ad ae af bc bd be bf cd ce cf de df ef	15
abc abd abe acd ace ade bcd bce bde cde	10	abc abd abe abf acd ace acf ade adf aef bcd bce bcf bde bdf bef cde cdf cef def	20
abcd abce abde acde bcde	5	abcd abce abcf abde abdf abef acde acdf acef adef bcde bcdf bcef bdef cdef	15
a b c d e	1	abcde abcdf abcef abdef acdef bcdef	6
—	0	abcdef	1

u. s. w.

b) Mit Wiederho

Elemente.	1		2	
I. Unionen.	a	1	a b	2
II. Binionen.	a a	1	aa ab bb	3
III. Ternionen.	a a a	1	aaa aab abb bbb	4
IV. Quaternionen.	a a a a	1	aaaa aaab aabb abbb bbbb	5

lungen. §. 52 — 54.

3				4				
abc			3	abcd				4
aa	ab	ac	6	aa	ab	ac	ad	10
	bb	bc			bb	bc	bd	
		cc				cc	cd	
							dd	
aaa	aab	aac	10	aaa	aab	aac	aad	20
	abb	abc			abb	abc	abd	
		acc				acc	acd	
	bbb	bbc					add	
		bcc			bbb	bbc	bbd	
		ccc				bcc	bcd	
							bdd	
						ccc	ccd	
							cdd	
							ddd	
aaaa	aaab	aaac	15	aaaa	aaab	aaac	aaad	35
	aabb	aabc			aabb	aabc	aabd	
		aacc				aacc	aacd	
	abbb	abbc					aadd	
		abcc			abbb	abbc	abbd	
		accc				abcc	abcd	
	bbbb	bbbc					abdd	
		bbcc				accc	accd	
		bccc					acdd	
		cccc					addd	
					bbbb	bbbc	bbbd	
						bbcc	bbcd	
							bbdd	
						bccc	bccd	
							bcdd	
							bddd	
						cccc	cccd	
							ccdd	
							cddd	
							dddd	

u. s. w.

a) Ohne Wiederholungen §. 56.

1. a

ab
ba

2 Anordn.

2. abc

acb
bac
bca
cab
cba

6 Anordn.

4. abcd

abdc
acbd
acdb
adbc
adcb
bacd
badc
bcad
bcda
bdac
bdca
cabd
cadb
cbad
cbda
cdab
cdba
dabc
dacb
dbac
dbca
dcab
dcba

24 Anordn.

5. abcde

abced
abdce
abdec
abecd
abedc
acbde
acbed
acdbe
acdeb
acebd
acedb
adbce
adbec
adcbe
adceb
adebc
adecb
aebcd
aebdc
aecbd
aecdb
aedbc
aedcb
bacde
baced
badce
badec
baecd
baedc
bcade
bcaed
bcdae
. . . . .
. . . . .
. . . . .

120 Anordn.

u. s. w.

b) Mit Wiederholungen. §. 57.

§. 57. II.

aa

1

III. 1.

aab
aba
baa

3

2.

aaa

1

IV. 1.

a|abc
a|acb
a|bac
a|bca
a|cab
a|cba
b aac
b aca
b caa
c aab
c aba
c baa

12

2.

aabb
abab
abba
baab
baba
bbaa

6

3.

aaab
aaba
abaa
baaa

4

4.

aaaa

1

V. 1.

a|a|bcd
a|a|bdc
a|a|cbd
a|a|cdb
a|a|dbc
a|a|dcb
a|b acd
a|b adc
a|b cad
a|b cda
a|b dac
a|b dca
a|c abd
a|c adb
a|c bad
a|c bda
a|c dab
a|c dba
a|d abc
a|d acb
a|d bac
a|d bca
a|d cab
a|d cba
b a acd
b a adc
b a cad
b a cda
b a dac
b a dca
b c aad
b c ada
b c daa
b d aac
b d aca
b d caa
c a abd
c a adb
c a bad
c a bda
c a dab
c a dba
c b aad
c b ada
c b daa
c d aab
c d aba
c d baa
daabc
daacb
dabac
dabca
dacab
dacba
dbaac
dbaca
dbcaa
dcaab
dcaba
dcbaa

60

2.

a|ab|bc
a|ab|cb
a|ac bb
a|ba bc
a|ba cb
a|bb ac
a|bb ca
a|bc ac
a|bc c a
a|ca bb
a|cb ab
a|cb ba
b aa bc
b aa cb
b ab ac
b ab ca
b ac ab
b ac ba
b ba ac
b ba ca
b bc aa
b ca ab
b ca ba
b cb aa
c aa bb
c ab ab
c ab ba
c ba ab
c ba ba
c bb aa

30

3.

a|a|a|bc
a|a|a|cb
a|a|b ac
a|a|b ca
a|a|c ab
a|a|c ba
a|b a ac
a|b a ca
a|b c aa
a|c a ab
a|c a ba
a|c b aa
b a a ac
b a a ca
b a c aa
b c a aa
c a a ab
c a a ba
c a b aa
c b a aa

20

3.

a|a|abb
a|a|bab
a|a|bba
a|b aab
a|b aba
a|b baa
b a aab
b a aba
b a baa
b b aaa

10

4.

aaaab
aaaba
aabaa
abaaa
baaaa

5

5.

aaaaa

1

III. Tafel der Variationen.

a) Ohne Wiederholungen. §. 58.

Elemente.	1		2		3	
I. Unionen.	a	1	a b	2	a b c	3
II. Binionen.		o	a b b a	2	ab ac ba ca bc cb	
III. Ternionen.	—	o	—	o	abc acb bac bca cab cba	6
IV. Quaternionen.	—	o	—	o	—	o
V. Quinionen.	—	o	—	o	—	

4		5		6	
a b c d	4	a b c d e	5	a b c d e f	6
ab ac ad ba ca da bc bd cb db cd dc	12	ab ac ad ae ba ca da ea bc bd be cb db eb cd ce dc ec de ed	20	ab ac ad ae af ba ca da ea fa bc bd be bf cb db eb fb cd ce cf dc ec fc de df ed fd ef fe	30
abc abd acb adb bac bad bca bda cab dab cba dba acd bcd adc bdc cad cbd : :	24	abc abd abe : : : acd ace : : ade : bcd bce : : bde : cde :	60	abc abd abe abf : : : : acd ace acf : : : ade adf : : aef : bcd bce bcf : : : bde bdf : : bef : cde cdf : : cef : def :	120
abcd abdc acbd acdb adbc adcb bacd :	24	abcd abce : : abde : acde : bcde :	120	abcd abce abcf : : : abde abdf : : abef : acde acdf : : acef : adef : bcde bcdf : : bcef : bdef : cdef :	360
—	0	abcde :	120	abcde abcdf : : abcef	720

u. ſ. w.

b) Mit Wiederho

Elemente.	1		2	
I. Unionen	a	1	a b	2
II. Binionen.	aa	1	aa ab ba bb	4
III. Ternionen.	aaa	1	aaa aab aba abb baa bab bba bbb	8
IV. Quaternionen.	aaaa	1	aaaa aaab aaba aabb abaa abab abba abbb baaa baab baba babb bbaa bbab bbba bbbb	16

lungen. §. 59 — 61.

3				4				
a	b	c	3	a	b	c	d	4
aa	ab	ac	9	aa	ab	ac	ad	16
ba	bb	bc		ba	bb	bc	bd	
ca	cb	cc		ca	cb	cc	cd	
				da	db	dc	dd	
aaa	aab	aac	27	aaa	aab	aac	aad	64
aba	abb	abc		aba	abb	abc	abd	
aca	acb	acc		aca	acb	acc	acd	
baa	bab	bac		ada	adb	adc	add	
bba	bbb	bbc		baa	bab	bac	bad	
bca	bcb	bcc		bba	bbb	bbc	bbd	
caa	cab	cac		bca	bcb	bcc	bcd	
cba	cbb	cbc		bda	bdb	bdc	bdd	
cca	ccb	ccc		caa	cab	cac	cad	
				cba	cbb	cbc	cbd	
				cca	ccb	ccc	ccd	
				cda	cdb	cdc	cdd	
				daa	dab	dac	dad	
				dba	dbb	dbc	dbd	
				dca	dcb	dcc	dcd	
				dda	ddb	ddc	ddd	
aaaa	aaab	aaac	81	aaaa	aaab	aaac	aaad	256
aaba	aabb	aabc		aaba	aabb	aabc	aabd	
aaca	aacb	aacc		aaca	aacb	aacc	aacd	
abaa	abab	abac		aada	aadb	aadc	aadd	
abba	abbb	abbc		abaa	abab	abac	abad	
abca	abcb	abcc		abba	abbb	abbc	abbd	
acaa	acab	acac		abca	abcb	abcc	abcd	
acba	acbb	acbc		abda	abdb	abdc	abdd	
acca	accb	accc		acaa	acab	acac	acad	
baaa	baab	baac		acba	acbb	acbc	acbd	
baba	babb	babc		acca	accb	accc	accd	
baca	bacb	bacc		acda	acdb	acdc	acdd	
bbaa	bbab	bbac		adaa	adab	adac	adad	
bbba	bbbb	bbbc		adba	adbb	adbc	adbd	
bbca	bbcb	bbcc		adca	adcb	adcc	adcd	
bcaa	bcab	bcac		adda	addb	addc	addd	
bcba	bcbb	bcbc		baaa	baab	baac	baad	
bcca	bccb	bccc		:	:	:	:	
caaa	caab	caac		caaa	caab	caac	caad	
caba	cabb	cabc		:	:	:	:	
caca	cacb	cacc		daaa	daab	daac	daad	
cbaa	cbab	cbac		:	:	:	:	
cbba	cbbb	cbbc						
cbca	cbcb	cbcc						
	u. s. w.							

Zahlentafeln

I. der Combinationen

a) ohne Wiederholungen, §. 49 — 51.

Elemente.	1	2	3	4	5	9	7	8	9	u. s. f.
Unionen.	1	2	3	4	5	6	7	8	9	. . .
Binionen.	0	1	3	6	10	15	21	28	36	. . .
Ternionen.	0	0	1	4	10	20	35	56	84	. . .
Quaternionen.	0	0	0	1	5	15	35	70	126	. . .
Quinionen.	0	0	0	0	1	6	21	56	126	. . .
Senionen.	0	0	0	0	0	1	7	28	84	. . .
Septenionen.	0	0	0	0	0	0	1	8	36	. . .
Octonionen.	0	0	0	0	0	0	0	1	9	. . .

u. s. f.

b) mit Wiederholungen, §. 52 — 54.

Elemente.	1	2	3	4	5	6	7	8	9	fq.
Unionen.	1	2	3	4	5	6	7	8	9	. . .
Binionen.	1	3	6	10	15	21	28	36	45	. . .
Ternionen.	1	4	10	20	35	56	84	120	165	. . .
Quaternionen.	1	5	15	35	70	126	210	330	495	. . .
Quinionen.	1	6	21	56	126	252	462	792	1287	. . .
Senionen.	1	7	28	84	210	462	924	1716	3003	. . .
Septenionen.	1	8	36	120	330	792	1716	3432	6435	. . .
Octonionen.	1	9	45	165	495	1287	5005	6435	12870	. . .

u. s. f.

II. der Permutationen

a) ohne Wiederholungen, §. 56.

Elem.	1	2	3	4	5	6	7	8	9	fq.
Versetzz.	1	2	6	24	120	720	5040	40320	362880	. . . .

b) mit Wiederholung eines Elements, §. 57.

2mal	0	1	3	12	60	360	2520	20160	181440	. . . .
3mal	0	0	1	4	20	120	840	6720	60480	. . . .
4mal	0	0	0	1	5	30	210	1680	15120	. . . .
5mal	0	0	0	0	1	6	42	336	3024	. . . .
6mal	0	0	0	0	0	1	7	56	504	. . . .

u. s. f.

III. der Variationen

a) ohne Wiederholungen, §. 58.

Elemente.	1	2	3	4	5	6	7	8	9	fg.
Binionen.	0	2	6	12	20	30	42	56	72	. . . .
Ternion.	0	0	6	24	60	120	210	336	504	. . . .
Quatern.	0	0	0	24	120	360	840	1680	2016	. . . .
Quinion.	0	0	0	0	120	720	2520	6720	15120	. . . .

u. s. f.

b) mit Wiederholungen, §. 59 — 61.

Elem.	1	2	3	4	5	6	7	8	9	fg.
Bin.	1	4	9	16	25	36	49	64	81	. .
Tern.	1	8	27	64	125	216	343	512	729	. .
Quat.	1	16	81	256	625	1296	2401	4096	6561	. .
Quin.	1	32	243	1024	3125	7776	16807	32768	59049	. .

u. s. f.

Zweiter Abschnitt.

Von den Vielfachen der Größen, oder von den Zahlen.

Einleitung.

§. 64. Aus der Betrachtung des Denkens der Größen im Allgemeinen (der allgemeinen Arithmetik, §. 21. ꝛc.) haben wir gesehen, daß die Werthe derselben nur in Zahlen bestimmt erkannt werden (§. 28.), die Zahlen aber in einer zweifachen Hinsicht in Betrachtung kommen können:

a) in Beziehung auf ihre Einheit, von welcher sie Vielfache sind, mithin als Zahlen an sich; z. B. 3 = 3..1, 4 = 4..1 ꝛc.;

b) in Beziehung auf andere Zahlen, welche mit ihnen einerlei Einheit haben, d. i. als Verhältnisse; z. B. 3..4, 7..12 ꝛc. (§. 37.).

Es zerfällt daher die Betrachtung der Zahlen in zwei Abtheilungen, von welchen

A. die erste „von den Zahlen an sich, d. h. in Beziehung auf ihre Einheit,“

B. die zweite „von den Verhältnissen, d. h. den Zahlen in Beziehung auf andere Zahlen“

handeln muß.

A. Von den Zahlen an sich.

1.

Von dem Denken der Zahlen.

§. 65. Daß eine Zahl eine Zusammensetzung aus einer gewissen mehrmal gedachten Größe ist, haben wir aus §. 28. erkannt. Die Einheit, als solche keine Zahl, sondern eine Größe, ist das Element, aus welchem durch Zusammensetzung jede Zahl erzeugt wird. Setzen wir die Einheit zur Einheit, so entsteht die Zwei ($1+1=2$), und fügen wir die Einheit noch einmal dazu, die Drei ($1+1+1=3$) u. s. fort. Da aber der menschliche Verstand nur zwei Dinge, mithin auch nur zwei Zahlen auf einmal verbinden kann (§. 9.), so muß er, um größere Zahlen zu denken, die vorhergebildeten kleinern, als Elemente derselben betrachten und sie aus diesen zusammensetzen.

Diese Zusammensetzung kann nun auf verschiedene Weise geschehen; als

$$
\begin{array}{l}
1\\
2=1+1\\
3=2+1=1+2\\
4=3+1=2+2=1+3\\
5=4+1=3+2=2+3=1+4\\
6=5+1=4+2=3+3=2+4=1+5\\
7=6+1=5+2=4+3=3+4=2+5=1+6\\
8=7+1=6+2=5+3=4+4=3+5=2+6=1+7\\
9=8+1=7+2=6+3=5+4=4+5=3+6=2+7 \text{ rc.}\\
10=9+1=8+2=7+3=6+4=5+5=4+6=3+7 \text{ rc.}
\end{array}
$$

u. s. w.

oder kürzer (§. 28.)

1
2 = 1 . 2 .
3 = 1 . 3 .
4 = 1 . 4 = 2 . 2 .
5 = 1 . 5 „ „
6 = 1 . 6 = 2 . 3 = 3 . 2
7 = 1 . 7 „ „ „
8 = 1 . 8 = 2 . 4 = „ = 4 . 2
9 = 1 . 9 = „ = 3 . 3 . „
10 = 1 . 10 = 2 . 5 „ „ = 5 . 2
11 = 1 . 11 „ „ „ „
12 = 1 . 12 = 2 . 6 = 3 . 4 = 4 . 3 „ = 6 . 2 .

und so ins Unendliche fort.

Das Denken der Zahlen ist an sich eine kunstreiche Operation des menschlichen Verstandes, welche diesem urspünglich einwohnt und die wir uns nicht weiter zu erklären vermögen [1]).

Zahlzeichen. Ziffern.

§. 66. Diese Zahlen haben die Völker des Alterthums mit ihren Buchstaben bezeichnet, die Nationen der neuern Zeiten aber bequemer mit den zehn sogenannten arabischen Ziffern [2]), welche aber entweder

1) Das Denken der Zahlen und ihre unendliche Fortbildung ist eine solche Operation des menschlichen Verstandes, welche Kant „Schematismus des reinen Verstandes" nennt (Kritik d. r. Vern. S. 179). Die Zahlen sind daher Schemata der Größe als eines Verstandesbegriffs (S. 182). „Dieser Schematismus unseres Verstandes, in Ansehung der Erscheinungen und ihrer bloßen Form, ist eine verborgene Kunst in den Tiefen der menschlichen Seele, deren wahre Handgriffe wir der Natur schwerlich jemals abrathen und sie unverdeckt vor Augen legen werden." (S. 180).

2) Das Wort Ziffer wird von dem Arabischen tsaphara,

indischen Ursprungs oder aus den alten Formen der griechischen Buchstaben entstanden sind. Hier folgen die Zeichen für die ersten zehn Zahlen der

Hebräer,	Griechen,	Römer,	Araber [3]),	Nationen der neuern Zeit.
א	Α.	I	١	1
ב	Β.	II	٢	2
ג	Γ.	III	٣	3
ד	Δ.	IV	٤	4
ה	Ε.	V	٥	5
ו	ς.	VI	٦	6
ז	Ζ.	VII	٧	7
ח	Η.	VIII	٨	8
ט	ϑ.	IX	٩	9
י	Ι.	X	١٠	10

Die Zeichen der übrigen Zahlen können in den Sprachlehren nachgesehen werden; von den letzten aber werden wir bald weiter reden.

Anmerk. Woher unsere Zahlzeichen oder Ziffern stammen und welche Nation sie zuerst gebraucht hat, ist nicht zur völligen Gewißheit ge-

vacuum esse, abgeleitet. Es bedeutet daher soviel als Null. S. G. I. Vossius de scientiis mathem. c. 8. — Wallis opp. T. II. Algebra c. 3. — Aehnlich lautet auch das hebräische Wort סָפַר (saphar), welches zählen bedeutet.

3) Diese Arabischen Ziffern sind aus dem Commentare des Maximus Planudes (eines griechischen Mönchs im 14ten Jahrhunderte) über ein Gedicht von Tograi genommen. Er selbst schreibt sie den Indiern zu: „τα δε σχηματα και αυτα Ινδικα." S. Wallis opp. T. II. Montucla hist. d. mathem. T. I. p. 376. 415. Vergl. Heilbronn. hist. mathes. univ. p. 739. — Verschiedene Zahlzeichen siehe in Montucla hist. des math. T. I. Tab XI.

bracht [4]). Daß sie aus dieser Figur ⊠ entstanden seyen, ist eine eben so kindische als grundlose Vermuthung [5]). — Sonst hielt man fast einstimmig die Araber für die Erfinder [6]), daher sie arabische Ziffern genennt werden; aber jene selbst geben sie für Zeichen Indischen Ursprungs aus [7]). Fast gewiß

4) S. Wallis opp. T. II. c. 3. Reimann, ein Schlesier, (Hist. Lit. der Deutschen, Th. 4. S. 151,) war patriotisch genug zu vermuthen, daß sie aus den deutschen Schriftzeichen entstanden seyen. S. Kästners Gesch. d. Math. Th. I. S. 31.

5) S. M. Ch. Peschecks Rechenstunden ꝛc. verbessert von M. J. F. Heynatz. Leipz. 1790. S. 2.

6) Der Hauptgrund dafür ist der arabische Name Ziffern selbst. Daß die letzten Zahlen von der Rechten gegen die Linke gelesen werden, beweißt nichts.

7) Alfraganus, oder wie sein ganzer Name war: Mohammed Ebn Cothair al Fargani, weil er aus Phergana gebürtig war, daher er auch Alpherganus heißt, lebte um 880 n. Ch. und schrieb Elementa astronomica, welche übersetzt mit Noten, Amsterd. 1669, von Iac. Golius (welcher nach den Noten p. 287. i. J. 1627 aus Syrien nach Constantinopel kam) herausgegeben worden sind. Hier heißt es p. 11. „Arabes post acceptas ab Indorum philosophis decem illas notas arithmeticas Indicas vocant, quibus et nos ab iis docti hodie utimur.“ Für den Indischen Ursprung spricht auch eine wichtige Stelle, auf welche der gelehrte Recens. d. Gesch. d. Math. ꝛc. von A. G. Kästner in den Allgem. Lit. Zeitt. 1799. Nr. 45. S. 356. u. f. aus des Abul Faradsch Chronicon Syriacum aufmerksam macht, welche sich in Sprengels Gesch. d. Medicin Th. 2. S. 338 findet. Dort wird erzählt: „Ebn Sina, der 978 geboren wurde, sey von seinem Hofmeister in der Geometrie nach Euclid und in der Astronomie nach Ptolomäus unterrichtet worden, und darauf zu einem Krämer in Firuzabad (einer Stadt in Kurdistan, die durch ihre hohe Schule berühmt war) gegangen, um von diesem die Indischen Zahlen und Arithmetik zu lernen. Dieses deutet auf den Ursprung unserer Zifferschrift aus dem nördlichen Indien, von wo sich so manche Kenntniß und

ist es, daß sie der Papst Sylvester II. (Gerbert) im 10ten Jahrhunderte von den Arabern zuerst nach Frankreich und Italien gebracht hat [8]). Daß sie aber die Deutschen schon früher gebraucht haben, als die Araber, dafür spricht der Umstand, daß sie in den Jahrbüchern jener früher vorkommen sollen, als in denen der letztern [9]). Dasypod (Pr. z. Strasburg im 17. Jahrh.) war der erste, welcher vermuthete, daß unsere Ziffern aus den griechischen Buchstaben entstanden seyen [10]). Dieser Meinung traten Hüet [11]) (Franz. Bisch.) und andere bei [12]), und Weidler und Mannert [13]) haben sie durch Nachweisung aus einem, wenigstens aus dem 11ten Jahrhunderte herrührenden Codex des Boethius zu Altdorf zu hoher Wahrscheinlichkeit

Kunstfertigkeit nach den Abendländern verbreitet zu haben scheint." — Vergl. Theoph. Siegfr. Bayeri hist. regni graec. Bact. p. 130.

8) S. Gerberti epp. Par. 1611. 1636. cf. Wallis Algeb. c. 4.

9) Conr. Mannert de numerorum, quos arabicos vocant, vera origine Pythagorica. Norinberg 1801. Auch hat M. North, ein Engländer, aus dem Theophanes, Paulus Diac. u. and. zu beweisen gesucht, daß die Araber im 9ten und 10ten Jahrh. in der Rechenkunst noch sehr weit zurück gewesen sind. S. Berliner Blätter 1797. Jul. 1. St. S. 49. Vergl. Kästners Gesch. d. Math. II. S. 695.

10) Institutt. mathematt. Argent. 1570. 8. Vol. I.

11) S. Heilbronneri hist. math. L. IV. c. 1. p. 741. etc.

12) Seyfrieden (Gothaisch. Magaz. I. St. 4. 321.); von Archenholz (Minerva 1792. März 495.); von Winterfeld (Anfangsgr. d. Rechenk. Braunschw. 1809. 3te Aufl. S. 32.) u. andd.

13) Weidler de characterib. num. vulgg. et eor. aetatib Viteberg. 1727. Spicileg. observatt. ad hist. notar. numer. Viteb. 1755. Widersprochen hat ihm Kästner. (S. neue philol. Bibl. B. 3. St. 1. S. 65.). Mannerts not. 9. angeführte Schrift.

zu erheben gesucht. Dort kann man die Aehnlichkeit unserer Ziffern mit den alten Formen der griechischen Buchstaben nicht ableugnen, und alle Gründe sprechen dafür, daß sie aus den Schriften der Pythagoräer zu den Arabern übergegangen sind [14]. Die Null, dort (Δ), ist daher vielleicht der Anfangsbuchstabe von ΟΥΔΕΝ, worein man ein Δ setzte, welches später heraus fiel. — Nach Julius Cäsar [15]) bedienten sich auch die Helvetier schon vor Christi Geburt der griechischen Buchstaben als Zahlzeichen bei ihren Rechnungen, von welchen ihr Gebrauch leicht zu den Deutschen übergegangen seyn kann. — Die römischen Zahlzeichen erklärt Klügel [16]) aus Ansichten der Finger und der Hand, z. B. V, wenn man 4 Finger zusammenschlägt und den Daumen abkehrt; L aus einer veränderten Lage derselben; C ist offenbar von centum und cIɔ [17]) (M) scheint von mille genommen, wovon Iɔ (D) die Hälfte ist.

Zahlenordnungen.

§. 67. Bei dem Denken und Bilden der unendlichen Reihe der Zahlen fordert aber die Natur unsers Verstandes, daß wir sie nach gewissen Ordnungen denken. Dieses geschiehet so, daß wir zuerst eine gewisse Anzahl Zahlen (gewöhnlich zehn) nach einander denken, welche die Hauptzahlen (numeri cardinales) heißen [18]),

14) S. die not. 9. angeführte Schrift Mannerts, wo die alten Formen der griechischen Buchstaben mit ihren Zahlenwerthen aus dem Codex des Boethius in einer Kupfertafel vorgesetzt sind.

15) De bello Gallico Lib. I. c. 29. VI. c. 14.

16) Hannöv. Magaz. Jahr 1765. S. 1159—66. vergl. Heilbronn. hist. math. un. L. IV. p. 738.

17) cIɔ scheint vielmehr der Anfangsbuchstabe von chilias zu seyn.

18) Numeri cardinales (von cardo, die Angel), gleichsam Angelzahlen, um welche sich die der Ordnungen,

die letzte derselben (zehn) vom neuen zum Maaße annehmen, und wiederum aus dieser so viele Zahlen bilden, als vorher, welche die erste Ordnung genennt werden; dann wieder von der letzten eben soviele Zahlen, welche die zweite Ordnung ausmachen, erzeugen, u. s. f. Ein Beispiel wird dieß deutlich darstellen. Wenn wir, wie gewöhnlich, bis neun zählen und zehn als das Maaß der ersten Ordnung annehmen, so sind die

Hauptzahlen,	1ste Ordn.	2te Ordn.	3te Ordn.	4te Ordn.	2c.
1	10	100	1000	10000	"
2	20	200	2000	20000	"
3	30	300	3000	30000	"
4	40	400	4000	40000	"
5	50	500	5000	50000	"
6	60	600	6000	60000	"
7	70	700	7000	70000	"
8	80	800	8000	80000	"
9	90	900	9000	90000	"

Wenn also im Allgemeinen die Grundzahl der ersten Ordnung, welche allezeit mit 10 bezeichnet wird, n heißt, so heißt die der zweiten Ordnung $nn = n^2$, die der dritten $nnn = n^3$, die der vierten $nnnn = n^4$ 2c., allgemein die der mten Ordnung $= n^m$; woraus einleuchtet, daß (nach §. 42.) die Zahlen der Ordnungen „die Potenzen der Grundzahl sind."

Zahlensystem.

§. 68. Hieraus erkennen wir, daß das ganze Ordnen der Zahlen von der Grundzahl der ersten Ordnung abhängt. Den Inbegriff der nach Ordnungen gedachten Zahlen nennt man ein Zahlensystem. Da nun alle übrigen Ordnungen von derjenigen Zahl

wie um Angeln bewegen. Die Griechen nannten jene πυθμενες (Grundzahlen), und diese αριθμοι αναλογοι.

abhängen, welche man der ersten zum Grunde legt, so folgt, daß ebendieselbe auch den Bau des ganzen Systems bestimmt. Diese Zahl heißt dann in so fern die Grundzahl oder Basis (βασις) des Systems, welches von ihr auch den Namen erhält. Nimmt man nämlich

zwei zur Grundzahl an, so heißt das System dyadisch (v. δυας) [19],
drei , , , , , triadisch (v. τριας),
vier , , , , , tetradisch (v. τετρας) [20],

19) Das dyadische Zahlensystem hat zuerst Caramuel (Bischb. z. Campagna und Satriano) nebst den übrigen bis zum dodecadischen angegeben. S. Mathes. biceps vetus et nova. Companiae 1670. T. I. p. XLV. — Ohne davon zu wissen, überreichte Leibnitz im J. 1697 dem Herzog Rudolph August von Braunschweig eine Denkmünze, wo auf der einen Seite die dyadischen Zahlen nebst Licht und Finsterniß dargestellt sind, mit der Umschrift: omnibus ex nihilo ducendis sufficit unum. In einem beigefügten Schreiben deutete er es als eine bildliche Darstellung der Schöpfung aus Nichts. Siehe C. G. Ludovici Historie der Leibnitz. Philosophie ꝛc. Leipz. 1737. S. 131. ꝛc. — Für ein weit höheres Alterthum der Dyadik aber spricht das P. Bouvet Entdeckung in China. Leibnitz zeigte in seiner Arithmétique binaire (S. mémoir. de l'Academie des Scienc. en 1703. und Leibnitii Opp. T. III. N. 68.) wie man die Dyadik gebrauchen könne. — Zu der Kunst, mit zwei Ziffern zu rechnen, hat Brander (arithmetica binaria s. dyadica. Augsb. 17'9 u. 75.) Anweisung gegeben, so wie Neper in seiner Arithmetica localis, welche seiner Rhabdologia angedruckt ist, mit Marken dyadisch zu zählen. Vergl. Rothe's systemat. Lehrb. der Arithmet. Th. I. S. 21. Hindenburgs Archiv d. rein. u. angew. Mathem. Bd. 2. S. 87. ꝛc. Klügels math. Wörterb. Art. Dyadik. Montucla hist. des mathem. T. I. p. 45.

20) Bis vier sollen blos die alten Thrazier gezählt haben.

fünf zur Grundz. an, so heißt das System pentadisch,
(v. πεντας),

. . . .
. . . .
. . . .

zehn . . . . . decadisch
(v. δεκας).

Nach diesen Systemen bezeichnet man die Zahlen in combinatorischer Ordnung, wie in folgender

Tafel der Zahlensysteme.

dyadisch	triadisch	tetradisch	pentadisch	. .	decadisch 21)	dodecadisch	
1	1	1	1	. .	1	1	eins
10	2	2	2	. .	2	2	zwei
11	10	3	3	. .	3	3	drei
100	11	10	4	. .	4	4	vier
101	12	11	10	. .	5	5	fünf
110	20	12	11	. .	6	6	sechs
111	21	13	12	. .	7	7	sieben
1000	22	20	13	. .	8	8	acht
1001	100	21	14	. .	9	9	neun
1010	101	22	20	. .	10	↊	zehn
1011	102	23	21	. .	11	ε	mde
1100	110	30	22	. .	12	10	taun
1101	111	31	23	. .	13	11	taun eins
1110	112	32	24	. .	14	12	taun zwei
1111	120	33	30	. .	15	13	taun drei
10000	121	100	31	. .	16	14	taun vier

u. s. w.

Daß ein Volk bis drei, fünf u. s. w. gezählt habe, findet sich keine Spur; auch nicht bis 6, welches leicht der Fall seyn könnte, da 6 die erste Zahl ist, die sich durch 2 Zahlen theilen läßt. Mit vier Ziffern zu rechnen hat Weigel (Arithmet. tetract.) gelehrt.

21) Schon Aristoteles (Probl. 3. Sect. 16. S. Blancani loca

Alle uns bekannte Völker zählen nach zehn, wiewohl es natürlicher und bequemer wäre, nach zwölf, d. i. dem dodecadischen oder Taunsysteme zu zählen [22].

Arist. math. Bonon. 1615 n. 339) fragt: „warum Griechen und Barbarn nach zehn zählten? vergl. Heilbronneri hist. math. univ. L. V. c. 2. p. 874. — Als Mangel an Gründen nimmt man die 10 Finger als Ursache an. Daß die Römer die decadische Eintheilung, auch bei den Längenmaaßen hatten, sieht man aus mehrern Stellen. Cic. or. p. Milone. cap. 27. Horat. Od. II. 15. Cic. Philipp. XIII, 18.

22) Es wäre 1) natürlicher, nach 12 zu zählen; denn man verfolge die Zahlen von 1 zu 1, oder von 2 zu 2, oder von 3 zu 3 oder von 4 zu 4 ꝛc., so trifft man 12; und auch 2) bequemer weil in 12 mehr Zahlen aufgehen als in 10. Schon die Griechen scheinen dieses gefühlt zu haben, denn sie bedienten sich neben ihrem 10füßigen Maaßstabe (Ακαινα) auch noch eines 12füßigen (ακ. μεγαλη), welche 6 heilige Ellen enthielt. S. Metrol. Taff. von Rome de l'Isle, übersetzt v. Grotefe. S. 12. 14. Auch unsere Vorfahren haben nach Dutzenden gezählt und alle ihre Maaße sind nach 12 getheilt. S. Mich. Streiter über d. Urmaaß ꝛc. 1811. — Deswegen hat Werneburg im J. 1800 das decadische Zahlensystem abzuschaffen und das dodecadische als das vollkommenste einzuführen auf das dringendste empfohlen und dazu ein ausführliches Rechenbuch, unter dem Titel: Teliosadik (von τελειος) oder Taunadik. 1060 (1800) geschrieben, wiewohl unüberwindliche Schwierigkeiten entgegenstehen. Statt eilf und zwölf brauchte er zwei alte Namen: mór und taun, und weil taun das Zeichen 10 bekam, so bezeichnete er zehn mit ε und mór mit ϛ. In der Zusammensetzung geht der Name der größern Zahl der kleinern voraus; z. E. 11 (13) heißt tauneins, 12 (14) taunzwei ꝛc., 20 (24) zweitaun, 25 (29) zweitaunfünf. Statt hundert hat er den Namen einarde gewählt, z. E. 600 heißt sechseinarde, 1000 tauneinarde ꝛc. Siehe die Teliosadik. Vergl. Horstigs Duodecimalsystem. Leipz. 1801; Grüsons enthüllte Zaubereien und Geheimnisse der Arithmetik. Berlin 1796 — 1800. 2 Thle. gr. 8.

Steigende und fallende Ordnungen.

§. 69. Nach einem jeden dieser und jedem andern Systeme können nun die Zahlen nicht blos zunehmend (steigend), sondern auch nach ebendenselben Stufen abnehmend (fallend) gedacht werden (Fig. 10.) Wie nämlich die Zahlen jeder nächst höhern Ordnung 10mal größer sind, so werden die Zahlen jeder nächst niederen Ordnung 10mal kleiner. Man pflegt die Ordnungen, wie die Potenzen, mit oben an die 10 geschriebenen Ziffern zu bezeichnen, und zwar

die steigenden: $10^1 . 10^2 . 10^3 . 10^4 . 10^5 . 10^6 . 10^7 ......$

die fallenden: $10^{-1} . 10^{-2} . 10^{-3} . 10^{-4} . 10^{-5} . 10^{-6} . 10^{-7} ....$

Um nun die Zahlen steigender Ordnung auszudrücken, schreibt man sie um so viel Zahlstellen, als ihre Ordnung ist, zur Linken, die Zahlstellen aber füllt man zur Rechten mit eben soviel Nullen aus, als: $10^1 = 10$; $10^2 = 100$; $10^3 = 1000$; $10^6 = 1000000$ rc. Die Zahlen steigender Ordnung nennt man ganze Zahlen nach dem Systeme, nach welchem sie gedacht werden; z. E. ganze Decimalzahlen, ganze Taunzahlen rc. — Umgekehrt drückt man die Zahlen fallender Ordnung so aus, daß man sie um soviel Zahlstellen, als ihre Ordnung besagt, zur Rechten rückt, und eben soviel Nullen zur Linken vorschreibt, jedoch so, daß man nach der ersten Null ein Komma setzt, um den Mangel der Ganzen anzuzeigen; als $10^{-1} = 0{,}1$; $10^{-2} = 0{,}01$; $10^{-3} = 0{,}001$; $10^{-6} = 0{,}000001$ rc. Solche nennt man Brüche nach ihrem System; z. B. Decimalbrüche, Taunbrüche rc.

Da wir nun daraus erkennen, daß durch das Vor- und Zurücksetzen der Zahlen und das Ausfüllen der Zahlstellen mit Nullen ihr Ordnungswerth ausgedrückt wird, so läßt sich daraus im Allgemeinen die Regel festsetzen, daß man, um eine Zahl zu schreiben

von der nten steigenden Ordn. „n Nullen zur Rechten"
" " nten fallenden " „n " " Linken"
an sie schreiben muß.

Decimalzahlen und Decimalbrüche.

§. 70. Wiewohl aber dieses von den Zahlen und Ordnungen aller Systeme gilt, so ist es doch nöthig, sich eines gewissen Systems zu bedienen, um daran die Wahrheiten, welche von ihnen gelten, zu entwickeln. Wir wählen dazu das allgemein gebräuchliche decadische. Wenden wir nun die Lehren des vorigen Paragraphs darauf an, so heißen bei ihm die Zahlen steigender Ordnung (ganze) Decimalzahlen (numeri decimales), die fallender Ordnung aber Decimalbrüche (fractiones decimales) [23]), wobei dann das Komma Decimalkomma genennt wird.

Die Hauptzahlen sind hier die neun ersten. Die Ordnungen haben ihre besondern Namen, so daß die

	steigende,		fallende,	
1ste	$10^1 =$	10, Zehner;	$10^{-1} =$	0,1 Zehntheilchen
2te	$10^2 =$	100, Hund.;	$10^{-2} =$	0,01, Hunderttth.
3te	$10^3 =$	1000, Taus.;	$10^{-3} =$	0,001, Tausendth.
4te	$10^4 =$	10000, Zehnt.;	$10^{-4} =$	0,0001, Zehntausendtheilchen

23) Der erste, welcher sich der Decimalbrüche bediente, war Joh. Müller von Königsberg oder Regiomontanus (1436 — 1476) in seinen Sinustafeln. In England brachte sie zuerst Wilh. Buckley (gest. um 1550) durch seine Arithmetica memorativa (in lat. Versen) — S. Wallis Algeb. c. 9 — und Recorde; in Frankreich Pet. Ramus; in Deutschland Sim. Stevin (ein Holländer 1585) in Aufnahme. S. Universallex. B. II. S. 1404. Klügels math. Wörterb. Th. I. S. 717.

5te	10^5	= 100000, Hundtſ.	10^{-5}	= 0,00001, Hunderttauſendth.
6te	10^6	= 1000000, Mill.	10^{-6}	= 0,000001, Milliontheilchen
:	:	:	:	:
12te	10^{12}	Binionen;	10^{-12}	Billiontheilchen
18te	10^{18}	Trillionen;	10^{-18}	Triliontheilchen
24te	10^{24}	Quatrillion'; u. ſ. w. 24).	10^{-24}	Quatrilliontheilchen.

Eine Ueberſicht davon bis zu den Millionen giebt folgende Tafel.

24) Nach Adelung (ſ. Wörterb. d. hochdeutſchen Mundart) haben die Wörter zehn und zig einerlei Urſprung; wiewohl letzteres vielmehr aus zehnig (ſ. §. 71. n. 32.) zuſammengefloſſen zu ſeyn ſcheint. Hundert iſt ihm aus hund, welches er von centum ableitet, und rad, ret, eine Zahl (nach Wachter) oder Strich (nach Ihre) zuſammengeſetzt; tauſend aus zehn (in alten Mundarten duis) und hunt, daher ſoviel als zehnhundert. — Die franzöſiſchen Wörter Million (von mille, woraus auch erſt das griechiſche μιλιον, gleichbedeutend mit milliare, entſtanden iſt), Billion, Trillion ꝛc., ſtatt welcher man ſonſt tauſendmaltauſend ꝛc. wiederholend brauchte (ſ. §. 70. Anm.), hat zuerſt Albert Girard, ein, durch eine merkwürdige aber ſeltene Schrift: Invention nouvelle en Algebre etc. Amsterd. 1629. 4. (ſ. Montucla hist. des math. T. II. p. 8.), um die Algeber verdiente Niederländer eingeführt, welche aber das Beſtreben, alle unnöthige ausländiſche Wörter in der deutſchen Sprache entbehrlich zu machen, wieder auszuſtoßen geſucht hat. Abel Bürga, in ſeiner Sprachkunde der Größenlehre, ſchlägt vor, tauſend, zweiſend, dreiſend, vierſend ꝛc., oder tauſend, zweiend, dreiend, vierend u. ſ. w. zu ſagen. So ſehr jeder wackere Deutſche jenes Streben hochverehren und fördern muß, ſo ſcheinen doch dieſe Vorſchläge etwas zu gewagt, wie er ſelbſt geſteht. S. Ebendeſ. ſelbſtlehr. Algebraiſt Th. 1. 1801. S. 14.

Tafel der decadischen Zahlenordnungen [25].

Zunehmende oder steigende D. Ganze Decimalzahlen							Abnehmende oder fallende D. Decimalbrüche					
10^6	10^5	10^4	10^3	10^2	10^1	10^0	10^{-1}	10^{-2}	10^{-3}	10^{-4}	10^{-5}	10^{-6}
1 000000	1 00000	1 0000	1 000	1 00	10	1	0,1	0,01	0,001	0,0001	0,00001	0,000001
2 000000	2 00000	2 0000	2 000	2 00	20	2	0,2	0,02	0,002	0,0002	0,00002	0,000002
3 000000	3 00000	3 0000	3 000	3 00	30	3	0,3	0,03	0,003	0,0003	0,00003	0,000003
4 000000	4 00000	4 0000	4 000	4 00	40	4	0,4	0,04	0,004	0,0004	0,00004	0,000004
5 000000	5 00000	5 0000	5 000	5 00	50	5	0,5	0,05	0,005	0,0005	0,00005	0,000005
6 000000	6 00000	6 0000	6 000	6 00	60	6	0,6	0,06	0,006	0,0006	0,00006	0,000006
7 000000	7 00000	7 0000	7 000	7 00	70	7	0,7	0,07	0,007	0,0007	0,00007	0,000007
8 000000	8 00000	8 0000	8 000	8 00	80	8	0,8	0,08	0,008	0,0008	0,00008	0,000008
9 000000	9 00000	9 0000	9 000	9 00	90	9	0,9	0,09	0,009	0,0009	0,00009	0,000009
Millionen.	Hunderttausende.	Zehntausende.	Tausende.	Hunderte.	Zehner.	Einer.	Zehntheilchen.	Hundertheilchen.	Tausendtheilchen.	Zehntausendtheilchen.	Hunderttausendtheilchen.	Milliontheilchen.

25) Tacquet arithmetica practica. p. 125.

Anmerk. Wiewohl die alten Griechen sich des decadischen Zahlensystems bedient haben, so machten ihnen doch, wegen des Mangels unserer Zeichen, statt welcher sie ihre Buchstaben gebrauchten (§. 66.), und der Ordnungsweise, wodurch es unserer Zahlenrechnung erst möglich wird, ihre Wunder zu thun, große Rechnungen große Schwierigkeiten [26]). — Bis auf Archimedes, welcher das Zahlensystem der Griechen erweitete, war ihre größte Ordnung 10000, eine Myriade (μυριας), mithin ihre höchste Zahl 9999'9999. Daher konnte man blos Zahlen von 8 Zahlstellen schreiben und damit rechnen [27]). Die Römer zählten nur bis Tausend

26) Da die Griechen unser eben so sinnreiches, als bequemes Ordnen der Zahlen mittelst der Ziffern nicht kannten, so ist die Frage, wie sie große Rechnungen, dergleichen den Baumeistern, dem Staatszahlmeister (λογιστης, s. Vorr. S. 41.) u. and. vorkommen mußten, ausführten. Delambre hat sich das Verdienst erworben, die, wiewohl seltenen, Spuren davon auszuforschen, und uns durch eigene Beispiele aus den Werken des Archimedes (de sphaera et cylindro und dem Arenarius (ψαμμιτης), wovon sich eine kritische Ausgabe und Uebersetzung in Wallis. opp. T. III. p. 513. findet), aus den Commentaren des Eutocius (über den Archimed und Apollonius), aus des Ptolemäus Almagest und Theons Commentar darüber, und aus einem Fragmente des Pappus (denn seine 2 Bücher über alle Rechnungsoperationen sind leider verloren). — S. Wallis. opp. T. III. — welche Werke er in der Königl. Bibliothek in Paris zusammensuchte, mehr Licht darüber zu verschaffen. Seine gelehrte Abhandlung: Sur l'Arithmetique des Grecs steht an Payrard's Uebersetz. d. Werke des Archimedes T. II. p. 511. — Auch kann zu diesen Quellen noch des Porphyrius Commentar über die Harmonica des Ptolomäus, welcher sich auch in Wallisii opp. T. III. p. 189. findet, gezählt werden, welchen Delambre entweder übersehen oder nicht beachtet hat.

27) Wie die Griechen die Grundzahlen bezeichnen, haben wir oben gesehen (§. 66.). Die weitere Bezeichnung ging so:

(milliä) und setzten daraus ihre größern Zahlen zusammen, z. E. Million, decies centena

10.	20.	30.	40.	50.	60.	70.	80.	90.
ι.	κ.	λ.	μ.	ν.	ξ.	ο.	π.	ϟ.
100.	200.	300.	400.	500.	600.	700.	800.	900.
ρ.	σ.	τ.	υ.	φ.	χ.	ψ.	ω.	ϡ.
1000.	2000.	3000.	4000.	5000.	6000.	7000.	8000.	9000.
͵α.	͵β.	͵γ.	͵δ.	͵ε.	͵ς.	͵ζ.	͵η.	͵θ.

Diese Buchstaben wurden eben so in Ordnung an einander geschrieben, wie unsere Ziffern; z. B.

24 = κδ, 365 = τξε, 1816 = ͵αωις.

Zehntausend, eine Myriade, bezeichnete man mit M oder Mυ und die Anzahl derselben mit daran oder darübergeschriebenen Buchstaben, als

10000.	20000.	30000.	40000.	50000.....	
$\overset{\alpha}{M}$.	$\overset{\beta}{M}$.	$\overset{\gamma}{M}$.	$\overset{\delta}{M}$.	$\overset{\varepsilon}{M}$.....	Eutocius.
αMυ.	βMυ.	γMυ.	δMυ.	εMυ....	Diophantus. Pappus.

z. E. 36752 wurde bezeichnet: $\overset{\gamma}{M}$ ͵ςψνβ, oder γMυ ͵ς.ψνβ, oder γ. ͵ςψνβ.

So ging die Bezeichnung bis

͵θϡϟθ.͵θϡϟθ = 9999 9999.

Vergl. Heilbronneri histor. mathes. univ. L. V. c. 8. p. 919. — Allein Archimedes, welcher eine Zahl angeben wollte, größer als die Zahl der Sandkörner einer Kugel, deren Durchmesser von der Erde bis zu den Fixsternen reichte, sahe sich genöthiget, das vorgefundene Zahlensystem zu erweitern. Er nahm daher die Myriade wieder als Einheit an, mit der er, indem er die Zahlen von 1 bis 8 Ziffern die ersten Zahlen (erste Ordnung) nannte, die zweite Ordnung (Zahlen von 9 — 16 Ziffern) begann. Auf gleiche Weise hießen die Zahlen von 17 bis 24 Ziffern die dritte Ordnung u. s. w. Mit jeder Ordnung stieg die Zahl der Zeichen um 8, daher er sie Oktade (οκτας) nannte. Er bedurfte nur 8 solcher Ordnungen. Dieses Verfahren zeigt uns schon die Idee von unsern Zahlordnun-

millia [28]). — Bis auf Albert Girard (gest. 1634) [29]) sprach man in Deutschland noch statt Million, tausendmal tausend; auf gleiche Weise Billion, Trillion ꝛc. — Die Franzosen nennen eine Zahl von 7 Zahlstellen Million, die von 10 Zahlstellen Billion, die von 13, Trillion, und so von je drei Zahlstellen anders; jedoch stimmen sie in dem Gebrauch dieser Wörter nicht mit einander überein [30]).

Zwischenzahlen.

§. 71. Da nun das Denken der Zahlen und ihre Bezeichnung von 1 zu 1 fortgeht, als $10 + 1 = 11$, $10 + 2 = 12$, $10 + 3 = 13$ ꝛc., eben so $20 + 1 = 21$, $20 + 2 = 22$ ꝛc., und die 9 Ziffern die Elemente der Zeichenverbindung derselben sind, so ist die weitere Bezeich-

gen. — Die Brüche bezeichnete man mit einem Striche oben, als $\frac{1}{3} = \gamma'$, $\frac{1}{4} = \delta'$, $\frac{1}{164} = \rho\xi\delta'$ ꝛc., und wenn der Zähler eine Zahl war, so wurde das Zeichen des Nenners oben angesetzt, z. E. $\frac{15}{164} = \iota\varepsilon^{\rho\xi\delta}$; $\frac{3}{4} = \gamma^{\delta}$. ꝛc. S. Ioh. Wallis. opp. Tom. III.

28) Von der Zahlenordnung der Römer ist nichts bekannt. S. Kästners Gesch. d. Mathem. Th. 1. S. 31. ꝛc. Delambre scheint bei seiner Untersuchung auch nichts über die Zahlenrechnung der Römer gefunden zu haben.

29) S. Note 24.

30) Nach d'Alembert, la Chapelle, Bezout etc. (Encycloped. Artt. numeration. billion.) heißt die Zahl $50^{V}\,876^{IV}\,509^{III}\,765^{II}\,056^{I}\,660606$, 50 Quintillion, 876 Quadrillion, 509 Trillion, 765 Billion, 56 Million, 660 Tausend und 606. Le Blond nennt die Quadrillion Milliards, die Quintillion Billiards, die Sextillion Trilliards u. s. f. S. L'arithmét. et la géom. de l'officier. T. I. p. 6. — Deidier (s. arithmétique des géometres. T. I. p. 2.) läßt nach der dritten Abtheilung, die er Million nennt, drei Abtheilungen Milliarden, dann drei Abtheilungen Billionen, dann drei Abtheilungen Trillionen ꝛc. folgen.

nung mit den Ziffern dem Gesetz der Variationen der Binionen mit Wiederholungen (§. 59. II.) unterworfen; die Anzahl der Variationen aus 9 Elementen mit Wiederholungen aber ist $= 9^2 = 9 \cdot 9 = 81$, wozu noch 9 Zehnerzahlen 10, 20, 30, 40 ꝛc. kommen. Es ist daher die Anzahl der Zahlen, welche zwischen 10 und 100 liegen, mithin die der ersten Ordnung $= 9^2 + 9$ $81 + 9 = 90$. Sie mögen hier in der Ordnung erscheinen, wie sie ihren Grundzahlen entsprechen.

0	1.	2.	3.	4.	5.	6.	7.	8.	9.
10.	11.	12.	13.	14.	15.	16.	17.	18.	19.
20.	21.	22.	23.	24.	25.	26.	27.	28.	29.
30.	31.	32.	33.	34.	35.	36.	37.	38.	39.
40.	41.	42.	43.	44.	45.	46.	47.	48.	49.
50.	51.	52.	53.	54.	55.	56.	57.	58.	59.
60.	61.	62.	63.	64.	65.	66.	67.	68.	69.
70.	71.	72.	73.	74.	75.	76.	77.	78.	79.
80.	81.	82.	83.	84.	85.	86.	87.	88.	89.
90.	91.	92.	93.	94.	95.	96.	97.	98.	99.

Ebensoviele Zahlen liegen zwischen jeder einzelnen der zweiten Ordnung (zwischen 100 und 200, zwischen 200 und 300 u. s. w. bis 999). Und soviel als zwischen 1 und 1000 sich befinden, ebensoviel liegen zwischen jeder Zahl der dritten Ordnung, d. i. zwischen 1000 und 2000, zwischen 2000 und 3000 und so ins Unendliche fort. Zu einer ebenso unabsehbaren Menge mehrt sich

32) Die Wörter: zwanzig, dreißig u. s. w. sind wahrscheinlich aus zweizehnig, dreizehnig ꝛc. zusammengeflossen. Richtiger würde man die größere Zahl vorsetzen, als 26, zwanzigsechs; 65, sechszigfünf u. s. w. Warneburg hat dieß in seinem Taunsysteme beobachtet (s. §. 68. 22.). In dem Rückwärtslesen der letzten Ziffern hat man einen Beweis für den arabischen Ursprung desselben finden wollen.

auf gleiche Weise das Heer der Zahlen der fallenden Ordnungen.

Numeriren.

§. 72. Da ferner der Ordnungswerth einer decadischen Zahl durch die Zahlstelle ihrer Ziffer ausgedrückt wird (z. E. 3 bedeutet in der 2ten Stelle 30, in der 3ten 300, in der 4ten 3000 ꝛc.); so müssen natürlich die Ziffern in diejenigen Stellen gesetzt werden, in welchen sie den durch sie bezeichneten Zahlen ihre Ordnungswerthe geben. Dadurch reihen sich die Ziffern dicht an einander, und die Zahlenbezeichnung gewinnt eine eben so schöne als bequeme Kürze [33]), als

dreizehn $= 10 + 3 = 13$;
fünfundzwanzig $= 20 + 5 = 25$;
einhundertsechsundfunfzig $= 100 + 50 + 6 = 156$.
$1000 + 800 + 10 + 6 = 1816$.

Und ist für eine Ordnung keine Zahl vorhanden, so bleibt die Stelle mit 0 ausgefüllt, als

dreihundert und vier $= 300 + 4 = 304$;
tausend und acht $= 1000 + 8 = 1008$ u. s. w.

Umgekehrt lassen sich so geordnete Ziffern leicht übersehen und ihre Zahlenwerthe erkennen und aussprechen, wobei man die Millionen, Billionen, Trillionen ꝛc. durch Absetzen der Ziffern oder mit oben an sie angeschriebenen Strichen auszeichnen kann;

33) Wer der Erfinder dieser sinnreichen Zifferordnung gewesen sey, ist ganz unbekannt und scheint mit der Erfindung der Ziffern selbst zusammen zu fallen. Sein Name verdiente neben dem des Erfinders der Buchstabenschrift zur Unsterblichkeit zu gehen; denn seine Erfindung hat die Cultur aller Völker eben so mächtig befördert. — Gern würde die Nachwelt den Namen eines Städteverwüsters in der Geschichte entbehren, wenn sie den dieses Wohlthäters des Menschengeschlechts kennte.

z. B. 18 446744 073709 551615 [34]),
oder 18''' 446744'' 073709' 551615, d. h.
18 Trillion, 446744 Billion, 73709 Million, 551 Tausend 6 Hundert und 15;
desgl. 36,57264, d. i. 36 Ganze, 5 Zehntheile, 7 Hunderttheile, 2 Tausendtheile, 6 Zehntausendtheile, 4 Hunderttausendtheile; oder kürzer, 36 Ganze und 57264 Hunderttausendtheile. Dieses Einrichten der Ziffern nach ihren Ordnungswerthen sowohl, als auch das Denken und Aussprechen derselben nennt man Numeriren (Numeratio).

Anmerk. Der Mangel einer bequemen Zahlbezeichnung veranlaßte die Alten zum Gebrauche eines Rechenbrets, abacus (αβακιον) genannt [35]). Die Römer [36]) bedurften dieses Hülfsmittels mehr,

34) Diese ist die Zahl der Waitzenkörner, welche Sisa Ebn Dahor (oder Dahir) von dem Schach in Persien für die Erfindung des Schachspiels verlangte. (S. unten §. 136.

35) αβακιον bedeutet eigentlich einen Tisch, worauf allerlei Gefäße zur Schau gestellt werden. — Dieses ist von dem abacus des Pythagoras zu unterscheiden. (S. unten. §. 81.)

36) Die Rechnungsarten der Römer, die uns weniger bekannt sind, als die der Griechen (s. §. 70. Anm., vergl. Büschings Geschichte d. Gelehrsamkeit, S. 87.), waren wahrscheinlich auch unbequemer. Sie bedienten sich eines Rechenbretes, dessen erwähnt Horatius Flaccus, Serm. L. I. Sat. VI. v.72. seqq.

Noluit (sc. pater) in Flavi ludum me mittere, magni
Quo pueri, magnis a centurionibus orti,
Laevo suspensi loculos tabulamque lacerto,
Ibant, octonis referentes idibus aera.

Diese Stelle entdeckte zuerst Kästner. S. Gesch. d. Math. Th. 1. S. 38. — Ueber die Abbildung eines alten Rechenbretes im Museo Capitolino. Vol. IV. P. I. Tab. XX.

als die Griechen. Es war eine Tafel (tabula) nebst Kästchen mit Fächern (loculis), worin Rechensteinchen (calculi, ψηφοι) [37]) waren. Eines ähnlichen, sehr sinnreichen Instruments haben sich auch die Chinesen bedient [38]). Rechenbrete mit Rechenpfennigen brauchte man noch im 16ten Jahrhunderte [39]) und ihr Nutzen wurde sonst [40]) und wird jetzt noch [41]) erkannt.

Stammzahlen.

§. 73. Bevor wir nun diese Zahlen den Rechenoperationen unterwerfen, so ist es nützlich, noch einen Blick auf sie zu werfen, um ihre Natur und Charakter zu erkennen.

1) Eins, das Grundelement aller und jeder Zahl, ist an sich eine Größe, keine Zahl (§. 65.) Da nun die Multiplication nicht mit Größen, sondern blos mit Zahlen geschehen kann (§. 31.), so folgt, „daß man mit 1 weder multipliciren, noch dividiren kann: $1 \times 1 = 1$, $5 \times 1 = 5$, $\frac{7}{1} = 7$ rc."

s. Böttigers Bemerkung am Schlusse der Vorrede. Mollet Encyclop. art. abaque.

37) Der Steinchen sich zu bedienen, war eine Gewohnheit der alten Aegyptier. (S. Vorr. S. 41.)

38) S. Klügels mathem. Wörterb. Th. II. S. 737.

39) Eine Beschreibung des Rechenbrets, welche Markus Welser (um 1680.) in Augsburg besessen hat, siehe in Klügels mathem. Wörterb. Th. II. S. 736.

40) S. Adam Riese's Rechnung auf der Linie und Feder. Frankf. 1544. Leupold's Schauplatz der Rechen- und Meßkunst. Leipz. 1727. Dechales mundus math. 1674.

41) S. v. Winterfelds Anfangsgründe der Rechenkunst. Braunschw. 1809. S. 14. rc. Berliner Intelligenzbl. 1792. Nr. 35. 36. — Um Blinde im Rechnen zu unterrichten, ist es unentbehrlich.

2) Mit zwei beginnt erst die Reihe der Zahlen sich zu erzeugen. Aus der Verbindung mit ihr selbst und mit jeder andern Zahl, welche allgemein n heißen mag, entspringen eine Reihe Zahlen, welche alle in der Form 2n begriffen sind und sich daher durch Division mit 2 auflößen lassen, nämlich:

2. 4. 6. 8. 10. 12. 14. 16. 18. 20. 22. 24. 26 . . .

Sie werden gerade Zahlen (num. pares, αριθμοι αρτιοι) genennt; dahingegen diejenigen, welche um Eins größer oder kleiner, mithin der Form $2n \pm 1$ unterworfen sind, ungerade (num. impares, αρ. περιττοι) heißen [42]). Aus jenem läßt sich die allgemeine Regel ableiten, daß alle gerade Zahlen (2n) mit „2 aufgelößt werden können." [43]).

3) Drei ist die Zusammensetzung (synthesis) aus Zwei und Eins (§. 65.) Sie heißt von jeher bei allen Nationen die heilige Zahl [44]). Durch Multiplica-

42) Euclids Elem. B. VII. Def. 6. 7. 8. 9. 10.

43) Die Zwei war schon den alten Egyptiern ein Sinnbild der Wechselwirkung in der Natur, der gegenseitigen Anziehung und Abstoßung. Bei den Pythagoräern hatte sie eine üble Bedeutung. Ueberdieß schrieb man ihr den weiblichen Charakter zu; — daher z. B. weibliche Reime u. dergl.. — Merkwürdiger aber in Hinsicht der Deutung ist Vier, welche den Pythagoräern heilig war, sey es wegen der 4 Elemente oder der 4 Jahreszeiten, oder and. Umstände in der Natur. Hüet hat vermuthet, daß die Ursache der τετρακτυς des Pyth. darinne gelegen habe, daß der Name Gottes fast in allen Sprachen mit 4 Buchstaben geschrieben werde!

44) Schon das graueste Alterthum hat die Drei für heilig gehalten. Pythagoras, welchem die Grundstoffe aller Dinge Zahlen waren, glaubte, daß durch die Dreiheit das ganze Weltall zusammengehalten würde. Nach Aristoteles (de coelo. I.) hat er gelehrt: το παν και τα παντα τρισιν ὡρισται. Daher war die Drei den Göttern heilig

tion mit andern Zahlen (n) giebt sie eine Reihe, deren Zahlen der Form 3n unterworfen sind:

3. 6. 9. 12. 15. 18. 21. 24. 27. 30. 33. 36 ....
welche abwechselnd gerade und ungerade sind. Es gilt daher für die aus 3 entstandenen Zahlen auch die Regel, daß sie sich mit „3 auflößen lassen."

4) So sind für diese zwei Reihen Zahlen zwei und drei die Stammzahlen, gleichsam Stammväter zweier sich ins Unendliche fortpflanzender Familien, welche sich in den aus 2 und 3 entsprungenen Zahlen 6, 12, 18, 24, 30, 36 .... wie durch Wechselvermählung vereinigen; daher diese gleichsam mit beiden Familien verwandt sind. — Sie sind sämmtlich unter der Form 6m (wenn m jede ganze Zahl bedeutet) begriffen; und da 6 = 2.3, so müssen sich auch jene beiden Reihen angehörige Zahlen (6m) „sowohl durch 2 als 3 auflößen (dividiren) lassen."

(Virg. ecl. VIII. 75. — Numero Deus impare gaudet), und man brauchte sie daher beim Opfern und andern Ceremonien. (Vergl. Val. Flacc. Argon. L. I. Natalis comes I. 11.) Man legt ihr den nämlichen Charakter bei. Dieß und dem Weibe die gerade, dem Manne die ungerade Zahl zuzuschreiben, rührt auch von den Pythagoräern her. Daher scheint die Sitte der Römer gekommen zu seyn, den Mädchen am 8ten ($8=2^3$), den Knaben am 9ten Tage ($9=3^2$) die Namen zu geben. Der 7te Tag war für alle Kinder unglücklich. Heilbronn. hist. math. univ. p. 752 ꝛc. — Die Sechs wurde von den Juden und den christlichen Kirchenvätern für sehr wichtig gehalten, weil die Welt in 6 Tagen geschaffen worden. Philo nennt sie die fruchtbarste Zahl (γενικωτατον), weil sie (nach Hüet's Erklärung) die Natur der weiblichen und männlichen Zahl (2 und 3) besitzt; Augustin die vollkommenste, weil Gott in 6 Tagen seine Werke so vollkommen schuf! — Theils sinnreiches, theils ungereimtes Spiel mit diesen Zahlen siehe in Wagners math. Philosophie. 1811.

Primzahlen.

§. 74. Neben diesen Zahlen (6m), welche jenen beiden aus 2 und 3 entstandenen Zahlreihen angehören, finden wir zu beiden Seiten noch solche, welche ihren Ursprung weder von 2 noch von 3, sondern blos von der Einheit ableiten können und sich mithin durch keine derselben auflößen lassen. Sie sind daher entweder Stammzahlen eigener Reihen (gleichsam Stammväter besonderer Familien) und heißen Primzahlen (numeri primi, αριθμοι πρωτοι) [45]), oder aus Primzahlen entsprungene (Producte von Primzahlen), welche aber nicht zu den Primzahlen gerechnet werden, weil sie sich nicht blos durch Eins auflößen, sondern auch durch Primzahlen theilen lassen. Da sie denen von 6m zu beiden Seiten stehen, so sind sie alle unter den Formen 6m — 1, oder 6m + 1, d. i. 6m ± 1 begriffen;

6m — 1.	6m.	6m + 1.
5. [46])	6.	7. [47])
11.	12.	13.
17.	18.	19.
23.	24.	25. = 5 × 5.
29.	30.	31.

45) S. Euclids Elem. B. 7. Def. 11.

46) Vergl. §. 75.

47) Sieben wurde von den Juden, weil sie in ihren Religionsurkunden häufig vorkommt und nach diesen die Gottheit am siebenten Tage von dem Werke der Schöpfung ausgeruht hatte, für die vollkommenste Zahl, und weil sie die Zahl ihrer Feste war, für heilig gehalten. — Die Pythagoräer nannten sie die Zahl der Jungfrauschaft, weil sie zwischen 1 bis 10 die einzige ist, welche sich innerhalb dieser Grenzen mit keiner andern gleichsam vermählt, noch eine andere aus ihr erzeugt wird.

35. $= 5 \times 7$.	36.	37.
41.	42.	43.
47.	48.	49. $= 7 \times 7$.
53.	54.	55. $= 5 \times 11$.
59.	60.	61.
65. $= 5 \times 13$.	66.	67.
71.	72.	73.
77. $= 7 \times 11$.	78.	79.
83.	84.	85. $= 5 \times 17$.
89.	90.	91. $= 7 \times 13$.
95. $= 5 \times 19$.	96.	97.
101.	102.	103.
107.	108.	109.
113.	114.	115. $= 5 \times 23$.
119. $= 7 \times 17$.	120.	121. $= 11 \times 11$.
125. $= 5 \times 5 \times 5$.	126.	127.

u. s. w.

Anmerk. 1. Da sich 2 und 3 auch durch keine Zahlen theilen lassen, so werden sie auch mit unter die Primzahlen gerechnet, sind aber der Form $6m \pm 1$ nicht unterworfen [48]). Um für die Primzahlen eine allgemeine Formel, welche auch 2 und 3 mit einschließt, zu finden, hat man sich bis jetzt vergeblich bemüht [49]). Sie auszusondern, scheinen die

48) Zwei und Drei haben zwar von den Primzahlen keinen verschiedenen Charakter; aber sie haben, da sie die ersten sind, einen vorzüglichen Einfluß auf die Bildung der ganzen Zahlengesellschaft, und genießen in ihr gewisse Vorzüge. Die unter $6m \pm 1$ enthaltenen sind unbehülflich und ohne Macht, fünf ausgenommen. Vergl. §. 75.

49) Vorzüglich Leibnitz; aber auch dieser mächtige Geist hat vergeblich geforscht. — Später haben sich um die Theorie der Primzahlen verdient gemacht, Euler (in den Commentt. Acad. Petropol. vett. Tom. VI. VIII. XIX. nov. T. IV. VI — IX., XI — XIII. XIX.), la Grange (in den Mém. de l'Academ. de Berlin. 1771. 73. 75.), Hindenburg (in einer besondern Schrift. Lpzp. 1776.), Gaus

Griechen keine andere Methode gekannt zu haben, als die, welche unter dem Namen des Siebes (cribrum, κοσκινον) des Eratosthenes bekannt ist [50]). Nach dieser schreibt man alle Zahlen in Ordnung nach einander, streicht erstlich außer 2 jede zweite Zahl, dann außer der 3 jede dritte, dann außer der 5 jede 5te aus, wenn sie nicht schon ausgestrichen ist, und eben so mit 7, 11, 13, u. s. f. Z. B.

1. 2. 3. 4. 5. 6. 7. 8. 9. 10. 11. 12. 13. 14.
15. 16. 17. 18. 19. 20. 21. 22. 23. 24. 25. 26.
u. s. w.

Um zu finden, ob eine Zahl eine Primzahl sey, hat man die Regel: Man dividirt die Zahl durch alle Primzahlen, welche kleiner, als ihre Quadratwurzel, sind; sie ist eine Primzahl, wenn sie sich durch keine derselben auflößen läßt. Z. B. 127 durch

(Disquisitt. arithm.). Mehrere Formeln s. in Klügels mathem. Wörterb. Art. Primzahl.

50) Ueber Eratosthenes s. oben §. 19. Unter den von seinen Schriften übrigen Fragmenten findet sich auch das κοσκινον (Sieb), welches Nicomachus (Arithm. Ausg. von Fell. p. 17.), der es wahrscheinlich aus der Arithmetik des Eratosth. hatte, deren Theon v. Smyrna, Jamblichus aus Chalcis (εισαγωγη εις την αριθμητικην) gedenken, uns aufbehalten hat. Auch Boethius (Arithmet. Lib. I. c. 17.) beschreibt diese Erfindung. Eine Abhandlung über das Cribrum des E. von Horsley steht in den Philosoph. Transactions v. J. 1772. Vol. 2 S. 62. H. ist mit dem Nicomachus und Boethius unzufrieden, daß sie die Erfindung des E. verstellt haben. In der Oxforder Ausg. des Aratus vom J. 1672 ist eine Tafel der ungeraden Zahlen von 1 bis 113 mit den Theilern der zusammengesetzten aus ihnen angehängt, unter der Aufschrift: Sieb des Eratosthenes, — vermuthlich von einem Commentator des Nicomachus nach der Vorstellung desselben. Klügels mathem. Wörterbuch. Th. 2. S. 130. Montucla hist. des mathem. T. I. 281.

2, 3, 5, 7 dividirt geht nicht auf, ist folglich eine Primzahl. Allein bei großen Zahlen ist dieses Verfahren weitläuftig [51]; daher hat man Primzahlentafeln verfertiget [52].

Anmerk. 2. Zwei Zahlen, welche sich nicht durch eine andere gemeinschaftlich theilen lassen, als 5 und 8, 7 und 10, 15 und 13 2c., nennt man Primzahlen unter sich (numeri primi inter se, πρωτοι προς αλληλους αριθμοι) [53], (8 und 10 durch 2, 6 und 15 durch 3 theilbar, sind keine Primzahlen unter sich).

Fünf.

§. 75. Die merkwürdigste unter diesen Primzahlen ist fünf, weil sie durch Verbindung mit zwei die Grundzahl unsers Systems giebt (2. 5 = 10), mithin die Hälfte der letztern ist ($5 = \frac{10}{2}$). Von ihr leiten daher nicht nur alle aus 10 entsprungene Zahlen: 20, 30, 40, 50, 60, 70.... allgemein 10n ihren Ursprung ab, sondern auch alle zwischen ihnen mitten inneliegende, als: 15, 25, 35, 45, 55, 65, ... (10n ± 5), welche sich daher sämmtlich mit 5 auflößen lassen. Da nun die Ziffern der der Form 10n unterworfenen Zahlen sich alle mit 0, die der Form

51) Um zu erfahren, daß 1019971 eine Primzahl, 1017937 durch 997 ohne Rest theilbar sey, muß man nach jener Regel mit allen von 1 bis 1009 vorkommenden Primzahlen dividiren, welches 160 Divisionen erfordert. Matthias Erläuterr. Abth. 1. S. 25.

52) Die brauchbarsten Factoren und Primzahlentafeln sind von G. Vega (s. Logarith. Trigor. Tafeln. Bd. 2. S. 1 — 86.) Lamberts Zusätze zu den logarithm. und trigonom. Tafeln. Allein die Tafel ist nicht richtig und bequem. Die vollständigsten sind die Factoren und Primzahlentafeln von 1 bis 100 000 neu bearbeitet und zweckmäßig eingerichtet, nebst einer Gebrauchsanleitung 2c. von D. C. C. Fr. Krause. Jena u. Leipz. 1804. gr. Fol.

53) Euclids Elem. B. VII. Def. 12.

($10n \pm 5$) zugehörigen mit 5 endigen, so folgt daraus die wichtige Eigenschaft der mit 0 oder 5 endigenden Zahlen, daß „sie sich alle durch 5 theilen oder auflößen lassen."

Anmerk. Alle übrigen Primzahlen haben dergleichen Eigenschaften nicht [54]).

Neun.

§. 76. Außer dieser verdient die Neun noch einer besondern Betrachtung. Sie ist die vorletzte vor 10, mithin $= (10 - 1)$ und alle ihre Vielfachen der Form $n(10 - 1) = 10n - n$ unterworfen. Um so viel mehr Einheiten höherer Ordnung diese Vielfachen daher bekommen, eben so viel weniger bekommen sie von der nächst tiefern. Z. E.

$2 \cdot 9 = 18$, welche Zahl 1 Zehner und 8 Einer,
$3 \cdot 9 = 27$ „ „ 2 „ „ 7 „ ꝛc.

enthält, und daher kommt es, daß die Summen dieser Zahlen ohne Rücksicht auf ihre Ordnungswerthe, immer wieder neun oder Producte von neun machen. Folgende Darstellung wird dieß deutlich machen.

54) Noch bemerkt zu werden verdient, daß, wenn man 5 mit den ungeraden Zahlen 3, 5, 7, 9 ... multiplicirt, die Summen gleichweit entfernter Producte einander gleich sind; als

$$\begin{array}{llll} 5\cdot & 5\cdot & 5\cdot & 5\ldots \\ \underline{3\cdot} & \underline{5\cdot} & \underline{7\cdot} & \underline{9\ldots} \\ 15\cdot & 25\cdot & 35\cdot & 45\ldots \end{array}$$

wo $15 + 45 = 25 + 35 = 60$.

Es heißt daher fünf auch die Zahl der Wiederherstellung (ἀριθμος ἀποκαταστικος).

$$
\begin{array}{llll}
2.9 = & 2(10-1) = & 20-2 = & 18;\ 1+8=9. \\
3.9 = & 3(10-1) = & 30-3 = & 27;\ 2+7=9 \\
4.9 = & 4(10-1) = & 40-4 = & 36;\ 3+6=9 \\
5.9 = & 5(10-1) = & 50-5 = & 46;\ 4+5=9 \\
6.9 = & 6(10-1) = & 60-6 = & 54;\ 5+4=9 \\
7.9 = & 7(10-1) = & 70-7 = & 63;\ 6+3=9 \\
8.9 = & 8(10-1) = & 80-8 = & 72;\ 7+2=9 \\
9.9 = & 9(10-1) = & 90-9 = & 81;\ 8+1=9 \\
10.9 = & 10(10-1) = & 100-10 = & 90;\ 9 \quad =9 \\
11.9 = & 11(10-1) = & 110-11 = & 99;\ 9+9=2.9 \\
\vdots & & &
\end{array}
$$

$$152.9 = 152(10-1) = 1520-152 = 1368;\ 1+3+6+8 = 18 = 2.9$$

u. s. w.

Es läßt sich daher hieraus umgekehrt abnehmen, daß sich alle Zahlen, deren Bestandtheile ohne Rücksicht ihrer Ordnungswerthe zusammen ein Product von 9 geben, „selbst durch 9 theilen lassen“ [55]).

[Allegorie. Wenn wir nun jene §. 73. gewonnene Ansicht, nach welcher wir die ganze Zahlengesellschaft nach ihrer Abstammung und Verwandschaft betrachten, nochmals auffassen, so sehen wir, daß jene zwei, zween Hauptfamilien ähnliche, Reihen:

2, 4. 6, 8. 10. 12, 14. 16, 18. 20....

und 3. 6. 9. 12, 15. 18. 21. 24. 27. 30....

wo die zwei Grundzahlen, 2 und 3, mit Stammvätern vergleichbar sind, welche nur die Eins

55) Von den Pythagoräern, deren ganze Philosophie mit den Zahlen und ihren Verhältnissen verwebt war, wurde die 9, weil sie die Quadratzahl von 3 ist, für die vollkommenste Zahl gehalten, und wegen der hier dargestellten Eigenschaft war sie ihnen das Symbol der Beständigkeit. Vergl. §. 96.

als ihren gemeinschaftlichen Urvater anerkennen, in dem ganzen Zahlthume vorherrschen. Alle ihre Descendenten behalten den urväterlichen Charakter [56]), welcher sich, wie ein Familiencharakter, durch alle Generationen erblich fortpflanzt (so sind alle aus 2 entsprossene Zahlen durch 2, alle aus 3 entsprossene durch 3, alle aus 6 entstandene durch 2 und 3 u. s. w. auflößbar); — und alle Verwandte scheinen sich gegenseitig für einander zu vermitteln. — Aber bei der Fortpflanzung dieser Zahlenfamilien treten von Zeit zu Zeit Fremdlinge mit in die Gesellschaft, welche von keiner der zwei Familien abstammen, sondern ihren Ursprung nur von Eins, dem allen Zahlen gemeinschaftlichen Stammvater (gleichsam dem Adam des ganzen Zahlengeschlechts) abzuleiten wissen, nämlich die Primzahlen: 5, 7, 11, 13, 17, 19, 23.... Willig in jener Mitte aufgenommen stehen sie und ihre Nachkommen den aus beiden Hauptfamilien Entsprossenen: 6. 12. 18. 24.... immer zur Seite (§. 74.). Nach und nach aber gelingt es ihnen, sich mit jenen Familien zu vermählen, und alle ihre Nachkommen tragen nicht allein die Kennzeichen ihrer Verwandten, sondern erhalten auch dadurch die urerblichen Rechte derselben. Der erste dieser Fremdlinge (5) sieht sich am frühesten in die Familie 2 aufgenommen, und sein erster Sprößling (10) ist so glücklich, zum Oberhaupte des ganzen Zahlengeschlechtes erwählt zu werden, während der aus beiden Familien entsprossene, rechtmäßige Prätendent (12) ihm zur Seite stehen und unterthan seyn muß (§. 68.). Zwar hätte schon der erste Abkömmling beider Familien (6) auf diesen Vorzug Anspruch gehabt, wenn da die Gesellschaft einer gesetzlichen Verfassung (eines Systems) bedürftig gewesen wäre; aber bevor sich sein Sprößling (12) desselben bemächtigen kann, befindet sich schon der Sohn eines Fremdlings (10 = 2.5), in dessen Besitze, welcher

56) Diesen eigenthümlichen Charakter der Zahlen erkennt man vornehmlich, wenn man die Zahlen nach mehreren Systemen vergleicht.

durch das ganze Zahlthum wie ein gewaltiger Zwingherr herrscht und alles seinen (decadischen) Gesetzen unterordnet, die seine Nachkommen forterhalten. Auch diese bleiben immer mit den Nachkommen jener Hauptfamilien in gleichem Verhältnisse. (Wie z. B. 10^1 durch 2^1 völlig theilbar ist, so ist $10^2 = 100$ durch $2^2 = 4$, $10^3 = 1000$ durch $2^3 = 8$, $10^4 = 10000$ durch $2^4 = 16$ u. s. f. allgemein 10^n durch 2^n völlig theilbar). — Wiewohl aber jene die Zahlenwelt mit Zwanggesetzen beherrschen, die sie durch ihr Alterthum befestiget sehen, so behaupten doch diese unveränderlich ihre natürlichen Rechte, und durch sie ein bedeutendes Ansehen und Uebergewicht über ihre Unterdrücker [57]). Denn die Natur gehorcht ihrem Urgesetze, nicht Vorschriften der Willkühr]. —

2.

Anwendung der Rechnungsoperationen auf decadische Zahlen.

§. 77. Nach §. 24. 1. können nur gleichartige Größen addirt und subtrahirt werden. Die Gleichartigkeit der Zahlen aber besteht einzig in der Gleichheit der Ordnungswerthe. Daraus folgt, daß „nur Zahlen von einer und ebenderselben Ordnung zu einander addirt und von einander subtrahirt werden können, (als Einer zu und von Einern, Zehner zu und von Zehnern ꝛc. Zehntheilchen zu und von Zehntheilchen u. s. w.“

57) S. §. 68. N. 22.

a) Addition ganzer Decimalzahlen und Decimalbrüche.

1) Ganze.	2) Brüche.	3) Ganze u. Brüche.
52786	0,56204	7105,362
13942	0,77958	.270,153
....8	12	5
..12.	..115.	11
.16..	.13...	7375,4
.5...	12....	7375,515
6....	1,34162	
66728		

Abgekürzt.

35726	0,72..	743,621.
..410	0,6387	.72,047
.3057	0,4...	..1,62.
....7	0,65..	3210,3..
...25	0,072.	2,5725
39225	2,5007	4030,1605

Hieraus läßt sich für die Addition sowohl ganzer Decimalzahlen, als Decimalbrüche die allgemeine Regel festsetzen:

1) Man schreibt die Zahlen „von einerlei Ordnung untereinander und zählt sie zusammen."

2) Wachsen die Einheiten einer Ordnung über 9, wo sie dann eine Einheit der nächst höhern Ordnung ausmachen, so „zählt man sie zu dieser [58]).

58) Da Peyrard's Uebersetz. des Archim., mithin auch Delambre's Abhandl. über die Rechnungsweise der Griechen, oder Wallis Werke wohl nicht immer einem Jeden zur Hand seyn möchten, so scheint es nicht überflüssig, hier ein Beispiel der Addition der Griechen beizufügen. Wir können nichts bessres thun, als D's Darstellung (S. 331. d. angef.

Anmerk. 1. Um sich vornehmlich bei langen Additionsexempeln von der Richtigkeit der Rechnung zu überzeugen, so thut man wohl, wenn man die Zahlen einmal von oben herab, das anderemal von unten herauf zusammenzählt.

Anmerk. 2. Nimmt man bei der Addition auf die Natur der Zahlen einige Rücksicht, so bemerkt man

a) daß die Summe gerader Zahlen (als $2+4=6$ allgem. $2n+2m=2(n+m)$, welche Form ebenfalls die einer geraden Zahl ist (§. 73. 2.) — „auch eine gerade Zahl seyn müsse" [59]).

b) Daß die Summe zweier ungeraden Zahlen, z. E. $3+7=10$, allgem. $(2n+1)+(2m+1)=2(n+m+2)$ (§. 73. 2.) — „auch eine gerade Zahl seyn müsse" [60]).

c) Daß aber die Summe einer geraden und einer ungeraden ($4+5=9$, allgem. $2n+2m+1=2(n+m+1)$ oder dreier ungeraden ꝛc. $(2n+1)+(2m+1)+(2q+1)=2(n+m+q)+3$ ꝛc. „eine ungerade seyn müsse" [61]).

Anmerk. 3. Was von der Addition mit decadischen Zahlen gilt, gilt auch von denen anderer Zahlensysteme, z. E.

1) dyadisch.

	1100101	= 101
	1001011	= 75
S.	10010000	= 176

2) triadisch.

111	= 13
1000	= 27
120	= 15
2001	= 55

Eben so tetradisch, pentadisch u. s. w.

Werks) selbst hersetzen. Es ist aus des Eutocius Commentare über des Archimedes Kreisberechnung, Theorem. 4.

ωμζ.γϡκα	= 847 3921
ξ.ηυ	= 60 8400
ϡη.βτκα	= 908 2321

59) Euclid's Elem. IX. 21.

60) Ebendas. IX. 22.

61) Ebendas. XI. 23.

Anmerk. 4. Will man die Summe einer Reihe von Zahlen von 1 bis zu einer gewissen, welche n heißen mag, als $1+2+3+4+5+6\ldots.+n=S$ wissen, so kann man, wie oben §. 49. und 52. eine allgemeine Formel dafür bilden. Denn da die Summe je zweier vom ersten und letzten gleichweit entfernter Glieder gleich ist der Summe des ersten und letzten, nämlich

$n+1=n-1+2=n-2+3=n-3+4\ldots.$

und die Zahl der Gliederpaare halb so groß als die Anzahl der Glieder ($=\frac{1}{2}n$), so ist die Summe

$S=$ „$\frac{1}{2}n(n+1)=\frac{n(n+1)}{2}=\frac{n^2+n}{2}$; und"

daher die Regel: „Man erhebt die Zahl der Glieder zur Quadratzahl, addirt jene noch einmal hinzu und dividirt die Summe mit 2." Z. B.

die Summe d. Zahlen v. 1 bis $12=6\times13=78$ 62)
" " " " " 1 " $32=16\times33=528$ 63)
" " " " " 1 " $100=50.101=5050$ 64)
und dergl.

b) Subtraction ganzer Decimalzahlen und Decimalbrüche.

§. 78. Wiewohl ebenfalls nur Zahlen gleicher Ordnung von einander abgezogen werden können, so tritt doch oft der Fall ein, daß einzelne Bestandtheile des Subtrahendus in Hinsicht ihrer Ordnungswerthe größer sind, als die Zahlen derselben Ordnung im

62) Z. B. die Anzahl der Schläge der Uhr innerhalb 12 Stunden.

63) Z. E. die Nägel der 4 Hufeisen eines Pferdes, wenn der erste 1 Pfennig, und jeder nächste um 1 Pfennig mehr als der vorige kostet.

64) Von diesem und ähnlichen Beispielen wird bei der Lehre vom freien Falle der Körper Gebrauch gemacht. S. d. dritten Theil: die Phoronomie.

Minuendus (z. B. von 521 abgez. 289). Dann muß man einen Einer von der Zahl der nächst höhern Ordnung, welcher = 10 Einern der nächst niedern ist, wegnehmen, sie zu der vorgefundenen Zahl derselben Ordnung im Minuendus addiren und dann jene abziehen. Man nennt dieses *borgen* (wiewohl unschicklich, denn man *borgt* nicht, sondern *nimmt*), z. B. da in 521 — 289 9 Einer von 1 nicht abgezogen werden können, so nimmt man von den 2 Zehnern einen, welcher = 10 Einern ist, addirt ihn zu jenem Einer und zieht 9 von 11 ab; ebenso können 8 Zehner nicht von 1 Zehner abgezogen werden, daher man auf gleiche Weise seine Zuflucht zu den 5 Hunderten nimmt. Es ist daher 521 — 289 = 232. Ist in der nächsten Zahlstelle *keine* Zahl, so muß man von einer noch höhern Ordnung nehmen und die genommene gleichfalls in Zahlen niederer Ordnung zerlegen.

Beispiele[65]).

1) Ganze.	2) Brüche.	3) Ganze und Brüche.
726 508	0,72 053	6 021,57 8
224 923	0,04 178	1 460,29 5
501 585	0,67 875	4 561,28 3

Es läßt sich also hieraus für die *Subtraction* mit *Decimalzahlen*, sowohl *Ganzen* als *Brüchen*, die allgemeine Regel fassen:

1) Man schreibt *die Zahlen* „*gleicher Ordnung unter einander* und *zieht den Subtrahendus von dem Minuendus ab*;"

65) Beispiel der Subtraction der Griechen aus des Eutocius Comment. über Archimed. v. d. Kreismess. z. Theor. 3. (nach Delambre im angef. Werke, S. 552).

θ.γχλϛ	= 93636
β.γυθ	= 23409
ζ.σκζ	= 70227

2) ist aber die Zahl einer gewissen Ordnung im Subtrahendus größer, als die gleicher Ordnung im Minuendus, so „nimmt man von der nächst höhern Ordnung eine Einheit, welche 10 Einheiten der niedern enthält, addirt sie zu der schon vorhandenen des Minuendus und zieht die des Subtrahendus von der Summe ab."

Anmerk. 1. Es tritt aber auch oft der Fall ein, daß im Minuendus mehrere Ordnungen leer, d. i. mit Nullen ausgefüllt sind, als 200, 5000, 80000 2c., der Subtrahendus aber Zahlen dieser Ordnungen enthält, z. B.

1) Ganze.	2) Brüche.	3) Ganze u. Brüche.
40 000	0,8 . . .	150,5 . . .
28 961	0,57 69	3,7 92
11 039	0,22 31	146,75 08

Dann muß man „eine Einheit von der Zahl der höhern Ordnung nehmen, in welcher eine enthalten ist, sie in die Einheiten der nächst niedern Ordnung zerlegen und davon abziehen, nämlich 40000 in 39999 + 1, worauf das Abziehen nach der Regel geht."

Anmerk. 2. Sieht man darauf, ob die zu subtrahirenden Zahlen gerade oder ungerade sind, so ergiebt sich Folgendes:

a) Da $2m - 2n = 2(m - n)$ eine Form einer geraden Zahl ist, so muß die Differenz gerader Zahlen „eine gerade Zahl seyn[66]), als $8 - 2 = 6$, $10 - 8 = 2$ 2c."

b) Da $2m - (2n + 1) = 2(m - n) + 1$, oder $(2m + 1) - 2n = 2(m - n) + 1$ Form einer ungeraden Zahl ist, so ist die Differenz gerader und ungerader Zahlen stets „eine ungerade Zahl, als $8 - 5 = 3$, $9 - 4 = 5$ 2c."[67]).

66) Euclid's Elem. IX. 24.

67) Ebendas. IX. 25.

c) Da endlich $(2m+1)-(2n+1)=2(m-n)$ Form einer geraden Zahl ist, so sind alle Differenzen ungerader Zahlen „gerade Zahlen, z. B. $9-5=4$, $7-3=4$ zc. [68]).

Anmerk. 3. Da nach §. 25. die Summe des Subtrahendus und der Differenz dem Minuendus gleich ist $(a=b+d)$ und nur unter dieser Bedingung die Subtraction richtig seyn kann, so dient die Addition zur Probe für die Subtraction:

572654	0,95702	85,634
279514	0,29498	9,207
293140	0,66204	76,427
572654	0,95702	85,634

Regel: „Man addirt die Differenz zum Subtrahendus; ist die Summe dem Minuendus gleich, so ist die Rechnung richtig."

Anmerk. 4. Auf gleiche Art wird die Subtraction nach andern Zahlsystemen verrichtet:

	1) dyadisch.	2) triadisch.
Min.	$10110000=176$	$3001=55$
Subtr.	$1001110=78$	$1221=43$
Diff.	$1100010=98$	$110=12$

Eben so tetradisch, pentadisch u. s. w.

Allgemeine Form der Addition und Subtraction der Zahlen nach Ordnungen.

§. 79. Wenn wir nun allgemein die Grundzahl eines Systems, welches es auch sey, mit z, mithin die Ordnungen

steigend: $z^0, z^1, z^2, z^3, z^4 \ldots\ldots z^n$;

fallend: $z^0, z^{-1}, z^{-2}, z^{-3}, z^{-4} \ldots\ldots z^{-n}$;

die Zahlen von diesen Ordnungen aber im allgemeinen mit a, b, c, d, e . . . x, y zc. bezeichnen, welche in

68) Eucl. Elem. IX. 26.

so fern die Coefficienten jener Ordnungszeichen werden (§. 35.), als:

$az^0,\ bz^1,\ cz^2,\ dz^3,\ ez^4,\ \ldots\ xz^n,$

so lassen sich nach obigem Gesetze, nach welchem nur Zahlen von einerlei Ordnung addirt und subtrahirt werden können, die **allgemeinen Formen der Addition und Subtraction nach Ordnungen gedachter Zahlen** leicht darstellen [69].

a) Addition.

1) Ganzer	az^0	$+bz^1$	$+cz^2$	$+dz^3+$	$\ldots xzn$
	mz^0	$+nz^1$	———	$+pz^3+$	$\ldots yz^n$
Sum.	$(a+m)z^0$	$+(b+n)z^1$	$+cz^2$	$+(d+p)z^3+$	$\ldots\ldots(x+y)z^n$
2) Dec.Br.	az^0	$+bz^{-1}$	$+cz^{-2}$	$+dz^{-3}$	$\ldots+xz^{-n}$
	mz^0	$+nz^{-1}$	$+oz^{-2}$	———	$\ldots+yz^{-n}$
Sum.	$(a+m)z^0$	$+(b+n)z^{-1}$	$+(c+o)z^{-2}$	$+dz^{-3}$	$\ldots\ldots+(x+y)z^{-n}$

b) Subtraction.

1) Min.	az^0	$+bz^1$	$+cz^2$	$+dz^3+$	$\ldots yz^n$
Subtr.	mz^0	$+nz^1$	$+pz^2$	——	$+\ldots xz^n$
Diff.	$(a-m)z^0$	$+(b-n)z^1$	$+(c-p)z^2$	$+dz^3$	$\ldots\ldots(y-x)z^n$
2) Min.	az^0	$+bz^{-1}$	$+cz^{-2}$	$+dz^{-3}$	$\ldots\ldots+xz^{-n}$
Subtr.	mz^0	$+nz^{-1}$	——	$+pz^{-3}$	$\ldots\ldots+yz^{-n}$
Diff.	$(a-m)z^0$	$+(b-n)z^{-1}$	$+cz^{-2}$	$+(d-p)z^{-3}$	$\ldots\ldots(x-y)z^{-n}$

Benannte Zahlen.

§. 86. Was von den Systemen der Zahlen gilt, gilt auch von den Systemen der Maaße des Raums, der Zeit, des Gewichts, des Geldes u. and. Wie daher die Zehner nur zu und von den Zehnern, die Hunderte nur zu und von den Hunderten u. s. w. addirt und subtrahirt werden können, eben so die Thaler nur zu und von den Thalern,

69) Vergl. B. F. Thibauts Grundr. d. allgem. Arithmet. oder Analysis. Götting. 1801.

die Groschen nur zu und von den Groschen, die Pfunde nur zu und von den Pfunden u. s. w.; und wie die Zahlen von einer gewissen Ordnung, wenn sie zu einer Einheit der nächst höhern wachsen, zu diesen gerechnet und eine von höherer Ordnung genommene Einheit in die Einheiten der nächst tiefern zerlegt werden muß, um gleichartige von ihr abzuziehen, so ist dieß auch mit den Zahlen aller Maaßsysteme der Fall. Man nennt solche benannte Zahlen, weil die Art des Maaßes ihnen einen Namen giebt (z. B. 3 Thl., 5 Groschen, 7 Pfd. rc.), und sie sind Coefficienten der Maaßgrößen oder Zahlen ihrer Benennungen (vergl. §. 35.), welche man allgemein mit a, b, c, d, e . . . . . . bezeichnen kann.

Beispiele.

1) Addition.

27 Thlr.	+ 14 Gr.	+ 7 Pf.
— "	+ 22 "	+ 9 "
33 "	+ 4 "	+ -- "
61 "	+ 17 "	+ 4 "

2) Subtraction.

15 Centn.	23 Pfd.	13 Lth.	2 Qutch.
7 "	27 "	5 "	3 "
7 "	106 "	7 "	3 "

Allgemein.

Addit.	3a	+ 5b	——	+ 7d	+ 6e
	4a	+ 3b	+ 8c	——	e
	10a	——	+ 5c	+ 4d	7e
	—	+ 9b	——	+ 8d	——
	17a	+ 17b	+ 13c	+ 19d	+ 14e
Subtr.	5a	+ 9b	——	+ 7d	+ 6e
Differ.	12a	+ 8b	+ 13c	+ 12d	+ 8e
Probe	17a	+ 17b	+ 13c	+ 19d	+ 14e

Regel. **Um benannte Zahlen zu addiren und zu subtrahiren, so schreibt man die von gleicher Benennung unter einander und verfährt wie §. 77. u. f.**

Anmerk. Die Maaßsysteme sind in verschiedenen Ländern verschieden [70]). Man muß sich daher mit denen bekannt machen, mit welchen man zu thun hat. Allgemein gebräuchliche enthält das Verzeichniß am Schlusse.

70) Der Wunsch, einerlei Maaße und Gewichte, wenigstens in Deutschland, zu erhalten, ist oft genug vergeblich ausgesprochen worden. Diesen Zweck zu erreichen ist nur Regierungen möglich, wiewohl auch diese noch tausend Schwierigkeiten finden. Schon im 17ten Jahrh. that man Vorschläge. Da sich diese aber eigentlich auf Raummaaße beziehen, so gehört die Geschichte davon in die Geometrie an ihren Ort. — Unter den Regierungen hat nur die französisch-republicanische durch ein Edict vom 8ten Germinal d. J. III. (vom 7ten April 1795) ein neues System der Maaße und Gewichte in Frankreich einzuführen unternommen. Das Grundmaaß der Länge (mètre) war der zehnmillionste Theil des Quadranten des Erdmeridians. Alle Längenmaaße wurden daraus von zehn zu zehn gebildet, als:

myria-mètre	kilio-mètre	hecato-mètre	deca-mètre	mètre	deci-mètre	centi-mètre	milli-mètre
10000	1000	100	10	1	0,1	0,01	0,001

u. s. w.

Das Grundmaaß des Flächenraums hieß are, das des Körperraums stére, für flüssige oder trockne Materie litre (=50, 46 Cubiczoll), das Grundmaaß der Gewichte hieß gramme etc.; die übrigen decadisch fortgebildet. Indessen hat man in Handelsgeschäften von diesem Systeme keinen Gebrauch gemacht. Vergl. J. K. F. Hauffs Darstellung eines natürl. Maaßsystems ꝛc. Augsb. 1810. 4. — Klügels math. Wörterb. Th. III. S. 597. — Haüy's Grundll. d. Physik, übers. v. Blumenhof. Weim 1804. Th. 1. S. 78. ꝛc. — Schriften über die Maaße verschiedener Länder s. in Ersch Liter. der Math. S. 47. ꝛc.

c) Multiplication

1) der Hauptzahlen.

§. 81. Wir haben §. 32. a. erkannt, daß die Multiplication eine sovielmalige Zusammensetzung des Multiplicandus ist, als der Multiplicator Einheiten enthält. Nach diesem Gesetze der Vervielfachung, welches für die Zahlen, wie für die Größen gilt, müssen, ehe wir zu zusammengesetzten Zahlen übergehen, zuvor die Vielfachen der Hauptzahlen, 2, 3, 4, 5, 6 . . . ., woraus jene zusammengesetzt sind, bilden, und es ist nützlich ein Verzeichniß derselben zu entwerfen und dem Gedächtnisse einzuprägen. Man nennt solches das kleine Einmaleins oder die Pythagorische Rechentafel (abacus Pythagoricus) [71]).

71) Was abacus heißt siehe oben §. 72. N. 35. In der hier gebrauchten Bedeutung kommt das Wort (vielleicht am frühesten) bei Beda venerabilis (677—735.) de arithmeticis numeris (Opp. Tom. I. p. 77. etc.) vor. Sie scheint im Mittelalter allgemein geworden zu seyn. Leonhard von Pisa (um 1200) nannte sein Werk von der decadischen Rechenkunst: Liber abaci, und überhaupt Zahlenverzeichnisse so zu nennen, kam in Gebrauch; z. B. eine Tafel der Primzahlen: Abacus numerorum primorum, eine Sinustafel: Abacus sinuum etc. Daher wurden Rechenmeister Abacistae genannt. — Der Pabst Sylvester II. (Gerbert) soll (nach Malmesbury) diese Rechentafel von den Arabern aus Spanien erhalten haben; deshalb Lucas Pacioli (oder mit seinem Ordensnamen: Lucas de Burgo sancti sepulchri), und Joh. Wallis (Opp. Tom. II. c. 3.) vermuthete, daß abacus aus arabicus (sc. modus) entstanden sey. S. Klügels math. Wörterb. Th. I. S. 1. Leichter scheint Abacus aus abc, gleichsam das abc der Rechenkunst zusammengesetzt.

1.	2.	3.	4.	5.	6.	7.	8.	9.	einfach
2.	4.	6.	8.	10.	12.	14.	16.	18.	zweifach
3.	6.	9.	12.	15.	18.	21.	24.	27.	dreifach
4.	8.	12.	16.	20.	24.	28.	32.	36.	vierfach
5.	10.	15.	20.	25.	30.	35.	40.	45.	fünffach
6.	12.	18.	24.	30.	36.	42.	48.	54.	sechsfach
7.	14.	21.	28.	35.	42.	49.	56.	63	siebenfach
8.	16.	24.	32.	40.	48.	56.	64.	72.	achtfach
9.	18.	27.	36.	45.	54.	63.	72.	81.	neunfach

Da nun aus den Hauptzahlen alle Zahlen nach ihren Ordnungswerthen zusammengesetzt werden (§. 67.), so leuchtet ein, daß die Tafel der Hauptzahlen auch für die Zahlen jeder Ordnung gelten müsse. Z. E. $3 \times 6 = 18$, $3 \times 60 = 180$, $300 . 6 = 1800$, $3 . 6000 = 18000$.

Anmerk. 1. Eine genaue Ansicht dieser Tafel läßt leicht wahrnehmen, daß die Zahlreihen von einer und derselben Zahl von oben herab denen querüber gleich sind. Wo sich zwei Reihen treffen, muß natürlich die Quadratzahl stehen (§. 42.), daher die Quadratzahlen in die Diagonale der Tafel kommen. Auch befinden sich dieselben Zahlen gleichweit entfernt von einander, und haben daher dieselben Zahlen zu Nachbarn.

Anmerk. 2. Das kleine Einmaleins heißt diese Tafel im Gegensatze des großen, welches die weitere Darstellung der Producte aller Zahlen bis 100 enthält. Pythagorische Rechentafel nennt man sie, weil sie von Pythagoras herrühren soll [72]).

72) Die Pythagorische Rechentafel findet sich zuerst in der Arithmetik des Nicomachus (Pariser Ausg. 1538. S. 28.) und beim Boethius (Basel 1570. S. 1314.), jedoch ohne diese Benennung und ohne sie dem Pythagoras zuzuschreiben. Ehrhard Weigel behauptete zwar, Pythagoras habe nur bis vier zu zählen gewußt (siehe arithmetica tetractyca), gewiß aber ist sie eine der ältesten

2) zusammengesetzter Zahlen.

§. 82. Wir haben ferner gefunden (§. 33.), daß, wenn aus mehrern Theilen bestehende Größen multiplicirt werden sollen, alle Theile mit dem Multiplicator vervielfacht werden müssen. Sind daher Zahlen aus mehrern verschiedener Ordnungen, wie Theile zu einem Ganzen zusammengesetzt (als: 265 = 200 + 60 + 5; 5,804 = 5 + 0,8 + 0,004), so muß dieses Gesetz auch für Zahlen verschiedener Ordnungen gelten.

Erfindungen und nicht unwahrscheinlich in der Schule des Pythagoras, der sie vielleicht von seinen Reisen mit nach Griechenland brachte, gebraucht, — vielleicht auch auf einem Rechenbrete (αβακιον) verzeichnet. Archytas, ein Anhänger der Pythagorischen Lehre schrieb schon über die Natur des decadischen Systems (περι δεκαδος). Boethius erklärt am Ende des ersten Buchs der Geometrie (S. 1516. ꝛc.) für die Berechnung der Figuren den Gebrauch der mensa geometricalis, oder des abacus Pythagor., für welche die Unwissenheit der Abschreiber das Einmaleins beigefügt hat. Dieß scheint der Grund, daß letzteres den Namen abacus Pythag. erhalten hat. Die Beschreibung des Boethius ist zu dunkel, als daß man errathen könnte, was eigentlich jener abacus Pythag. gewesen sey. Die Handschrift des Boethius zu Altdorf hat eine ganz andere Darstellung, welche in Mannerts (schon oben §. 66. N. 9. erwähnten) Dissert. de numerorum quos Arabicos vocant vera origine Pythag. Norimb. 1801. in Kupfer mitgetheilt ist. Aus dieser Stelle des Boethius zieht Mannert das wichtige Resultat, daß die Pythagoräer sich beim Multipliciren und Dividiren eines dem unsrigen ähnlichen Verfahrens und dazu eigener Charaktere bedient haben, woraus unsere Ziffern entstanden seyen, und daß daher dem Pythagoras, wenn auch nicht die Erfindung, doch die Einführung der Decimalrechnung zuzuschreiben sey. — Allein diese Folgerung hat nicht allgemeinen Beifall gefunden, da sich sonst keine Spur davon in den Schriften des Alterthums findet.

z. B.

1) Ganze.	2) Brüche.	3) Ganze u. Brüche.
$200 + 60 + 5$	$0{,}2 + 0{,}01$	$30 + 2 + 0{,}3$
2	4	3
$400 + 120 + 10$	$0{,}8 + 0{,}04$	$90 + 6 + 0{,}9$

Kürzer.

265	0,21	32,3
2	4	3
. 10	0,84	. 0,9
12 .		96
4 . .		96,9
530		

Allgemein. $az^{-1} + bz^{0} + cz^{1} + dz^{2}$
multipl. mit n
$naz^{-1} + nbz^{0} + ncz^{1} + ndz^{2}$

So läßt sich daraus die Regel abnehmen: **Um Zahlen, welche aus Zahlen verschiedener Ordnungen zusammengesetzt sind, mit einer gewissen Zahl zu multipliciren, muß man „die Zahl jeder Ordnung mit jener multipliciren.“**

3) der Ordnungszahlen:

10, 100, 1000. . . . 0,1, 0,01. 0,001, ...

§. 83. Da eine Zahl einer höhern Ordnung 10mal, die einer zweimal höhern 100mal, die einer dreimal höhern 1000mal ꝛc. **größer**, als die Grundzahl ist, und auf gleiche Weise die Zahlen einer 1, 2, 3 . . . mal tiefern Ordnung 10, 100, 1000 . . . mal **kleiner**, so folgt, daß, **wenn man eine Zahl**, z. B. 6, **erheben will**

z. nächst höhern (60), so mult. m. sie m. „10; 6.10 = 60“
z. 2mal höhern (600), „ „ „100; 6.100 = 600“
z. 3mal höhern (6000), „ „ „1000; 6.1000 = 6000“
u. s. w.

Und soll man eine Zahl zu tiefern Ordnungen herabsetzen, als 6

z. nächst tief. (0,6), so mult. m. sie mit „0,1 ; 6.0,1 = 0,6"
z. 2mal tief. (0,06), „ „ „0,01 ; 6.0,01 = 0,06"
z. 3m. tief. (0,006), „ „ „0,001 ; 6.0,001 = 0,006"
u. s. w.

Da man also bei diesen Operationen weiter nichts zu thun hat, als Nullen hinter oder vor die Zahl zu setzen, wodurch man die Zahlen in höhere oder tiefere Stellen rückt, so ergiebt sich daraus die Regel: Wenn man eine Zahl n mit 10, 100, 1000 . . . zu multipliciren hat, so „setzt man so viel Nullen hinter die Zahl, als der Multiplicator hat, und wenn man eine Zahl mit 0,1, 0,01, 0,001 . . . . multipliciren soll, so setzt man eben soviel Nullen vor."

Beispiele.

$8 \times 1000 = 8000$; $14 . 1000 = 14000$
$9 \times 100 = 900$; $35 . 100 = 3500$
$4 \times 0,01 = 0,04$; $127 . 0,01 = 1,27$
$13 \times 0,001 = 0,013$; $46 . 0,001 = 0,046$

Anmerk. Ist der Multiplicandus schon eine Zahl höherer Ordnung, als $30 \times 10 = 300$, $30 \times 20 = 600$ u. s. w., so leuchtet ein, daß man ihn soviel Nullen anhängen muß, als „beide Factoren haben."

4) mit zusammengesetzten Zahlen in Rücksicht ihrer Ordnungen.

§. 84. Dem gemäß giebt die Multiplication

a) der Einer mit Zehnern ($1 . 10 = 10^1$), „Zehner"
„ Zehner „ Zehnern ($10^1 . 10^1 = 10^2$), „Hunderte"
„ Zehner „ Hundert. ($10^1 . 10^2 = 10^3$), „Tausende"
u. s. w.

Allgemein, wenn m und n die Ordnungszahlen verschiedener Ordnungen sind $10^m \cdot 10^n = 10^{(m+n)}$; d. h. das Product aus 2 ganzen decadischen Zahlen steigt zu demjenigen Ordnungswerthe empor, „welchen beide Factoren zusammen ausmachen."

β) Desgleichen auf der andern Seite die Multiplication der Einer mit 10theilen ($1 \cdot 10^{-1} = 10^{-1}$), 10theile
„ 10theile m. 10theilen ($10^{-1} \cdot 10^{-1} = 10^{-2}$), 100theile
„ 10theile m. 100theil. ($10^{-1} \cdot 10^{-2} = 10^{-3}$), 1000theile
u. s. w.

Allgem. $10^{-m} \cdot 10^{-n} = 10^{-(m+n)}$, d. h. „der Ordnungswerth zweier Decimalbrüche steigt zu demjenigen herab, welchen die Ordnungswerthe beider Factoren zusammen ausmachen."

γ) Treffen aber Factoren entgegengesetzter Ordnungen, steigender und fallender, zusammen, d. i. sollen ganze Decimalzahlen mit Decimalbrüchen multiplicirt werden, und umgekehrt, so müssen die Zahlen der steigenden Ordnungen die der fallenden, und umgekehrt, tilgen; dann geben

Zehner mit Zehntheilchen ($10^1 \cdot 10^{-1} = 10^0 = 1$) Einer
Hunderte „ „ „ ($10^2 \cdot 10^{-1} = 10^{2-1} = 10^1$) Zehner
Tausende „ „ „ ($10^3 \cdot 10^{-1} = 10^{3-1} = 10^2$) Hunderte
Zehner „ „ „ ($10^1 \cdot 10^{-2} = 10^{1-2} = 10^{-1}$) Zehntheile
Hunderte mit Hundertth. ($10^2 \cdot 10^{-2} = 10^{2-2} = 10^0$) Einer

Tausende mit Hunderttheil. ($10^3 . 10^{-2} = 10^{3-2} = 10^1$) Zehner

u. s. w.

Allgem. $10^{+m} . 10^{-n} = 10^{m-n}$, d. h. „der Ordnungswerth der Producte aus Ganzen und Decimalbrüchen ist der, welchen die Differenz der Ordnungswerthe beider Factoren ausspricht."

α) Ganzer Decimalzahlen mit Ganzen.

§. 85. Wenden wir nun die §. 81. bis 84. entwickelten Gesetze der Multiplication auf nach ihren Ordnungswerthen gestellte Zahlen an, so werden sich die allgemeinen Regeln leicht ableiten lassen. Es sey

der Multiplicantus: $4876 = 4000 + 800 + 70 + 6$

der Multiplicator: $437 = 400 + 30 + 7$

$$
\begin{array}{rrrrrr}
= 4000 + 800 + 70 + 6 \\
= 400 + 30 + 7 \\
\hline
1\,600\,000 + 320\,000 + 28\,000 + & 2\,400 & & \\
+ 120\,000 + 24\,000 + & 2\,100 + 180 & & \\
+ 28\,000 + & 5\,600 + 490 + 42 & & \\
\hline
1\,600\,000 + 440\,000 + 80\,000 + & 10\,100 + 670 + 42 & &
\end{array}
$$

und wenn man sie nach ihren Ordnungswerthen zusammensetzt:

$$
\begin{array}{r}
1\,600\,000 \\
440\,000 \\
80\,000 \\
10\,100 \\
670 \\
42 \\
\hline
\end{array}
$$

so ist das Product $= 2\,130\,812$

Allgemein sey mit steigenden Ordnungen der

$$\begin{array}{lllll}
\text{Multiplicand.} & az^1 + bz^2 & + cz^3 \;\ldots\ldots\ldots & & xz^n \\
\text{Multiplctr.} = & ez^2 + fz^3 & & & \\
\hline
 & aez^3 + bez^4 & + cez^5 \;\ldots\ldots\ldots & & exz^{n+2} \\
 & \quad afz^4 & + bfz^5 & + cfz^6 \;\ldots\ldots & fxz^{n+3} \\
\hline
 & aez^3 + (be + af)z^4 & + (ce + bf)z^5 & + cfz^6 \ldots exz^{n+2} & + fxz^{n+3}
\end{array}$$

$$\begin{array}{lllll}
\text{Multiplicandus.} & az^n & + bz^{n+1} \;\ldots\ldots & yz^{n+1} & \\
\text{Multiplicator.} & dz^n & + ez^{n+1} & & \\
\hline
 & adz^{2n} & + bdz^{2n+1} \;\ldots\ldots\ldots & & + dyz^{2n+1} \\
 & & aez^{2n+1} & + bez^{2n+2} \;\ldots\ldots & + eyz^{2n+1+1} \\
\hline
 & adz^{2n} & + (bd + ae)z^{2n+1} & + bez^{2n+2} + dz^{2n+1} & + eyz^{2n+1+1}
\end{array}$$

So geht für die Multiplication ganzer nach Ordnungen zusammengesetzter Zahlen die allgemeine Regel hervor: „Man multiplicirt jede Zahl jeder Ordnung des Multiplicandus mit jeder Zahl jeder Ordnung des Multiplicators, und addirt dann die Producte nach ihren Ordnungswerthen.

Um aber das Schreiben vieler Nullen zu ersparen, so schreibt man entweder die Vielfachen jedes einzelnen Theils der Factoren nach ihren Ordnungswerthen untereinander und addirt dann, oder man nimmt auch sogleich die Zahlen höherer Ordnung zu dem nächsten Producte, wobei man jedoch gebunden ist, bei der kleinern Ordnung, mithin zur Linken anzufangen; als: entweder

```
 4876          oder kürzer  4876
  437                        437
 ─────                      ─────
 16.....                   34132
 .32....                  14628
 ..28...                 19504
 ...24..                 ───────
 .12....                 2130812
 ..24...
 ...21..
 ....18.
 ..28...
 ...56..
 ....49.
 .....42
 ───────
 2130812
```

Anmerk. 1. Wie das Product einfacher Zahlen niemals weniger als $2 - 1 = 1$ Ziffer (Zahlstelle) ($2 . 2 = 4$) und auch nicht über 2 (denn $9 . 9 = 81$) hat, so bekommen Producte aus Factoren, welche zusammen 6 Ziffern haben, nicht unter $6 - 1 = 5$ und nicht über 6 Ziffern. Hat daher ein Factor m Ziffern, der andere n Ziffern, so hat das Product nicht unter $(m + n) - 1$, und nicht über $m + n$ Ziffern oder Zahlstellen [73].

73) Auf dieselbe Weise sind auch die Griechen bei ihrer Multiplication verfahren. Es mögen dieß zwei Beispiele aus des Eutocius Commentar zu Archimeds Kreisrechnung, Theor. 3.

Anmerk. 2. Wie die decadischen Zahlen, so multiplicirt man auch die Zahlen anderer Zahlsysteme, z. B.

decadisch.	dyadisch.	tetradisch.
461 =	111001101 =	13031
37 =	100101 =	211
3227	111001101	13031
1383	111001101	13031
	111001101	32122
17057 =	100001010100001 =	10022201

so auch triadisch, pentadisch, ꝛc.

β) Decimalbrüche mit Decimalbrüchen.

§. 86. Auf gleiche Weise wird sich für die Multiplication mit Decimalbrüchen, bei welchen (nach §. 84. β.) das Product zu einer so tiefen Ordnung herabsteigt, als die Ordnungen beider Factoren zusammen machen, eine allgemeine Regel ableiten lassen. Die Factoren seyen

nach Wallis (opp. Tom. III. p. 550. etc.) bewiesen. Vergl. Delambre im angef. Werke, p. 535 u. 538.

ρνγ	= 153	φοα	= 571
ρνγ	= 153	φοα	= 571
α	1....	κε γ	25....
Μ,ετ	.5...	Μ Μ,εφ	.35...
,ε,βφρι	..3..	γ	...5..
	.5...	Μ,ε,δϽο	.35...
τρι θ	.25..		..49..
β	..15.	φοα	....7.
Μ ,γυθ	..3..	λβ	...571
	..15	Μ ,ςμα,ι =	326041
	9		
	23409		

$$\begin{array}{r} 0,873 \cdot \\ 0,6 \\ \hline 0,5238 \end{array} \qquad \begin{array}{r} 0,572 \\ 0,64 \\ \hline 0,02288 \\ 0,3432 \\ \hline 0,36608 \end{array} \qquad \begin{array}{r} 0,0213 \\ 0,429 \\ \hline 1917 \\ 426 \\ 852 \\ \hline 0,0091377 \end{array}$$

Allgemein.

$$\begin{array}{l} az^{-1} + bz^{-2} + \ldots\ldots\ldots xz^{-n} \\ dz^{-1} + ez^{-2} \\ \hline adz^{-2} + bdz^{-3} + \ldots\ldots\ldots dxz^{-(n+1)} \\ \qquad aez^{-3} + bez^{-4} + \ldots\ldots\ldots exz^{-(n+2)} \\ \hline adz^{-2} + (bd+ae)z^{-3} + bez^{-4} \ldots\ldots + dxz^{-n+1} + exz^{-(n+2)} \end{array}$$

Regel. Man verfährt daher bei der Multiplication mit Decimalbrüchen „wie bei ganzen Zahlen (s. α.), und das Product erhält soviel Decimalstellen, als beide Factoren enthalten."

Anmerk. Nicht selten tritt der Fall ein, daß man der kleinsten Theilchen eines solchen Products, mithin der letzten Decimalstellen, nicht bedarf. Um sich daher auch die Rechnung zu ersparen, fängt man zur Rechten an zu multipliciren, und schreibt bei der nächsten Zahl die höhern des Products unter die vorigen. Man nennt dieses abgekürzte Multiplication (multipl. contracta). Z. B.

a) bis Tausendtheile.

$$\begin{array}{r} 0,\ 375 \\ 0,\ 43 \\ \hline 0,128 \ldots \\ 0,(22). \ldots \\ 9 \ldots \\ \hline 0,159 \ldots \end{array}$$

b) bis Milliontheilchen.

$$\begin{array}{r} 0,7698 \\ 0,5432 \\ \hline 0,35050 \ldots \\ (344) \ldots \\ 28462 \ldots \\ (233) \ldots \\ 2187 \ldots \\ (12). \ldots \\ 142 \ldots \\ (1). \ldots \\ \hline 0,410151 \ldots \end{array}$$

Es leuchtet ein, daß das Product um ein weniges zu klein bleibt. Oft nimmt man daher die letzte Zahl um 1 größer, wodurch aber das Product um ein Theilchen wieder zu groß wird.

γ) Ganze Decimalzahlen mit Decimalbrüchen.

§. 87. So muß sich nun auch mit Rücksicht des Obigen (§. 84. γ.) das Verfahren bei der Multiplication ganzer Decimalzahlen mit Decimalbrüchen, und umgekehrt, ergeben. Da das Komma die Brüche von dem Ganzen scheidet, so ist das Setzen desselben deshalb von der meisten Wichtigkeit.

789	0,479	14,582
0,34	352	7,24
31,56	0,958	0,58 328
236,7	23,95	2,91 64
268,26	143,7	102,07 4
	168,608	105,57 368

Allgemein.

$$\begin{array}{llllll}
az^{1}+bz^{2} & +cz^{3} & \ldots & vz^{n} & & \\
ez^{-2}+fz^{-1} & & & & & \\
\hline
aez^{-1}+bez^{0} & +cez^{1} & \ldots & +evz^{(n-2)} & & \\
\quad afz^{0} & +bfz^{1} & +cfz^{2} & \ldots\ldots & +fvz^{(n-1)} & \\
\hline
aez^{-1}+(be+af)z^{0} & +(ce+bf)z^{1} & +cfz^{2} & \ldots\ldots evz^{n-2} & +fvz^{n-1} &
\end{array}$$

Regel. „Bei der Multiplication der Ganzen und Brüche verfährt man daher wie bei den Ganzen, und das Product bekommt soviel Decimalstellen, als einer von beiden Factoren hat (β) [74].

74) Um noch an einem Beispiele darzustellen, wie die Griechen mit an Ganze angehängten Brüchen multiplicirten, so wählen wir das Beispiel aus des Eutocius Commentare über Archimedes Kreismessung (s. Wallis opp. T. III. p. 557;

Anmerk. Um sich von der Richtigkeit der Multiplication zu überzeugen, so darf man nur mit dem Producte die entgegengesetzte Operation vornehmen, d. h. „mit einem der Factoren darein dividiren. Erscheint zum Quotienten der andere Factor, so ist die Rechnung richtig."

d) Division

1) der Zahlen überhaupt.

§. 88. Die Division im allgemeinen besteht (nach §. 31. b.) in der Eintheilung des Dividendus nach dem Divisor, als dem Maaße, um zu erkennen, wievielmal dieser in jenem enthalten ist. Es ist daher die Division der Zahlen eine Untersuchung, wievielmal die Zahl des Divisors in der des Dividends enthalten ist. Aber wie wir oben im allgemeinen gesehen

Delambre im angeführten Werke, S. 540, wo aber das Griechische fehlerhaft abgedruckt ist.)

͵αωλη θια = $1838\,^{9}_{11}$

͵αωλη θια = $1838\,^{9}_{11}$

$\overset{\rho}{M}\,\overset{\pi}{M}\,\overset{\gamma}{M}$ ηωιγ βια = $1838818\,^{2}_{11}$

$\overset{\pi}{M}\,\overset{\xi\delta}{M}\,\overset{\beta}{M}$ ͵δ ͵ςυχνδ ςια = $1471054\,^{6}_{11}$

$\overset{\gamma}{M}\,\overset{\beta}{M}$ ͵δ ϡσμκδ ςια = ..$55164\,^{6}_{11}$

η ͵ςυσμξδς ςια = ..$14710\,^{6}_{11}$

ωιη βια = ...$818\,^{2}_{11}$

χνδ ςια = ...$654\,^{6}_{11}$

κδ ςια = ...$24\,^{6}_{11}$

ς ςια = ...$6\,^{6}_{11}$

παρκα = ...$^{81}_{121}$

τλη M ͵ασνα ζια παρκα = $3381251\,^{7}_{11} + ^{81}_{121}$

oder $\overset{\tau\lambda\eta}{M}$ ͵ασνβ λζρκα = $3381252\,^{37}_{121}$

haben (§. 30.), daß Größen nach andern entweder **genau eingetheilt** werden können (d. i. commensurabel), oder **nicht** (d. i. incommensurabel sind), so kann dieß auch bei den Zahlen der Fall seyn; d. h. es giebt Zahlen, welche sich nach gewissen andern völlig eintheilen lassen, und solche, bei welchen es nicht genau geschehen kann. Dieß läßt sich schon aus einer genauen Betrachtung der Pythagorischen Rechentafel (§. 81.) ersehen. Z. E. 6 läßt sich dividiren durch 2 und 3, 14 durch 2 und 7, 36 durch 4, 6, 9, 12 rc. Dagegen 5 nicht durch 4, 11 nicht durch 6 rc. Wir beschränken uns zuerst auf das Verfahren mit durch einander völlig theilbaren Zahlen, und es wird dann das für untheilbare durch andere hervorgehen.

Anmerk. Das Zertheilen einer Zahl in ihre Factoren, als $8 = 2 \cdot 4$, $35 = 5 \cdot 7$, $42 = 2 \cdot 3 \cdot 7$ rc., nennt man **zerfällen** oder **zerlegen**. In so fern heißt die **zu zerfällende Zahl der Dividuus** (n. dividuus, αριθμος μεριστος), und in Rücksicht ihrer Factoren **gemeinschaftlicher Dividuus** (dividuus communis). Ist die Zahl ein Product aus 2 Primzahlen, als $35 = 5 \cdot 7$, $77 = 7 \cdot 11$ rc., so heißt sie der **kleinste gemeinschaftliche Dividuus** (divid. comm. minimus) für diese.

2) zusammengesetzter Zahlen.

§. 89. Wir haben ferner oben (§. 33.) erkannt, daß, wenn Größen **als Summen mehrerer Theile** ausgedrückt sind, **jeder** der Theile durch den Divisor getheilt werden müsse. Sollen daher Zahlen, welche aus andern von **verschiedener** Ordnung wie Theile zu einem Ganzen zusammengesetzt sind (als $663 = 600 + 60 + 3$; $14{,}86 = [10 + 4 + 0{,}8 + 0{,}06]$ rc.) dividirt werden, so muß jenes Gesetz auch für Zahlen gelten, die aus Zahlen verschiedener Ordnungen bestehen.

Z. B. 1) Ganze.

$$663:3 = \frac{600}{3} + \frac{60}{3} + \frac{3}{3} = 200 + 20 = 1 = 221$$

2) Brüche.

$$0{,}804:4 = \frac{0{,}8}{4} + \frac{0{,}004}{4} = 0{,}2 + 0{,}001 = 0{,}201$$

3) Ganze und Brüche.

$$14{,}86:2 = \frac{14}{2} + \frac{0{,}8}{2} + \frac{0{,}06}{2} = 7 + 0{,}4 + 0{,}03 = 7{,}43$$

Kürzer.

1) $663:3 = \frac{663}{3} = 221$

2) $0{,}804:4 = \frac{0{,}804}{4} = 0{,}201$

3) $14{,}86:2 = \frac{14{,}86}{2} = 7{,}43$

Allgemein.

$$(anz^1 + bnz^2 + cnz^3):n =$$
$$= \frac{anz^1}{n} + \frac{bnz^2}{n} + \frac{cnz^3}{n} + \frac{dnz^4}{n} =$$
$$= az^1 \quad + bz^2 \quad + cz^3 \quad + dz^4.$$

$$(amz^n + bmz^{n+1} + cmz^{n+2} \ldots\ldots xmz^{(n+r)}):m$$
$$= \frac{amz^n}{m} + \frac{bmz^{n+1}}{m} + \frac{cmz^{n+2}}{m} \ldots\ldots \frac{xmz^{(n+r)}}{m} =$$
$$= az^n \quad + bz^{n+1} \quad + cz^{n+2} \ldots\ldots xz^{(n+r)}$$

So tritt hieraus das allgemeine Gesetz für die Division der zusammengesetzten Zahlen verschiedener Ordnungen hervor: „daß jeder Bestandtheil des Dividendus durch den Divisor dividirt werden müsse.“

3) der Ordnungszahlen:

10; 100; 1000 ꝛc. 0,1; 0,01; 0,001 u. s. f.

§. 90. Bei der **Multiplication** mit den Ordnungszahlen (§. 83.) sahen wir, daß man bei denen der **steigenden** Ordnungen eben so viele Nullen **anhängen** mußte, als der Multiplicator Nullen hat, wodurch die Zahl um ebensoviele Stellen höher gestellt wird; bei denen der **fallenden** aber eben so viele Nullen **vorzusetzen** waren, weil die Zahl dadurch um soviele Stellen herabgesetzt wird. Da nun die **Division** die gerade **entgegengesetzte Operation** ist, so muß auch bei ihr das Entgegengesetzte Statt finden: d. h. bei der Division mit Zehnern, Hunderten, Tausenden ꝛc. müssen die Zahlen 10, 100, 1000 ... mal **kleiner** und mit Zehn-, Hundert-, Tausend- ꝛc. Theilen um 10, 100, 1000 ... mal **größer** werden. Z. B.

$3600 : 10 = \frac{3600}{10} = 360$; $3600 : 0,1 = 36000$

$3600 : 100 = \frac{3600}{100} = 36$; $3600 : 0,01 = 360000$

$3600 : 1000 = \frac{3600}{1000} = 3,6$; $360 : 0,1 = 3600$

$360 : 1000 = \frac{360}{1000} = 0,36$; $36 : 0,1 = 360$

$36 : 1000 = \frac{36}{1000} = 0,036$; $36 : 0,01 = 3600$

. .

.

. .

$4536 : 100 = \frac{4536}{100} = 45,36$; $45,36 : 0,01 = 4636$

u. s. w.

Es ergiebt sich daher hieraus die Regel: „Wenn man eine Zahl mit 10, 100, 1000 ... **dividiren** soll, so **schneidet** man **soviel Zahlstellen ab**, als der **Divisor Nullen hat**, oder **rückt das Komma um soviele Stellen zur Linken**; um aber eine Zahl mit 0,1; 0,01; 0,001 .... zu **dividiren**, so **setzt** man **das Komma um soviel Stellen zur Rechten**.“

Anmerk. Es leuchtet dabei von selbst ein, daß wenn sich im Dividend und Divisor eine gewisse Anzahl Nullen befinden, als:

$$\frac{5300}{100} = 53;\ \frac{240}{300} = \frac{24}{30};\ \frac{8000}{200} = \frac{80}{2} = 40$$

$$\frac{0,3}{0,5} = \frac{3}{5};\ \frac{0,02}{0,4} = \frac{0,2}{4} = ;\ \frac{0,06}{0,003} = \frac{6}{0,3};$$

man „in beiden Factoren eine gleiche Anzahl Nullen sogleich ausstreichen kann."

4) zusammengesetzter Zahlen, in Rücksicht ihrer Ordnungen.

§. 91. Dem gemäß lassen sich nun auch die Gesetze der Division der nach Ordnungen zusammengesetzten Zahlen ableiten. Aber da sehr viel darauf ankommt, ob der Dividend oder Divisor eine Zahl höherer Ordnung ist, so ist hier eine doppelte Unterscheidung nöthig.

a) Wenn beide Factoren Ganze sind und

1) der Divisor kleiner, als der Dividendus,

so sind

Einer in Zehner $\left(\frac{10}{1} = \frac{10^1}{10^0} = 10^1\right)$ „10mal"

Zehner in Hunderten $\left(\frac{100}{10} = \frac{10^2}{10^1} = 10^1\right)$ „10mal"

Zehner in Tausenden $\left(\frac{1000}{10} = \frac{10^3}{10^1} = 10^2\right)$ „100mal"

Hunderte in Tausenden $\left(\frac{1000}{100} = \frac{10^3}{10^2} = 10^1\right)$ „10mal"

u. s. w. enthalten.

Allgem. Wenn $m > n$; $10^m : 10^n = 10^{m-n}$, d. h. „der Quotient steigt zu einem um so tiefern

Ordnungswerthe herab, als die Differenz der Ordnungswerthe beider Factoren beträgt."

c) der Divisor größer als der Dividend.

Zehner in Einern $\left(\frac{1}{10} = \frac{10^0}{10^1} = 10^{-1}\right)$ „Zehntheilmal"

Hunderte in Zehnern $\left(\frac{10}{100} = \frac{10^1}{10^2} = 10^{-1}\right)$ „Zehntheilm"

Tausende in Zehnern $\left(\frac{10}{1000} = \frac{10^1}{10^3} = 10^{-2}\right)$ „Hunderttheilmal"

u. s. w. enthalten.

Allgem. $10^n : 10^m = 10^{(n-m)}$, wo $m > n$, mithin nach der Vergleichung des n und m von m ein Ueberschuß bleibt. Es kommt daher der Quotient „zu einer um soviel tiefern Ordnung herab, als der Ueberschuß der Ordnungswerthe der Factoren ausmacht."

β) Wenn beide Factoren Decimalbrüche sind und

1) der Divisor kleiner als der Dividend; so sind

Hunderttheile in Zehntheilen $\left(\frac{0{,}1}{0{,}01} = \frac{10^{-1}}{10^{-2}} = 10^1\right)$ „zehnmal"

Tausendtheile in Zehntheilen $\left(\frac{0{,}1}{0{,}001} = \frac{10^{-1}}{10^{-3}} = 10^2\right)$ „hundertmal"

Tausendtheile in Hunderttheilen $\left(\frac{0{,}01}{0{,}001} = \frac{10^{-2}}{10^{-3}} = 10^1\right)$ „zehnmal"

u. s. w. enthalten.

Allgem. $10^{-m} : 10^{-n} = 10^{(m-n)}$

Es wird daher in diesem Falle der Quotient „eine Zahl steigenden (positiven) Ordnungswerthes so hoch, als die Differenz der Ordnungswerthe beider Factoren ist."

2) der Divisor größer als der Dividend; so sind

Einer in Zehntheilen $\left(\frac{0,1}{1} = \frac{10^{-1}}{10^{0}} = 10^{-1}\right)$ „zehntelmal"

Zehntheile in Hunderttheile $\left(\frac{0,01}{0,1} = \frac{10^{-2}}{10^{-1}} = 10^{-1}\right)$ „zehntelmal"

Zehntheile in Tausendtheile $\left(\frac{0,001}{0,1} = \frac{10^{-3}}{10^{-1}} = 10^{-2}\right)$ „hundertth."

Zehntheile in Zehntausendth. $\left(\frac{0,0001}{0,1} = \frac{10^{-4}}{10^{-1}} = 10^{-3}\right)$ „tausendtheilmal"

u. s. w. enthalten.

Allgem. $10^{-n} : 10^{-m} = 10^{-(m-n)}$, d. h. der Quotient „erhält einen Ordnungswerth fallender (negativer) Ordnung so tief, als die Differenz der Werthe beider Factoren giebt."

γ) Wenn Factoren von entgegengesetztem Ordnungswerthe zusammentreffen, und

1) der Dividendus eine ganze Zahl der Divisor ein Decimalbruch, so sind

Zehntheile in Zehnern $\left(\frac{10}{0,1} = \frac{10^{1}}{10^{-1}} = 10^{2}\right)$ „hundertm."

Zehntheile in Hunderten $\left(\frac{100}{0,1} = \frac{10^2}{10^{-1}} = 10^3\right)$ „tausendm."

Hunderttheile in Zehnern $\left(\frac{10}{0,01} = \frac{10^1}{10^{-2}} = 10^3\right)$ „tausendm."

u. s. w.

Allgem. $10^m : 10^{-n} = 10^{m+n}$, d. h. der Quotient „erlangt einen so hohen Ordnungswerth steigender Ordnung, als die Summe der Ordnungswerthe beider Factoren ist."

2) der Dividend ein Decimalbruch, der Divisor eine ganze Zahl; so sind

Zehner in Zehntheilen $\left(\frac{0,1}{10} = \frac{10^{-1}}{10^1} = 10^{-2}\right)$ „hunderttheilmal"

Zehner in Hunderttheilen $\left(\frac{0,01}{10} = \frac{10^{-2}}{10^1} = 10^{-3}\right)$ „tausendtheilmal"

Zehner in Tausendtheilen $\left(\frac{0,001}{10} = \frac{10^{-3}}{10^1} = 10^{4}\right)$ „zehntausendtheilmal"

u. s. w.

Allgem. $10^{-m} : 10^n = 10^{-(m+n)}$, d. h. der Quotient „kommt zu einem so tiefen Ordnungswerthe herab, als die Ordnungswerthe beider Factoren zusammen betragen."

Anwendung dieser Gesetze.

§. 92. Gemäß diesen entwickelten Gesetzen der Division der nach Ordnungen zusammengesetzten Zahlen werden sich nun aus einzelnen Beispielen die Regeln der Operation selbst ableiten lassen, und zwar

α) bei ganzen Decimalzahlen mit ganzen.

Der Dividendus sey $= 4899 = 4000 + 800 + 90 + 9$,
der Divisor $= 23 = 20 + 3$, mithin

Divisor.	Dividend.	Quotient.
$20 + 3$	$4000 + 800 + 90 + 9$	$200 + 10 + 3$
	$4000 + 600$	
	# $\quad 200 + 90$	
	$200 + 30$	
	# $\quad 60 + 9$	
	$60 + 9$	
	# $\quad$ #	

Allgemein.

Divisor.	Dividend.	Quotient.
$ez^2 + fz^3$	$aez^3 + (be + af)z^4 + (ce + bf)z^5 + dfz^6$	$az^1 + bz^2 + cz^3$
	$aez^3 \quad afz^4$	
	# $\quad bez^4$ # $+ (ce + bf)z^5$	
	$bez^4 \quad + \quad bfz^5$	
	# $\quad cez^5$ # $+ dfz^6$	
	$cez^5 \quad + dfz^6$	
	# $\quad$ #	

Divisor.	Dividend.	Quotient.
$400 + 30 + 7$	$1600000 + 440000 + 80000 + 10100 + 670 + 42$	$4000 + 800 + 70 + 6$
	$1600000 + 120000 + 28000 \quad . \quad . \quad .$	(§. 85.)
	$\# \quad 320000 + 52000 + 10100 \quad . \quad .$	
	$320000 + 24000 + 5600 \quad . \quad .$	
	$\# \quad 28000 + 4500 + 670 \quad .$	
	$28000 + 2100 + 490 \quad .$	
	$\# \quad + \quad 2400 + 180 + 42$	
	$2400 + 180 + 42$	
	$\# \quad \# \quad \#$	

Divisor.	Dividend.	Quotient.
$dz^n + ez^{n+1}$	$adz^{2n} + (bd + ae)z^{(2n+1)} + (cd + be)z^{(2n+2)} + cez^{(2n+3)}$	$az^n + bz^{(n+1)} + cz^{(n+2)}$
	$adz^{2n} + aez^{(2n+1)} \quad : \quad :$	
	$\# \quad bdz^{(2n+1)} : \quad + (cd + be)z^{(2n+2)} \quad :$	
	$bdz^{(2n+1)} : \quad + \quad bez^{(2n+2)} \quad :$	
	$\# \quad cdz^{(2n+2)} \quad + cez^{(2n+3)}$	
	$cdz^{(2n+2)} \quad + cez^{(2n+3)}$	
	$\# \quad \#$	

Hieraus fließt die allgemeine Regel für die Division zusammengesetzter ganzer Zahlen: „Man dividirt mit der Zahl der höchsten Ordnung des Divisors in die Zahl der höchsten Ordnung des Dividendus; mit dem Quotienten multiplicirt man die Zahlen jeder Ordnung des Divisors und zieht die Producte von ihren gleichwerthen im Dividendus ab. Was übrig bleibt, nimmt man zum folgenden. So verfährt man sovielmal, als der Dividendus es zuläßt" [75]).

Um jedoch das Schreiben vieler Nullen zu ersparen, verfährt man kürzer, indem man die Zahlen sogleich geordnet schreibt, als:

75) Wie die Alten ihre Division verrichtet haben, findet sich kein Beispiel in den oben (§. 70. N. 20.) genannten Werken, aus welchen wir die übrigen Rechnungsarten derselben erkannt haben. Auch Delambre hat keins in seiner erwähnten Abhandlung über die Arithmet. d. Griechen, wiewohl er (S. 560.) versichert, eine große Menge Manuscripte auf der Bibliothek zu Paris durchgeblättert zu haben. Nur wie die Alten Grade, Minuten und Secunden eingetheilt haben, hat er aus des Ptolomäus Almagest dargelegt. Auch er kann sich nicht überzeugen, daß die Griechen größere Zahlen zu dividiren nicht gewußt hätten (S. 540.) — Eine genaue Ansicht des Fragments des 2ten Buchs von Pappus Alexandrinus (s. Wallis Opp. Tom. III. p. 597. etc.) macht es aber nicht unwahrscheinlich, daß die Alten jede Zahl erst in ihre Factoren zerlegt und dann die Operation verrichtet haben; daher ihnen auch die Kenntniß der Eigenschaften der geraden und ungeraden Zahlen sehr wichtig war. Vergl. Euclid's Elem. IX. 21. u. ff.; mehrere Stellen bei Platon; s. Vorrede S. 37. rc. — Welcher Methode sie sich auch bedient haben mögen, so war sie gewiß weit umständlicher und beschwerlicher, als die unsrige.

```
23 | 4899 | 213 . 437 | 2130812 | 4876
     46..                1748...
     ----               -------
      29.                3828..
      23.                3496..
     ----               -------
       69                 3321.
       69                 3059.
     ----               -------
        #                  2622
                           2622
                          -----
                             #
```

Kürzer mit Ausstreichen.

```
23 | 4899 | 213 . 437 | 2130812 | 4876
     26                   51222
                          48814
                          3676
                           332
                            3
                            2
```

Anmerk. 1. Wenn die Zahl der höchsten Ordnung im Dividendus kleiner, als die im Divisor, mithin diese nicht in jener enthalten ist, so geht man zur nächsten Ordnung und nimmt beide zusammen.

```
5 | 345 | 69          32 | 11104 | 347
    30                      96.
    ---                    ----
     45                     150
     45                     128
    ---                    ----
      0                      224
                             224
                            ----
                               0
```

Anmerk. 2. Ohne das Einmaleins zu gebrauchen, kann man auch die Division durch die Addition und Subtraction verrichten. Soll z. B. 3125 durch 25 dividirt werden, so bildet man durch Addition zuerst die Vielfachen des Divisors 25 bis 9, und zieht dann immer die höchste dieser Vielfachen, welche von den gehörigen Zahlen des Dividendus abgezogen werden kann, ab. Die Zahlen der Vielfachen geben die Quotienten [76]). Z. B.

```
 25 | 1          3125 | 125
 50 | 2          25..
 75 | 3          ----
100 | 4           62.
125 | 5           50.
  . | .          ----
  . | .           125
  . | .           125
                 ----
                    0
```

Anmerk. 3. Nach jener Regel dividirt man auch nach andern Zahlensystemen, als:

```
1) decadisch.        2) dyadisch.               3) tetradisch.
6 | 42 | 7  =  110 | 101010 | 111  =  12 | 222 | 13
    42               110..                   12
   ----             ------                  ----
    #                1001.                   102
                      110.                   102
                    ------                  ----
                      110                     #
                      110
                    ------
                        0
```

β) Decimalbrüche mit Decimalbrüchen.

§. 93. Eben so ergiebt sich auch die Regel für die Division mit Decimalbrüchen, bei welchen (§. 91. β.) der Quotient zu einer so hohen Ordnung steigt oder fällt, als der Unterschied der Werthe beider Factoren ist.

76) Dieser Weise hat sich nach Wolfs Zeugnisse (Anfangsgr. der math. Wissensch. Th. 1. S. 71.) zuerst Ludolph, Prof. der Mathem. zu Erfurt, bedient, als einer seiner Schüler das Einmaleins nicht hatte merken können.

0,6 | 0,5238 | 0,873 . 0,54 | 0,09288 | 0,172

```
  48..          54..
  ----          ----
  438           388.
  42.           378.
  ----          ----
   18            108
   18            108
  ----          ----
    0              0
```

Allgemein.

(Div. $dz^{-1} + ez^{-2}$) (Quot. $az^{-1} + bz^{-2} + cz^{-3}$)

$adz^{-2} + (bd + ae)z^{-3} + (cd + be)z^{-4} + cez^{-5}$ |

$adz^{-2} + \quad aez^{-3}$

\# $\quad bdz^{-3} \; ; \; + (cd + be)z^{-4}$

$\quad bdz^{-3} \; ; \; + \quad bez^{-4}$

\# $\quad + cdz^{-4} \; ; \; + cez^{-5}$

$\quad cdz^{-4} \; ; \; + cez^{-5}$

\# \#

Regel. Man verfährt daher bei der Division der Decimalbrüche „wie bei der der ganzen Zahlen, und hinter das Komma kommen so viel Decimalstellen, als die Differenz der Zahlen der Decimalstellen in beiden Factoren ist.“

γ) Ganze mit Decimalbrüchen und umgekehrt.

§. 94. Bei der Division systematisch geordneter Zahlen, steigender und fallender Ordnungswerthe, aber giebt der Umstand, ob der Dividendus oder der Divisor ein Ganzes oder Decimalbruch ist, wie wir §. 91. gesehen haben, einen zu wichtigen Unterschied, als daß wir nicht beide Fälle sondern müssen.

1) Ganze mit Brüchen.

0,243 | 176175 | 725000

1701 . .

. 6075

486 .

1215

1215

0

Allgemein.

(Div. $dz^{-2} + ez^{-1}$) (Quot. $az^3 + bz^4 + cz^5$)

$adz^1 + (bd + ae)z^2 + (be + cd)z^3 + cez^4$ |

$adz^1 +$. aez^2 . . .

\# $+ bdz^2$. $+ bez^4$ . .

bdz^2 $+ bez^3$ . .

\# \# $cdz^3 + cez^4$

$cdz^3 + cez^4$

\# \#

Regel. „Man dividirt wie bei blos ganzen Zahlen und der Quotient wird zu einer um so höhern Ordnung erhoben, als der Divisor Decimalstellen hat, daher an die Zahl des Quotienten eben soviel Nullen angehängt werden müssen."

2) Brüche mit Ganzen.

243 | 0,176175 | 0,000725

1701 . .

---

607 .

486 .

1215

1215

0

Allgemein.

(Div. $dz^2 + ez^1$)			(Quot. $az^{-3} + bz^{-4} + cz^{-5}$		
$adz^{-1} +$	$(bdz + ad)z^{-2} +$		$(be + cd)z^{-3} +$	cez^{-4}	|
$adz^{-1} +$	adz^{-2}		.	.	.
#	$+ bdz^{-2}$	#	$+ bez^{-3}$	.	.
	$+ bdz^{-2}$		$+ bez^{-3}$	.	.
	#		#	$cdz^{-3} +$	cez^{-4}
				$cdz^{-3} +$	cez^{-4}
				#	#

Regel. „Man dividirt ebenfalls wie mit ganzen Decimalzahlen; der Quotient aber wird um soviel Decimalstellen, als der Divisor Ordnungen hat, weiter als im Dividend herabgesetzt, mithin das Komma um ebensoviel Stellen weiter zur Linken vorgerückt und die Stellen mit Nullen ausgefüllt."

Anmerk. 1. Um Irrthum bei der Division in allen diesen Fällen zu vermeiden, kann man sich noch eines besondern Kunstgriffs bedienen. Denn wenn man den Dividend und den Divisor um gleichviel Ordnungen erhöht oder herabsetzt, so muß der Quotient immer derselbe bleiben, als

$$\frac{4}{2} = \frac{40}{20} = \frac{400}{200} = \frac{0,4}{0,2} = 2,$$

$$\frac{0,108}{36} = \frac{1,08}{360} = \frac{10,8}{1600} = \frac{108}{36000} = 0,003,$$

und umgekehrt, mithin obige Beispiele

a) $\frac{176175}{0,243} = \frac{176175000}{243} = 725000$

b) $\frac{0,176175}{243} = \frac{0,000176175}{0,243} = 0,000725$

Der Kunstgriff besteht daher darin, daß man,

a) wenn der Divisor ein Decimalbruch ist, „an den Dividend soviel Nullen hängt, als jener Decimalstellen hat und wie mit Ganzen dividirt;"

b) wenn der Dividend ein Decimalbruch ist, „vor diesen soviel Nullen setzt, als der Divisor Zahlstellen hat, den Divisor als einen Decimalbruch betrachtet und wie mit Decimalbrüchen dividirt."

Anmerk. 2. Da die entgegengesetzte Operation der Division die Multiplication ist, so ersieht man leicht, daß die Probe der Richtigkeit der Division „in Multiplication des Divisors mit dem Quotienten bestehen muß; als:

$$\begin{array}{r|r|r}
4{,}31 & 227{,}568 & 52{,}8 \\
 & \underline{215{,}5\,..} & \underline{4{,}31} \\
 & 12{,}06\,. & 0{,}528 \\
 & \underline{8\,62\,.} & 15{,}84 \\
 & 3{,}448 & \underline{211{,}2} \\
 & \underline{3{,}448} & 227{,}568 \\
 & 0 &
\end{array}$$

Allgemein.

(Div. $dz^2 + ez^1$)

$$\begin{array}{llll}
adz^{-1} & +(bd+ad)z^{-2} & +bez^{-3} & \mid az^{-3}+bz^{-4} \\
\underline{adz^{-1}+} & \underline{adz^{-2}} & \underline{\phantom{+bez^{-3}}} & \\
\# & bdz^{-2} & +bez^{-3} & \\
 & \underline{bdz^{-2}} & \underline{+bez^{-3}} & \\
 & \# & \# &
\end{array}$$

Probe.

$$\begin{array}{lll}
az^{-3} & +bz^{-4} & \\
\underline{dz^2} & \underline{+ez^1} & \\
adz^{-1} & +bdz^{-2} & \\
 & \underline{+aez^{-2}} & \underline{+bez^{-3}} \\
adz^{-1} & +(bd+ae)z^{-2} & +bez^{-3}
\end{array}$$

Anmerk. 3. Besonders merkwürdig ist die Division mit 9. Wir haben oben (§. 76.) gesehen, daß die Ziffern der Producte von 9 zusammen wieder 9 oder Vielfache von 9 machen. Umgekehrt müssen sich daher auch Zahlen, deren Einzelne Vielfache von 9 sind, mit 9 ohne Rest dividiren lassen; und wenn die zusammenaddirten Einzelnen mehr als ein Vielfaches von 9 sind ($9n+r$), derselbe Ueberschuß (r) auch nach der Division mit 9 erscheinen.

$$\left(\frac{9n+r}{9}=n+\frac{r}{9}\right),$$

z. B. $5+4+7+2=18=2.9$; $8+6+7+9=30=27+3=3.9+3$;

```
9 | 5472 | 608;        9 | 8679 | 964
    54..                    81..
    ----                    ----
    #72                      57.
     72                      54.
    ----                    ----
     #                        39
                              36
                             ---
                               3
```

Hat man daher eine Zahl mit 9 dividirt, so läßt sich die Probe sogleich so machen, daß man „die Ziffern des Dividendus addirt und mit 9 dividirt. Bleibt nach beiden Operationen einerlei Zahl übrig, so ist die Rechnung richtig."

Es gehört dieser zu den Kunstgriffen, welche man für alle Rechenoperationen unter dem Namen Neunerprobe (pr. novenarii) umfaßt, welche jedoch außer diesem Falle weder die Mühe lohnend, noch allgemein gültig sind [77]).

Hier verdient noch bemerkt zu werden, daß, gemäß der (§. 76.) dargestellten Eigenschaft der 9 und ihrer Vielfachen, die Differenz zweier Zahlen, welche ebendieselben Ziffern, aber versetzt, enthalten, ebenfalls

77) Tacquet hat in seiner Arithmetik bewiesen, daß bei der Probe mit 9 dennoch gefehlt wird.

durch 9 ohne Rest theilbar ist. Z. E. 1816 — 1618 = 198 = 22 . 9; 1816 — 1168 = 648; $\frac{648}{9}$ = 72 [78]).

Fortgesetzte Division.

§. 95. Wir haben nun die Verfahrungsarten der Division mit decadischen Zahlen aller Fälle in Hinsicht der Ordnungswerthe kennen gelernt. Allein die gebrauchten Beispiele enthalten blos Zahlen, welche sich durcheinander ohne Rest dividiren lassen (d. i. commensurabel sind). Es ist daher die Frage übrig, wie man verfährt, wenn die Factoren incommensurabel sind, mithin die Division nicht aufgeht; als $13:6 = 2 + \frac{1}{6}$, $18:5 = 3 + \frac{3}{5}$?

Aus §. 29. ist bekannt, daß man ein immer kleineres Maaß wählen müsse, um diejenige Größe zu finden, nach welcher zwei andere eingetheilt werden können. Da nun im decadischen Systeme die Werthe der Zahlen von zehn zu zehn auf und absteigen und das Verfahren des Dividirens damit in nothwendiger Verbindung steht, so folgt, daß die übriggebliebene Zahl [welche, wenn der Divisor d heißt, nicht über $(d - 1)$ seyn kann,] zur nächst kleinern Ordnung herabgesetzt werden müsse.

78) Daß dieses nicht allein bei allen Zahlen an sich, sondern auch bei den gleichnamigen Potenzen aller Zahlen bei der Versetzung statt findet, hat Mairan zuerst bewiesen (s. Mémoires de l'Academie de Sciences à Paris 1709.); daher wird es das Mairan'sche Problem genannt. Z. E. 725 — 527 = 198; $725^2 - 527^2 = 525625 - 277729 = 247896$, welches durch 9 dividirt = 27544 (ohne Rest). Allgemein ist $725^n - 527^n$ auch durch 9 ohne Rest theilbar. Eine tiefere Einsicht in die Ursachen dieses merkwürdigen Umstandes giebt folgende Schrift: Das Mairansche Problem erweitert und allgemein aufgelößt, sammt einem Anhange, oder neue merkwürdige Eigenschaften der Zahlen von Jos. Schuster. Salzburg 1811. 8. Vergl. die Recens. in den Götting. gelehrt. Anzeigen. 1814. Nr. 43.

In obigem Beispiele $18:5 = 3 + \frac{3}{5}$ wird daher der Rest, 3 Einer, als 30 Zehntheilchen gedacht und durch 5 dividirt, welches 0,6 giebt, daher $18:5 = 3,6$ ist. Geht aber die Rechnung noch nicht auf, so verfährt man wieder mit dem Reste auf gleiche Weise, als 13 : 6

6 | 13 | 2,166 . . .	25 | 521,2 | 20,848
12	50 . .
1,0	21,2
6	20,0
0,40	1,20
36	1,00
0,040	20,0
ff.	20,0
	#

Dieses Verfahren nennt man die fortgesetzte Division, wofür sich aus gegenwärtiger Darstellung die Regel ergiebt: Man hängt an den Rest eine Null und dividirt, wie zuvor, bleibt wieder ein Rest, so hängt man abermals eine Null an und verfährt auf gleiche Art u. s. f., bis entweder die Rechnung aufgeht, oder die Theilchen so klein werden, daß man sie nicht mehr zu achten braucht.

Anmerk. Um die Rechnung, wodurch die kleinern Theilchen, deren man nicht bedarf, herauskommen, zu ersparen, kann man die Division auf ähnliche Weise abbrechen, wie die Multiplication. Man nennt sie dann abgekürzte Division (divisio contracta), als:

```
0,214 . . . | 3,14159 . . . | 14,6803 . . .
              2,14 . . . . . .
              ----------------
              1,001 . . . . .
                856 . . . . .
              ----------------
               1455 . . . .
               1284 . . . .
              ----------------
                1719 . . .
                1712 . . .
              ----------------
                   7 . . .
                   6 . . .
              ----------------
                   1 . . .
```

Die letzte Zahl des Quotienten kann man ebenfalls um 1 vergrößern, wie §. 86. Anm.

Multiplication und Division mit benannten Zahlen.

§. 96. Ebendieselben Regeln, welche für die Multiplication und Division der Zahlen eines gewissen Systems gelten, gelten auch für alle Systeme der Maaße, auf welche jene angewendet werden; wo dann die mit den Namen der Maaße verbundene Zahlen **benannte Zahlen** heißen (§. 80.)

1) **Multiplication.**

Sollen	12 Thl.	15 Gr.	9 Pf.	8mal genommen werden,
	"	"	8 —	so ist das Product:
=	96 Thl.	120 Gr.	72 Pf.,	und nach der Auflösung:
	(5 Thl.	6 Gr.	— ")	
=	102 Thl.	6 Gr.	— "	

Allgem. $3^a . + 7^b . + 9^c . + 8^d .$
Multipl. 6

$18^a + 42^b + 54^c + 48^d$

a) Division.

Es sollen 101 Thlr. 6 Gr. unter 8 Personen vertheilt werden:

```
8 | 101 Thlr. 6 Gr. — ,  | 12 Thlr. 15 Gr. 9 Pf.
     8    ,    120 ,  72 Pf.
   ──────────────────────
    21    ,    126 ,  72 ,
    16    ,     8. ,  72
   ──────────────────────
     5 Thlr.    46     #
                40
              ─────
               6 Gr.
```

Allgem. $9 \mid 18a+72b+54c+63d \mid 2a+8b+6c+7d$

$$\begin{array}{l} 18a+72b+54c+63d \\ \hline \# \quad \# \quad \# \quad \# \end{array}$$

Anmerk. Um sich die Rechnungsoperationen mit decadischen Zahlen zu erleichtern, kann man sich der Neperschen Stäbchen (bacilli, virgulae, lamellae Neperianae [79]), oder Rechenschei-

79) Die Neperschen Stäbchen, vom Lord Neper (Baron von Merchiston) erfunden, bestehen in vierseitigen Prismen, auf welchen die Vielfachen der Grundzahlen so stehen, daß die Zehner von den Einern geschieden sind. Figur 11. stellt die 4 Seiten eines solchen Stäbchens dar. Sie können aus Metall, Holz und andern festen Massen gebildet, auch blos auf Pappe oder Papier geschrieben werden. Neper hat sie selbst beschrieben in einem kleinen Büchlein: Rhabdologiae seu numerationis per virgulas libri II. Edinburg 1617. 12. welches zu Verona 1623 und in Deutschland 1619 und 1623 nachgedruckt worden ist. Das Verfahren ist mehr einfach. Soll man z. B. die Zahl 4876 mit 7 multipliciren, so legt man die Stäbchen, welche die Vielfachen von 4, 8, 7, 6 enthalten in eben dieser Ordnung neben einander, die siebente Reihe enthält die 7fachen von jenen, welche man nur decadisch ordnend zu addiren braucht. Die siebente Reihe erscheint so:

ben[80]) bedienen. Auch hat man dazu Rechenmaschinen zu erfinden sich bemüht[81]).

2 /8	5/ /6	4/ /9	4/ /2

3 4 1 3 2 ist das Product.

Besteht der Multiplicator aus mehr Ziffern, so muß man die Operation sovielmal wiederholen, als solche vorhanden sind, die Producte nach ihren Ordnungswerthen untereinander schreiben und sie addiren. Diese Stäbchen sind nicht sowohl bei kleinen, als vielmehr bei großen Rechnungen sehr vortheilhaft. — Im Jahr 1815 hat F. A. Netto 100 Neper'sche Rechenstäbchen besorgt, welche in einem Kästchen nebst einer Anweisung zu ihrem Gebrauche in der Arnoldschen Buchhandlung in Dresden für 18 Gr. zu haben sind. Die Erfindung derselben, jedoch ohne bewegliche Stäbchen, ist eigentlich von Pet. Apian (1543). S. Klügels mathem. Wörterb. — Caspar Schott brauchte anstatt der eckigten Stäbchen kleine Cylinder, die in einem Kästchen neben einander gestellt nach jedem Bedürfnisse gedreht wurden; v. Cursus mathematic. Lib. XXVIII. Herbipoli. 1661.

80) Der Erfinder der Rechenscheiben scheint Jac. Leupold (1674 — 1727) gewesen zu seyn. Sie können rund oder eckigt seyn. Auf ihnen sind ebenfalls die Vielfachen der Grundzahlen von 1 bis 9 verzeichnet. Man steckt sie auf Axen und dreht sie, je nachdem es die gegebenen Zahlen fordern. Eine Beschreibung davon giebt er in seinem Schauplatz der Rechen- und Meßkunst, oder Theatro arithmetico-geometr. Lips. 1727. (op. posthum.) — In neuern Zeiten hat Prahll 1790 eine aus Scheiben von Papier zusammengesetzte Machina arithmetica portalis (s. Götting. Anzeigen 1790. Nr. 104.) und J. Ph. Grüson eine Beschreibung und Gebrauch einer neu erfundenen Rechenmaschine. Magdeb. 1791. 8. geliefert, welche mit Kästners Zusätzen zu Halle 1795 wieder erschienen ist. Klügels mathem. Wörterbuch. Th. 2. S. 745.

81) Auf Rechenmaschinen, die künstlichsten Hülfsmittel des Rechnens, fiel zuerst Pascal in seinem 19ten Jahre (1642). Seine Erfindung hat man aus der Beschreibung in dem Recueil des machines approuvées par l'Academie

Rechnungsvortheile bei einigen Zahlen.

§. 97. Jene Vortheile, welche bei den Multiplicieiren und Dividiren mit den Ordnungszahlen statt fin-

des Scienc. nicht verstanden. Bossût im Leben Pascals beschreibt die Maschine so: „Die Stücke, welche das Wesen derselben ausmachen, sind mehrere Walzen oder Trommeln, die unter einander parallel und um ihre Axe beweglich sind. Auf jede derselben schreibt man zwei Reihen der Ziffern von Null bis Neun, die in einander entgegengesetzter Richtung fortlaufen so, daß die Summe zweier correspondirenden Ziffern beständig 9 ist. Alsdann läßt man durch einerlei Bewegung alle diese Trommeln von der Linken zur Rechten sich drehen, und die Ziffern, deren man je nach den verschiedenen Operationen der Arithmetik bedarf, erscheinen durch kleine Fenster, mit welchen die obere Fläche durchbrochen ist. Die Maschine ist übrigens von Rädern und Getrieben zusammengesetzt, die in einander greifen und deren Umläufe durch einen Mechanismus bewirkt werden, welcher dem einer Taschen- oder Perpendikeluhr beinahe gleich ist (s. Oeuvr. de Pascal. T. IV.) — In jener Sammlung finden sich einfachere von l'Epine (1725) und Boitissendeau. — Leibnitz bemühte sich fast durch sein ganzes Leben Pascals Idee in Ausführung zu bringen. Allein, wiewohl er weder Arbeit noch Kosten scheute (denn er soll nach Ludovici über 24000 Thlr. darauf verwendet haben), so brachte er sie doch noch nicht zu Stande. Nach seinem Tode ist sie in die Bibliothek zu Hannover geschafft und jetzt auf der Bibliothek zu Göttingen noch vorhanden. Pascals Idee scheint Leibnitz zu Paris 1622 aus den Lettres provinciales geschöpft zu haben, und am thätigsten hat er in England daran gearbeitet. Ein Brief an Oldenburg vom 15. Jul. 1674 beweißt, daß sie schon damals sehr brauchbar gewesen seyn muß. Er sagt: Effectum qui videre, admirati sunt omnes (s. Wallis Opp. Oxon. 1699. Tom. III. p. 617). Eine Beschreibung von ihm selbst s. Misc. Berol. 1709. Leibn. Opp. T. III. No. 74. Das Göttingische Exemplar ist beschrieben von Kästner in Pütters academ. Gelehrtengeschichte der Georg. Aug. Univers. Eine Abbildung steht in Ludovici's Historie der Leibnitzischen Philosophie. Leipz. 1737. Th. 1. S. 68. und die Gesch.

den (§. 83. u. 90.) erstrecken sich auch auf einige andere, welche mit ihnen in Verbindung stehen:

a) mit 5, 50, 500 u. s. w.

5 ist $= \frac{10}{2}$, folglich $4 . 5 = \frac{4 . 10}{2} = \frac{4}{2} . 10 = 2 . 10 = 20$;

allgem. $5n = \frac{10n}{2} = \frac{n}{2} . 10$. Um daher eine Zahl mit 5 zu multipliciren, so „hängt man eine Null an und dividirt sie mit 2.

Bei 50 hängt man 2, bei 500 3 Nullen an und verfährt eben so."

b) mit 9, 99, 999 u. s. w.

1) $9 = 10 - 1$; mithin $6 . 9 = 6 . (10 - 1) = 60 - 6 = 54$ (§. 76); allgem. $9n = n\,(10 - 1) = 10n - n$ Soll man also eine Zahl mit 9 multipliciren, so

ders. Th. 2. S. 233. Vergl. Klügels math. Wörterb. Th. 2. S. 741. Pascals und Leibnitz's Erfindungen brachten J. Polen (Prof. zu Padua) auf eine andere Einrichtung einer Rechenmaschine mit Gewichten und Pendel. Er machte sie bekannt in seinem Miscellaneis Venetian. a. 1709, und ausführlich ist sie nebst jenen beschrieben in Jac. Leupolds Schauplatz der Rechen- und Meßkunst, Nr. 6., welcher daselbst auch seine eigene Erfindung erzählt. — Außer diesen verdienen als Erfinder der Rechenmaschinen noch genannt zu werden, Hahn (ein Prediger im Wirtembergischen), mit dessen Maschine man bis 100'000000 rechnen kann (siehe Deutsch. Merkur. 1779. Mon. Mai.) und Müller (Darmstädtischer Ingenieur-Hauptmann), welche einfach und bequem ist. Eine Beschreibung steht in den Götting. gelehrten Anzeigen 1784. St. 120.; eine andere ist von Klipstein, Frankf. 1786 herausgegeben. Ihre Würkung beschreibt Klügel (Math. Wörterb. Th. II. S. 743.). Ueber die Hahnsche und Müllersche s. das Götting. Magaz. herausgegeben von Lichtenberg und Forster, Bd. III. St. 5. Eine Beschreib. einer Universal- und Particular-Rechenmaschine ist von J. Gülte. Nürnb. 1799. 8.

„hängt man an sie eine Null an und zieht dann sie selbst ab. $57 \cdot 9 = 570 - 57 = 513$; $189 \cdot 9 = 1890 - 189 = 1701$ u. s. w."

2) $99 = (100 - 1)$; folglich $8 \cdot 99 = 8(100 - 1) = 800 - 8 = 792$; allgemein $99n = n(100 - 1) = 100n - n$. Da man nun bei der Multiplication mit 100 zwei Nullen anhängt, so folgt, daß wenn eine Zahl mit 99 multiplicirt werden soll, „man zwei Nullen an sie anhängt und die Zahl selbst abzieht. $32 \cdot 99 = 3200 - 32 = 3168$."

3) $999 = (1000 - 1)$; daher $15 \cdot 999 = 15(1000 - 1) = 15000 - 15$; allgemein $999n = n(1000 - 1) = 1000n - n$. Hat man also eine Zahl mit 999 zu multipliciren, so „hängt man an sie 3 Nullen und zieht dann die Zahl selbst ab. $136 \cdot 999 = 136000 - 136 = 135864$."

Auf gleiche Weise verfährt man mit 9999, 99999, u. s. w.

c) mit 11, 111, 1111 u. s. f.

1) $11 = (10 + 1)$, folglich $6 \cdot 11 = 6 \cdot (10 + 1) = 60 + 6 = 66$; allgem. $11n = n(10 + 1) = 10n + n$. Soll man eine Zahl mit 11 multipliciren, so „hängt man eine Null an sie an und addirt sie selbst noch hinzu."

Dieß kann aber bei großen Zahlen kürzer geschehen, wenn man je zwei Zahlen zusammen addirt und die erste (3) vor und letzte (5) hinter setzt. $521 \cdot 11 = 5731$, $784 \cdot 11 = 1624$.

$$\begin{array}{r} 325 \\ 11 \\ \hline 325 \\ 325 \\ \hline 3575 \end{array}$$

2) Auf gleiche Weise kann man die Multiplication mit 11 abkürzen, „indem man nämlich von der Rechten zur Linken, erst 2, dann je 3 Zahlen zusammen addirt, und die

$$\begin{array}{r} 315 \\ 111 \\ \hline 315 \\ 315 \\ 315 \\ \hline 34965 \end{array}$$

erste vor und die letzte hinter setzt. $2734 . 11 = 30374$; $18954 . 111 = 2103894$."

3) Und eben so die Multiplication mit 1111, als $3726 = 4139586$, wo man „bis je 4 Zahlen zusammen rechnet."

d) mit 101, 1001, u. s. w.

1) $101 = 100 + 1$; $101n = (100 + 1)n = 100n + n$; als $101 . 27 = 2700 + 27 = 2727$. Um daher eine Zahl mit 101 zu multipliciren, so „braucht man sie nur neben einander zu setzen."

2) $1001 = (1000 + 1)$; $1001n = 1000n + n$, als $36 . 1001 = 36000 + 36 = 36036$. Es gilt daher bei 1001 dieselbe Regel, nur „daß die ersten Zahlen um eine Zahlstelle weiter zur Linken gerückt werden."

e) mit 25 und 75.

1) $25 = \frac{100}{4} = \frac{1}{4} . 100$; daher $25 . 16 = \frac{16}{4} . 100 = 4 . 100 = 400$; allgem. $25n = \frac{100n}{4} = 100 . \frac{n}{4}$, d. h. wenn eine Zahl mit 25 multiplicirt werden soll, „so dividirt man sie mit 4 und an den Quotienten setzt man 2 Nullen." Wenn aber die Zahl n sich nicht durch 4 theilen läßt, sondern 1, 2 oder 3 übrig bleibt, so sind noch besondere Regeln nöthig:

α) Wenn 1 übrig bleibt, so wird, da $\frac{1}{4} . 100 = \frac{100}{4} = 25$, z. Beisp. $13 . 25 = \frac{13 . 100}{4} = \frac{13}{4} . 100 = (3 + \frac{1}{4}) . 100 = 300 + \frac{100}{4} = 325$; anstatt 2 Nullen „25 anzuhängen seyn."

β) Wenn 2 übrig bleibt, z. E. $18 . 25 = 18 . \frac{100}{4} = \frac{18}{4} . 100 = (4 + \frac{2}{4}) 100 = 400 + \frac{100}{2} = 450$; so hat man „50 anzuhängen."

γ) Wenn 3 übrig bleibt, als $23 \cdot 25 = \frac{23 \cdot 100}{4} = \frac{23}{4} \cdot 100 = (5 + \frac{3}{4}) \cdot 100 = 500 + \frac{300}{4} = 575$; so muß der Anhang „75 seyn."

f) mit 15 und 45.

1) $15 = \frac{30}{2}$; folglich $15 \cdot 12 = \frac{30 \cdot 12}{2} = \frac{3 \cdot 12 \cdot 10}{2} =$

$3 \cdot 6 \cdot 10 = 180$; allgemein $15n = \frac{30n}{2} = \frac{3n}{2} \cdot 10$, d. h. um eine Zahl mit 15 zu multipliciren, „multiplicirt man sie mit 3, dividirt sie mit 2 und hängt eine Null, und wenn bei der Division 1 bleibt, 5 an."

2) $45 = \frac{90}{2}$; mithin $45n = \frac{90n}{2} = \frac{9n}{2} \cdot 10$. Man multiplicirt also die Zahl mit „9 und verfährt wie bei 1)."

g) mit $33\frac{1}{3}$ und $66\frac{2}{3}$.

1) $33\frac{1}{3} = \frac{100}{3}$, folglich $(33 + \frac{1}{3})n = \frac{100n}{3} = \frac{n}{3} \cdot 100$.

Man dividirt also die Zahl durch 3; und wenn
1) die Division aufgeht, als $9(33 + \frac{1}{3}) = \frac{9}{3} \cdot 100 = 300$, so „hängt man 2 Nullen an."
2) bleibt 1 übrig, als: $13(33 + \frac{1}{3}) = \frac{13}{3} \cdot 10 = (4 + \frac{1}{3})100 = 433\frac{1}{3}$; so „setzt man $33\frac{1}{3}$ hinzu."
3) bleibt 2 übrig, als: $26 \cdot 33\frac{1}{3} = \frac{26}{3} \cdot 100 = (8 + \frac{2}{3}) \cdot 100 = 866\frac{2}{3}$, so „setzt man $66\frac{2}{3}$ hinzu."

2) $66\frac{2}{3} = \frac{200}{3} = \frac{2}{3} \cdot 100$; daher $(66 + \frac{2}{3})n = \frac{200n}{3} = \frac{2n}{3} \cdot 100$. Man nimmt also die gegebene Zahl doppelt, dividirt sie durch 3 und wenn
1) nichts bleibt, so „hängt man 2 Nullen an;"
2) bleibt 1, so „wird $33\frac{1}{3}$,
3) bleibt 2, so „wird $66\frac{2}{3}$ hinzugefügt.

Mehr dergleichen Kunstgriffe siehe im 2ten Lehrgange.

Anm. Auch aus dem oben (§. 76. Alleg.) erwähnten Umstande, daß 10^1 durch 2^1, $10^2 = 100$ durch $2^2 = 4$, $10^3 = 1000$ durch $2^3 = 8 \ldots 10^n$ durch 2^n ohne Rest theilbar sind, gehen noch einige vortheilhafte Bemerkungen hervor. Denn eben so werden sich auch $n.10^1$ durch 2^1, $n.10^2$ durch 2^2, $n.10^3$ durch 2^3 rc. ohne Rest theilen lassen müssen, wo dann der Quotient nmal größer wird. Z. B. $\frac{100}{4} = 25$, $\frac{3.100}{4} = 3.25 = 75$. Stehen nun anstatt der Nullen solche Zahlen, welche ebenfalls durch 2, 4, 8, 16.... völlig theilbar sind, so folgt, daß die ganzen Zahlen ohne Rest getheilt werden können

1) durch 2, als $\frac{56}{2} = 28$, $\frac{374}{2} = 187$ rc., wenn „die letzte durch 2 theilbar ist;"
2) durch 4, als $\frac{1736}{4} = 434$, $\frac{5732}{4} = 1433$ rc., wenn „die 2 letzten durch 4 theilbar sind;"
3) durch 8, als $\frac{5736}{8} = 717$, $\frac{9472}{8} = 1184$ rc., wenn „die 3 letzten durch 8 theilbar sind;"
4) allgem. durch 2^n, wenn „die letzten n Bestandtheile durch 2^n ohne Rest getheilt werden können."

B. Von den Zahlen in ihrer gegenseitigen Beziehung,

oder

Von den Verhältnissen.

Einleitung.

§. 98. Aus §. 37. u. f. wissen wir aber ferner, daß Zahlen auch gegen einander in Beziehung gedacht werden können, welche ihr Verhältniß heißt, und sie selbst in so fern die Glieder desselben genannt werden; anderntheils auch, daß der Werth eines Verhältnisses ebenfalls als Größe oder Zahl zu unserer Erkenntniß gelangt, welche man in so fern den Exponenten nennt. Da aber der Werth eines Verhältnisses von den Gliedern desselben abhängt und mit der Veränderung derselben auch verändert wird, so müssen vor allen die Glieder der Verhältnisse der Betrachtung unterworfen werden. Diese zerfällt daher in 2 Theile, von welchen

1) der erste „von den Gliedern der Verhältnisse,“
2) der zweite „von den Werthen derselben“ handelt.

1.

Von den Gliedern der Verhältnisse.

§. 99. Wie durch die Glieder eines Verhältnisses zugleich der Werth (Exponent) desselben bestimmt ist ($3\,..\,5 = \frac{3}{5}$, $4\,..\,1 = 4$, $a\,..\,b = \frac{a}{b}$), so müssen umgekehrt auch aus den Factoren des Exponenten die Glieder hervor gehen, als $\frac{3}{8} = 3\,..\,8$, $\frac{4}{3} = 4\,..\,3$, $\frac{a}{b} = a\,..\,b$. Wie aber ein Glied aus dem andern mittelst des Exponenten bestimmt wird, wird erst nach einer genauern Betrachtung der Glieder einleuchten. — Zunächst müssen wir daher untersuchen, was sich ergiebt, wenn wir das, was wir bisher von Größen und Zahlen überhaupt als wahr erkannt haben, auf die Glieder der Verhältnisse anwenden.

Größe des Verhältnisses durch die Glieder.

§. 100. Aus §. 22 b. folgt, daß eine Größe desto größer ist, je kleiner die andere, mit welcher man sie vergleicht; und desto kleiner, je größer diese ist. Da nun die Größe eines Verhältnisses von der Größe des einen Gliedes in Rücksicht des andern abhängt, so folgt, daß das Verhältniß

a) desto größer seyn müsse, „je größer das erste und je kleiner das zweite Glied ist, als $4..6 > 3..6$, $4..5 > 4..6$;

b) desto kleiner, „je kleiner das erste und je größer das zweite Glied ist, als $3..4 < 5..4$, $3..4 < 3..2$."

Veränderung der Glieder durch die Rechnungsoperationen.

§. 101. Durch die Addition einer Größe zu einer andern wird diese um jene größer, durch die Subtraction kleiner; durch die Multiplication einer Größe mit einer Zahl n, wird sie nmal größer, durch die Division mit n, nmal kleiner (§. 31.). Wenden wir nun jene Operationen auf die Glieder eines Verhältnisses an, so ergeben sich folgende allgemeine Wahrheiten. — Das Verhältniß sey $4..6$, allgemein $a..b$, und n bedeute jede Größe, oder ganze Zahl. —

a) eines Gliedes.

1) Addirt man zum ersten Gliede eine Größe oder

Zahl $(4+3)..6 = 7..6 > 4..6$, allgem. $(a+n)..b > a..b$, so wird das Verhältniß „um soviel größer;"

2) addirt man zum zweiten Gliede, als $4..(6+2) = 4..8 < 4..6$; allgem. $a..(b+n) < a..b$, so wird das Verhältniß „um soviel kleiner;"

3) zieht man vom ersten Gliede ab, als $(4-2)..6 = 2..6 < 4..6$; allgem. $(a-n)..b < a..b$, so wird das Verhältniß „um soviel kleiner;"

4) zieht man vom zweiten Gliede ab, als $4..(6-3) = 4..3 > 4..6$; $a..(b-n) > a..b$, so wird das Verhältniß „um soviel größer;"

5) multiplicirt man das erste Glied mit einer ganzen Zahl, als $(4.3)..6 = 12..6 > 4..6$; allgem. $an..b > a..b$, so wird das Verhältniß „sovielmal größer;"

6) multiplicirt man das zweite Glied mit einer ganzen Zahl, als $4..(6.2) = 4..12 < 4..6$; allgem. $a..bn < a..b$, so wird das Verhältniß „sovielmal kleiner;"

7) dividirt man das erste Glied durch eine ganze Zahl, als $\frac{4}{2}..6 = 2..6 < 4..6$;

allgem. $\frac{a}{n}..b < a..b$; so wird das Verhältniß „nmal kleiner;"

8) dividirt man das zweite Glied mit einer ganzen Zahl, als $4..\frac{6}{2} = 4..3 > 4..6$; allgem. $a..\frac{b}{n} > a..b$, so wird das Verhältniß „nmal größer;"

Fassen wir diese Ergebnisse zusammen, so sind sie im allgemeinen folgende: Das Verhältniß wird

a) größer, wenn man „das erste Glied vermehrt oder das zweite verkleinert;"

β) kleiner dagegen, wenn man „das erste verkleinert und das zweite vergrößert.“

b) beider Glieder.

§. 102. Wenden wir dieselben Operationen auf beide Glieder an, so ist theils darauf zu sehen, ob in dem angenommenen Verhältnisse das erste oder zweite Glied größer ist, theils darauf, ob die Veränderung mit einer oder verschiedenen Größen oder Zahlen geschieht. Es sey das Verhältniß $4..6$, und werde mit 2; allgem. $a..b$, so daß $a < b$, und werde mit n vergrößert und verkleinert (Fig. 12):

1) addirt $(4+2)..(6+2) = 6..8 > 4..6$, weil $\frac{6}{8} > \frac{4}{6}$; allgem. $(a+n)..(b+n) > a..b$, umgek. $(6+2)..(4+2) = 8..6 < 6..4$, weil $\frac{8}{6} < \frac{6}{4}$; allg. $(b+n)..(a+n) < b..a$, d. i. addirt man zu beiden Gliedern Gleiches, so wird,

α) wenn das erste Glied kleiner ist, das Verhältniß „größer;“

β) wenn das erste Glied größer ist, das Verhältniß „kleiner;“

2) subtrahirt $(4-2)..(6-2) = 2..4 < 4..6$; weil $\frac{2}{4} < \frac{4}{6}$; allgem. $(a-n)..(b-n) < a..b$. $(6-2)..(4-2) = 4..2 > 6..4$; weil $\frac{4}{2} > \frac{6}{4}$, allgem. $(a-n)\ (b-n) < b..a$.

Subtrahirt man also von beiden Gliedern Gleiches, so wird,

α) wenn das erste Glied kleiner, als das zweite ist, das Verhältniß „kleiner;“

β) wenn aber das erste Glied größer ist, das Verhältniß „größer;“

3) multiplicirt $(6.2)..(4.2) = 12..8 = 6..4$; weil $\frac{12}{8} = \frac{6}{4}$;
allgem. $a.n..b.n = a..b$; denn $\frac{an}{bn} = \frac{a}{b}$
$(4.2)..(6.2) = 8..12 = 4..6$; weil $\frac{8}{12} = \frac{4}{6}$;

allgem. bn..an = b..a; $\frac{bn}{an} = \frac{b}{a}$.

Multiplicirt man beide Glieder mit ebenderselben Zahl, so „bleibt das Verhältniß gleich."

4) dividirt. $\frac{6}{2}..\frac{4}{2}$ = 3..2 = 6..4; weil $\frac{3}{2} = \frac{6}{4}$;

allgem. $\frac{a}{n}..\frac{b}{n}$ = a..b.

$\frac{4}{2}..\frac{6}{2}$ = 2..3 = 4..6; denn $\frac{2}{3} = \frac{4}{6}$;

allgem. $\frac{b}{n}..\frac{a}{n}$ = a..b.

Dividirt man beide Glieder mit einer Zahl, so „bleibt das Verhältniß dasselbe."

Anmerk. 1. Bei den Geschäften des Handels sind diese Gesetze von sehr mannigfaltiger Anwendung. Wenn man z. B. von einer gewissen Waare

a) sonst für 6 Thlr. 4 Stück bekam; jetzt aber für 8 Thlr. 6 Stück, so ist sie, weil das Verhältniß 8..6 $<$ 6..4 ist, wohlfeiler geworden; theurer dagegen, wenn man sonst für 4 Thlr. 6 Stück, jetzt für 6 Thlr. 8 Stück, gekauft oder verkauft hat.

b) Hat man sonst für 6 Thlr. 4 Pfd., jetzt für 4 Thlr. 2 Pfd. gekauft, so ist die Waare theuerer; wohlfeiler aber, wenn sonst 6 Pfd. 4 Thlr., jetzt aber 4 Pfd. 2 Thlr. kosten.

Man sieht hieraus, daß man darauf zu achten hat, ob das erste Glied größer oder kleiner, als das zweite ist, und ob die Glieder mit einerlei Zahl vermehrt oder vermindert werden. Um wieviel eine Waare theurer oder wohlfeiler geworden ist, muß man jedesmal besonders berechnen.

Uebungsexempel.

Wenn sonst 5 Thlr. 4 Stück, jetzt 7 Thlr. 6 Stück kosten, so ist es jetzt „wohlfeiler."

Wenn sonst 12 Thlr. 9 Stück, jetzt 10 Thlr. 7 Stück kosten, so ist es „theuerer."

Wenn sonst 2 Thlr. 3 Stück, jetzt 14 Thlr. 15 Stück kosten, so ist es „theurer.“

Wenn sonst 19 Thlr. 22 Stück, jetzt 26 Thlr. 29 Stück kosten, so ist es „theuer.“

Wenn sonst 10 Thlr. 7 Stück, jetzt 6 Thlr. 3 Stück kosten, so ist es „theuer.“

Wenn sonst $9\frac{3}{4}$ Thlr. 16 Stück, jetzt 7 Thlr. $13\frac{1}{2}$ St. kosten, so ist es „wohlfeiler.“

Anmerk. 2. Werden beide Glieder des Verhältnisses mit verschiedenen Zahlen vermehrt oder vermindert, so sind die Fälle so mannigfaltig, daß sich keine allgemeinen Regeln geben lassen.

Bedingung der Unveränderlichkeit des Verhältnisses.

§. 103. Alle diese Ergebnisse zusammengefaßt, zeigen uns, daß

1) wenn in einem Verhältnisse ein Glied vermehrt oder vermindert, oder beide mit einer und ebenderselben Größe addirt oder subtrahirt werden, das Verhältniß „dadurch verändert wird;

2) unverändert aber bleibt, wenn man „beide Glieder mit einer und ebenderselben Zahl multiplicirt oder dividirt, z. B.

$$3\,..\,4 = (2.3)\,..\,(2.4) = (3.3)\,..\,(3.4) = \tfrac{3}{4}\,..\,\tfrac{4}{4} = \tfrac{3}{5}\,..\,\tfrac{4}{5} \text{ etc.}$$
$$= 6\,..\,8 = 9\,..\,12 = \tfrac{3}{4}\,..\,1 = \tfrac{3}{5}\,..\,\tfrac{4}{5}$$

allgem.

$$a\,..\,b = an\,..\,bn = am\,..\,bm = \frac{a}{n}\,..\,\frac{b}{n} = \frac{a}{m}\,..\,\frac{b}{m} \text{ etc.}$$

Daraus erkennen wir,

a) daß Producte, welche einen gemeinschaftlichen Factor haben ($24 = 4.6$, $18 = 3.6$ etc. allgem. $am = a.m$, $cm = c.m$ etc.) sich verhalten „wie die verschiedenen Factoren; z. B. $24\,..\,18 = 4\,..\,3$, $am\,..\,cm = a\,..\,c$.“

β) daß Brüche, welche einerlei Nenner haben, ($\frac{2}{4}$, $\frac{3}{4}$; $\frac{a}{n}$, $\frac{b}{n}$ ꝛc.) sich verhalten „wie ihre Zähler; als $\frac{2}{4} .. \frac{3}{4} = 2 .. 3$, $\frac{a}{n} .. \frac{b}{n} = a .. b$."

Und daraus ist endlich klar, daß, wenn in beiden Gliedern eines Verhältnisses gleiche Factoren enthalten sind, man diese, ohne das Verhältniß zu ändern (salva ratione) „ausstreichen kann."

Anmerk. Da die Addition aliquoter Theile mit der Multiplication übereinkommt (§. 31. Anmerk.), mithin die Summe aus n aliquoten Theilen gleich ist dem Producte aus einem derselben nmal genommen (als $24 = 6 + 6 + 6 + 6 = 6 . 4$), so lassen sich auch jene Sätze so ausdrücken:

α) die Ganzen verhalten sich „wie ihre aliquoten Theile" [82];

β) die aliquoten Theile „wie ihre Ganzen" [83].

Das Verhältniß als Größe.

§. 104. Den Werth eines Verhältnisses erkennen wir mittelst seines Exponenten (§. 39.); dieser aber als Größe muß sich selbst gleich, einem andern aber gleich oder ungleich seyn (§. 22.). Hieraus folgt

a) für die Verhältnisse, daß
  1) ein Verhältniß „sich selbst gleich ist;"
  2) zwei oder mehrere aber „einander entweder gleich oder ungleich seyn müssen."

b) für die Exponenten, daß
  α) wenn die Verhältnisse gleich sind (als $2 .. 3 =$

82) Euclids Elem. B. V. 1. 2. 12.

83) Ebendas. 3. 4. 5. 6. 15. 19.

4..6; a..b = an..bn, wo $\frac{2}{3} = \frac{4}{6}$, $\frac{a}{b} = \frac{an}{bn}$), sie gleiche Exponenten;

β) wenn sie ungleich sind (als 2..3 < 5..6, a..b $\gtrless$ an..bm, wo $\frac{2}{3} < \frac{5}{6}$, $\frac{a}{b} \gtrless \frac{an}{bm}$), verschiedene Exponenten haben müssen.

c) für jene §. 22. gefundenen Sätze, daß,

α) wenn zwei Verhältnisse einen dritten gleich sind, als

$$\begin{array}{c} 1..3 = 2..6 \\ \underline{1..3 = 3..9} \\ 2..6 = 3..9 \end{array} \qquad \begin{array}{c} 2..3 = a..b \\ \underline{4..6 = a..b} \\ 2..3 = 4..6 \end{array} \qquad \begin{array}{c} a..b = c..d \\ \underline{m..n = c..d} \\ a..b = m..n \end{array}$$

sie „einander selbst gleich sind" [84]).

β) wenn mehrere Verhältnisse einem gewissen Verhältnisse gleich sind, als

$$\begin{array}{c} 4..\ 6 = 2..3; \\ 6..\ 9 = 2..3 \\ \underline{8..16 = 2..3} \\ 4..6 = 6..9 = 8..12 \end{array} \quad \text{allgemein} \quad \begin{array}{c} a..b = c..d \\ m..n = c..d \\ \underline{x..y = c..d} \\ a..b = m..n = x..y \end{array}$$

alle „einander gleich sind."

γ) wenn mehrere Verhältnisse gleichen Verhältnissen gleich sind, als

$$\begin{array}{c} 9..12 = 3..\ 4; \\ 3..\ 4 = 6..\ 8 \\ \underline{12..16 = 6..\ 8} \\ 9..12 = 12..16 \end{array} \quad \text{allgemein} \quad \begin{array}{c} a..b = c..d \\ e..f = c..d \\ \underline{e..f = m..n} \\ a..b = m..n \end{array}$$

sie auch „untereinander gleich sind."

Findet aber in diesen drei Fällen das Gegentheil statt, so „sind die Verhältnisse einander ungleich" [85]).

84) Eucl. Elem. V. 11.

85) Ebendas. 13. 14. 20. 21.

Anmerk. Da der Werth jeder Größe nur durch die andere, auf welche man sie bezieht, bestimmt wird, so findet für die Glieder der Verhältnisse noch Folgendes statt:

a) wenn a..b = c..b, so ist a „ = c; d. h. wenn zwei Größen (a und c) zu einer dritten gleiches Verhaltniß haben, so sind sie einander gleich [86];

b) wenn a..b ≷ c..b, so ist a „ ≷ c, d. i. wenn 2 Größen zu einer dritten nicht einerlei Verhältniß haben, so sind sie einander ungleich [87].

Proportion.

§. 105. Daß die Gleichung zweier Verhältnisse eine Proportion (αναλογια), die 4 Glieder derselben aber in so fern proportional oder analog (αναλογα) genannt werden, ist aus §. 40. bekannt [88]. Nehmen die Glieder an Größe zu (als 2..3 = 4..6), so heißt die Proportion steigend, nehmen sie ab (8..6 = 4..3), fallend. In beiden muß sich das erste zum zweiten, wie das dritte zum vierten verhalten (allgem. a..b = an..bn). Das erste und letzte Glied nennt man die äußern Glieder (termini externi), das zweite und dritte die innern

86) Eucl. Elem. V. 7. 9.

87) Ebendas. 8. 10.

88) Eben so difinirt Aristoteles die Proportion (Ethic. ad Nicom. II. 3.): ἡ αναλογια ισοτης εστιν λογου και εν τετταρσιν ελαχιστοις; richtiger als der Alexandriner, Euclides (Elem. V, def. 8.): αναλογια εστιν ἡ των λογων ὁμοιοτης. Denn ὁμοιος heißt nur, was gleiche Beschaffenheit, ισος aber, was gleiches Maaß hat, daher ὁμοιοτης blos Aehnlichkeit, ισοτης, Gleichheit. Die letztere findet bei der Proportion statt und macht ihr Wesen aus. — Von ihr handelt Aristoteles a. a. O. eben so, wie Euclides und alle spätere Mathematiker; vergl. Magn. moral. C. 34.

(termini interni), so wie das erste und dritte, desgleichen das zweite und vierte zusammen gleichnamige (ὁμολογα) heißen. — So gewiß nun Gleiches mit Gleichem multiplicirt oder dividirt gleich bleibt, so gewiß ist a . bn = b . an, und $\frac{a}{b} = \frac{an}{bn}$ (§. 33.), woraus die zwei Hauptkennzeichen und Bedingungen einer Proportion fließen. Denn da allgemein

a) a . bn das Product der äußern, b . an das Product der innern Glieder ist, so folgt, daß in jeder Proportion das Product der äußern Glieder „dem Producte der innern gleich seyn müsse, und umgekehrt, die Factoren zweier gleichen Producte proportional sind.“

b) $\frac{a}{b}$ der Quotient der Vorderglieder, $\frac{an}{bn}$ der der Hinterglieder, so ist in jeder Proportion „der Quotient der Vorder- dem Quotient der Hinterglieder gleich, und umgekehrt, in gleichen Quotienten die Factoren proportional

Anmerk. Die eigentliche Proportion pflegt man häufig wegen ihrer vielfältigen Anwendung in der Geometrie, die geometrische Proportion (αναλογια γεωμετρικη) zu nennen, dagegen 4 Zahlen, deren je zwei gleiche Differenzen haben, als 2 ÷ 4 = 6 ÷ 8 eine arithmetische Proportion [89]. Aus diesen Benennungen scheinen jene der Verhältnisse entstanden zu seyn (§. 26. 37.).

89) Der Zusatz geometrisch scheint von Pythagoras oder aus noch früherer Zeit herzurühren: nach des Aristoteles (Ethic. ad Nicom. L. V. c. 3.), welcher diesen Beinamen als einen von den Mathematikern allgemein üblichen braucht, Vermuthung, weil die Proportion in der Geometrie ihre Anwendung findet (καλουσι την τοιαυτην αναλογιαν γεωμε-

Versetzung der Glieder.

§. 106. Dem gemäß können bei 4 proportionalen Größen, als 2, 3, 4, 6, allgemein a, b, c, d, durch Versetzung derselben in combinatorischer Ordnung acht verschiedene Stellungen statt finden, welche in Hinsicht der Glieder acht verschiedene Sätze geben:

1) 2..3 = 4..6; allgemein a..b = c..d
   2.6 = 3.4   a.d = b.c d. h.
   das 1ste Glied verhält sich zum 2ten, „wie das 3te zum 4ten [90]).

2) 2..4 = 3..6; allgemein a..c = b..d
   2.6 = 4.3   a.d = c.b d. h.
   das 1ste Glied verhält sich zum 3ten, „wie das 2te zum 4ten [91]).

τρικην οἱ μαθηματικοι· εν τη γαρ γεωμετρικη συμβαινει και το ὁλον προς το ὁλον, ὁπερ ἑκατερον προς ἑκατερον). — Zu dem Namen, arithmetische Proportion, hat vielleicht eine andere Stelle desselben Werks (L. V. c. 6.) Veranlassung gegeben, jedoch mit Unrecht. Aristoteles meint dort, es sey in der Tugend das Mittel (το μεσον) zu beobachten; aber nicht so wie bei Zahlen, wenn z. B. 10 das größere (τα πολλα), 2 das kleinere (τα ολιγα), wo 6 das Mittel (τα μεσα) ist. „Dieses ist das Mittel nach der Zahlenanalogie (τουτο μεσον εστιν κατα την αριθμητικην αναλογιαν).“ Aristoteles will weiter nichts sagen, als daß die Mittelstraße in der Tugend nicht nach Zahlen bestimmt werden könne und solle. — Ethic. ad Nicom. V. 6. wird keine arithmetischen Proportion erwähnt, sondern vielmehr Proportion und Zahl unterschieden (η κατ' αναλογιαν, η κατ' αριθμον).

90) Dieses nennt man ordinatim ex aequo oder proportio ordinata (αναλογια τεταγμενη). Euclid. Elem. V. Def. 19.

91) Permutando, alternando (εναλλαξ). Eucl. Elem. B. V. Def. 13. 16. Arist. Ethic. ad Nic. V. 3.

3) $3..2 = 6..4$; allgemein $b..a = d..c$

$3 . 4 = 2 . 6$ $\quad$ $b . c = a . d$ d. i.

das 2te Glied verhält sich zum 1sten, „wie das 4te zum 3ten [92]).

4) $3..6 = 2..4$; allgemein $b..d = a..c$

$3 . 4 = 6 . 2$ $\quad$ $b . c = d . a$ d. i.

das 2te Glied verhält sich zum 4ten, „wie das 1ste zum 3ten.

5) $4..6 = 2..3$; allgemein $c..d = a..b$

$4 . 3 = 6 . 2$ $\quad$ $c . b = d . a$ d. i.

das 3te Glied verhält sich zum 4ten, „wie das 1ste zum 2ten.

6) $4..2 = 6..3$; allgemein $c..a = d..b$

$4 . 3 = 2 . 6$ $\quad$ $c . b = a . d$ d. i.

das 3te Glied verhält sich zum 1sten, „wie das 4te zum 2ten.

7) $6..3 = 4..3$; allgemein $d..b = c..a$

$6 . 2 = 3 . 4$ $\quad$ $d . a = b . c$ d. i.

das 4te Glied verhält sich zum 2ten, „wie das 3te zum 2ten.

8) $6..4 = 3..2$; allgemein $d..c = b..a$

$6 . 2 = 4 . 3$ $\quad$ $d . a = c . b$ d. i.

das 4te Glied verhält sich zum 3ten, „wie das 2te zum 1sten.

Diese Versetzung hat den Vortheil, daß man jedes Glied an jede Stelle bringen kann.

§. 107. Wenn aber nach §. 105. a. die Factoren je zweier gleichen Producte proportional sind, so müssen sich auch aus allen gleichen Producten Proportionen bilden lassen, als:

92) Invertendo (ανάπαλιν). Eucl. V. Def. 14.

$5.6 = 3.10, 5 .. 3 = 10 .. 6$; allg. $ad = bc, a .. b = c .. d$
$6.8 = 4.12, 6 .. 12 = 4 .. 8$; " $3x = 5a, 3 .. 5 = a .. x$
$8 = 2.\ 3, 8 .. 2 = 4 .. 1$; " $x = 4a, x .. a = 4 .. 1$

Hieraus ergiebt sich die allgemeine Regel: „Man nimmt einen Factor des einen Products zum 1sten Gliede, die Factoren des andern zum 2ten und 3ten, und den übrigen Factor des 1sten Products zum 4ten Gliede."

Zur Uebung.

$3.6 = 2.\ 9$; $9x = 12y$; $nx = mq$
$4.9 = 3.12$; $\frac{2}{3}a = \frac{1}{2}b$; $cf = bg$
$30.6 = 12.15$; $m = 4n$; $a = ny$
$14 = 2.\ 7$; $\frac{3}{4}q = 3$; $rm = pq$

Anmerk. Wenn die gleichen Producte aus mehr als zwei Factoren bestehen, so lassen sie sich doch als zweitheilige betrachten, indem man zwei oder mehrere zusammen nimmt, z. B. wenn $abc = lmn$, so verhält sich:

$a .. l = mn .. bc$	Da jede dieser Proportionen
$a .. m = ln .. bc$	acht Versetzungen zuläßt (§.
$a .. n = lm .. bc$	106.), so geben diese 9 Fälle
$ab .. l = mn .. c$	$8.9 = 72$ Proportionen, und
$ab .. m = ln .. c$	wenn die Factoren verschiede-
$ab .. n = lm .. c$	ne Bedeutungen haben, 72
$ac .. l = mn .. b$	verschiedene Wahrheiten, de-
$ac .. m = ln .. b$	ren Entwickelung in manchen
$ac .. n = lm .. b$	Wissenschaften wichtig ist.

Wenn z. B. zwei Körper A und a sich durch verschiedene Räume R und r, in verschiedene Zeiten Z und z, mit verschiedenen Geschwindigkeiten G und g, gleichförmig fortbewegen, so lehrt uns die Theorie der Gesetze der Bewegung (die Phoronomie) daß

$RGz = rGZ$; daher verhält sich

1) $R .. r =$ „$GZ .. gz$, d. i. die Räume der sich bewegenden Körper verhalten sich, wie die Producte ihrer Geschwindigkeiten in die Zeiten."

2) G .. g = „R z .. r Z, d. i. die Geschwindigkeiten, wie die Producte der Räume in die Zeiten der andern."

3) Z .. z = „R g .. r G; d. h. die Zeiten der sich bewegenden Körper, wie die Producte ihrer Räume in die Geschwindigkeiten der andern; u. dergl.

Vierte Proportionalgröße.

§. 108. Da Gleiches durch Gleiches dividirt Gleiches giebt (§. 33. b.), und man wendet dieses auf die gleichgesetzten Producte der äußern und mittlern Glieder (§. 105. a.) an, so daß man mit einem Factor (Gliede) beide Producte dividirt, so wird der andere durch die drei übrigen bestimmt. Betrachten wir wieder jene Proportion

$$\frac{2 \,..\, 3 = 4 \,..\, 6;}{2 \,.\, 6 = 3 \,.\, 4} \quad \text{allgemein} \quad \frac{a \,..\, b = c \,..\, d;}{a \,.\, d = b \,.\, c;} \text{ wo so ist}$$

1) $\frac{2.6}{6} = \frac{3.4}{6}$ folgl. $2 = \frac{3.4}{6}$; $\frac{a.d}{d} = \frac{b.c}{d}$ folgl. $a = \frac{bc}{d}$

Das 1ste Glied wird gefunden, wenn man „das 2te mit dem 3ten multiplicirt und durch das 4te dividirt."

2) $\frac{3.4}{4} = \frac{2.6}{4}$, folgl. $3 = \frac{2.6}{4}$; $\frac{c.b}{c} = \frac{a.d}{c}$, folgl. $b = \frac{ad}{c}$

Das 2te Glied wird gefunden, wenn man „das 1ste mit dem 4ten multiplicirt und durch das 3te dividirt."

3) $\frac{3.4}{3} = \frac{2.6}{3}$, folgl. $4 = \frac{2.6}{3}$; $\frac{c.b}{b} = \frac{a.d}{b}$, folgl. $c = \frac{ad}{b}$

Das 3te Glied wird gefunden, wenn man „das 1ste mit dem 4ten multiplicirt und durch das 2te dividirt."

4) $\frac{2.6}{2} = \frac{3.4}{2}$, d. i. $6 = \frac{3.4}{2}$; $\frac{a.d}{a} = \frac{b.c}{a}$, d. i. $d = \frac{bc}{a}$

Das 4te Glied wird gefunden, wenn man „das 2te

und 3te multiplicirt und durch das 1ste dividirt."

Hieraus ist klar, daß man allemal aus drei bekannten proportionalen Größen oder Zahlen die 4te findet, wenn man „das Product der 2ten und 3ten durch die erste dividirt."

Da man nun nach §. 106. die Glieder so versetzen kann, daß die 3 bekannten die 3 ersten sind, so bedarf man nur einer und zwar der letzten Regel (4).

Anmerk. Die unbekannte vierte proportionale Größe oder Zahl pflegt man mit x zu bezeichnen, und sind mehrere in einem Exempel vorhanden, mit y, z, u, v ꝛc. überhaupt mit den letzten Buchstaben des Alphabets [93]).

Regel de tri.

§. 109. Dieses Gesetz: aus drei bekannten die 4te Proportionalgröße zu finden, nennt man die Regel de tri (regula de tribus numeris), und weil sie bei allen Geschäften des bürgerlichen Lebens so vielfältige und nothwendige Anwendung findet, auch die goldene Regel (reg. aurea). Ihre Anwendung selbst gehört in die praktische Rechenkunst. Nur die Fälle, in welchen sie angewendet wird, können hier angeführt werden. Es ist aber vor allen ein Hauptunterschied zu machen nöthig.

93) Der Gebrauch des Buchstabens x soll von den Spaniern herrühren, und diese ihn von der Gewohnheit der Araber, ihrer Lehrmeister in der Arithmetik, entlehnt haben, welche sich zur Bezeichnung der vierten Proportionalgröße, die die zu suchende Sache enthält, des Anfangsbuchstabens des Wortes bedient haben, welches die Sache bedeutet. — Auf gleiche Art haben die Italiener das Wort cosa gebraucht, und daher die Regel de tri Regel Cos oder cosische Regel genannt.

a) Man sagt entweder, je mehr man Stücke bekommt, desto mehr muß man bezahlen, und je weniger, desto weniger. Die Proportion ist daher geradefort steigend oder fallend: $a..b = c..\frac{cb}{a}$, wo der allgemeine Satz (§. 108.) gilt, daß das 4te Glied gefunden wird, wenn man das 2te mit dem 3ten multiplicirt und durch das 1ste dividirt. Diese nennt man die gerade Regel de tri (regula de tri directa).

b) Oder man sagt, je mehr man z. B. Arbeiter anstellt, desto weniger Zeit ist nöthig, um die Arbeit zu machen, oder je weniger z. B. breit das Tuch liegt, desto mehr braucht man Ellen. Wenn also hier die ersten Glieder steigend sind, so sind die letzten fallend, und umgekehrt; daher sich verhält $a..b = c..\frac{a.b}{c}$, d. h. das vierte Glied wird gefunden, wenn man das 1ste und 2te multiplicirt und durch das dritte dividirt. Diese heißt die umgekehrte Regel de tri (regula inversa) [94].

Bei beiden ist zu merken, daß das 1ste und 3te, so wie das 2te und 4te gleichnamig seyn müssen (als 2 Pfund . . 3 Thlr. = 4 Pfund . . 6 Thlr.: oder 2 Arbeiter . . 6 Tagen = 4 Arbeiter . . 3 Tagen rc..

Fälle ihrer Anwendung.

§. 110. Die Fälle ihrer Anwendung scheiden sich daher in zwei Klassen:

94) In vielen Büchern nennt man sie die verkehrte; aber dieß ist ein verkehrter Ausdruck. Umgekehrt ist nicht verkehrt.

a) die **gerade** Regel de tri findet statt:

1) bei Berechnung der **Waaren**, sie mögen nach Ellen, Kannen oder Gewichten gemessen werden; z. B.

5 Stück .. 6 Thlr. = 19 Stück .. $\frac{6.19}{5} = 22\frac{4}{5}$ Thlr.

2) bei der Vergleichung (Reduction) der **Münzen**, **Gewichte** und **Maaße** ꝛc. zu andern; z. E.

α) der Gulden verhält sich zum Thaler wie 2 .. 3, mithin 3 Gulden = 2 Thlr.; wieviel machen daher 400 Gulden Thaler?

3 Gulden .. 2 Thlr. = 400 Gulden .. $\frac{400.2}{3} = \frac{800}{3} =$ $266\frac{2}{3}$ Thlr.

β) das Amsterdamer Pfd. verhält sich zum Frankfurter, wie 7683 .. 8152; wieviel machen 8000 Amsterdamer Pfd., Frankfurter Pfd.? —

8152 Pfd. Amstd. .. 7683 Pfd. Frankf. = 8000 Amstd. .. $\frac{8000 \times 7683}{8152} = \frac{7683000}{1019} = 7539\frac{753}{1019}$ Frankfurter.

γ) der Rheinländische Fuß verhält sich zum Französischen wie 1391 .. 1440. Es sind daher 1440 Rheinländ. Fuß = 1391 Französ. Fuß; wieviel 2000 Rheinländische?

1440 .. 1391 = 2000 .. $\frac{2000.1319}{1440} = \frac{139100}{72} =$ $= 1931\frac{17}{18}$ Franz. Fuß.

3) bei der **einfachen Zinß-Rechnung**, wobei der Zinßfuß, ob 3, 4, 5 ... pr. cent gegeben werden, bekannt seyn muß, wenn die Zeit nicht in Betrachtung kommt. Man kann dabei nach zweierlei fragen:

α) nach den **Zinßen**. Wenn 100 Thlr. 5 Thlr. Zinßen geben, wieviel geben 20000?

$$100 \text{ Thlr.} \ldots 5 \text{ Thlr.} = 20000 \text{ Thlr} \ldots \frac{20000.5}{100} =$$

$$= 200.5 = 1000 \text{ Thlr.}$$

β) nach dem **Kapital**. Wenn 100 Thlr. 5 Thlr. geben, wie groß ist das Kapital, welches 600 Thlr. Zinßen giebt?

$$5 \text{ Thlr.} \ldots 100 \text{ Thlr.} = 600 \text{ Thlr.} \ldots \frac{600 \times 100}{5} =$$

$$= \frac{60\,000}{5} = 12\,000 \text{ Thlr.}$$

4) bei vielen andern Gegenständen, wenn die **Zeit nicht** dabei in Betrachtung kommt; als je weniger Arbeit, desto weniger Leute u. s. w.

b) die **umgekehrte Regel de tri** muß angewendet werden

1) bei Berechnung der **Arbeiter** und der **Zeit**. Denn je **mehr** Zeit, desto **weniger** Arbeiter und umgekehrt. Z. B. 5 Arbeiter brauchen 18 Tage zu einer Arbeit, wie viel 9 Arbeiter?

$$5 \text{ A.} \ldots 18 \text{ T.} = 9 \text{ A.} \ldots \frac{18.5}{9} = 2.5 = 10 \text{ T.}$$

2) bei Vergleichung der **Länge** und **Breite** oder **Höhe**. Z. B. je breiter das Tuch liegt, desto weniger Ellen (der Länge nach) braucht man. Pflanzt man längs einem Wege Bäume acht Schritte von einander, so braucht man 5000 Stück, wenn man aber für ebendieselbe Länge Weges nur 4000 Stück hat, so fragt sich, wieviel Schritte auseinander sie gepflanzt werden müssen?

$$5000 \text{ St.} \ldots 8 \text{ Schr.} = 4000 \text{ St.} \ldots \frac{5000.8}{4000} =$$

$$= \frac{5.8}{4} = 5.2 = 10 \text{ Schritte.}$$

3) bei der Zinßenrechnung, wenn die Zeit dabei in Anschlag kommt. — Hier kann man wieder nach zweierlei fragen:

α) entweder nach der Zeit. Z. B. 2000 Thlr. zu 5 pr. Cent verliehen, geben in 2 Jahren 200 Thlr.; wie lange müssen 500 Thlr. zu 5 pr. C. stehen, um ebenfalls 200 Thlr. zu geben?

$$2000 \text{ Thlr.} \ldots 2 \text{ Jahr} = 500 \text{ Thl.} \ldots \frac{2000 \cdot 2}{500} \text{ J.} = \frac{20 \cdot 2}{5} = 8 \text{ Jahre.}$$

β) oder nach dem Kapitale. Wenn 7400 Thlr. 6 Jahre stehn müssen, um einen gewissen Zinß zu geben, wie groß muß das Kapital seyn, wenn es in 4 Jahren ebensoviel geben soll?

$$6 \text{ Jahr} \ldots 7400 \text{ Thlr.} = 4 \text{ Jahr} \ldots \frac{6 \cdot 7400}{4} = 3 \cdot 3700 = 11100 \text{ Thlr.}$$ [95]).

4) bei vielen andern Fällen, wo man sagen kann jemehr, desto weniger und umgekehrt. Z. E. je mehr man täglich aufgehn läßt, desto kürzere Zeit reicht der Vorrath; je theurer das Getraide ist, desto kleiner ist das Brod; je mehr ein Fuhrmann aufladet, desto weniger weit kann er täglich fahren, u. dergl. mehr.

Anmerkungen.

1) Es können aber auch mehr als drei Sätze vorkommen, d. h. jedes Verhältniß kann noch eine oder mehr Bestimmungen haben, mithin die Aufgabe 5, 7, 9 ... Zahlen enthalten, welche nach Befinden die gerade

95) Ueber die Zinßrechnung hat man Tabellen von J. H. Bode, J. Stern, Fr. H. J. W. Ihring, Cp. F. Hoff. S. Ersch Liter. der Math. S. 46.

oder die umgekehrte Regel de tri erfordern können. Hat die Aufgabe fünf Sätze, so heißt sie regula quinque (reg. de quinque numeris), hat sie mehr als 5 Sätze, so wird sie regula multiplex genannt. Bei allen dergleichen Fällen aber nimmt man immer nur 3 Bestimmungen auf einmal zusammen, ohne auf die übrigen Rücksicht zu nehmen und verfährt wie oben. Beispiele werden es deutlich machen.

a) Regula quinque. Wenn 100 Thlr. in einem Jahre 5 Thlr. Zinßen geben, wieviel geben 250 Thlr. in 8 Jahren? Ohne Rücksicht auf die Zeit verhält sich:

$$100 \text{ Thlr.} \ldots 5 \text{ Thlr.} = 250 \text{ Thlr.} \ldots \frac{250.5}{100} = \frac{25.5}{10} = \frac{5 \cdot 5}{2} \text{ Thlr.}$$

$$1 \text{ Jahr} \ldots \frac{5.5}{2} \text{ Thlr.} = 8 \text{ Jahr} \ldots \frac{5.5.8}{2.1} = 25 \cdot 4 = 100 \text{ Thlr.}$$

Wenn ein Graben 4 Ellen breit von 6 Arbeitern in 8 Tagen ausgeworfen wird, wieviel Tage werden 10 Arbeiter zu einem Graben von derselben Länge, aber 5 Ellen Breite brauchen?

$$4 \text{ Ell.} \ldots 8 \text{ Tage} = 5 \text{ Ell.} \ldots \frac{5 \cdot 8}{4} \text{ Tage} = 10 \text{ Tage}$$

$$6 \text{ Arbeit.} \ldots 10 \text{ Tage} = 10 \text{ Arbeit.} \ldots \frac{10 \cdot 6}{10} \text{ Tage} = 6 \text{ Tage (invers.)}$$

b) Regula multiplex. Wenn 10 Maurer in 15 Wochen, worinne sie 6 Tage und täglich 12 Stunden arbeiten, eine Mauer 400 Fuß lang, 12 Fuß hoch, 3½ Fuß dick verfertiget haben; wieviel Wochen werden 24 Maurer brauchen zu einer Mauer 160 Fuß lang, 14 Fuß hoch, 2½ Fuß dick, wenn sie wöchentlich nur 5 Tage und täglich 10 Stunden arbeiten?

$$10 \text{ Maurer} \,..\, 15 \text{ Wochen} = 24 \text{ Maurer} \,..\, \frac{15.10}{24} \text{ Wochen}$$

$$6 \text{ Tage} \,..\, \frac{15.10}{24} \text{ Wochen} = 5 \text{ Tage} \,..\, \frac{6.10.15}{5.24} \text{ Wochen}$$

$$12 \text{ Stunden} \,..\, \frac{6.15.10}{24.5} \text{ Woch.} = 10 \text{ Stund.} \,..\, \frac{12.6.10.15}{10.5.24} \text{ Wochen}$$

regula inversa.

$$400' \text{ lang} \,..\, \frac{12.6.10.15}{24.5.10} \text{ Wochen} = 160' \text{ lang} \,..\, \frac{160.12.6.10.15}{400.10.5.24} \text{ Wochen}$$

$$12' \text{ hoch} \,..\, \frac{160.12.6.10.15}{400.10.5.24} \text{ Wochen} = 14' \text{ hoch} \,..\, \frac{14.160.12.6.10.15}{12.400.10.5.24} \text{ Wochen}$$

$$\tfrac{7}{2}' \text{ dick} \,..\, \frac{14.160.12.6.10.15.}{12.400.10.5.24} \text{ Wochen} = \tfrac{5}{2}' \text{ dick} \,.\, \frac{5.14.160.12.6.10.15}{7.12.400.10.5.24} \text{ Wochen}$$

$$= \frac{14.160.6.15}{7.400.24} = 3 \text{ Wochen}$$

Das Aufheben der Zahlen kann man auch hier nach jeder einzelnen Operation verrichten. — Man nennt dieses Verfahren zusammengesetzte Regel de tri (regula de tri composita).

2) Ebendasselbe Verfahren ist nöthig bei der Reduction der Münzen, Maaße und Gewichte, wenn die Vergleichung mehrerer Mittelglieder bedarf. Z. B. will man wissen, wieviel Mariengroschen auf einen Louisd'or gehen, und man weiß, daß 3 Louisd'or = 16 Thlr., 2 Thlr. = 3 Gulden, 1 Gulden = 16 Gr., 2 Gr. = 3 Mar. Gr. machen, so schließt man so:

2 Ggr. .. 3 Mgr. $= 16$ Gr. .. $\frac{3.16}{2}$ Mgr.

1 Guld. .. $\frac{3.16}{2}$ Mgr. $= 3$ Guld. .. $\frac{3.3.16}{2.1}$ Mgr.

2 Thlr. .. $\frac{3.3.16}{2.1}$ Mgr. $= 16$ Thlr. .. $\frac{16.3.3.16}{2.1.2}$ Mgr.

3 Ld'or .. $\frac{16.3.3.16}{2.1.2}$ Mgr. $= 1$ Ld'or. .. $\frac{16.3.3.16.1}{2.1.2.3}$

$= 8 \cdot 3 \cdot 8 = 192$ Mgr.

Jedoch kann man sich dabei einer Abkürzung bedienen. Man stellt nämlich diejenigen Größen, welche einander gleich sind, neben einander, fängt mit derjenigen an, die in der Frage liegt, und den folgenden Satz wieder mit dem gleichnamigen des vorigen. Z. B.

3 Louisd'or	= 16 Thlr.
2 Thlr.	= 3 Gulden.
1 Gulden	= 16 gute Groschen
2 gute Groschen	= 3 Mar. Groschen.
3.2.1.2	= 16.3.16.3

Dividirt man nun das Product der Zahlen zur Rechten durch das Product der zur Linken, so erhält man ebenfalls jene Zahl

$$\frac{16.3.16.3}{3.2.1.2} = 8 \cdot 3 \cdot 8 = 192 \text{ Mar. Groschen.}$$

Weil nun diese Sätze mit ihren gleichartigen Größen gleichsam in einander hängen, so pflegt man dieses Verfahren die Kettenrechnung zu nennen.

3) Diese Abkürzung hat vorzüglich C. F. de Rees auf die zusammengesetzte Regel de tri angewendet, daher sie auch die Reesische Regel genannt wird [96]. Nach ihr stellt man die in der Aufgabe

96) C. F. de Rees allgemeine Regel der Rechenkunst, oder neueste Art, alle Aufgaben, in welchen etwas ein Verhältniß zu andern Dingen hat, kurz und leicht zu lösen; aus den Holländischen übersetzt von L. M. Kahle. 1ste Aufl. 1738,

enthaltenen Zahlen Paar vor Paar so zusammen, daß alle Multiplicandi auf die rechte und alle Divisoren auf die linke Seite zu stehen kommen. Die **Fragezahl** bezeichnet man mit x. Nach ihr erscheint jenes Beispiel (Anmerk. 1. b.) so:

10 Maur. 15 Woch. 6 T. 12 St. = 400 F. lg. 12′ F. hch. 3½ F. dick

24 „ x „ 5 „ 10 „ = 160 „ „ 14′ F. hch. 2½ F. dick

x Wochen	15 Wochen;
400′ lang	160′ lang; je länger, desto mehr Wochen;
12′ hoch	14′ hoch; je höher, „ „ „
3½ dick	2½ dick; je dicker, „ „ „
24 Maur.	10 Maurer; je mehr Maur. desto weniger W.
5 Tage	6 Tage; je mehr Tage, desto wenig. Wochen;
10 Stund.	12 Stund.; je mehr St. desto weniger Woch.

x = 5 Wochen.

4) In vielen Fällen findet die einfache Regel de tri mehrmal statt. Z. B.

a) Wenn mehrere Personen durch Beiträge ein Kapital zu irgend einem Zwecke zusammen legen, so muß sie bei jeder Vertheilung des Gewinnes oder Verlustes sovielmal angewendet werden, als Personen sind. Dieß nennt man die **Gesellschaftsrechnung** (regula societatis). Z. B.

A giebt 1000 Thlr. u. sein Gewinn (oder Verlust) = x
B „ 700 „ „ „ „ „ „ = y
C „ 900 „ „ „ „ „ „ = z
Smm. 2600 Thlr.

Wenn nun der Gewinn (od. Verlust) 1500 Thlr. ist, so verhält sich

$$2600 \,..\, 1500 = 1000 \,..\, x = \frac{1500 \,.\, 1000}{2600} = 576\tfrac{12}{13}$$

$$2600 \,..\, 1500 = 700 \,..\, y = \frac{1500 \,.\, 700}{2600} = 403\tfrac{11}{13}$$

$$2600 \,..\, 1500 = 900 \,..\, z = \frac{1500 \,.\, 900}{2600} = 519\tfrac{3}{13}$$

6te Aufl. Bremen 1787. 8. — Ausführlicher ist: M. L. **Willichs** gründliche Darstellung der **Reesischen** Regel. Bremen 1759 — 60. 2 Bände. 8.

b) Wenn mehrere Materien (Metalle, Arzneien oder andere Flüssigkeiten) nach einem gewissen Verhältnisse gemischt werden sollen, so muß die Regel de tri so vielmal statt finden, als zumischende Materien vorhanden sind. Diese Rechnung wird daher die Mischungsrechnung oder Alligationsregel (regula alligationis), bei der Mischung der Metalle auch Regel der Beschickung genannt. Z. B.

Zu 1 Pfd. Schießpulver braucht man 24 Loth Salpeter,
6 " Kohlen,
2 " Schwefel.
32 Loth = 1 Pfd.

Wie viel braucht man zu 50 Pfd. von jeder Sorte?

1 Pfd. .. 50 Pfd. = 24 Lth. .. 24 . 50 = 1200 Lth. = 37,5 Pfd. Salpeter,
1 " .. 50 " = 6 " .. 6 . 50 = 300 Lth. = 9,375 Pfd. Kohlen,
1 " .. 50 " = 2 " .. 2 . 50 = 100 Lth. = 3,125 Pfd. Schw.
1600 Lth. = 50 Pfd.

c) Wenn eine Kaufsumme von mehrern Personen gedeckt wird, so daß ihre ungleichen Beiträge in einem bestimmten Verhältnisse stehen; z. E. wenn 7800 Thlr. von 3 Personen getilgt werden sollen, von welchen der eine A die Hälfte, der andere B $\frac{1}{3}$, der dritte C $\frac{1}{4}$ erlegen muß. Dann kann man beliebige ganze Zahlen (am bequemsten die kleinsten) nehmen, welche in ebendemselben Verhältnisse stehen, als die Beiträge der Personen.

In diesem Beispiele stehen mit den Brüchen
A B C
$\frac{1}{2}$ $\frac{1}{3}$ $\frac{1}{4}$ die
ganzen Zahlen 6 4 3 in demselben Verhältnisse, d. h. wenn A 6 Thlr. giebt, so giebt B 4 Thlr. und C 3 Thlr. Wie sich daher die Summe der Zahlen

der Verhältnisse der Beiträge (13) zur ganzen Kaufsumme verhält, so muß sich die Zahl des einzelnen Verhältnisses zum Beitrage des Einzelnen verhalten. Es bezahlt daher

$$A = 13 \,..\, 7800 = 6 \,..\, \frac{7800 \,.\, 6}{13} = 3600 \text{ Thlr.}$$

$$B = 13 \,..\, 7800 = 4 \,..\, \frac{7800 \,.\, 4}{13} = 2400 \text{ „}$$

$$C = 13 \,..\, 7800 = 3 \,..\, \frac{7800 \,.\, 3}{13} = 1800 \text{ „}$$

folglich $A + B + C = 7800$ Thlr.

Weil man aber dabei eine Zahl (13) annimmt, welche nicht mit in der Aufgabe steht, und welche man eine falsche nennt, so nennt man dieses Verfahren regula falsi (sc. numeri).

5) In allen diesen Rechnungsarten muß man sich fleißig üben, bis man die gehörige Fertigkeit erlangt hat [97]).

Anwendung der Rechnungsoperationen auf die Glieder der Proportionen.

1) Addition und Subtraction.

§ 112. Wir haben gefunden, daß die Summen aliquoter Theile sich wie die aliquoten Theile selbst (§. 103. Anm α), und die aliquoten Theile (Differenzen zwischen aliquoten Theilen und ihren Ganzen) wie die Ganzen (β) verhalten. Addiren und subtrahiren wir daher die Glieder gleicher Verhältnisse oder einer Proportion (sie sey $2 \,..\, 3 = 4 \,..\, 6$; allg. $a \,..\, b = c \,..\, d$), so ergeben sich folgende Wahrheiten:

97) Brauchbare Exempelbücher s. in Ersch Lit. der Math. S. 19 rc., unter welchen vorzüglich (G. F. Dinter's) Rechnungsaufgaben für sächsische Bürger- und Landschulen rc. Neustadt a. d. O. 1806. (1 Thlr.). — Die besonders gedruckten Resultate haben einige Fehler, die man vor dem Gebrauche berichtigen muß.

a) Addition.

1) $(2+3)..3=(4+6)..6$; allg. $(a+b)..b=(c+d..d$
$(2+3).6=3.(4+6$, $(a+b)\ d=(c+d)b$
$12+18=12+18$; $ad+bd=cd+db$

d. i. die Summe der ersten Glieder verhält sich zum dritten, wie „die Summe der letzten zum vierten“ [97]).

2) $2..(2+3)=4..(4+6)$; allg. $a..(a+b)=c..(c+d)$
$2.(4+6)=(2+3).4$ $ac+ad=ac+bc$
$8+12=8+12$ $ad=bc$

das erste Glied verhält sich zur Summe der ersten Glieder, wie „das dritte zur Summe der letzten.“

3) weil $2..4=3..6$; allg. $(a..c=b..d$ (§. 106. 2.)
$(2+4)..4=(3+6)..6$, $(a+c)..c=(b+d)..d$
$(2+4).6=4.(3+6)$, $(a+c)d=(b+d)c$
$12+24=12+24$, $ad+cd=bc+dc$

die Summe des ersten und dritten Gliedes verhält sich zum dritten (gleichnamigen), wie „die Summe des zweiten und vierten zum vierten.“

4) $2..(2+4)=3..(3+6)$; allg. $a..(a+c)=b..(b+d)$
$2.(3+6)=3.(2+4)$, $a.(b+d)=(a+c).b$
$6+12=6+12$; $ab+ad=ab+cb$

das erste Glied verhält sich zur Summe des ersten und dritten, wie „das dritte zur Summe des zweiten und vierten.“

Versetzen wir nun die Glieder dieser 4 Proportionen nach §. 106. 2., so ist

5) $(2+3)..(4+6)=3..6$; allg. $(a+b)..(c+d)=b..d$
$12+18=12+18$ $ad+bd=cb+db$,

97) Componendo; συνθεσις του λογου. Eucl. Elem. V. Def. 15.

6) $2..4 = (2+3)..(4+6)$; allg. $a..c = (a+b)..(c+d)$

$2.(4+6) = 4.(2+3)$; $ac + ad = ac + bc$

die Summe der ersten Glieder verhält sich zur Summe der letzten, wie „das erste zum dritten oder das zweite zum vierten [99]).

7) $(2+4)..(3+6) = 4..6$; allg. $(a+c)..(b+d) = c..d$

$(2+4).6 = (3+6).4$; $ad + cd = bc + cd$

8) $2..3 = (2+4)..(3+6)$; allg. $a..b = (a+c)..(b+d)$

$2.(3+6) = 3.(2+4)$; $ab + ad = ab + cb$

die Summen gleichnamiger Glieder (§. 105.) verhalten sich, wie „die letzten oder die ersten Glieder zu einander."

Anmerk. Diesem Satze gemäß muß auch bei mehrern gleicher Verhältnissen, als

$a..b = c..d = e..f = g..h \; .....$

$(a+c+e+g)..(b+d+f+h) = a..b = c..d ...$

sich die Summe aller ersten Glieder zur Summe aller zweiten verhalten, wie „die Glieder der Verhältnisse selbst" [100]).

b) Subtraction.

§. 113. Es sey die Proportion

$6..4 = 3..2$; allgem. $a..b = c..d$

1) $(6-4)..4 = (3-2)..2$; allg. $(a-b)..b = (c-d)..d$

$(6-4).2 = 4.(3-2)$; $ad - bd = cb - db$

$12 - 8 = 12 - 8$; $ad = cb$, d. i.

die Differenz der ersten Glieder verhält sich zum zweiten, wie „die Differenz der letzten zum vierten" [101]).

99) Antecedentes et consequentes summando. Eucl. Elem. V. 19.

100) Euclids Elem. V. 12.

101) Differentiando, (dividendo); διαιρεσις του λογου. Eucl. elem. V. def. 16.

2) $\frac{6..(6-4)=3..(3-2);}{6.(3-2)=(6-4).3;}$ $\frac{a..(a-b)=c..(c-d)}{ac-ad=ac-bc}$

das erste Glied verhält sich zu der Differenz der ersten Glieder, wie das dritte Glied zur Differenz der letzten.

3) $\frac{(6-3)..3=(4-2)..2;}{(6-3).2=3.(4-2);}$ $\frac{(a-c)..c=(b-d)..d}{ad-cd=cb-cd}$

die Differenz vom ersten und dritten Gliede verhält sich zum dritten, wie „die Differenz vom zweiten und vierten zum vierten."

4) $\frac{6..(6-3)=4..(4-2);}{(4.6)-(2.6)=(6.4)-(3.4)}$ $\frac{a..(a-c)=b..(b-d)}{ab-ad=ab-bc}$

das erste verhält sich zur Differenz vom ersten und dritten, wie „das zweite zur Differenz des zweiten und vierten."

5) $\frac{(6-4)..(3-2)=4..2;}{(2.6)-(2.4)=(3.4)-(2.4);}$ $\frac{(a-b)..(c-d)=b..d}{ad-bd=cb-db}$

6) $\frac{6..3=(6-4)..(3-2);}{(6.3)-(6.2)=(3.6)-(3.4)}$ $\frac{a..c=(a-b)..(c-d)}{ac-ad=ca-cb}$

die Differenzen der ersten und letzten Glieder verhalten sich, wie „die gleichnamigen."

7) $\frac{(6-3)..(4-2)=3..2;}{(2.6)-(3.2)=(4.3)-(2.3)}$ $\frac{(a-c)..(b-d))=c..d}{ad-cd=bc-cd}$

8) $\frac{6..4=(6-3)..(4-2);}{(6.4)-(6.2)=(4.6)-(4.3)}$ $\frac{a..b=(a-c)..b-d}{ab-ad=ab-bc}$

die Differenzen der gleichnamigen Glieder verhalten sich, wie „die letzten oder die ersten Glieder zu einander."

Anmerk. Auf gleiche Weise müssen auch bei mehren gleichen Verhältnissen

$$a..b=c..d=e..f=g..h \text{ ꝛc.}$$

$$(a-c-e-g)..(b-d-f-h)=a..b$$

die Reste nach Abzug aller übrigen gleichnamigen Glieder von einem, sich verhalten, „die Glieder der Verhältnisse selbst."

Fassen wir nun die Resultate, welche sich sowohl bei der Addition, als der Subtraction der Glieder mit und von einander ergeben haben, zusammen, so lassen sie sich allgemein in folgenden 8 Formeln ausdrücken:

1) $(a \pm b)\,..\,b = (c \pm d)\,..\,d$
2) $a\,..\,(a \pm b) = c\,..\,(c \pm d)$
3) $(a \pm c)\,..\,c = (b \pm d)\,..\,d$
4) $a\,..\,(a \pm c) = b\,..\,(b \pm d)$
5) $(a \pm b)\,..\,(c \pm d) = b\,..\,d$
6) $a\,..\,c = (a \pm b)\,..\,(c \pm d)$
7) $(a \pm c)\,..\,(b \pm d) = c\,..\,d$
8) $a\,..\,b = (a \pm c)\,..\,b(\pm d)$

2) Multiplication und Division.

§. 114. Aus §. 103. 2. ist bekannt, daß die Verhältnisse, wenn ihre Glieder mit einer und ebenderselben Zahl multiplicirt oder dividirt werden, gleich bleiben. Da nun die Proportion aus zwei gleichen Verhältnissen besteht, so kann sie auch durch Multiplication oder Division der Glieder mit einerlei Zahl nicht gestört werden. Nur die Fälle, in welchen es geschieht, sind näher zu bestimmen. Die Proportion sey:

$2\,..\,3 = 4\,..\,6$; allg. $a\,..\,b = c\,..\,d$

wo $2 \cdot 6 = 3 \cdot 4$ $\qquad a \cdot d = b \cdot c$ (§. 105.)

m und n beliebige, aber verschiedene Zahlen. Es bleibt daher die Proportion unverändert

a) bei der Multiplication

α) der Glieder eines Verhältnisses:

1) $(2 \cdot 3)\,..\,(3 \cdot 3) = 4\,..\,6$; allg. $an\,..\,bn = c\,..\,d$

$6 \cdot 6 = 9 \cdot 4$, $\qquad adn = bcn$

wenn man „die ersten Glieder mit einer und ebenderselben Zahl multiplicirt."

2) $\frac{(2\cdot3)..4 = (3\cdot3)..6;}{6\cdot6 = 4\cdot9}$ allg. $\frac{an..c = bn..d}{adn = bcn}$, (§. 106. 2.)

wenn man „das erste und dritte Glied mit einerlei Zahl multiplicirt;“

3) $\frac{2..3 = (4\cdot3)..(6\cdot3);}{2\cdot18 = 3\cdot12}$ allg. $\frac{a..b = cn..dn}{adn = bcn}$,

wenn man „die beiden letzten Glieder mit ebenderselben Zahl multiplicirt;“

4) $\frac{2..(3\cdot4) = 3..(6\cdot3);}{2\cdot18 = 12\cdot3\cdot}$ allg. $\frac{a..cn = b..dn}{adn = bcn}$.

wenn man „das zweite und letzte Glied mit der nämlichen Zahl multiplicirt;

β) der Glieder beider Verhältnisse:

1) $\frac{(2\cdot3)..(3\cdot3) = (4\cdot3)..(6\cdot3);}{6\cdot18 = 9\cdot12}$ allg. $\frac{an..bn = cn..dn}{andn = bncn}$.

wenn man „alle vier Glieder mit ebenderselben Zahl multiplicirt;“

2) $\frac{(2\cdot3)..(3\cdot3) = (4\cdot2)..(6\cdot2);}{6\cdot12 = 9\cdot8}$ allg. $\frac{an..bn = cm..dm}{andm = bndm}$.

wenn man „die ersten mit einer Zahl und die letzten mit einer andern multiplicirt;“

3) $\frac{2\cdot3..4\cdot2 = 3\cdot3..6\cdot2;}{6\cdot12 = 8\cdot9}$ allg. $\frac{an..cm = bn..dm}{andm = cmbn}$.

wenn man „das erste und dritte Glied mit einer und das zweite und vierte Glied durch eine andere Zahl multiplicirt.“

Die Stellungen

an..b # c ..dn
a ..bn # cn..d
an..bm # c ..d wären falsch; warum?

§. 115. b) Bei der Division

α) der Glieder eines Verhältnisses

1) $\frac{2}{3} .. \frac{3}{3} = 4 .. 6$; allg. $\frac{a}{n} .. \frac{b}{n} = c .. d$

$$\frac{2 \cdot 6}{3} = \frac{4 \cdot 3}{3} \quad " \quad \frac{a \cdot d}{n} = \frac{b \cdot c}{n}$$

wenn man „die ersten Glieder durch ebendieselbe Zahl dividirt;"

2) $\frac{2}{3} .. 4 = \frac{3}{3} .. 6$; allg. $\frac{a}{n} .. c = \frac{b}{n} .. d$ (§. 106. 2.)

$$\frac{2 \cdot 6}{3} = \frac{4 \cdot 3}{3} \quad " \quad \frac{ad}{n} = \frac{cb}{n}$$

wenn man „das erste und dritte Glied durch dieselbe Zahl dividirt;"

3) $2 .. 4 = \frac{3}{5} .. \frac{6}{5}$; allg. $a .. b = \frac{c}{n} .. \frac{d}{n}$

$$\frac{2 \cdot 6}{5} = \frac{3 \cdot 4}{5} \quad " \quad \frac{ad}{n} = \frac{bc}{n}$$

wenn man „die letzten Glieder mit einerlei Zahl dividirt;"

4) $2 .. \frac{3}{5} = 4 .. \frac{6}{5}$; allg. $a .. \frac{c}{n} = b .. \frac{d}{n}$ (§. 106. 2.)

$$\frac{2 \cdot 6}{5} = \frac{3 \cdot 4}{5} \quad " \quad \frac{ad}{n} = \frac{cb}{n}$$

wenn man „das zweite und vierte Glied mit der nämlichen Zahl dividirt.

β) der Glieder beider Verhältnisse

1) $\frac{2}{3} .. \frac{3}{3} = \frac{4}{3} .. \frac{6}{3}$; allg. $\frac{a}{n} .. \frac{b}{n} = \frac{c}{n} .. \frac{d}{n}$

$$\frac{2 \cdot 6}{3 \cdot 3} = \frac{3 \cdot 4}{3 \cdot 3} \quad " \quad \frac{a \cdot d}{n \cdot n} = \frac{b \cdot c}{n \cdot n}$$

wenn man „alle vier Glieder mit ebenderselben Zahl dividirt;"

2) $\frac{2}{3} .. \frac{3}{3} = \frac{4}{5} .. \frac{6}{5}$; allg. $\frac{a}{n} .. \frac{b}{n} = \frac{c}{m} .. \frac{d}{m}$

$$\frac{2.6}{3.5} = \frac{3.4}{3.5} \quad \text{,,} \quad \frac{a.d}{n.m} = \frac{b.c}{n.m}$$

wenn man „die ersten beiden mit einer Zahl und die letzten beiden mit einer andern dividirt;“

3) $\frac{2}{3} .. \frac{4}{5} = \frac{3}{3} .. \frac{6}{5}$; allg. $\frac{a}{n} .. \frac{c}{m} = \frac{b}{n} .. \frac{d}{m}$ (§. 106.)

$$\frac{2.6}{3.5} = \frac{4.3}{5.3} \quad \text{,,} \quad \frac{a.d}{n.m} = \frac{c.b}{m.n}$$

wenn man „das erste und dritte mit einer und das zweite und vierte mit einer andern Zahl dividirt.“

Folgende sind falsch; warum?

$$\frac{a}{n} .. b \;\#\; c .. \frac{n}{d}$$

$$a .. \frac{b}{n} \;\#\; c .. d$$

$$a .. \frac{b}{n} \;\#\; c .. \frac{d}{m}$$

$$\frac{a}{n} .. b \;\#\; \frac{c}{m} .. d$$

$$\frac{a}{n} .. \frac{b}{m} \;\#\; \frac{c}{m} .. \frac{d}{n}$$

Gleiche Proportionen

a) mit ebendenselben Vorder- oder Hinter-gliedern.

§. 116. Aus §. 104. c. α. wissen wir, daß wenn zwei Verhältnisse einem dritten gleich sind, sie einander auch selbst gleich seyn müssen. Da nun jede Proportion aus zwei gleichen Verhältnissen besteht, so gilt dieses Gesetz auch, wenn man 2 Proportionen, in welchen die ersten oder die letzten Glieder ebendieselben sind, mit einander vergleicht. Z. B.

$$\begin{array}{ll} 4..6 = 2..3; & \text{allg. } c..d = a..b \\ \underline{4..6 = 8..12} & \underline{c..d = m..n} \\ \text{flgl. } \underline{2..3 = 8..12} & \underline{a..b = m..n} \\ 2.12 = 3.8 & an = bn \end{array}$$

oder

$$\begin{array}{ll} 2..3 = 4..6; & \text{allg. } a..b = c..d \\ \underline{8..12 = 4..6} & \underline{m..n = c..d} \\ \underline{2..3 = 8..12} & \underline{a..b = m..n} \\ 2.12 = 3.8 & an = bm \end{array}$$

Wenn also in 2 Proportionen die ersten Glieder oder die letzten ebendieselben sind, so „stehen auch die übrigen in gleicher Proportion.“

Aber nach §. 106. 2. verhält sich auch

$2..8 = 3..12$; allgem. $a..m = b..n$.

Wenn wir nun diese als die Vorderglieder jener beiden Proportionen betrachten, so folgt, daß wenn in 2 Proportionen

1) die ersten Verhältnisse ebendieselben sind, sich die ersten Glieder der andern Verhältnisse zu einander verhalten „wie die zweiten;“

2) wenn die letzten Verhältnisse ebendieselben sind, sich die gleichnamigen Glieder „ebenso zu einander verhalten.“

Anmerk. Es leuchtet daraus ein, daß wenn solche Fälle vorkommen, man die Verhältnisse, welche in beiden Proportionen stehen, ohne weitere Rücksicht ausstreichen kann.

b) mit wechselnd ebendenselben Vorder- und Hindergliedern.

§. 117. Die Versetzung dieser Glieder ebendesselben Verhältnisses in beiden Proportionen giebt noch mehrere Fälle, Regeln und Kunstgriffe an die Hand.

1) $2 .. 3 = 4 .. 6$; allgem. $a .. b = c .. d$

$$\begin{array}{lcl} 4 .. 6 = 8 .. 12 & ; & c .. d = m .. n \\ \hline 2 .. 3 = 8 .. 12 & ; & a .. b = m .. n \\ \hline 2 . 12 = 3 . 8 & ; & an = bm \end{array}$$

oder umgekehrt:

$$\begin{array}{lcl} 4 .. 6 = 2 .. 3; & & \text{allgem. } c .. d = a .. b \\ 8 .. 12 = 4 .. 6 & ; & m .. n = c .. d \\ \hline 8 .. 12 = 2 .. 3 & ; & m .. n = a .. b \\ \hline 8 . 3 = 12 . 2 & ; & m . b = n . a \end{array}$$

Wenn also ein und ebendasselbe Verhältniß in beiden Proportionen vorkommt, und in einem die Vorder- in andern die Hinterglieder ausmacht, so „bilden auch die Glieder der übrigen Verhältnisse eine Proportion."

(§. 106. 2.)

2) $2 .. 4 = 3 .. 6$; allg. $a .. c = b .. d$

$$\begin{array}{lcl} 8 .. 4 = 12 .. 6 & ; & m .. c = n .. d \\ \hline 2 .. 8 = 3 .. 12 & ; & a .. m = b .. n \\ \hline 2 . 12 = 8 . 3 & ; & a . n = b . m \end{array}$$

oder umgekehrt:

$$\begin{array}{lcl} 4 .. 2 = 6 .. 3; & & \text{allg. } c .. a = d .. b \\ 4 .. 8 = 6 .. 12 & ; & c .. m = d .. n \\ \hline 2 .. 8 = 3 .. 12 & ; & a .. m = b .. n \\ \hline 2 . 12 = 8 . 3 & ; & a . n = m . b \end{array}$$

Wenn in zwei Proportionen die gleichnamigen Glieder ebendieselben sind, so „bilden auch die übrigen eine Proportion."

$$\begin{array}{lll}
3)\ 2..\ 4 = 3..\ 6; & \text{allg.} & a..c = b..d \\
\underline{4..\ 8 = 6..12} & : & \underline{c..m = d..n} \\
\underline{2..\ 8 = 3..12} & : & \underline{a..m = b..n} \\
2.12 = 3.\ 8 & , & a.n = m.b
\end{array}$$

oder umgekehrt:

$$\begin{array}{lll}
4..2 = 6..\ 3; & \text{allg.} & c..a = d..b \\
\underline{8..4 = 12..\ 6} & : & \underline{m..c = n..d} \\
\underline{8..2 = 12..\ 3} & , & \underline{m..a = n..b} \\
8.3 = 2.12 & , & mb = an
\end{array}$$

Wenn also zwei Proportionen verglichen werden, und es sind in einer die vordern, in der andern die hintern gleichnamigen Glieder ebendieselben, so „bilden auch die übrigen eine Proportion.“

Zur Uebung.

$$\begin{array}{lll}
2..\ 6 = 1..\ 3; & \text{allg.} & r..q = x..z \\
\underline{4..12 = 1..\ 3} & : & \underline{v..w = x..z} \\
\ldots\ldots & & \ldots\ldots
\end{array}$$

$$\begin{array}{lll}
3..4 = 6..\ 8; & \text{allg.} & \alpha..\beta = \gamma..\delta \\
\underline{3..4 = 9..12} & : & \underline{\beta..\varkappa = \delta..\vartheta} \\
\ldots\ldots & , & \ldots\ldots
\end{array}$$

c) mit einerlei äußern oder innern Gliedern.

§. 118. Sind in zwei Proportionen die äußern oder die innern Glieder ebendieselben, so gewährt die Versetzung derselben ebenfalls 3 besondere Fälle.

Wenn nämlich

$$\begin{array}{llll}
 & 1)\ 2..\ 3 = 8..12; & \text{allg.} & a..b = c..d \\
 & \underline{2..\ 4 = 6..12} & : & \underline{a..m = n..d} \\
 & 2.12 = 3.\ 8 & , & ad = bc \\
\text{und} & \underline{2.12 = 4.\ 6} & , & \underline{ad = mn} \\
\text{folglich} & \underline{3.\ 8 = 4.\ 6} & : & \underline{bc = mn} \\
 & 3..\ 4 = 6..8 & , & b..m = n..c\ (\S.\ 107.)
\end{array}$$

Sind die äußern Glieder in beiden Proportionen ebendieselben, so stehen die **mittlern** „**umgekehrt in Proportion.**

$$\begin{array}{lrcl@{\quad}l}
2) & 3..2 & = & 12..8; & \text{allg. } b..a = d..c \\
 & 4..2 & = & 12..6 & ;\; m..a = d..n \\ \hline
 & 3 \cdot 8 & = & 4 \cdot 6 & ;\; bc = mn \\ \hline
 & 3..4 & = & 6..8 & ;\; b..m = n..c
\end{array}$$

Sind die **mittlern** Glieder in beiden Proportionen ebendieselben, so stehen die **äußern** „**umgekehrt in Proportion.**

$$\begin{array}{lrcl@{\quad}l}
3) & 2..3 & = & 8..12; & \text{allg. } a..b = c..d \\
 & 4..2 & = & 12..6 & ;\; m..a = d..n \\ \hline
 & 3 \cdot 8 & = & 4 \cdot 6 & ;\; bc = md \\ \hline
 & 3 \cdot 4 & = & 6 \cdot 8 & ;\; b..m = n..c
\end{array}$$

oder

$$\begin{array}{rcl@{\quad}l}
3..2 & = & 12..8; & \text{allg. } b..a = d..c \\
2..4 & = & 6..12 & ;\; a..m = n..d \\ \hline
3 \cdot 8 & = & 4 \cdot 6 & ;\; bc = mn \\ \hline
3..4 & = & 6..8 & ;\; b..m = n..c
\end{array}$$

Sind in zwei Proportionen die **ungleichnamigen** Glieder wechselnd ebendieselben, so stehen die übrigen ungleichnamigen „ebenfalls wechselnd in Proportion.

Verbundene und getrennte ungleiche Proportionen.

§. 119. Wenn man die Glieder eines Verhältnisses (2..3, allgem. a..b) mit den Gliedern eines andern Verhältnisses (4..5, allgem. m..n) **multiplicirt** ($2 \cdot 4 = 8$, $3 \cdot 5 = 15$; allg. am..bn), so nennt man die Glieder derselben **verbunden** (συγκειμενα) — unschicklich die Verhältnisse **zusammensetzte** —; **dividirt** man dagegen die Glieder zweier Verhältnisse durch einander, so heißen jene **getrennt** (διαιρεθέντα, διῃρημένα). **Verbindet** oder **trennt** man nun in diesem Sinne die 4 Glieder zweier verschiedener Proportionen, so macht man noch zwei wichtige Bemerkungen:

a) **verbunden**:

$$\begin{array}{llll} 2 \,..\, 3 = 4 \,..\, 6; & \text{allg.} & a \,..\, b & = c \,..\, d \\ \underline{4 \,..\, 5 = 8 \,..\, 10} & , & \underline{m \,..\, n} & \underline{= q \,..\, r} \\ \underline{8 \,..\, 15 = 32 \,..\, 60} & , & \underline{am \,..\, bn} & \underline{= cq \,..\, rd} \\ 8 \cdot 60 = 15 \cdot 32 & , & \underline{amdr} & \underline{= bncq} \\ & & ad = bc, & mr = nq \end{array}$$

d. i. wenn aus zwei Proportionen je zwei einander entsprechende Glieder mit einander durch **Multiplication verbunden** werden, so „stehen auch die **Vielfachen** aus **ihnen** in Proportion [102]).

b) **getrennt**:

$$\begin{array}{llll} 2 \,..\, 3 = 4 \,..\, 6; & \text{allg.} & a \,..\, b & = c \,..\, d \\ \underline{4 \,..\, 5 = 8 \,..\, 10} & , & \underline{m \,..\, n} & \underline{= q \,..\, r} \\ \underline{\frac{2}{4} \,..\, \frac{3}{5} = \frac{4}{8} \,..\, \frac{6}{10}} & , & \underline{\frac{a}{m} \,..\, \frac{b}{n}} & \underline{= \frac{c}{q} \,..\, \frac{d}{r}} \\ \frac{2 \cdot 6}{4 \cdot 10} = \frac{3 \cdot 4}{5 \cdot 8} & , & \frac{ad}{mr} & = \frac{bc}{nq} \end{array}$$

d. i. wenn die einander entsprechenden Glieder **zweier** Proportionen durch **Division getrennt** werden, so sind auch die **Quotienten** „proportional [103]).

Anmerk. Daß dieß bei mehr als zwei Proportionen ebenfalls statt findet, leuchtet daraus ein, daß man immer nur **zwei** und **zwei auf einmal** verbinden und trennen kann (§. 4.); als

102) Euclids Elem. B. V. 18.

103) Ebendas. B. V. 17.

$$\begin{array}{l}
1\,..\,3 = 2\,..\,6;\ \text{allg. } a\,..\,b = c\,..\,d \\
2\,..\,5 = 4\,..\,10 \quad ; \quad e\,..\,f = g\,..\,h \\
\underline{9\,..\,3 = 6\,..\,2} \quad ; \quad \underline{m\,..\,n = x\,..\,z} \\
\underline{18\,..\,45 = 48\,..\,120} \quad aem\,..\,bfn = cgx\,..\,dhz \\
18\,.\,120 = 45\,.\,48
\end{array}$$

Verbindung der Glieder der Proportionen mit sich selbst.

§. 120. Es können aber auch die Glieder einer Proportion, anstatt mit denen einer andern, mit sich selbst verbunden werden; z. B.

$$\begin{array}{l}
2\,..\,3 = 4\,..\,6;\ \text{allgemein } a\,..\,b = c\,..\,d \\
\underline{2\,..\,3 = 4\,..\,6} \quad , \quad \underline{a\,..\,b = c\,..\,d} \\
\underline{4\,..\,9 = 16\,..\,36} \quad , \quad \underline{aa\,..\,bb = cc\,..\,dd} \\
2^2\,..\,3^2 = 4^2\,..\,6^2\ (\S.\ 42.) \quad a^2\,..\,b^2 = c^2\,..\,d^2
\end{array}$$

ferner:

$$\begin{array}{l}
4\,..\,9 = 16\,..\,36;\ \text{allgem. } a^2\,..\,b^2 = c^2\,..\,d^2 \\
\underline{2\,..\,3 = 4\,..\,6} \quad , \quad \underline{a\,..\,b = c\,..\,d} \\
\underline{8\,..\,27 = 64\,..\,216} \quad , \quad \underline{a^2a\,..\,b^2b = c^2c\,..\,d^2d} \\
2^3\,..\,3^3 = 4^3\,..\,6^3 \quad , \quad a^3\,..\,b^3 = c^3\,..\,d^3
\end{array}$$

eben so:

$2^4\,..\,3^4 = 4^4\,..\,6^4$; allg. $a^4\,..\,b^4 = c^4\,..\,d^4$; u. s. w.

überhaupt:

$2^n\,..\,3^n\,.. = 4^n\,..\,6^n$; allg. $a^n\,..\,b^n = c^n\,..\,d^n$.

Da also dadurch die Glieder der Proportion zu ihren Potenzen erhoben werden (§. 41.), sie selbst aber in Hinsicht der letztern die Wurzeln heißen (§. 43.); so folgt, daß wenn vier Größen proportional sind, so „sind es auch die Potenzen derselben; und umgekehrt, wenn die Potenzen proportionel sind, so „sind es auch die Wurzeln; als

$$2^2 \,..\, 3^2 = 4^2 \,..\, 6^2; \quad \text{allg. } a^2 \,..\, b^2 = c^2 \,..\, d^2$$
$$\text{folgl. } 2 \,..\, 3 = 4 \,..\, 6, \quad a \,..\, b = c \,..\, d$$
$$\sqrt{2} \,..\, \sqrt{3} = \sqrt{4} \,..\, \sqrt{6}, \quad \sqrt{a} \,..\, \sqrt{b} = \sqrt{c} \,..\, \sqrt{d}$$

allgemein:

$$2^n \,..\, 3^n = 4^n \,..\, 6^n; \quad \text{allg. } a^n \,..\, b^n = c^n \,..\, d^n$$
$$2 \,..\, 3 = 4 \,..\, 6, \quad a \,..\, b = c \,..\, d$$
$$\sqrt[n]{2} \,..\, \sqrt[n]{3} = \sqrt[n]{4} \,..\, \sqrt[n]{6}, \quad \sqrt[n]{a} \,..\, \sqrt[n]{b} = \sqrt[n]{c} \,..\, \sqrt[n]{d}$$

Falsch wären:

$$2^n \,..\, 3^n = 4^m \,..\, 6^m; \quad \text{allg. } a^n \,..\, b^n = c^m \,..\, d^m$$
$$\sqrt[n]{2} \,..\, \sqrt[n]{3} = \sqrt[m]{4} \,..\, \sqrt[m]{6}, \quad \sqrt[n]{a} \,..\, \sqrt[n]{b} = \sqrt[m]{c} \,..\, \sqrt[m]{d}$$

Warum?

Anmerk. Aus diesen Wahrheiten erkennen wir, daß wir bis zu der Grenze unseres folgenden Abschnittes vorgedrungen sind. Sie gebieten uns daher hier abzubrechen und zu der andern Unterabtheilung, der Betrachtung der Werthe der Verhältnisse, überzugehen. Bevor wir aber dieses thun, richten wir noch einen Blick auf die sogenannte stetige Proportion.

Stetige Proportion.

§. 121. Es kann auch der Fall eintreten, daß das zweite und dritte Glied eine und ebendieselbe Größe oder Zahl ist, wo man mithin nur drei Proportionalgrößen hat, als

$$2 \,..\, 4 = 4 \,..\, 8; \quad \text{allgem. } a \,..\, b = b \,..\, d;$$

dann nennt man die Proportion stetig (prop. continua, αναλογια συνεχης[104]), da dagegen die vorige, aus vier Gliedern bestehende discret (prop. discreta, αναλογια διεχης, διῃρημενη, διε-

104) Aristot. ad Nicomach. L. V. c. 3.

ζευγνυμενη[105]) genannt wird. Der Kürze wegen schreibt man das **mittlere** Glied in jener nur einmal, und bezeichnet sie daher:

$$\div 2 .. 4 .. 8; \text{ allgem. } \div a .. b .. d.$$

Unterwerfen wir diese der vorigen Betrachtung, so können,

a) da nur **drei** Glieder vorhanden sind, diese nicht **acht** Stellungen (§. 106), sondern „nur **vier** derselben haben, als

1) $2 .. 4 = 4 .. 8$; allgem. $a .. b = b .. d$
2) $4 .. 2 = 8 .. 4$; „ $b .. a = d .. b$
3) $4 .. 8 = 2 .. 4$; „ $b .. d = a .. b$
4) $8 .. 4 = 4 .. 2$; „ $d .. b = b .. a$

b) Da nach §. 105. a. das Product der äußern Glieder dem Producte der innern gleich ist, als in

$$\frac{2 .. 4 = 4 .. 8;}{2 \cdot 8 = 4 \cdot 4 = 16;} \text{ allgemein } \frac{a .. b = b .. d}{ad = bb = b^2}$$

und 16 die Quadratzahl von 4, bb die Quadratzahl von b als der **mittlern** Größe ist (§. 42.); so folgt, daß in jeder stetigen Proportion das **Product** der **äußern** Glieder **gleich** ist „dem Quadrate der mittlern."

c) Auch die Glieder bekommen eine etwas veränderte Bestimmung, als bei der discreten (§. 108.).

1) wenn in $2 .. 4 = 4 .. 8$, $2 \cdot 8 = 4 \cdot 4$, so ist
$$2 = \frac{4 \cdot 4}{8}$$
allg. in $a .. b = b .. d$, $ad = b^2$, so ist
$$a = \frac{b^2}{d} \text{ (§. 108.)},$$

105) Ioach. Camerar. de Graecis Latinisque numerorum notis etc. Lips. 1569.

d. i. das erste Glied wird gefunden, wenn man „die Quadratzahl des mittlern durch das dritte dividirt."

2) wenn $2.8 = 4^2$, so ist $8 = \frac{4^2}{2}$; $ad = b^2$, folglich $d = \frac{b^2}{a}$, d. i. das dritte Glied wird gefunden, wenn man „die Quadratzahl des mittlern durch das erste dividirt."

3) Es wird daher die mittlere Proportionalgröße $4 = \sqrt{4^2} = \sqrt{2.8}$; $b = \sqrt{b^2} = \sqrt{ad}$ (§. 43.) gefunden, wenn man „aus dem Producte der äußern Glieder die Quadratwurzel auszieht (§. 150.)."

Die mittlern Proportionalgrößen zwischen 4 u. 9, 3 u. 27, 1 u. 49, 8 u. 18, 6 u. 24 rc. sind 6. 9. 7. 12. 11.

Anmerk. Die mittlere Proportionalgröße muß von dem sogenannten arithmetischen Mittel unterschieden werden, worunter man eine Zahl zwischen zwei andern versteht, deren eine von ihr, und sie von der andern einerlei Unterschied hat; als

$$2 \div 6 \div 10, \text{ d. i. } 6 - 2 = 4, \; 10 - 6 = 4.$$

Soll es das Mittel zwischen zwei Zahlen seyn, so heißt dieß nichts anders, als die Summe beider Zahlen in 2 gleiche Theile getheilt

$$\left(\frac{2+10}{2} = \frac{12}{2} = 6\right);$$

desgleichen das arithmetische Mittel zwischen drei Zahlen, z. B. $3 \div 8 \div 10 = \frac{3+8+10}{3} = \frac{21}{3} = 7$, (wo $8 - 3 = 5$, $10 - 8 = 2$, $5 + 2 = 7$) allgemein das arithmetische Mittel zwischen n Zahlen heißt der nte Theil von der Summe derselben. Es ist daher die allgemeine Regel, um das arithmetische Mittel zwischen mehrern Zahlen zu finden: „man dividirt die Summe derselben durch die Anzahl ihrer Bestandtheile.

Sie findet Anwendung bei der Bestimmung des mittlern Bestandes der Einkünfte, Verluste u. dgl. im Durchschnitte mehrer Jahre u. dgl. Z. B. wenn Jemand in 3 Jahren 652 Thl., 578 Thl., 705 Thl. einnimmt, so kann er seine jährliche Einnahme „$\frac{652+578+705}{3}=\frac{1935}{3}=645$ Thlr. rechnen."

Der jährliche Ertrag eines Guts, wenn es
im 1sten Jahre 1885 Thlr. einträgt,

„ 2ten	„	2172	„ „
„ 3ten	„	1993	„ „
„ 4ten	„	2018	„ „
	4)	8068	= 2017 Thlr.

Verhältnißreihe (geometrische).

§. 122. Setzen wir nun zu den drei Gliedern einer stetigen Proportion noch ein 4tes, 5tes, 6tes u. s. w., welches ebenfalls mit dem vorhergehenden auch in stetiger Proportion steht, so nennt man sie eine stetige Verhältnißreihe (unpassend geometrische Reihe), welche, wenn der Exponent eine ganze Zahl ist, steigend, wenn er ein Bruch ist, fallend heißt. Es sey das erste Glied 3, allgem. a, der Exponent für jene 2, allgem. n, für diese $\frac{1}{2}$ allgem. $\frac{1}{n}$, so ist die

steigende: $\div 3 \;..\; 6 \;..\; 12 \;..\; 24 \;..\; 48 \;..\; 96 \ldots\ldots$

$= 3 \;..\; 3.2 \;..\; 3.4 \;..\; 3.8 \;..\; 3.16 \;..\; 3.32 \ldots\ldots$

$= 3.2^0 \;..\; 3.2^1 \;..\; 3.2^2 \;..\; 3.2^3 \;..\; 3.2^4 \;..\; 3.2^5 \ldots\ldots$

allgem. $\div a \;..\; an \;..\; an^2 \;..\; an^3 \;..\; an^4 \;..\; an^5 \ldots\ldots$

fallende: $\div 3 \;..\; \frac{3}{2} \;..\; \frac{3}{4} \;..\; \frac{3}{8} \;..\; \frac{3}{16} \;..\; \frac{3}{32} \ldots\ldots$

$= 3 \;..\; \frac{3}{2^1} \;..\; \frac{3}{2^2} \;..\; \frac{3}{2^3} \;..\; \frac{3}{2^4} \;..\; \frac{3}{2^5} \ldots\ldots$

allgem. $\div a \;..\; \frac{a}{n} \;..\; \frac{a}{n^2} \;..\; \frac{a}{n^3} \;..\; \frac{a}{n^4} \;..\; \frac{a}{n^5} \ldots\ldots$

Hier sind vorzüglich zwei Fragen wichtig.

a) Wie kann man jedes Glied einer solchen Reihe bestimmen, wenn man das erste Glied und den Exponenten weiß?

b) Wie läßt sich die Summe einer gewissen Anzahl Glieder berechnen?

a) Ein Glied der Reihe zu finden.

§. 123. Wenn man die Glieder einer Verhältnißreihe mit Ziffern bezeichnet, daß die

steigende: $a \,..\, an \,..\, an^2 \,..\, an^3 \,..\, an^4 \,..\, an^5 \,....$

fallende: $a \,..\, \frac{a}{n} \,..\, \frac{a}{n^2} \,..\, \frac{a}{n^3} \,..\, \frac{a}{n^4} \,..\, \frac{a}{n^5} \,....$

Gliederzahl: 1 . 2 . 3 . 4 . 5 . 6....

so bemerkt man, daß der Exponent immer um 1 kleiner ist, als die Zahl des Gliedes, dem er angehört; nämlich

das 3te Glied $= an^2$, und $\frac{a}{n^2}$,

" 4te " $= an^3$, " $\frac{a}{n^3}$,

" 5te " $= an^4$, " $\frac{a}{n^4}$, folglich:

" mte " $= an^{m-1}$, $\frac{a}{n^{m-1}}$

Um also ein Glied einer Reihe zu bestimmen, deren erstes Glied und Exponent bekannt sind, erhebt man den Exponenten auf die Potenz der Zahl der Glieder weniger eins $(m-1)$, mit welcher man bei einer steigenden Reihe das erste Glied multiplicirt, bei einer fallenden Reihe dasselbe dividirt.

Z. B. das 1ste Glied sey $= 3$, Exponent $= 2$, so ist
das 6te Glied $= „3 \cdot 2^5 = 3 \cdot 32 = 96$
" 15te " $= „3 \cdot 2^{14}$; allg. an^{14}
" 20ste " $= „3 \cdot 2^{19}$; " an^{19}, und dergl.

Anmerk. Nach der Erzählung eines arabischen Schriftstellers [106]) hat der Erfinder des Schachspiels, Sessa Ebn Dahir [107]), ein Indier, im 5ten Jahrhundert n. Ch. [108]), als ihm der König von Persien, Ardshir Ebn Babec, für seine Erfindung eine Bitte zu gewähren versprochen hat, soviel Waizenkörner verlangt, als auf die 64 Felder des Schachbrets gehen würden, wenn auf das erste 1, auf das 2te 2, auf das 3te $2 . 2 = 4$, auf das 4te $2 . 4 = 8$ u. s. w. immer verdoppelt fort, bis zum 64sten gelegt würden. Die Zahlen der Körner auf den Feldern geben eine Reihe, in welcher das 1ste Glied $= 1$, der Exponent $= 2$ ist. Wieviel Körner kommen auf das 64ste Feld?
Reihe $1 .. 2 .. 2^2 .. 2^3 .. 2^4 .. 2^5 .. 2^6 \ldots\ldots 2^{63}$
aufs 64ste $= 2^{63} = 9'''223372''036854'775808$.

Zu solchen Berechnungen bedient man sich bequemer der Logarithmen (§. 185.)

b) Die Summe der Reihe.

§. 124. Da in einer solchen Reihe auch je vier Glieder in Proportion stehen müssen (§. 112.) und die Producte der äußern Glieder gleich denen der innern sind (§. 106. a.), als

106) Seláho 'ddin Mohámmed Alséphadi in seinem Commentare über das Gedicht des Tograi: Lamiato 'l Ajam. S. Ioh. Wallisii Opp. T. I. p. 159.

107) So heißt der Name in dem angef. Comment., worin auch Wahl (s. Geist und Geschichte des Schachspiels bei den Indiern, Arabern, Türken rc. Halle 1798. 8.) übereinstimmt, welcher die Entstehung des Schachspiels aus einer geschichtlichen Begebenheit nachweißt und jenen Namen Ziza de Dahir schreibt. Wiewohl wir seine Quelle (Ferdusi) nicht untersuchen können, so scheint uns doch seine Erzählung mehr für sich zu haben, als die gewöhnliche (wahrscheinlich Erdichtung), welche das Gedicht von Fischer (in der deutschen Monatschrift, Nov. 1797. S. 271 rc.) enthält.

108) Thom. Hyde de ludis Orientalium. Oxford 1694.

in $\frac{3 \,..\, 6 = 12 \,..\, 24}{3 \,.\, 24 = 6 \,.\, 12}$; allgem. $\frac{a \,..\, an = an^2 \,..\, an^3}{a \,.\, an^3 = an \,.\, an^2}$

desgl. $\frac{3 \,..\, 6 = 48 \,..\, 96}{3 \,.\, 96 = 6 \,.\, 48}$; allgem. $\frac{a \,..\, an = an^4 \,..\, an^5}{a \,.\, an^5 = an \,.\, an^4}$

in $a \,..\, an \,..\, an^2 \,..\, an^3 \,..\, an^4 \,..\, an^5 \; .\,.\,.\,.\,.$

$a \,.\, an^5 = an \,.\, an^4 = an^2 \,.\, an^3$, so folgt zwar (auf ähnliche Weise wie §. 77. Anm. 4.), daß „die Producte gleichweit entfernter Glieder der Reihe von ersten und letzten dem Producte dieser gleich seyen.“

Allein die Producte der Glieder können nicht (wie oben §. 77. Anm. 4.) die Summe derselben geben, sondern man müßte deshalb die Glieder der Reihe einzeln addiren. Da dieß aber oft zu langweilig seyn würde, so kann man sich durch einen arithmetischen Kunstgriff eine allgemeine Formel bilden. Die Summe der Reihe heiße S,

$$\begin{aligned} S &= \overset{1}{a} + \overset{2}{an} + \overset{3}{an^2} + \overset{4}{an^3} + \overset{5}{an^4} + \ldots \text{ m. n multipl.} \\ nS &= an + an^2 + an^3 + an^4 + an^5 + \ldots \text{ d. obere subtr.} \end{aligned}$$

$(n-1)\,S = (an^5 - a)$, folgl. $S = \frac{(an^5 - a)}{n-1}$; und wenn die Anzahl der Glieder m heißt, $S = \frac{an^m - a}{n-1}$; das heißt: Um die Summe einer Verhältnißreihe zu finden, „erhebt man den Exponenten auf die Potenz der Zahl der Glieder, multiplicirt sie mit dem ersten Gliede, subtrahirt vom Producte das erste Glied und dividirt die Differenz durch die Zahl des Exponenten weniger 1.“

Anmerk. Wenn das erste Glied $a = 1$ ist, so verwandelt sich jene Formel $S = \frac{an^m - a}{n-1}$ in $\frac{n^m - 1}{n-1}$, welche öftere Anwendung findet. — Wenn Jemand ein

Pferd verkauft und sich blos die 32 Hufnägel bezahlen läßt, so daß der erste 1 Pfennig, der zweite 2 Pf., der dritte 4 Pf., der vierte 8 Pf. u. s. w. kostet, so kommt das Pferd auf $\frac{2^{32}-1}{2-1} = 2^{32}-1 =$ $4294'967296 - 1 = 4294'967295$ Pf. = 14913080 Thlr. 21 Gr. 3 Pf. [109]).

Die Zahl der Waizenkörner, welche der Erfinder des Schachspiels auf die 64 Feldern des Schachbrets verlangte, und die den Persischen König in großes Erstaunen setzte, war

$= 2^{64} - 1 = 18\,446744\,073709\,551615$ [110]),

welche ebenfalls bequemer durch Logarithmen berechnet wird.

109) Ein gewisser J. K. v. Ekkenberg, sonst wegen großer Leibesstärke und mechanischer Geschicklichkeit berühmt, hatte dem Lieutenant Beyer unter dem 17. October 1717 einen Wechsel ausgestellt, und darinne sich für ein erhaltenes Pferd in der ersten Stunde 1 Pfennig, in der zweiten 2 Pf., in der dritten 4 Pf. und so 24 Stunden fort, zu bezahlen verbindlich gemacht. Dieses Pferd kam daher auf

$2^{24} - 1 = 16'777216 - 1 = 16777215$ Pfg. = 58254 Thlr. 5 Gr. 3 Pfg.

Die Sache kam vor Gericht; und nachdem ein verpflichteter Rechenmeister die Summe berechnet hatte, wurde der Wechsel für ungültig erklärt. S. Kästners Fortsetzung der Rechenkunst. S. 62.

110) Man hat nicht unterlassen, die Summe der Waizenkörner sowohl nach dem Raume, den sie ausfüllen würden, als auch den Preiß derselben zu bestimmen. In dem Note 106 erwähnten Commentare des Alsephadi machen jene aufgehäuft eine Piramyde von 60 Meilen Breite, Länge und Höhe. Nach Koch (s. die Schachspielkunst. Magdeburg 1801. Einl.) würden 625499 948245 vierspännige Wagen erforderlich seyn, um jene aufzuladen, welche dicht nach einander eine Wagenreihe machten, die 231665mal rings um die Erde reichte; und den Winspel zu 50 Thlrn. angenommen, würden die jährlichen Einkünfte der Preußischen Monarchie, zu 30 Millionen Thlrn. gerechnet, 2085000 Jahre erfordern, um sie zu bezahlen. — Winterfeld (s. Anfangsgründe der

2.

Von den Werthen der Verhältnisse,
oder
Von den Brüchen.

§. 125. Wir wissen schon aus dem obigen (§. 39.), daß der Werth eines Verhältnisses als ein Bruch erkannt wird, dessen Zähler das erste und dessen Nenner das zweite Glied ist; z. B.

$$2 .. 3 = \tfrac{2}{3};\quad 4 .. 3 = \tfrac{4}{3};\quad a .. b = \frac{a}{b} \text{ ꝛc.}$$

Die Betrachtung der Werthe der Verhältnisse ist daher mit der der Brüche ganz einerlei, und es braucht mithin nur von Brüchen die Rede zu seyn.

Da also die Factoren eines Bruchs nichts anders sind, als die Glieder eines Verhältnisses, jeder Bruch selbst aber einen Größenwerth hat, so muß

a) von den Factoren der Brüche alles gelten, was „von den Gliedern der Verhältnisse;"

b) von den Werthen der Brüche alles das, was „von den Größen überhaupt gilt."

a) Von den Factoren der Brüche.

§. 126. Da (nach §. 98.) ein Verhältniß

1) desto größer ist, je größer das erste und je kleiner das zweite Glied ist, in einem Bruche aber das erste der Zähler, das zweite der Nenner, so folgt,

Rechenkunst. 1809. S. 453.) berechnet jene Zahl der Körner auf 10''079998'619800 Berliner Scheffel, welche aufgeschüttet einen Raum von mehr als 6 Meilen lang, 1 Meile breit und 1 Meile hoch ausfüllen würden; den Preiß, den Berliner Scheffel zu 2 Thaler, auf 53''418014'626286 Thaler, wovon 1000 Könige, wenn jeder 1000 Millionen gäbe, noch nicht den 53sten Theil bezahlen könnten.

daß ein Bruch „desto größer ist, je größer der Zähler und je kleiner der Nenner. Z. E.

$\frac{3}{5} > \frac{2}{5}$; $\frac{3}{4} > \frac{3}{5}$, allgem. $\frac{a+n}{b} > \frac{a}{b}$; $\frac{a}{b-n} > \frac{a}{b}$"

b) Umgekehrt muß aus gleichem Grunde ein Bruch desto kleiner seyn, „je kleiner der Zähler und je größer der Nenner ist. Z. E.

$\frac{2}{4} < \frac{3}{4}$; $\frac{1}{4} < \frac{1}{3}$, allgem. $\frac{a-n}{b} < \frac{a}{b}$; $\frac{a}{b+n} < \frac{a}{b}$"

Vergrößerung und Verkleinerung der Factoren.

§. 127. Vergrößern oder verkleinern wir die Factoren eines Bruches mittelst der vier Rechnungsoperationen, wie (§. 101,) die Glieder des Verhältnisses, so müssen auch die dort gefundenen Wahrheiten wieder hier statt finden. Der Bruch sey $\frac{3}{5}$, allg. $\frac{a}{b}$, und es geschehe

a) bei einem Factor allein.

1) Addirt man zum Zähler eine Zahl oder Größe, als:

$\frac{3+1}{5} = \frac{4}{5} > \frac{3}{5}$, allgem. $\frac{a+n}{b} > \frac{a}{b}$, so wird der Bruch „um soviel größer;"

2) addirt man zum Nenner, als:

$\frac{3}{5+2} = \frac{3}{7} < \frac{3}{5}$, allgem. $\frac{a}{b+n} > \frac{a}{b}$, so wird der Bruch „um soviel kleiner;"

3) subtrahirt man vom Zähler, als:

$\frac{3-1}{6} = \frac{2}{5} < \frac{3}{5}$, allgem. $\frac{a-n}{b} < \frac{a}{b}$, so wird der Bruch „um soviel kleiner;"

4) subtrahirt man vom Nenner, als:
$\frac{3}{5-1} = \frac{3}{4} > \frac{3}{5}$; allgem. $\frac{a}{b-n} > \frac{a}{b}$, so wird der Bruch „um soviel größer;"

5) multiplicirt man den Zähler mit einer ganzen Zahl, als;
$\frac{3 \cdot 2}{5} = \frac{6}{5} > \frac{3}{5}$; allgemein $\frac{am}{b} > \frac{a}{b}$, so wird der Bruch „sovielmal größer;"

6) multiplicirt man den Nenner mit einer ganzen Zahl, als:
$\frac{3}{5 \cdot 2} = \frac{3}{10} < \frac{3}{5}$; allgemein $\frac{a}{bm} < \frac{a}{b}$, so wird der Bruch „sovielmal kleiner;"

7) dividirt man den Zähler mit einer ganzen Zahl, als:
$\frac{3:2}{5} = \frac{3}{5}:2 = \frac{3}{5 \cdot 2}$; allgem. $\frac{a:m}{b} = \frac{a}{b}:m = \frac{a}{b \cdot m}$
so ist es eben soviel, als wenn man „den Nenner multiplicirt (Nr. 6.), mithin der Bruch sovielmal kleiner;"

8) dividirt mau dagegen den Nenner mit einer ganzen Zahl, als
$\frac{3}{5:2} = \frac{3 \cdot 2}{5} = \frac{6}{5}$; allgem. $\frac{a}{b:m} = \frac{am}{b}$, so ist es eben soviel, als wenn man „den Zähler damit multiplicirt; (Nr. 5.) mithin wird der Bruch dadurch sovielmal größer."

2) bei Zählern und Nennern zugleich;

§. 128. Hierbei ist wieder obiger Unterschied (§. 102.) zu machen. Der Bruch sey $\frac{3}{4}$ und umgekehrt $\frac{4}{3}$, allg. $\frac{a}{b}$

und $\frac{b}{a}$, wo $b > a$, die vermehrende oder vermindernde Zahl 2, allgem. n.

1) Addirt, $\frac{3+2}{4+2} = \frac{5}{6} > \frac{3}{4}$; allg. $\frac{a+n}{b+n} > \frac{a}{b}$

$\frac{4+2}{3+2} = \frac{6}{5} < \frac{4}{3}$; $\frac{b+n}{a+n} < \frac{b}{a}$

addirt man also zum Zähler und Nenner Gleiches, so wird der Bruch,

α) wenn er ein ächter ist, „größer;"

β) ein unächter, „kleiner."

2) Subtr. $\frac{3-2}{4-2} = \frac{1}{2} < \frac{3}{4}$; allg. $\frac{a-n}{b-n} < \frac{a}{b}$

$\frac{4-2}{3-2} = \frac{2}{1} = 2 > \frac{4}{3}$, $\frac{n-b}{n-a} > \frac{b}{a}$

subtrahirt man von beiden Gleiches, so wird

α) ein ächter Bruch „kleiner;"

β) ein unächter, „größer."

3) Multipl. $\frac{3.2}{4.2} = \frac{6}{8} = \frac{3}{4}$; allg. $\frac{a.n}{b.n} = \frac{a}{b}$

$\frac{4.2}{3.2} = \frac{8}{6} = \frac{4}{3}$ $\frac{b.n}{a.n} = \frac{b}{a}$

multiplicirt man Zähler und Nenner mit Gleichen, so „behält der Bruch denselben Werth."

4) Divid. $\frac{3:2}{4:2} = \frac{\frac{3}{2}}{2} = \frac{3}{2.2} = \frac{3}{4}$; allg. $\frac{a:n}{b:n} = \frac{a}{b}$

$\frac{4:2}{3:2} = \frac{2}{\frac{3}{2}} = \frac{2.2}{3} = \frac{4}{3}$; , $\frac{b:n}{a:n} = \frac{b}{a}$

dividirt man beide mit einer Zahl, so „bleibt der Werth des Bruchs derselbe."

Diese zwei letzten Wahrheiten sind von besonderer Wichtigkeit.

Anmerk. Es ergiebt sich hieraus auch der Kunstgriff, daß wenn Zähler und Nenner einerlei Factoren haben, als

$$\frac{6}{8} = \frac{2 \cdot 3}{2 \cdot 4} = \frac{3}{4}, \quad \text{allgem.} \quad \frac{a \cdot n}{b \cdot n} = \frac{a}{b},$$

man diese ohne die Größe des Bruchs zu ändern (salva fractionis quantitate), „ausstreichen kann."

1) Einen Bruch auf einen andern Nenner bringen.

§. 129. Aus §. 128. 3. nämlich sehen wir, daß durch die Multiplication des Zählers und Nenners mit einer und derselben Zahl der Bruch, ohne seinen Werth zu ändern, auf einen andern Nenner gebracht werden kann: (4tel auf 8tel, btheile auf bntheile).

Um also Brüche auf andere Nenner zu bringen, z. E.

$$\frac{2}{3} \text{ auf 12tel}, \quad \frac{2 \cdot 4}{3 \cdot 4} = \frac{8}{12}; \quad \text{allgem.} \quad \frac{a}{b} = \frac{an}{bn}$$

$$\frac{6}{12} \text{ auf 4tel}, \quad \frac{6 : 3}{12 : 3} = \frac{2}{4} \quad ; \quad \frac{\frac{an}{n}}{\frac{bn}{n}} = \frac{a}{b}$$

so muß, je nachdem man durch Multiplication oder Division mit einer gewissen Zahl den bestimmten Nenner erzeugen kann, „Zähler und Nenner mit derjenigen Zahl multipliciren oder dividiren, wodurch der Nenner des andern Bruchs hervorgebracht wird."

Daraus leuchtet überhaupt der Kunstgriff ein, um einen Bruch auf einen bestimmten Nenner zu bringen, z. E. 4tel auf 6tel, 3tel auf 5tel u. s. w.

$$\frac{2}{4} = \frac{2 \cdot 6}{4 \cdot 6} = \frac{12 : 4}{6} = \frac{3}{6}; \quad \frac{2}{3} = \frac{2 \cdot 5}{3 \cdot 5} = \frac{10 : 3}{5}$$

$$\text{allgem.} \quad \frac{a}{b} = \frac{an}{bn} = \frac{an : b}{n}$$

Man multiplicirt „Zähler und Nenner mit der zum neuen Nenner bestimmten Zahl und sondert den alten Nenner, dadurch, daß man ihn als Dividend über den Strich setzt, wodurch der neue Nenner allein unter dem Striche zu stehen kommt."

Zur Uebung.

$\frac{2}{3}$ auf 7 Thl., „$\frac{2 \cdot 7}{3 \cdot 7} = \frac{14:3}{7}$;

$\frac{3}{4}$ „ 6 Thl., „$\frac{3 \cdot 6}{4 \cdot 6} = \frac{18:4}{6}$;

$\frac{k}{n}$ „ m Thl., „$\frac{k \cdot m}{n \cdot m} = \frac{km:n}{m}$.

b) Einen Bruch aufheben oder reduciren.

§. 130. Da nach §. 124. der Werth eines Bruchs durch Division des Zählers und Nenners mit einer und ebenderselben Zahl unverändert bleibt, so läßt sich dadurch ein Bruch auf einen kleinern, ja den kleinsten Nenner bringen. Dieses nennt man einen Bruch aufheben oder reduciren (ad minimos terminos reducere). Z. B.

$\frac{6}{12} = \frac{1}{2}$, $\frac{10}{14} = \frac{5}{7}$, $\frac{4}{18} = \frac{2}{9}$, $\frac{56}{72} = \frac{7}{9}$ ꝛc.

Es ist mithin die Regel: „Man dividirt in Zähler und Nenner mit derjenigen Zahl, welche in beiden aufgeht."

Zur Uebung.

$\frac{6}{10}$, $\frac{7}{21}$, $\frac{15}{25}$, $\frac{18}{99}$, $\frac{57}{95}$, $\frac{26}{117}$, $\frac{64}{112}$ =

= „$\frac{3}{5}$, $\frac{1}{3}$, $\frac{3}{5}$, $\frac{2}{11}$, $\frac{3}{5}$, $\frac{2}{9}$, $\frac{4}{7}$

$\frac{13}{39}$, $\frac{28}{49}$, $\frac{51}{68}$, $\frac{82}{123}$, $\frac{84}{132}$, $\frac{198}{330}$, $\frac{1080}{1512}$

= „$\frac{1}{3}$, $\frac{4}{7}$, $\frac{3}{4}$, $\frac{2}{3}$, $\frac{7}{11}$, $\frac{3}{5}$, $\frac{5}{7}$.

Es setzt aber voraus, daß Zähler und Nenner einen gemeinschaftlichen Theiler haben (§. 73.), und man diesen auch gefunden hat; sind dagegen die Factoren des Bruchs Primzahlen unter sich (§. 74. Anm. 2.) so ist keine Aufhebung möglich. Z. E.

$\frac{5}{3}$, $\frac{3}{10}$, $\frac{6}{11}$, $\frac{8}{17}$ u. s. f.

Brüche auf einerlei Nenner oder Benennung bringen.

§. 131. Gemäß dem allgemeinen Gesetze, daß Zahlen, welche verglichen werden sollen, sich auf einerlei Maaß beziehen müssen (§. 24. 1. u. §. 77.), müssen Brüche, um sie vergleichen zu können, einerlei Nenner haben. Haben sie aber verschiedene Nenner, d. i. sind sie Theile verschiedenen Maaßes (als $\frac{3}{4}$ und $\frac{3}{8}$, $\frac{2}{3}$ und $\frac{3}{5}$ ꝛc.), so muß man sie auf einerlei Nenner bringen. Man nennt dieses Brüchen einerlei Benennung geben, oder Brüche einrichten. Hierbei können drei Fälle statt finden:

a) entweder der eine Nenner läßt sich in den andern ohne Rest dividiren, d. i. der größere ist ein Vielfaches von dem kleinern, z. E. $\frac{3}{4}$ und $\frac{3}{8}$; denn da

$\frac{8}{4} = 2$, so ist $\frac{3}{4} = \frac{3 \cdot 2}{4 \cdot 2} = \frac{6}{8}$.

$\frac{1}{3}$ und $\frac{5}{9}$, da $9 : 3 = 3$, $\frac{1}{3} = \frac{1 \cdot 3}{3 \cdot 3} = \frac{3}{9}$ ꝛc.

allg. $\frac{a}{b}$ und $\frac{c}{bn}$; da $\frac{bn}{b} = n$, $\frac{a}{b} = \frac{an}{bn}$

Regel. „Man dividirt daher mit dem Nenner des einen Bruchs, welcher in dem Nenner des andern Bruchs aufgeht, in den letztern und multiplicirt mit dem Quotienten aus beiden Nennern den ersteren.“

Zur Uebung.

$\frac{2}{3}$ und $\frac{5}{12}$, $\frac{2}{3} = \frac{8}{12}$; $\frac{19}{60}$ und $\frac{3}{5}$, $\frac{3}{5} = \frac{36}{60}$;
$\frac{5}{6}$ und $\frac{11}{18}$, $\frac{5}{6} = \frac{15}{18}$; $\frac{7}{24}$ und $\frac{7}{8}$, $\frac{7}{8} = \frac{21}{24}$.

b) oder die Nenner haben einen gemeinschaftlichen Theiler; z. E.

in $\frac{3}{6}$ und $\frac{5}{9}$, $6 = 2.3$, $9 = 3.3$, wo 3;

in $\frac{1}{2}$, $\frac{5}{6}$, $\frac{3}{8}$, $2 = 1.2$, $6 = 3.2$, $8 = 4.2$, wo 2 gemeinschaftlicher Theiler ist. Dann muß man diejenige Zahl suchen, worinne alle Nenner ohne Rest aufgehen, und welche man den Generalnenner nennt, und alle Brüche darnach einrichten.

Um den kleinsten Generalnenner zu finden, schreibt man die einzurichtenden Brüche untereinander, zerlegt ihre Nenner in ihre Factoren, streicht die in zwei Nenner vorkommenden gegen einander aus, und multiplicirt die übrigbleibenden, wo dann das Product den kleinsten Generalnenner giebt.

	36
$\frac{2}{3}$	1.3
$\frac{3}{4}$	2.2
$\frac{5}{6}$	2.3
$\frac{8}{9}$	3.3
$\frac{7}{12}$	2.2.3

Das Einrichten der Brüche geschieht nun so, daß man jeden Zähler mit dem Generalnenner in ebendasselbe Verhältniß setzt, in welchem er zu seinen Nennern steht. Z. B. für die Brüche $\frac{3}{6}$ und $\frac{5}{9}$ ist der Generalnenner 18; es verhält sich also:

$$6..3 = 18..\frac{18 \cdot 3}{6} = 9;\ \text{mithin}\ \frac{3}{6} = \frac{9}{18},$$

$$9..5 = 18..\frac{18 \cdot 5}{9} = 10;\quad "\quad \frac{5}{9} = \frac{10}{18}$$

Für die Brüche $\frac{2}{3}$, $\frac{3}{4}$, $\frac{5}{6}$, $\frac{8}{9}$, $\frac{7}{12}$ ist der Generalnenner $= 36$; daher verhält sich

$$3..1 = 36..\frac{2 \cdot 36}{3} = 24;\ \text{folgl.}\ \frac{2}{3} = \frac{24}{36}$$

$$4..2 = 36..\frac{3 \cdot 36}{4} = 27;\quad "\quad \frac{3}{4} = \frac{27}{36}$$

$$6..5 = 36..\frac{5 \cdot 36}{6} = 30;\quad "\quad \frac{5}{6} = \frac{30}{36}$$

$$9 .. 8 = 36 .. \frac{8 \cdot 36}{9} = 32; \text{ folgl. } \tfrac{8}{9} = \tfrac{32}{36}$$

$$12 .. 7 = 36 .. \frac{7 \cdot 36}{12} = 21; \quad " \quad \tfrac{7}{12} = \tfrac{21}{36}$$

Allgem. für $\frac{a}{b}$, $\frac{c}{d}$, $\frac{m}{n}$ der Generalnenner $= bdn$; daher

$$b .. a = bdn .. \frac{abdn}{b} = adn; \text{ folgl. } \frac{a}{b} = \frac{adn}{bdn}$$

$$d .. c = bdn .. \frac{cbdn}{d} = cbn; \quad " \quad \frac{c}{d} = \frac{cbn}{dbn}$$

$$n .. m = bdn .. \frac{bdnm}{n} = bdm; \quad " \quad \frac{m}{n} = \frac{bdm}{bdn}$$

Hieraus läßt sich nun die allgemeine Regel bestimmen, daß, sobald der Generalnenner ausgemittelt ist, die neuen Zähler gefunden werden, wenn man „den Generalnenner mit dem Nenner jedes Bruchs dividirt und den Zähler mit dem Quotienten multiplicirt."

c) oder die Nenner sind Primzahlen unter sich (§. 74. Anm. 2.), als $\frac{2}{3}$, $\frac{2}{5}$, $\frac{3}{4}$, $\frac{5}{7}$ 2c., die blos in Producten aus ihnen selbst aufgehen, welche daher selbst die Generalnenner für sie sind, nämlich:

1) für $\frac{2}{3}$ und $\frac{2}{5}$ ist der Gen. Nenn. $= 3 \cdot 5 = 15$
2) " $\frac{2}{3}$, $\frac{2}{5}$ und $\frac{3}{4}$ " " " $= 3 \cdot 5 \cdot 4 = 60$
3) " $\frac{2}{3}$, $\frac{2}{5}$, $\frac{3}{4}$ und $\frac{5}{7}$ " " $= 3 \cdot 5 \cdot 4 \cdot 7 = 420$

Richtet man nun mittelst voriger Regel diese Brüche nach ihrem Generalnenner ein, so ist

1) $\frac{2}{3} = \frac{10}{15}$, $\frac{2}{5} = \frac{6}{15}$,
2) $\frac{2}{3} = \frac{40}{60}$, $\frac{2}{5} = \frac{24}{60}$, $\frac{3}{4} = \frac{45}{60}$;
3) $\frac{2}{3} = \frac{280}{420}$, $\frac{2}{5} = \frac{168}{420}$, $\frac{3}{4} = \frac{250}{420}$, $\frac{5}{7} = \frac{315}{420}$.

Um dieses in der höchsten Allgemeinheit zu bestimmen, so seyen die Brüche $\frac{a}{b}$, $\frac{c}{d}$, $\frac{m}{n}$, $\frac{p}{q}$, wo die Nenner b, d, n, q Primzahlen unter sich bedeuten mögen.

Hier ist

1) für $\frac{a}{b}$ und $\frac{c}{d}$, der Generalnenner $= bd$

2) " $\frac{a}{b}$, $\frac{c}{d}$ und $\frac{m}{n}$ " $= bdn$

3) " $\frac{a}{b}$, $\frac{c}{d}$, $\frac{m}{n}$ und $\frac{p}{q}$ " $= bdnq$

und nach diesen die Brüche:

1) $\frac{a}{b} = \frac{ad}{bd}$, $\frac{c}{d} = \frac{cb}{bd}$

2) $\frac{a}{b} = \frac{adn}{bdn}$, $\frac{c}{d} = \frac{cbn}{bdn}$, $\frac{m}{n} = \frac{bdm}{bdn}$

3) $\frac{a}{b} = \frac{adnq}{bdnq}$, $\frac{c}{d} = \frac{cbnq}{bdnq}$, $\frac{m}{n} = \frac{bdmq}{bdnq}$, $\frac{p}{q} = \frac{bdnp}{bdnq}$

Hieraus läßt sich die allgemeine Regel, um Brüche, deren Nenner Primzahlen unter sich sind, unter einerlei Benennung zu bringen, ableiten:

„Man multiplicirt sowohl den Zähler als den Nenner jedes Bruchs mit dem Producte aus den Nennern der übrigen.

Gewöhnliche Brüche in Decimalbrüche zu verwandeln.

§. 132. Allein da wir uns des decadischen Zahlensystems bedienen, so ist es oft bequemer, die Brüche nach diesem einzurichten, d. h. in Decimalbrüche (§. 70.) zu verwandeln, wo, wenn man sie

als 10theile haben will, der Nenner 10
" 100theile " " " " 100
" 1000theile " " " " 1000 rc.

seyn muß. Es leuchtet daher das Verfahren aus vorigem §. von selbst ein.

Die Brüche seyen z. E. $\frac{1}{2}$, $\frac{3}{5}$, $\frac{3}{4}$ rc., so verhält sich:

$2 .. 1 = 10 .. \frac{1 . 10}{2} = 5$, folgl. $\frac{1}{2} = \frac{5}{10} = 0{,}5$

$5 .. 3 = 10 .. \frac{3 . 10}{5} = 6$, „ $\frac{3}{5} = \frac{6}{10} = 0{,}6$

$4 .. 3 = 100 .. \frac{3 . 100}{4} = 75$, „ $\frac{3}{4} = \frac{75}{100} = 0{,}75$

u. dergl.

Allgemein sey der Zähler $= a$, der Nenner $= b$, so verhält sich $b .. a = 10 .. \frac{a . 10}{b} =$ dem Decimalbruche. Da man nun, um mit 10 zu multipliciren, an die Zahl nur eine Null anzuhängen hat (§. 81.), so ergiebt sich, daß man, um einen Bruch in einen Decimalbruch zu verwandeln, „an den Zähler blos eine Null anhängt und mit dem Nenner hinein dividirt."

Anmerk. Es ist nützlich, eine Tabelle der gewöhnlichen Brüche in Decimalbrüchen zu entwerfen und zur Hand zu haben [111]).

Perioden der Decimalbrüche.

§. 133. Bei dieser Verwandlung der Brüche können zwei Fälle statt finden:

a) entweder der Bruch läßt sich in Decimaltheilen völlig ausdrücken, in welchem Fall die Division aufgeht. Z. B.

$\frac{1}{2} = 0{,}5$; $\frac{3}{4} = 0{,}75$; $\frac{3}{5} = 0{,}6$; $\frac{5}{8} = 0{,}625$ ꝛc.

b) oder der Bruch ist in Decimaltheilen nicht ausdrückbar (§. 30. b. u. 59.), wo die Division nie aufgeht. Z. E.

$\frac{1}{3} = 0{,}333\ldots$; $\frac{1}{6} = 0{,}1666\ldots$; $\frac{4}{11} = 0{,}3636\ldots$;

111) Siehe W. F. Wucherer's Beiträge zum allgemeinen Gebrauche der Decimalbrüche, oder Tafeln, welche alle gemei-

Im letzten Falle kehren entweder 1 oder 2, oder 3, oder 5 rc., höchstens wenn der Nenner (n) eine Primzahl ist (n—1) Zahlen immer wieder zurück, als:
$\frac{2}{9} = 0,2222....; \frac{2}{11} = 0,181818...;$
$\frac{7}{111} = 0.063063063...; \frac{6}{7} = 0,857142857142 ...$
Solche wiederkehrende Reihen Ziffern nennt man **Perioden der Decimalbrüche**[112].

nen Brüche von 1 bis 1000 enthalten rc. Karlsruhe 1795. 8. — Die Decimalbrüche von 1 bis 16 siehe in folgender

Tafel der Decimalbrüche

$\frac{1}{2}$ = 0,5.	$\frac{8}{9}$ = 0,888888...	$\frac{12}{13}$ = 0,923076...
$\frac{1}{3}$ = 0,333333...	$\frac{1}{11}$ = 0,090909...	$\frac{1}{14}$ = 0,071429...
$\frac{2}{3}$ = 0,666666...	$\frac{2}{11}$ = 0,181818...	$\frac{3}{14}$ = 0,214285...
$\frac{1}{4}$ = 0,25.	$\frac{3}{11}$ = 0,272727...	$\frac{5}{14}$ = 0,357143...
$\frac{3}{4}$ = 0,75.	$\frac{4}{11}$ = 0,363636...	$\frac{9}{14}$ = 0,642857...
$\frac{1}{5}$ = 0,2.	$\frac{5}{11}$ = 0,454545...	$\frac{11}{14}$ = 0,785714...
$\frac{2}{5}$ = 0,4.	$\frac{6}{11}$ = 0,545454...	$\frac{13}{14}$ = 0,928571...
$\frac{3}{5}$ = 0,6.	$\frac{7}{11}$ = 0,636363...	$\frac{1}{15}$ = 0,066666...
$\frac{4}{5}$ = 0,8.	$\frac{8}{11}$ = 0,727272...	$\frac{2}{15}$ = 0,133333...
$\frac{1}{6}$ = 0,166666...	$\frac{9}{11}$ = 0,818181...	$\frac{4}{15}$ = 0,266666...
$\frac{5}{6}$ = 0 833333...	$\frac{10}{11}$ = 0,909090...	$\frac{7}{15}$ = 0,466666...
$\frac{1}{7}$ = 0,14285714...	$\frac{1}{12}$ = 0,083333...	$\frac{8}{15}$ = 0,533333...
$\frac{2}{7}$ = 0,28571428...	$\frac{5}{12}$ = 0,416666...	$\frac{11}{15}$ = 0,733333...
$\frac{3}{7}$ = 0,42857142...	$\frac{7}{12}$ = 0,583333...	$\frac{13}{15}$ = 0,866666...
$\frac{4}{7}$ = 0,57142857...	$\frac{11}{12}$ = 0,916666...	$\frac{14}{15}$ = 0,933333...
$\frac{5}{7}$ = 0,71428571...	$\frac{1}{13}$ = 0,076923...	$\frac{1}{16}$ = 0,0625.
$\frac{6}{7}$ = 0,85714285...	$\frac{2}{13}$ = 0,153846...	$\frac{3}{16}$ = 0,1875.
$\frac{1}{8}$ = 0,125.	$\frac{3}{13}$ = 0,230769...	$\frac{5}{16}$ = 0,3125.
$\frac{3}{8}$ = 0,375.	$\frac{4}{13}$ = 0,307691...	$\frac{7}{16}$ = 0,4375.
$\frac{5}{8}$ = 0,625.	$\frac{5}{13}$ = 0,384615...	$\frac{9}{16}$ = 0,5625.
$\frac{7}{8}$ = 0,875.	$\frac{6}{13}$ = 0,461538...	$\frac{11}{16}$ = 0,6857.
$\frac{1}{9}$ = 0,111111...	$\frac{7}{13}$ = 0,538461...	$\frac{13}{16}$ = 0,8125.
$\frac{2}{9}$ = 0,222222...	$\frac{8}{13}$ = 0,615385...	$\frac{15}{16}$ = 0,9375.
$\frac{4}{9}$ = 0 444444...	$\frac{9}{13}$ = 0,692308...	u. s. f.
$\frac{5}{9}$ = 0,555555...	$\frac{10}{13}$ = 0,769231...	
$\frac{7}{9}$ = 0,777777...	$\frac{11}{13}$ = 0,846154...	

112) Siehe Wallisii Opp. T. II. Algebr. c. 89. Eulers Algebr, §. 525 rc., vorzüglich Gaus disquisitt. arithm.

Decimalbrüche in gewöhnliche zu verwandeln.

§. 134. Wenn man gewöhnliche Brüche in Decimalbrüche verwandeln kann, so müssen sich auch letztere in gewöhnliche verwandeln lassen; und da jenes durch Multiplication geschah, so muß dieses durch Division oder Aufheben des Decimalbruchs geschehen; als

$$0,5 = \tfrac{5}{10} = \frac{5:5}{10:5} = \tfrac{1}{2} \text{ (§. 130.)}$$

$$0,25 = \tfrac{25}{100} = \frac{25:25}{100:25} = \tfrac{1}{4}$$

$$0,375 = \tfrac{375}{1000} = \frac{375:125}{1000:125} = \tfrac{3}{8}$$

Allein da dieses Verfahren nur auf auflösbare Brüche anwendbar ist, so können alle periodische Decimalbrüche dadurch nicht genau in gewöhnliche verwandelt werden. Für diese bedient man sich daher eines besondern Kunstgriffes.

Der Decimalbruch heiße überhaupt d. Hat nun 1) die Periode eine Ziffer, als

$$d = 0,33333\ldots, \text{ mithin (§. 70.)}$$
$$10d = 3,33333\ldots, \text{ (subtrahirt 1 d davon)}$$
$$9d = 3, \text{ folgl. } d = \tfrac{3}{9} = \tfrac{1}{3} \text{ (§. 130.)},$$

so „multiplicirt man den Decimalbruch mit 10, zieht

sect. VI. Aus diesen ist folgende Tafel: (D ist der Divisor des Bruchs, Z die Zahl der Ziffern in der Periode).

D	Z	D	Z	D	Z
3	1	31	15	67	33
7	6	37	3	71	35
11	2	41	5	73	8
13	6	43	21	79	13
17	16	47	46	83	41
19	18	53	13	89	44
23	22	59	58	97	96
29	28	61	60	u. s. w.	

ihn von dem Producte ab, dividirt den Rest mit $10 - 1 = 9$ und hebt dann auf."

2) Hat die Periode 2 Ziffern, als

$d = 0,454545 \ldots$, mithin (§. 83.)

$100d = 45,454545 \ldots$, davon d subtrahirt,

$99d = 45$; folglich $d = \frac{45}{99} = \frac{5}{11}$, so „multiplicirt man mit 100, zieht d von 100 d ab, dividirt den Rest mit $100 - 1 = 99$ und hebt dann auf."

3) Hat die Periode 3 Ziffern, als

$d = 0,296296 \ldots$, so ist (§. 83.)

$1000d = 296,296296 \ldots$, (subtrahirt)

$999d = 296$; folglich $d = \frac{296}{999} = \frac{8}{27}$; also „multiplicirt man mit 1000 und verfährt wie Nr. 1 und 2.

Auf gleiche Weise, wenn die Periode noch mehr Ziffern hat.

Fängt aber die Periode erst nach andern Ziffern an, als

4) nach einer Ziffer, als

$d = 0,833333 \ldots$, mithin

$10d = 8,333333 \ldots$; davon subtrahirt

$9d = 7,5$

$90d = 75$; folgl. $d = \frac{75}{90} = \frac{5}{6}$; dann „multiplicirt man den Decimalbruch mit 10 und zieht ihn ab; die Differenz multiplicirt man nochmals mit 10 und übrigens wie Nr. 1.

5) nach 2 Ziffern, als

$d = 0,416666 \ldots$, so ist

$10d = 4,166666 \ldots$ (subtrahirt)

$9d = 3,75$ und

$900d = 375$, folglich $d = \frac{375}{900} = \frac{5}{12}$; also „multiplicirt man den Decimalbruch erst mit 10, zieht ihn ab und übrigens wie Nr. 2.

Für alle andere Fälle sind die Regeln von derselben Art.

Zur Uebung.

0,5555	= „ $\frac{5}{9}$	0,16666	= „ $\frac{1}{6}$
0,8888	= $\frac{8}{9}$	0,46666	= $\frac{7}{15}$
0,272727	= $\frac{3}{11}$	0,97777	= $\frac{44}{45}$
0,324324	= $\frac{12}{37}$	0,58333	= $\frac{7}{12}$
0,540540	= $\frac{20}{37}$	0,91666	= $\frac{11}{12}$
0,3658536585 . . .	= $\frac{15}{41}$	0,54666	= $\frac{41}{75}$
0,1428571428 . . .	= $\frac{1}{7}$	0,2307692307 . . .	= $\frac{3}{13}$

b) Von den Werthen der Brüche.

§. 135. Betrachten wir endlich die Brüche in Rücksicht ihrer Werthe, d. i. als Größen oder Zahlen, so muß von ihnen auch alles gelten, was von jenen als solchen gilt; sie müssen mithin den Rechnungsoperationen unterworfen werden können.

Addition und Subtraction der Brüche.

Da Zahlen nur unter der Bedingung addirt und subtrahirt werden können, daß sie einerlei Maaß haben (§. 24. und 77.), so können es die **Brüche** nur dann, wenn **sie einerlei Nenner haben**. Sind sie daher von **verschiedenem** Nenner, so müssen sie auf **einen** gebracht werden. Dieses kann auf zweierlei Weise geschehen: entweder wenn man sie (nach §. 132.) in **Decimalbrüche** verwandelt und nach §. 77. u. 78. verfährt; oder sie nach §. 131. zu **einerlei Benennung** bringt.

a) Addirt: $\frac{3}{4} + \frac{1}{3} = \frac{9}{12} + \frac{4}{12} = \frac{9+4}{12} = \frac{13}{12} = 1\frac{1}{12}$

$\frac{1}{2} + \frac{4}{5} = \frac{5}{10} + \frac{8}{10} = \frac{5+8}{10} = \frac{13}{10} = 1\frac{3}{10}$

$\frac{1}{3} + \frac{5}{6} + \frac{2}{5} = \frac{10}{30} + \frac{25}{30} + \frac{12}{30} =$

$= \frac{10+25+12}{30} = \frac{47}{30} = 1\frac{17}{30}$

Allgem. $\frac{a}{b} + \frac{c}{d} + \frac{m}{n} = \frac{adn + cbn + bdm}{bdn}$

Regel: Um Brüche zu addiren, bringt man sie auf einerlei Nenner und addirt die Zähler.

b) Subtr. $\frac{3}{4} - \frac{1}{3} = \frac{9}{12} - \frac{4}{12} = \frac{9-4}{12} = \frac{5}{12}$

$\frac{5}{6} - \frac{3}{8} = \frac{20}{24} - \frac{9}{24} = \frac{20-9}{24} = \frac{11}{24}$

Allgem. $\frac{a}{b} - \frac{c}{d} = \frac{ad}{bd} - \frac{cb}{bd} = \frac{ad - cb}{bd}$

Regel: Um Brüche zu subtrahiren, bringt man sie zu einerlei Nenner und subtrahirt die Zähler.

Multiplication der Brüche.

§. 136. Was §. 31. von der Multiplication überhaupt gesagt ist, gilt auch von der der Brüche, wobei 3 Fälle statt finden können:

Es kann nämlich multiplicirt werden,

a) entweder ein Bruch mit einer ganzen Zahl m, wobei er mmal größer wird (§. 127. 5.), z. B.

$\frac{3}{5} \times 4 = \frac{3 \times 4}{5} = \frac{12}{5}$; $\frac{4}{3} \times 2 = \frac{4 \times 2}{3} = \frac{8}{3}$

Allgem. $\frac{a}{b} \times m = \frac{am}{b}$

Regel: „Man multiplicirt mit der ganzen Zahl blos den Zähler."

b) oder eine ganze Zahl mit einem Bruche, d. h. es soll eine Zahl nicht ganz, sondern nur ein aliquoter Theil von ihr ($\frac{1}{2}$, $\frac{1}{3}$, $\frac{2}{3}$, $\frac{1}{4}$, $\frac{3}{4}$.... oder wie sonst der Bruch des Multiplicators heißt,) gedacht werden. Z. B.

$6 \times \frac{2}{3} = \frac{6 . 2}{3} = \frac{12}{3} = 4$; $4 \times \frac{1}{2} = \frac{4 . 1}{2} = \frac{4}{2} = 2$

Allgem. $a \times \frac{m}{n} = \frac{am}{n} = \frac{a}{n} . m$

Regel: „Man multiplicirt die Zahl ebenfalls mit dem Zähler."

c) oder ein Bruch mit einem Bruche, d. h. einen Bruch nicht ganz, sondern $\frac{1}{2}$, $\frac{1}{3}$, $\frac{2}{3}$, $\frac{1}{4}$ rc. davon denken, als (Fig. 12.):

$$\tfrac{3}{4} \times \tfrac{1}{2} = \frac{3 \cdot 1}{4 \cdot 2} = \tfrac{3}{8};\ \tfrac{4}{5} \times \tfrac{2}{3} = \frac{4 \cdot 2}{5 \cdot 3} = \tfrac{8}{15}$$

Allgem. $\frac{a}{b} \times \frac{m}{n} = \frac{am}{bn}$

Regel: „Man multiplicirt Nenner mit Nenner und Zähler mit Zähler."

Division der Brüche.

§. 137. Gleiche Bewandniß hat es bei der Division der Brüche, wobei ebenfalls drei Fälle statt finden können, indem man zu dividiren hat,

a) entweder einen Bruch mit einer ganzen Zahl n, wo der Bruch nmal kleiner wird (§. 127. 7.). Z. E.

$$\tfrac{4}{5} : 2 = \frac{4}{5 \cdot 2} = \tfrac{2}{5};\ \tfrac{3}{4} : 2 = \frac{3 : 2}{4} = \frac{3}{4 \cdot 2} = \tfrac{3}{8}$$

Allgem. $\frac{a}{b} : n = \frac{a : n}{b} = \frac{a}{bn}$

Regel: „Man dividirt mit dem Divisor in den Zähler, und wenn dieß nicht geschehen kann, so multiplicirt man den Nenner damit."

b) oder eine ganze Zahl mit einem Bruche, d. h. es soll bestimmt werden, welchen Werth die ganze Zahl hat, wenn man den Bruch als Maaß (für sie) annimmt. Z. B. $2 : \frac{3}{4}$, d. i. wenn 2 nach $\frac{3}{4}$ eingetheilt wird, so sind $\frac{3}{4}$ (nach § 127, 8.) $= \frac{2}{\frac{3}{4}} = \frac{2 \cdot 4}{3}$ $= \frac{8}{3} = 2\frac{2}{3}$mal darinne enthalten.

$6 : \frac{3}{4} = \frac{6}{\frac{3}{4}} = \frac{6 \cdot 4}{3} = 2 \cdot 4 = 8$; $3 : \frac{2}{5} = \frac{3}{\frac{2}{5}} = \frac{15}{2}$
$= 7\frac{1}{2}$mal.

Allgem. $a : \frac{m}{n} = \frac{a}{\frac{m}{n}} = \frac{an}{m} = \frac{a}{m} \cdot n$

Regel: Man multiplicirt die ganze Zahl mit dem Nenner des Divisorbruchs und dividirt mit dem Zähler.

c) oder einen Bruch mit einem Bruche, d. i. es soll bestimmt werden, welchen Werth ein Bruch nach einem andern Bruche als Maaß hat; z. E. $\frac{3}{4}$ nach $\frac{2}{3}$ getheilt (Fig. 13.), so ist:

$$\frac{3}{4} : \frac{2}{3} = \frac{\frac{3}{4}}{\frac{2}{3}} = \frac{3 \cdot 3}{4 \cdot 2} = \frac{9}{8} = 1\frac{1}{8} \text{ (§. 127. 7. 8.)}$$

$$\frac{3}{8} : \frac{1}{2} = \frac{\frac{3}{8}}{\frac{1}{2}} = \frac{6}{8}$$

Allgem. $\frac{a}{b} : \frac{m}{n} = \frac{\frac{a}{b}}{\frac{m}{n}} = \frac{an}{bm}$

Regel: Man multiplicirt den Zähler des Dividendus mit dem Nenner des Divisors und den Nenner des Dividendus mit dem Zähler des Divisors.

Dritter Abschnitt.

Von den Vielfachen der Verhältnisse.

Einleitung.

§. 137. Nachdem bisher die Zahlen blos als Vielfache einer gewissen Grundgröße betrachtet worden sind, und zwar sowohl in Beziehung auf die letztere, als Zahlen an sich (von §. 64. — 97.), als auch in Beziehung aufeinander (als Verhältnisse, von §. 98 — 136.), so ist uns nur die Betrachtung derselben als Vielfacher eines gewissen Grundverhältnisses übrig. Oben (§. 41. ꝛc.) haben wir gesehen, daß, wenn im Allgemeinen die Reihe der Vielfachen eines Grundverhältnisses

1 . . a . . aa . . aaa . . aaaa . . aaaaa . . . . . .

a^0 . . a^1 . . a^2 . . a^3 . . a^4 . . a^5 . . . . heißt,

das	1fache	Verhältniß	a^1,	die	1ste Potenz	(Grundzahl)
"	2fache	"	a^2,	"	2te "	(Quadratz.)
"	3fache	"	a^3,	"	3te "	(Cubiczahl)
"	4fache	"	a^4,	"	4te "	(Biquadrz.)
	.		.		.	.
	.		.		.	.
	.		.		.	.
"	nfache	"	a^n,	"	nte "	(§. 42.)

das Grundverhältniß dagegen (§. 43.) in Rücksicht der 2ten Potenz, die 2te (Quadrat-) Wurzel $= \sqrt[2]{a^2} = a$

- 3ten	-	- 3te (Cubic-)	-	$= \sqrt[3]{a^3} = a$
- 4ten	-	- 4te (Biquadr.-)	-	$= \sqrt[4]{a^4} = a$
.	-	- .	-	.
.	-	- .	-	.
- nten	-	- nte	-	$= \sqrt[n]{a^n} = a$

desgleichen, daß die Exponenten, welche die Vielfachen des Grundverhältnisses aussprechen, die Verhältnißzahlen oder Logarithmen genannt werden (§. 44.), als:

$$a^0 \,..\, a^1 \,..\, a^2 \,..\, a^3 \,..\, a^4 \,..\, a^5 \,..\, a^6 \,....\, a^n$$

die Logar. $0 \;.\; 1 \;.\; 2 \;.\; 3 \;.\; 4 \;.\; 5 \;.\; 6 \,.....\, n$

Es bieten sich daher wieder zweierlei Gegenstände unserer Betrachtung dar: nämlich sowohl die Vielfachen eines Verhältnisses (die Glieder einer solchen Reihe) in ihrer zweifachen Rücksicht (als Potenzen und Wurzeln), als auch die Verhältnißzahlen (Logarithmen) derselben, und scheiden daher auch diesen Abschnitt in zwei Haupttheile, von welchen

A. der erste: von den Potenzen und Wurzeln,

B. der zweite: von den Verhältnißzahlen oder den Logarithmen handelt.

A. Von den Potenzen und Wurzeln.

§. 138. Da nicht allein die Vielfachen der Verhältnisse (die Potenzen), sondern auch ihre Einfachen oder Grundverhältnisse (die Wurzeln) allezeit Zahlen sind, so muß von ihnen auch alles gelten, was von den Zahlen selbst gilt, und sie mithin jeder Rechnungsoperation unterworfen werden können. Da wir aber, ehe wir zur Anwendung der letztern übergehen können, zuvor diese Vielfachen an sich, d. i. ihrer Natur nach (wie dies auch oben bei den Zahlen geschah) kennen lernen müssen, so zerfällt diese Lehre wieder in zwei besondere Abschnitte:

1) die Betrachtung der Potenzen und Wurzeln an sich,

2) die der Rechnung mit ihnen.

1.

Betrachtung der Potenzen und Wurzeln an sich.

a) der Potenzen.

§. 139. Daß wir die Potenzen ihrer Ordnung nach, d. i. die 1ste, 2te, 3te, 4te, ... nte nach der Reihe unserer Untersuchung unterwerfen müssen, ist an sich klar; allein da die Potenzen Zahlen sind, welche 1, 2, 3, 4, ... n Bestandtheile haben können (§. 64. ꝛc.), als

	2^1 ..	2^2 ..	2^3 ....
allgemein	a^1 ..	a^2 ..	a^3 ....
	23 ..	23^2 ..	23^3 ....
	$= (20+3)^1$ ..	$(20+3)^2$ ..	$(20+3)^3$ ....
allgem.	$(a+b)^1$ ..	$(a+b)^2$ ..	$(a+b)^3$ ....
	375^1 ..	375^2 ..	375^3 ....
$=$	$(300+70+5)^1$ ..	$(300+70+5)^2$ ..	$(300+70+5)^3$ ....
allg.	$(a+b+c)^1$ ..	$(a+b+c)^2$ ..	$(a+b+c)^3$ ....

u. s. w.

(wo a den 1sten, b den 2ten, c den 3ten, d den 4ten ꝛc. Bestandtheil bedeutet), so muß sich jene auch über die Bestandtheile jeder Potenz nach der Reihe erstrecken.

Was nun

1) die erste Potenz

anlangt, welche stets eine Zahl ist, die eine Größe zur Einheit hat, so gehört ihre ganze Betrachtung, sie mag aus 1, 2, 3, 4, ... n Theilen bestehen, in den vorigen Abschnitt, wo wir von den **Zahlen** als solchen gehandelt haben. Wir können daher sogleich zur

2) **zweiten Potenz oder der Quadratzahl**

§. 140. übergehen und sie, in Hinsicht ihrer **Bestandtheile**, in Untersuchung ziehen.

α) Wenn die Grundzahl blos eine **einfache** ganze Zahl ist (z. B. 3, a rc.), so haben wir ihre Quadratzahl, als ein Product aus ihr selbst ($3^2 = 3 \cdot 3$, $a^2 = aa$), auch schon oben (§. 42.) genug kennen gelernt; und da die Multiplication der Brüche so geschieht, daß Zähler mit Zähler und Nenner mit Nenner multiplicirt werden (§. 136. c.), so folgt, daß wenn man **Brüche** zu ihren Quadratzahlen erheben soll, als $(\frac{1}{3})^2 = \frac{1}{9}$, $(\frac{2}{3})^2 = \frac{4}{9}$, $(\frac{5}{4})^2 = \frac{25}{16}$, allg. $\left(\frac{a}{b}\right)^2 = \frac{a^2}{b^2}$: „**beide Factoren zu ihren Quadratzahlen erhoben** werden müssen."

β) Bestehet aber die Grundzahl aus **zwei Theilen** (**zweitheilige**), als $23 = 20 + 3$, allg. $a + b$ (Fig. 14.), so ist (nach §. 42.) die Quadratzahl $23^2 = 23 \cdot 23$

$$= (20+3) \cdot (20+3) = 20 \cdot 20 + 3 \cdot 20 + 20 \cdot 3 + 3 \cdot 3$$
$$= 400 + 60 + 60 + 9$$
$$= 400 + 2 \cdot 60 + 9$$

allgem.

$$(a+b)^2 = (a+b) \cdot (a+b) = aa + ab + ba + bb$$
$$= a^2 + 2ab + b^2$$

Es bestehet daher die Quadratzahl der zweitheiligen Zahl

1) aus „**den Quadratzahlen beider Theile** (a^2, b^2),"

2) aus „**dem doppelten Producte des ersten in den zweiten Theil** ($2ab$)."

Anmerk. 1. Die Natur der Quadratzahl (§. 42.), vornehmlich wenn wir ihr Gleichnißbild im Raume vergleichen, zeigt, daß, wenn die Grundzahl

a) eine ganze Zahl ist (als [Fig. 15.] $ab = 2$, $ab^2 = abcd = 4$; $ab = 8$, $ab^2 = 64$), die Quadratzahl „auch eine ganze Zahl seyn müsse;"

b) wenn sie ein Bruch (als [Fig. 15.] $ab = \frac{1}{2} = 0{,}5$, $ab^4 = \frac{1}{4} = 0{,}25$; $ab = {}' = 0{,}125$, $ab^2 = \frac{1}{4} = 0{,}015625$ 2c.), die Quadratzahl „auch ein Bruch seyn müsse."

Anmerk. 2. Da $10^2 = 100$ ist, so können die Quadratzahlen der Hauptzahlen (§. 70.) nicht die Zehner übersteigen, und da $100^2 = 10000$, die Zahlen der ersten Ordnung (von 11 bis 99) nicht die Zahlen vierter Ordnung u. s. f.

γ) Quadratzahl der dreitheiligen Grundzahl.

§. 141. Besteht die Grundzahl aus drei Theilen, als $375 = 300 + 70 + 5$, allgemein $(a + b + c)$, so ist ihre Quadratzahl $(300 + 70 + 5) \cdot (300 + 70 + 5 =$

$$
\begin{array}{rl}
= & 90000 + 21000 \qquad\qquad + 1500 \\
 & \qquad 21000 + 4900 \qquad + 350 \\
 & \qquad\qquad\qquad 1500 + 350 + 25 \\
\hline
= & 90000 + 2.21000 + 4900 + 2.1500 + 2.350 + 25 \\
= & 300^2 + 2.300.70 + 70^2 + 2.300.5 + 2.70.5 + 5^2
\end{array}
$$

allgem.

$$
\begin{array}{rl}
(a+b+c).(a+b+c) = & aa + ab \qquad + ac \\
 & \quad ab + bb + \; + bc \\
 & \qquad\qquad ac + bc + cc \\
\hline
 & = a^2 + 2ab + b^2 + 2ac + 2bc + c^2
\end{array}
$$

Es besteht daher die Quadratzahl einer dreitheiligen Grundzahl (Fig. 16.)

1) aus „den Quadratzahlen aller drei Theile (a^2, b^2, c^2);"

2) aus „den doppelten Producten aller drei Theile in einander," [d. i. aus dem 1sten in den 2ten (2ab), dem 1sten in den 3ten (2ac) und dem 2ten in den 3ten (2bc)].

3) Quadratzahl der viertheiligen Grundzahl.

§. 142. Hat eine Grundzahl vier Bestandtheile, als 1719, (a + b + c + d), so ist ihre Quadratzahl $1719^2 = 1719 . 1719 =$

$$= \left\{\begin{array}{llll} 1000.1000 + & 1000.700 + & 1000.10 + & 1000.9 \\ 700.1000 + & 700.700 + & 700.10 + & 700.9 \\ 10.1000 + & 10.700 + & 10.10 + & 10.9 \\ 9.1000 + & 9.700 + & 9.10 + & 9.9 \end{array}\right.$$

$$\begin{array}{llll} = 1000^2 + & 2.1000.700 + & 2.1000.10 + & 2.1000.9 \\ + & 700^2 + & 2.700.10 + & 2.700.9 \\ & + & 10^2 + & 2.10.9 \\ & & & + 9^2 \end{array}$$

allgemein $(a + b + c + d) . (a + b + c + d) =$

$$\begin{array}{llll} = aa + ab & + ac & + ad \\ ba + bb + & + bc & + bd \\ + ca + cb + & cc + & + cd \\ + ad + & bd + & cd + dd \end{array}$$

$$= a^2 + 2ab + b^2 + 2ac + 2bc + c^2 + 2ad + 2bd + 2cd + d^2$$

Die viertheilige Quadratzahl besteht daher (Fig. 17.)

1) aus „den Quadratzahlen aller vier Theile (a^2, b^2, c^2, d^2);"

2) aus „doppelten Producten aller Theile in alle Theile (2ab, 2ac, 2ad, 2bc, 2bd, 2cb)."

Auf gleiche Weise müssen sich auch die Quadratzahlen der aus 5, 6, 7 .... Theilen bestehenden Grundzahlen ergeben.

3) Die dritte Potenz oder die Cubiczahl.

§. 143. Schon oben (§. 42.) haben wir die Cubiczahl

α) einer einfachen Grundzahl,

z. B. $2^3 = 2.2.2. = 8$, $a^3 = aaa$, als ein Product aus der Quadratzahl in die Zahl selbst kennen gelernt; mithin wenn sie ein Bruch ist $[(\frac{1}{3})^2 = \frac{1}{27}, (\frac{2}{3})^3 = \frac{8}{27}, (\frac{3}{2})^3 = \frac{9}{4}$, allg. $\left(\frac{a}{b}\right)^3 = \frac{a^3}{b^3}]$, so müssen (§. 135.) „Zähler und Nenner zu ihren Cubiczahlen erhoben werden."

Wir schreiten daher zu der Untersuchung

β) der Cubiczahl der zweitheiligen Wurzel

$$25^3 = 25.25.25 = (20+5).(20+5).(20+5)$$
allg. $(a+b)^3 = (a+b).(a+b).(a+b)$

Da nun $25^2 = 20.20 + 2.20.5 + 5.5$ (§. 140), so ist nochmals mit $20+5$ multiplicirt,

$$\begin{array}{rl} 25^3 = & 20.20.20 + 2.20.20.5 + 20.5.5 \\ & \quad + 20.20.5 + 2.20.5.5. + 5.5.5 \\ \hline = & 20^3 \quad + 3.20^2.5 + 3.20.5^2 + 5^3 \end{array}$$

$$\begin{array}{rl} \text{allgemein } (a+b)^2 = & aa + 2ab + bb \\ & a + b \\ \hline = & aaa + 2aab + abb \\ & \quad aab + 2abb + bbb \\ \hline = & a^3 + 3a^2b + 3ab2 + b^3 \end{array}$$

Es besteht daher die Cubiczahl der zweitheiligen Wurzel

1) aus „den Cubiczahlen beider Theile (a^3, b^3);"

2) aus „dreifachen Producten aus den Qua-

dratzahlen beider Theile in die Theile selbst ($3a^2b$, $3ab^2$)."

Anmerk. 1. Nach §. 240. Anm. 1. folgt wieder
a) daß die Cubiczahl einer ganzen Zahl ($3^3 = 27$, $4^3 = 64$, $7^3 = 343$ rc.) „eine ganze Zahl,"
b) daß die Cubiczahl eines Bruchs [$(\frac{1}{2})^3 = \frac{1}{8} = 0{,}125$; $(0{,}3)^3 = 0{,}027$ rc] „auch ein Bruch seyn müsse."

Anmerk. 2. Da $10^3 = 1000$, so können die Cubiczahlen der Hauptzahlen nicht die Hunderte übersteigen, die der Zehner, da $100^3 = 1000000$, nicht die 5te Ordnung u. s. w.

γ) Die Cubiczahl der dreitheiligen Grundzahl.

§. 144. $(a+b+c)^3 = (a+b+c).(a+b+c).(a+b+c) = (a+b+c)^2.(a+b+c) =$

$$= a^2 + 2ab + b^2 + 2ac + 2bc + c^2$$
$$a + b + c$$
$$= a^3 + 2a^2b + ab^2 + \ldots + 2a^2c + 2abc \quad \ldots \quad + ac^2$$
$$a^2b + 2ab^2 + b^3 + \ldots + 2abc + 2b^2c + \ldots + bc^2$$
$$+ a^2c + 2abc + b^2c + 2ac^2 + 3bc^2 + c^3$$
$$a^3 + 3a^2b + 3ab^2 + b^3 + 3a^2c + 3.2abc + 3b^2c + 3ac^2 + 3bc^2 + c^3$$

Daher besteht die Cubiczahl der dreitheiligen Wurzel
1) aus „den Cubiczahlen aller Theile (a^3, b^3, c^3);"
2) aus „dreifachen Producten der Quadratzahlen aller Theile in alle Theile selbst ($3a^2b$, $3ab^2$, $3a^2c$, $3ac^2$, $3b^2c$, $3bc^2$);"
3) aus „dem $3.2 = 6$fachen Producte aller Theile ($3.2abc = 6abc$)."

Und auf ebendieselbe Weise lassen sich die Bestandtheile der Cubiczahlen 4, 5, 6... ntheiliger Zahlen finden.

Anmerk. Es ist nützlich, die Potenzen des 2ten, 3ten bis 4ten Grades zu berechnen und in eine Tafel zusammenzustellen.

Tafel der Potenzen

a) der Hauptzahlen oder Einer.

Grundzahlen.	1	2	3	4	5	6	7	8	9	10
Quadratzahlen.	1	4	9	16	25	36	49	64	81	100
Cubiczahlen.	1	8	27	64	125	216	343	512	729	1000
Biquadratzahlen.	1	16	81	256	625	1296	2401	4096	6561	10000

u. s. f.

b) der Zehner.

Grundzahlen.	10	20	30	40	50	60	70	80	90
Quadratzahlen.	10	400	900	160	2500	3600	4900	6400	8100
Cubiczahlen.	10	8000	27000	64000	125000	216000	343000	512000	729000
Biquadratzahlen.	10	160000	810000	2560000	6250000	12960000	24010000	40960000	65610000

u. s. f.

c) der Zehntheile.

Grundzahlen	0,1	0,2	0,3	0,4	0,5	0,6	0,7	0,8	0,9
Quadratzahlen.	0,1	0,04	0,09	0,16	0,25	0,36	0,49	0,64	0,81
Cubiczahlen	0,1	0,008	0,027	0,064	0,125	0,216	0,343	0,512	0,729
Biquadratzahlen.	0,1	0,0016	0,0081	0,0256	0,0625	0,1296	0,2401	0,4096	0,6561

u. s. f.

Binomium.

§. 145. Wollten wir nun die Bestandtheile der 4ten, 5ten, 6ten .... nten Potenz 2, 3, 4, 5 .... ntheiliger Grundzahlen untersuchen, so würden sie sich eben so ergeben, wenn wir das bisherige Verfahren richtig dabei beobachteten. Da sich aber jede Zahl in 2 Theile theilen läßt, und jeder Theil selbst wieder aus 2 Theilen bestehend gedacht werden kann, als 1720 in 1000 + 720 oder 1700 + 20 u. s. w., allgem. $(a+b+c+d) = (a+b+c)+d$, $(a+b)+(c+d)$ rc., so lassen sich alle Zahlen den Gesetzen der zweitheiligen unterwerfen und auf sie zurückführen, welche man insofern vorzugsweise Binomium (von bis und nomen) nennt [1]); als:

---

1) Der Name binomium ist aus Euclid's Elementen (B. 10. Satz 37.) entlehnt, wo aber εκ δυο ονοματων einen andern Sinn hat. Euclid nennt nämlich Binominalen solche Irrationalgrößen, welche beide zugleich oder nur die größere oder kleinere im Quadrate commensurabel sind ($8+\sqrt{15}$, $\sqrt{3}+\sqrt{2}$ rc.) und scheidet sie insofern in 6 Gattungen, deren

1) erste die Beschaffenheit hat, daß der Unterschied der Quadrate der Binominalen ein Quadrat ist; als $8+\sqrt{15}$; $8^2=64$; $\sqrt{15}^2=15$; $64-15=49=7^2$.

2) Die zweite ist eine solche, worinne der kleinere Bestandtheil eine Rationalzahl ist, die Quadratwurzel der Differenz beider aber sich zu dem größern rational verhält; als $10+\sqrt{180}$, $10^2=100$; $180-100=80$, $\sqrt{80} = 2\sqrt{20}$, $\sqrt{180} = 3\sqrt{20}$, folglich $\sqrt{80}$ .. $\sqrt{180} = 2\sqrt{20}$ .. $3\sqrt{20} = 2$ .. 3.

3) Die dritte von der Art, daß beide Bestandtheile irrational sind, so daß $\sqrt{}$ aus dem Unterschiede ihrer Quadrate zum 1sten Theile ein ra=

$(a+b)^2 = a^2 + 2ab + b^2$ (§. 140. β.)

(§. 141. γ.)

$$(a+b+c)^2 = \underbrace{a^2 + 2ab + b^2} + \underbrace{2ac + 2bc} + c^2 =$$
$$[(a+b)+c]^2 = (a+b)^2 + \quad 2(a+b)c + c^2$$

---

tionales Verhältniß hat; als $\sqrt{10} + \sqrt{18}$; $18 - 10 = 8$; $\sqrt{18} = 3\sqrt{2}$, $\sqrt{8} = 2\sqrt{2}$, mithin $\sqrt{18} .. \sqrt{8} = 3\sqrt{2} .. 2\sqrt{2} = 3 .. 2$.

4) Die vierte ist so beschaffen, daß der größere Bestandtheil rational, $\sqrt{}$ aus dem Unterschiede der Quadrate beider Theile aber zu dem größern kein rationales Verhältniß hat; als $3 + \sqrt{3}$, $3^2 = 9$, $9 - 3 = 6$; $\sqrt{6} .. 3$ nicht rational.

5) Die fünfte, wenn der kleinere Bestandtheil eine Rationalzahl, und $\sqrt{}$ aus dem Unterschiede der Quadrate beider Theile zum großen kein rationales Verhältniß hat; als $2 + \sqrt{7}$, $2^2 = 4$; $7 - 4 = 3$, $\sqrt{3} .. \sqrt{7}$ kein rationales Verhältniß.

6) Die sechste, wenn beide Theile irrational sind und $\sqrt{}$ aus dem Unterschiede der Quadratzahlen beider Theile zum größern derselben kein rationales Verhältniß hat; $\sqrt{2} + \sqrt{7}$, $7 - 2 = 5$; $\sqrt{5} .. \sqrt{7}$ auch irrational.

$$(a+b+c+d)^2 = \underbrace{a^2+2ab+b^2+2ac+2bc+c^2}+\underbrace{2ad+2bd+2cd}+d^2$$

$$[(a+b+c)+d]^2 = \qquad (a+b+c)^2 \qquad +2(a+b+c)d \qquad +d^2$$

$$(a+b+c+d+e)^2 = \underbrace{a^2+2ab+b^2+2ac+2bc+c^2+2ad+2bd+2cd+d^2}+\underbrace{2ae+2be+2ce+2de}+e^2$$

$$[(a+b+c+d)+e]^2 = \qquad (a+b+c+d)^2 \qquad +2(e+b+cd+)e \qquad +e^2$$

u. s. w.

$$(a+b)^3 = a^3+3a^2b+3ab^2+b^3 \quad (\S.\ 143.)$$

$$(a+b+c)^3 = \underbrace{a^3+3a^2b+3ab^2+b^3}+\underbrace{3a^2c+3.2abc+3b^2c}+\underbrace{3ac^2+3bc^2}+c^3 \quad (\S.\ 144.)$$

$$[(a+b)+c]^3 = \qquad (a+b)^3 \qquad +3\underbrace{(a^2+2ab+b^2)}c \qquad +3\underbrace{(a+b)}c^2 \qquad +c^3$$

$$= \qquad (a+b)^3 \qquad + \qquad 3(a+b)^2 . c \qquad +3(a+b)c^2 \qquad +c^3$$

$$(a+b+c+d)^3 = [(a+b+c)+d]^3 \qquad = (a+b+c)^3+3(a+b+c)^2d+3(a+b+c)d^2+d^3$$

$$(a+b+c+d+e)^3 = [(a+b+c+d)+e]^3 = (a+b+c+d)^3+3(a+b+cd+)^2e+3(a+b+c+d)e^2+e^3$$

u. s. w.

Daraus leuchtet ein, daß wir die übrige Untersuchung der Potenzen auf die der **zweitheiligen** Zahlen [allgem. $(a + b)^n$] beschränken und dadurch vereinfachen können.

4) Die nte Potenz der zweitheiligen Zahl.

§. 145. Aus §. 42. sowohl, als aus der bisherigen Entwickelung ist bekannt, daß, um eine nächst höhere Potenz zu erzeugen, die nächst tiefere nochmals mit der Grundzahl multiplicirt werden müsse ($a^4 = a^3 . a$, allg. $a^n = a^{n-1} . a$). Wenn nun die Grundzahl von jetzt immer als **zweitheilig** betrachtet werden soll $(a + b)$, bei der Multiplication mehrtheiliger (mithin auch zweitheiliger) Zahlen aber alle (beide) Theile des einen Factors mit allen Theilen des andern multiplicirt werden müssen (§. 33.), so folgt, daß, **wenn man die Bestandtheile einer zweitheiligen Zahl von der nten Potenz** $(a + b)^n$ gewinnen will, man „**alle Bestandtheile derselben von der um 1 geringern Potenz** $(a = b)^{n-1}$ **mit ihren Bestandtheilen selbst** $(a = b)$ **verbinden müsse** $(a = b)^{n-1} \times (a = b)$." Z. E. es sey $n = 2, 3, 4, \ldots$, so ist

$$(a + b)^2 = aa + \begin{cases} ab \\ ba \end{cases} + bb$$
$$= a^2 + 2ab + bb$$

$$(a + b)^3 = aaa + \begin{cases} aab + \\ aba + \\ baa + \end{cases} \begin{cases} abb \\ bab \\ bba \end{cases} + bbb$$
$$= a^3 + 3a^2b + 3ab^2 + b^3$$

$$(a+b)^4 = aaaa + \left\{\begin{array}{l} aaab\\ aaba\\ abaa\\ baaa \end{array}\right. + \left\{\begin{array}{l} aabb\\ abab\\ abba\\ baab\\ baba\\ bbaa \end{array}\right. + \left\{\begin{array}{l} abbb\\ babb\\ bbab\\ bbba \end{array}\right. + bbbb$$

$$= a^4 + 4a^3b + 6a^2b^2 + 4ab^3 + b^4$$

u. s. f.

Hieraus erkennen wir, daß die Bildung dieser Bestandtheile den Gesetzen der Permutation mit Wiederholungen, welche wir oben (Abschn. I. B. 2. §. 57.) gefunden haben, unterworfen sind, und daß eben so, wie die Potenzen des ersten Theils

a^4, a^3, a^2, a^1, a^0, abnehmen,

die des 2ten b^0, b^1, b^2, b^3, b^4, zunehmen,

allgemein $a^n b^0$, $a^{n-1} b^1$, $a^{n-2} b^2$, $a^{n-3} b^3$, $a^{n-4} b^4 \ldots$

Die Zahlen, welche aussprechen, wie vielmal jedes von diesen Producten in der Potenz vorkommt (die Coefficienten), nennt man, da hier nur von 2theiligen Grundzahlen (binom.) die Rede ist, Binominalcoefficienten (unciae binominales) 2), welche wir noch mehr und allgemein entwickeln müssen.

Binominalcoefficienten.

§. 146. Bei der Entwickelung dieser Zahlen haben wir nichts anderes zu thun, als obigen Gesetzen (§. 57.) zu folgen. Um sie jedoch sowohl in einem besondern Falle, als auch im Allgemeinen darzulegen, so diene für jenen $(a+b)^5$, allgem. $(a+b)^n$.

2) Dieser Name rührt von Oughtred her. S. Clavis mathem. 1660. c. XII. §. 6. S. 38.

1) Der erste Bestandtheil wiederholt das erste Element so vielmal, als die Zahl des Exponenten ist (a^n), das zweite nicht (b^c); er ist mithin nebst seinem Binominal-Coefficienten (nach §. 57. V. 6.)

in $(a+b)^5 = \frac{1.2.3.4.5}{1.2.3.4.5} a^5 b^0 = a^5$

" $(a+b)^n = \frac{n.n-1.n-2....2.1}{1.2.3...n-1.n} a^n b^0 = a^n$

2) Der zweite Theil enthält das zweite Element einmal (b^1), daher muß er das 1ste einmal weniger haben (a^{n-1}), folglich ist er mit dem Binominal-Coefficienten (nach §. 57. V. 5.)

in $(a+b)^5 = \frac{1.2.3.4.5}{1.2.3.4.1} a^{5-1} b^1 = 5a^4 b^1$ "

" $(a+b)^n =$ " $\frac{n.n-1.n-2....2.1}{1.2.3....n-1} a^{n-1} b^1$ "

3) Der dritte Theil, welcher das 2te Element 2mal enthält (b^2) und daher das erste 2mal weniger haben muß (a^{n-2}), ist folglich mit dem Binominal-Coefficienten (§. 57. V. 4.)

in $(a+b)^5 =$ " $\frac{1.2.3.4.5}{1.2.3.1.2} a^{5-2} b^2 = 10a^3b^2$ "

" $(a+b)^n =$ " $\frac{n.n-1.n-2....2.1}{1.2.3...(n-2).1.2} a^{n-2} b^2$ "

4) Der vierte Theil, welcher das 2te Element 3mal wiederholt (b^3), das erste 3mal weniger enthalten (a^{n-3}) muß, ist daher mit dem Coefficienten (§. 57. V. 4.)

in $(a+b)^5 =$ " $\frac{1.2.3.4.5}{1.2.1.2.3} a^{5-3} b^3 = 10a^2 b^3$ "

" $(a+b)^n =$ " $\frac{n.n-1.n-2...2.1}{1.2.3...(n-3).1.2.3} a^{n-3} b^3$ "

5) Der fünfte Theil, welcher das 2te Element 4mal (b^4), mithin das 1ste 4mal weniger (a^{n-4}) enthält, ist daher mit dem Binominal-Coefficienten (§. 57. V. 5.)

in $(a+b)^5 = „ \frac{1.2.3.4.5}{1.1.2.3.4} a^{5-4} b^4 = 5a^1 b^4$"

„ $(a+b)^n = „ \frac{n.n-1.n-2 \ldots 2.1}{1.2 \ldots (n-4).1.2.3.4} a^{n-4} b^4$"

6) Der sechste Theil, der das 2te Element 5mal (b^5), daher das 1ste 5mal weniger (a^{n-5}), ist folglich mit dem Coefficienten (§. 57. V. 6.)

in $(a+b)^5 = „ \frac{1.2.3.4.5}{1.2.3.4.5} a^{5-5} b^5 = a^0 b^5 = b^5$

„ $(a+b)^n = „ \frac{n.n-1.n-2 \ldots 2.1}{1.2 \ldots (n-5).1.2.3.4.5} a^{n-5} b^5$

u. s. f.

So ergiebt sich nun, daß, da der mte Bestandtheil von $(a+b)^n$ das 2te Element $(m-1)$mal $[b^{m-1}]$, mithin das erste $(m-1)$mal weniger, also $n-(m-1)$mal enthält, die allgemeine Formel jedes Bestandtheils mit seinem Binominal-Coefficienten =

$$= \frac{n.n-1.n-2 \ldots 3.2.1}{1.2 \ldots [n-(m-1)].1.2 \ldots (m-1)} a^{n-(m-1)} b^{m-1}$$

Abkürzung der Binominal-Coefficienten.

§. 147. Dabei sieht man aber, daß in den Coefficienten aller dieser Bestandtheile sich mehr oder weniger Zahlen durch Division auflößen lassen, mithin auch das Schreiben derselben unnöthig ist. Daher erhalten diese Coefficienten eine bequeme Kürze, wenn wir bei jedem die sich auflößenden Zahlen durch Divisien wegschaffen. Es wird nämlich der Coefficient [3])

1) des 1sten Theils von $(a+b)^5 = „ \frac{1.2.3.4.5}{1.2.3.4.5} = 1$"

„ „ „ $a+b)^n = „ \frac{n.n-1.n-2 \ldots 2.1}{1.2 \ldots n-1.n} = 1$"

3) Es sind der Uebung wegen zweitheilige Größen von verschiedenen Potenzen gewählt worden.

2) des 2ten Theils von $(a+b)^6 = „ \frac{1.2.3.4.5.6}{1.2.3.4.5.1} = 6$ "

$\quad\quad (a+b)^n = „ \frac{n.n-1.n-2...2.1}{1.2.....(n-1)} = \frac{n}{1}$ "

3) d. 3ten Th. v. $(a+b)^4 = „ \frac{1.2.3.4}{1.2.1.2} = 6$ "

$\quad\quad (a+b)^n = „ \frac{n.n-1.n-2...2.1}{1.2.....(n-2)1.2} = \frac{n.n-1}{1.2}$

4) d. 4ten Th. v. $(a+b)^7 = „ \frac{1.2.3.4.5.6.7}{1.2.3.4.1.2.3} = 35$ "

$\quad\quad (a+b)^n = „ \frac{n.n-1.n-2....2.1}{1.2.3..(n-3).1.2.3} =$

$= \frac{n.n-1.n-2}{1.2.3}$ "

5) d. 5ten Th. v. $(a+b) = „ \frac{1.2.3.4.5.6}{1.2.1.2.3.4} = 15$ "

$\quad\quad (a+b) = „ \frac{n.n-1.n-2...2.1}{1.2...(n-4).1.2.3.4} =$

$= \frac{n.n-1.n-2.n-3}{1.2.3.4}$ "

Da wir nun dabei bemerken, daß, indem im Coefficienten allgemein die Factoren der obern Zahlen mit jedem Bestandtheile um 1 kleiner, die der untern dagegen um 1 größer werden (z. B. die letzte Zahl der obern im 4ten Theile $= n - 2 = n - (4-2)$, im 5ten $= n - 3 = n - (5-2)$ .... die letzte Zahl der untern im 4ten Theile $= 3 = (4-1)$, im 5ten $= 4 = (5-1)$ u. s. f.), so ergiebt sich eine allgemeine Formel für den Coefficienten des mten, d. i. jedes beliebigen Theils =

$$„ = \frac{n.n-1.n-2 \; ..... \; n-(m-2)}{1.2.3.4 \; ..... \; (m-1)}$$

Bestimmung jedes Bestandtheils in und außer der Reihe.

§. 148. Setzen wir nun diese abgekürzten Coefficienten mit den (§. 146) gefundenen Producten nach der Reihe zusammen, so ist der 1ste Bestandtheil $= " 1 . a^n b^0 = a^n$

" 2te " $= " \frac{n}{1} a^{n-1} b^1 = na^{n-1} b^1$

" 3te " $= " \frac{n . n-1}{1 . 2} a^{n-2} b^2$

" 4te " $= " \frac{n . n-1 . n-2}{1 . 2 . 3} a^{n-2} b^2$

" 5te " $= " \frac{n . n-1 . n-2 . n-3}{1 . 2 . 3 . 4} a^{n-4} b^4$

u. s. f.

allgem. der mte Bestandtheil =

$$= " \frac{n . n-1 . n-2 \ldots n-(m-2)}{1 . 2 . 3 . 4 \ldots (m-1)} a^{n-(m-1)} b^{(m-1)}$$

Nach dieser allgemeinen Formel läßt sich daher jeder Bestandtheil in jeder Potenz von jeder zweitheiligen Zahl in und auch außer der Reihe bestimmen, wenn man statt n „die Zahl des Exponenten und statt m „die Zahl des Bestandtheils setzt." Z. B.

von $(a+b)^5$ ist der 3te Bestandth. $= " \frac{5 . 4}{1 . 2} a^3 b^2 =$

$= 10a^3 b^2$

" $(a+b)^7$ " " 4te " $= " \frac{7 . 6 . 5}{1 . 2 . 3} a^4 b^3 =$

$= 35a^4 b^3$

" $(a+b)^8$ " " 5te " $= " \frac{8 . 7}{1 . 2} a^2 b^6 =$

$= 28a^2 b^6$

" $(a+b)^{10}$ " 6te " $= " \frac{10 . 9 . 8 . 7 . 6}{1 . 2 . 3 . 4 . 5} a^5 b^5 =$

$= 252a^5 b^5$

u. dergl.

So sind wir nun am Ziele unserer Untersuchung, da wir eine allgemeine Formel und Regel für die Bildung der Bestandtheile jeder Potenz aus jeder zweitheiligen Zahl $[(a+b)^n]$ gewonnen haben; nämlich:

$$(a+b)^n = 1\,a^n + n a^{n-1} b^1 + \frac{n.n-1}{1.2} a^{n-2} b^2 +$$

$$+ \frac{n.n-1.n-2}{1.2.3} a^{n-3} b^3 + \frac{n.n-1.n-2.n-3}{1.2.3.4} a^{n-4} b^4 \ldots$$

$$\ldots + \frac{n.n-1\ldots n-(m-2)}{1.2.3.4\ldots(m-1)} a^{n-(m-1)} b^{(m-1)}$$

Setzen wir $n = 1, 2, 3, 4 \ldots$, so ergeben sich die Bestandtheile jeder Potenz mit ihren Factoren und Coefficienten.

Anm. 1. Um die Bestandtheile jeder Potenz nach der Reihe zu überschauen, kann man sie zur bequemern Uebersicht in eine Tafel sammeln [4]). Die Coefficienten lassen sich in ein Dreieck stellen, welches man das arithmetische Dreieck oder auch die Wunderzahlen (numeri admirabiles) zu nennen pflegt [5]).

4) S. Kästners Anfangsgründe der Analys. endl. Größen. 3te Aufl. Götting. 1794. S. 71.

$(a+b)^1 = 1a$	$1b$						
$(a+b)^2 = 1a^2$	$2ab$	$1b^2$					
$(a+b)^3 = 1a^3$	$3a^2b^1$	$3a^1b^2$	$1b^3$				
$(a+b)^4 = 1a^4$	$4a^3b^1$	$6a^2b^2$	$4a^1b^3$	$1b^4$			
$(a+b)^5 = 1a^5$	$5a^4b^1$	$10a^3b^2$	$10a^2b^3$	$5a^1b^4$	$1b^5$		
$(a+b)^6 = 1a^6$	$6a^5b^1$	$15a^4b^2$	$20a^3b^3$	$15a^2b^4$	$6a^1b^5$	$1b^6$	
$(a+b)^7 = 1a^7$	$7a^6b^1$	$21a^5b^2$	$35a^4b^3$	$35a^3b^4$	$21a^2b^5$	$7ab^6$	
							$1b^7$

u. s. w.

5) Arithmetisches Dreieck oder Tafel der Wunderzahlen.

1

1 1

1 2 1

1 3 3 1

1 4 6 4 1

1 5 10 10 5 1

1 6 15 20 15 6 1

1 7 21 35 35 21 7 1

1 8 28 56 70 56 28 8 1

u. s. f.

Anm. 2. Die Entwickelung der gesetzlichen Beschaffenheit der Bestandtheile der Potenzen zweitheiliger Zahlen nennt man den binomischen Lehrsatz (theorema binominale).

Geschichte der Binominalcoefficienten.

§. 149. Die Mathematiker des Alterthums scheinen den binomischen Lehrsatz nicht gekannt zu haben [6]); er ist daher eine Entdeckung späterer Zeit, wo man in diesem Gebiete unserer Wissenschaft durch Hülfe der Zifferbezeichnung mehr Licht gewonnen hatten. Die Binominalcoefficienten kommen erst bei Mich. Stifel [7]) vor, wiewohl andere Bl. Pascal [8]) für

Wiewohl man dieses Zahlendreieck schon vor Stifel gekannt zu haben scheint (vergl. Kästners Gesch. der Math. I. 123.) und es schon in Girards Algebra von 1629 vorkommt (Klügels mathem. Wörterb. Art. Algebra), daher Pascal die Ehre der Erfindung desselben nicht verdient hat, so hat doch letzterer, durch vom Ritter de Meré vorgelegte Fragen über die Combinationen der Würfe in Glücksspielen veranlaßt, das Verdienst einer Methode, die Zahl der Combinationen bei einer gewissen Anzahl Elementen zu finden. Er gab 1665 eine schon 1654 ausgearbeitete Schrift über das arithmetische Dreieck heraus: Traité du triangle arithmetiq. à Paris 1665. S. Montucla Hist. des Math. T. II. p. 63. III. 383. Bossüts Leben Pascals. Seinen Briefwechsel mit Fermat siehe in Fermati opp. pag. 179 — 188.

6) Ueber das Binomium des Euclides (Elem. B. X. 37.) s. § 145.

7) Arithmetica integra 1544. B. 1. C. 5., wo eine Abtheilung überschrieben ist: de inventione numerorum, qui peculiariter pertinent ad suas species extractionum. S. Kästners Gesch. der Math. B. 1. S. 120. Stifel lieferte sie bis zur 17ten Potenz; unabhängig von einander aber wußte er sie noch nicht zu finden.

8) S. Joh. Bernoulli Opp. T. IV. p. 173. Ars conject. p. 39. etc.

den Entdecker derselben ausgegeben haben. Die Regel, die Coefficienten jeder Potenz einer zweitheiligen Zahl unabhängig zu finden, erfand Briggs [9]), und Newton legte zuerst dar, daß die binomische Formel nicht allein von ganzzahligen, sondern von Exponenten aller Arten von Zahlen gilt [10]). — In der Folge ist dieser Lehrsatz mehr begründet und ergänzt worden von Euler [11]), Kästner [12]), de la Grange [13]) und mehrern [14]). Das größte Verdienst um die Bezeichnung derselben erwarb sich Hindenburg [15]), welcher für die Binominalcoefficienten die deutschen großen Buchstaben einführte, nämlich:

9) Dieses berichtet Hutton. Einleit. zu seinen Logarithmentafeln.

10) Newton entwickelt seine Erfindung in einem Briefe an Oldenburg vom 13. Januar 1676, welchen dieser den 26. d. M. Leibnitz mittheilte. S. Commercium epistol. Ioh. Collins et aliorum de Analysi promota. Lond. 1712 p. 49. Wie Newton auf diese Entdeckung gekommen sey, erzählt er selbst in einem zweiten Schreiben vom 24. Octob., welches S. 67. steht. Vergl. Neutonii Opusc. T. I. p. 238. Man nennt sie daher auch das Newtonische Binomium und hat es auf sein Grabmal in der Westmünster Abtei zu London eingegraben. Klügels math. Wörterb. Th. 1. S. 339.

11) Commentatt. nov. Petropol. T. XIX. 1774. pag. 103 Acta nov. Petropol. T. V. 1787.

12) Programm von 1758. Analysis des Unendlichen. Götting. Aufl. 3. 1799. Vergl. Anfangsgr. d. Analys. endlicher Größen. Götting. 1794. S. 70.

13) Théorie des fonctions analytiq. N. 18.

14) Segner, Busse, l'Huilier, Rothe rc.; s. Ersch Literat. d. Math. S. 37. 40.

15) S. §. 63. Not. 49.

$$n;\quad \frac{n.n-1}{1.2};\quad \frac{n.n-1.n-2}{1.2.3};\quad \frac{n.n-1.n-2.n-3}{1.2.3.4}$$

$${}^{n}\mathfrak{A}\quad {}^{n}\mathfrak{B}\quad {}^{n}\mathfrak{C}\quad {}^{n}\mathfrak{D}$$

$$\frac{n.n-1.n-2.n-3.n-4}{1.2.3.4.5}\ \ldots\ \frac{n.n-1.n-2\ldots n-(m-2)}{1.2.3\ \ldots\ (m-1)}$$

$${}^{n}\mathfrak{E}\qquad {}^{n}\mathfrak{X}$$

b) der Wurzeln.

§. 150. Bei der Betrachtung der Grundzahlen, aus welchen die Potenzen gebildet sind, und welche insofern die Wurzelzahlen oder Wurzeln heißen (§. 43), können wir, um keinen Fall zu übergehen, wieder ebendieselbe Ordnung, wie bei der Untersuchung der Potenzen, beobachten. Da aber die erste Potenz die Grundzahl selbst ist, so kann es in so fern

1) keine Wurzel der ersten Potenz geben und wir können daher sogleich zu der

2) der zweiten, oder der Quadratwurzel (radix quadrata),

übergehen. Ist diese

α) einfach,

als $\sqrt{9} = 3$, $\sqrt{64} = 8$, $\sqrt{0{,}25} = 0{,}5$ rc., allgem. $\sqrt{a^2} = a$, so ersehen wir sie aus der oben (§. 144.) entworfenen Tafel. Besteht dagegen die Wurzel einer Quadratzahl

β) aus zwei Theilen,

als $23 = 20 + 3$, allgem. $(a + b)$, so entsteht nun die Frage:

1) theils wie man dies bei einer jeden Quadratzahl erkennen,

2) theils wie man aus ihr die Wurzel finden oder ausmitteln könne?

welches letztere man das Ausziehen der Quadratwurzel (extractio radicis quadr.) zu nennen pflegt (§. 43.)

Anmerk. Es leuchtet von selbst ein, daß, wenn blos aus einfachen Quadratzahlen die Wurzel gewonnen werden soll, als $\sqrt{4^2} = 4$, $\sqrt{8^2} = 8$, $\sqrt{a^2} = a$, $\sqrt{x^2} = x$ rc., man nichts weiter zu thun hat, als „das Wurzelzeichen und den Exponenten auszustreichen.

Kennzeichen der zweitheiligen Quadratzahl und Regel der Ausziehung.

§. 151. Was die erste Frage betrifft, so wollen wir uns bei bestimmten Zahlen, auf solche des decadischen-Systems, als 23, im Allgemeinen auf die Form $(a + b)$ beschränken. Wenn nun die zweitheilige Zahl aus Zehnern und Einern besteht, so haben wir (§. 140. Anm. 2.) gesehen, daß die Quadratzahlen der Einer nicht die erste Ordnung überschreiten ($9^2 = 81$), und die Quadratzahlen der ersten Ordnung nicht die der dritten ($99^2 = 9801$; $0{,}99^2 = 0{,}9801$); mithin müssen sich alle Quadratzahlen aller aus Zehnern und Einern zusammengesetzten Zahlen in der zweiten und dritten Ordnung befinden und daher mit 3 bis 4 Ziffern geschrieben seyn. Umgekehrt folgt, daß wenn eine Zahl mit 3 bis 4 Ziffern geschrieben ist, die Wurzel zweitheilig seyn müsse. Im Allgemeinen erkennt man die Quadratzahl einer zweitheiligen Wurzel daran, daß nur zwei allgemeine Zeichen darinne vorkommen, als in $a^2 + 2ab + b^2$, a und b, oder daß sie sich doch unter zwei bringen lassen. (S. §. 145.)

Die zweite Frage löst sich von selbst. Denn da die Quadratzahl durch Multiplication aus der Grundzahl gebildet ist (§. 42.), so dürfen wir sie nur durch Division nach ebenderselben Ordnung, wie sie entstanden ist, wieder auflößen; im Allgemeinen:

$$\sqrt{a^2 + 2ab + b^2} \mid a + b$$
$$a^2$$
$$\# + 2ab + b^2$$
$$(2a)$$
$$2ab + b^2$$

Daraus geht nun für die Ausziehung der zweitheiligen Quadratwurzel die Regel hervor:

1) man sucht „die Quadratwurzel des ersten Bestandtheils ($\sqrt{a^2} = a$) und zieht sie ab;“

2) die gefundene Wurzel „nimmt man doppelt (2a), dividirt in den Rest, wodurch sich der zweite Theil (b) ergiebt und multiplicirt diesen mit jenem verdoppelten (2a.b) und zieht das Product daraus ab;“

3) den zweiten Wurzeltheil (b) erhebt man zur Quadratzahl (b^2) und zieht auch dieses ab.

Ausziehung der zweitheiligen Quadratwurzel.

§. 152. Jenem gemäß pflegt man nun die Ziffern der Quadratzahl einer zweitheiligen decadischen Zahl von den Einern an links oder rechts in zwei Klassen zu theilen, so daß die erste Klasse zwei Ziffern, die zweite die übrigen 2 oder 1 bekommt, z. B.

98|01; 5|29; 0,98|01; 0,05|29.

Wenden wir dann die allgemeine Regel der Ausziehung auf so klassificirte Zahlen an, als:

$\sqrt{(a^2+2ab+b^2)} = 5|29|20+3 \quad . \quad \sqrt{0{,}06|25|}0{,}2+0{,}05$

a^2	$= 4\ 00$	$0{,}04\ .\ .$
# $2ab+b$	$= 1\ 29$	$0{,}0225$
$2a$	$= (40)$	$(0{,}4)$
$2ab$	$= 1\ 20$	$0{,}020$
# b^2	$= 9$	$0{,}0025$
b^2	$= 9$	$0{,}0025$
#	#	#

Kürzer:

$\sqrt{5\|29\|}23$	$\sqrt{40,\|96\|}6{,}4$	$\sqrt{0{,}06\|25\|}0{,}25$
4	36	4
1 29	4,96	2 25
(4)	(1 2)	(4)
1 29	4 96	225
#	#	#

so ergiebt sich hieraus die besondere Regel für die Ausziehung der zweitheiligen Quadratwurzel aus decadischen Zahlen:

1) Man theilt die Zahlen „in Klassen zu je 2 Ziffern, die ganzen „nach der Linken,"
die Decimalbrüche „vom Komma aus nach der Rechten;"

2) sucht dann „die größte Zahl, deren Quadrat in der ersten Klasse aufgeht und zieht es von der ersten Klasse ab;"

3) zu dem Reste setzt man „die zweite Klasse herab, dividirt mit dem doppelten Producte der gefundenen Zahl und erhält dadurch den zweiten Theil der Wurzel. Man multiplicirt jenes mit diesem und zieht das Product ab;"

4) zieht man „auch das Quadrat des zweiten Theils ab."

Zur Uebung.

$\sqrt{1296} = 36$; $\sqrt{5,76} = 2,4$
$\sqrt{1764} = 42$; $\sqrt{75,69} = 8,7$
$\sqrt{9604} = 98$; $\sqrt{0,9216} = 0,96$

Anm. 1. Wenn bei der Klassenabtheilung eines Decimalbruchs am Ende eine Ziffer bleibt, so muß man zur Füllung der letzten Klasse eine Null anhängen, als 26,|22|50.

Anm. 2. Bei der Ausziehung der Wurzel aus Decimalbrüchen kann man die vorstehenden Nullen anfangs weglassen und dann in der Wurzel das Komma nach der Anzahl der Klassen setzen; als: $\sqrt{0,00|02|56}$

$$\sqrt{2|56|} = 0,016$$
$$\begin{array}{c} 1 \\ \hline 156 \\ (2) \\ 156 \\ \hline \# \end{array}$$

γ) die dreitheilige Quadratwurzel

§. 153.

wird daher mit Hülfe der Formel der dreitheiligen Quadratzahl (§. 141.) gefunden:

$$\begin{array}{rcl} \sqrt{(a^2+2ab+b^2+2ac+2bc+c^2)} & = & \sqrt{10|56|25|} = \overset{a+b+c}{3\,2\,5} \\ a^2 & = & 9\ldots \\ \hline \#+2ab+b^2\ \ldots & = & 156\ldots \\ (2a) & & (6) \\ 2ab+b^2 & = & 124 \\ \hline 2ac+2bc+c^2 & = & 3225 \\ (2a+2b) & = & (64) \\ (2a+2b)c+c^2 & = & 3225 \\ \hline \# & & \# \end{array}$$

			abc
			$= 0{,}542$
$\sqrt{[a^2+2ab+b^2+2(a+b)c+c^2]}$		$=$	$\sqrt{0{,}29\,37\,64} =$
a^2		$=$	$0{,}25\ldots.$
$+2ab+b^2\ldots$		$=$	$\ldots 437\ldots$
$(2a)$		$=$	$\ldots(10)\ldots$
$2ab+b^2$		$=$	$\ldots 416\ldots$
#	$2(a+b)c+c^2$	$=$	$\ldots 2164$
	$2(a+b)c$	$=$	$\ldots(108)$
	$2(a+b)c+c^2$	$=$	$\ldots 2164$
	#		#

Regel. „Man theilt die Zahl in drei Klassen, löst die zwei ersten nach vorigem §., und indem man nun die zwei ersten Theile der Wurzel verdoppelt, findet man den dritten und verfährt eben so."

Auf gleiche Weise zieht man auch die 4, 5, 6 ... n-theilige Quadratwurzel aus, indem man die Zahl in 4, 4, 6 ... n Klassen theilt und die ihnen zugehörigen Formeln anwendet.

Zur Uebung [16].

$\sqrt{9604} = 98.$ $\sqrt{36{,}6025} = 6{,}05.$
$\sqrt{11943936} = 3456.$ $\sqrt{592{,}9225} = 24{,}35.$
$\sqrt{5676416964} = 75342.$ $\sqrt{8245\,911249} = 92{,}807.$
$\sqrt{64336800609} = 253647.$ $\sqrt{34{,}3328027364} =$
$= 5{,}85942.$

Annäherung.

§. 154. Da sich aber nur aus denjenigen Zahlen, welche vollkommene Quadratzahlen sind, die Quadratwurzeln völlig ausziehen lassen, so kann dieß bei allen den Zahlen, welche neben den Quadratzahlen

16) §. 187.

sich befinden, nicht geschehen, weil sie nicht von der Grundzahl gemessen werden (irrational sind §. 38.), auf ähnliche Weise, wie oben bei der Division (§. 95.). Z. B. $\sqrt{5}$, $\sqrt{6}$, $\sqrt{7}$ ꝛc. können nicht vollkommen ausgezogen werden. Wie man sich aber bei der Division den wahren Quotienten dadurch nähern konnte, daß man den Rest durch Anhängung 1, 2, 3 . . . Nullen in Zehn-, Hundert-, Tausend ꝛc. - Theilchen verwandelte und auch aus diesen die Theilchen des Quotienten bekam, so kann man auch hier die Theilchen nach decadischer Abstufung erhalten und sich so der wahren Wurzel annähern. Allein da um eine Ziffer der Wurzel zu bekommen, je zwei der Zahl erfordert werden (§. 151.), so folgt, daß man, um

die Zehntheilchen zu erhalten „2 Nullen,“
" Hundertttheilchen " „4 "
" Tausendtheilchen " „6 " u. s. w.

anhängen müsse. Das übrige Verfahren ist das vorige; als:

		a b c d
$\sqrt{(a^2 + 2ab + b^2)}$ . . .	=	$\sqrt{7\vert 53\vert 27{,}44}$ . . .
a^2		4
$2ab + b^2$	=	353
$2a$	=	(4)
$2ab + b^2$	=	329
#		24,00
$2(a+b)$	=	(54)
$2(a+b)c + c^2$	=	21,76
#		. 2,2400
$2(a+b+c)$	=	(548)
$2(a+b+c)d + d^2$	=	. 2,1936
		# 46400

u. s. f.

$$\begin{array}{lcl} \sqrt{0{,}3} & = & \sqrt{0{,}30}\,|\,0{,}\overset{a}{5}\overset{b}{4}\overset{c}{7}\ \ldots \\ a^2 & = & 25 \\ \hline & & 500 \\ 2a & = & (10) \\ 2ab+b^2 & = & 416 \\ \hline \# & & 8400 \\ 2(a+b) & = & (108) \\ 2(a+b)c+c^2 & = & 7609 \\ \hline \# & & 79100 \text{ u. s. w.} \end{array}$$

dieses setzt man so weit fort, bis die Theilchen so klein werden, daß man sie nicht zu achten braucht.

Zur Uebung.

$\sqrt{465} = 21{,}563858\ldots$ $\sqrt{10} = 3{,}16227766\ldots\ldots$

$\sqrt{24{,}964} = 4{,}996\ldots$ $\sqrt{3{,}162277\ldots} = 1{,}7782\ldots$

$\sqrt{6{,}36} = 2{,}5219\ldots$ $\sqrt{1{,}778279\ldots} = 1{,}3335\ldots$

Anm. 1. Will man aus einer solchen irrationalen Wurzel wieder die Quadratzahl bilden, so muß man endlich den Rest noch hinzu addiren, um sie vollständig zu erhalten, als:

$$\begin{array}{r} \sqrt{0{,}3} = 0{,}547 \\ 0{,}547 \\ \hline 3{,}829 \\ 2188 \\ 2735 \\ \hline 0{,}299209 \\ 791 \\ \hline 0{,}300000 = 0{,}3 \end{array} \qquad \begin{array}{r} \sqrt{(a^2+2ab+b^2+c)} = a+b\ldots \\ a+b\ldots \\ \hline a^2+ab \\ ab+b^2 \\ \hline a^2+2ab+b^2+c \end{array}$$

Anm. 2. Es wäre falsch, wenn man bei der Ausziehung den Rest auf ähnliche Weise, wie man den Rest bei der Division durch einen Bruch ausdrückt und dem Quotienten anzuhängen pflegt, (als $\frac{32}{6} = 5 + \frac{2}{6}$), hier unter das Wurzelzeichen gesetzt, der Wurzel anhängen wollte (als $\sqrt{0{,}3} = 0{,}547 + \sqrt{791}$). Ein Beispiel wird dieß darlegen. $\sqrt{636} = 25\ldots$, wo 11 übrig bleiben. $\sqrt{11}$ aber ist $= 3$, wo 2 der Rest ist, $\sqrt{2} = 1$, wo 1 bleibt und $\sqrt{1} = 1$, folgl. $\sqrt{636} = 25 + 3 + 1 + 1 = 30$, welches falsch ist, denn $30 \times 30 = 900 > 636$. Allgem. $\sqrt{(a^2 + b^2)}$ giebt zum ersten Theile a, und b^2 ist Rest. Wollte man diesen $= \sqrt{b^2} = b$ hinzusetzen, so wäre die W. $= a + b$ gleichfalls falsch, da $(a + b)^2 = a^2 + 2ab + b^2$ (§. 140.). Man muß sich daher begnügen, die Wurzel blos anzuzeichnen $\sqrt{(a^2 + b^2)}$.

Anm. 2. Einige Uebnng macht, daß man die Quadratwurzel einer Zahl sogleich bei ihrem ersten Anblicke ungefähr bestimmem kann. Es sey z. B. $\sqrt{23|04}$ zu suchen, so wissen wir aus obiger Tafel, daß $4^2 = 16$, $5^2 = 25$. Da nun die Zahl zwei Klassen hat, so fällt die Wurzel des ersten Theils, $\sqrt{2300}$ zwischen 40 und 50. Die Quadratzahl des zweiten Theils aber muß 4 Einer haben, welches keine andere seyn kann, als $64 = 8^2$; daher ist $\sqrt{2304} = 48$. In $\sqrt{4\,57|96}$ muß der erste Theil der Wurzel $= \sqrt{4} = 2$, der letzte, da nur $4^2 = 16$ und $6^2 = 36$, 6 Einer enthalten, so kann entweder 4 oder 6, mithin die ganze Wurzel 204, 206, 214 oder 216 seyn, und ein kurzer Versuch entscheidet für 216. Man nennt dieses: die Quadratwurzel ausprobiren, und ist Praktikern sehr zu empfehlen.

Zur Uebung.

$\sqrt{10|56|25} = 325$ $\quad\quad$ $\sqrt{26|62|56} = 516$

$\sqrt{24|40|36} = 494$ $\quad\quad$ $\sqrt{65|07|64|89} = 8067$

3) Dritte oder Kubik-Wurzel (radix cubica).

§. 155. Ist sie a) einfach, so finden wir sie in obiger Tafel: $\sqrt[3]{64} = 8$, $\sqrt[3]{0{,}027} = 0{,}3$; allgemein $\sqrt[3]{a^3} = a$. (§. 144.) Wenn sie aber β) zweitheilig

ist, so können wir uns eines ähnlichen Verfahrens bedienen, wie bei der Quadratwurzel, indem wir die Zahl, aus welcher sie gezogen werden soll, ebenfalls in Klassen theilen, und dann mittelst der allgemeinen Formel der zweitheiligen Kubikzahl (§. 142.) eine Regel ableiten.

1) Beschränken wir uns jetzt auf eine aus Zehnern und Einern bestehende zweitheilige Kubikwurzel, so ersehen wir aus obiger Tafel, daß (da $10^3 = 1|000$; $100^3 = 1|000|000$) alle Kubikzahlen von 11 bis 99 wenigstens 4, höchstens 6 Ziffern haben; und, da durch die je dreimalige Multiplication der Grundzahl die Kubikzahl je drei Zahlstellen mehr bekommt, so muß auch die Abtheilung der Klassen von „3 zu 3 Ziffern geschehen;" als:

12|167 . 157|46 ꝛc.

2) Lösen wir jene Formel $a^3 + 3a^2b + 3ab^2 + b^3$ nach der Ordnung wieder auf,

$$\sqrt[3]{(a^3 + 3a^2b + 3ab^2 + b^3)} = a + b$$

$$\begin{array}{l} a^3 \\ \hline \# \quad 3a^2b + 3ab^2 + b^3 \\ \quad (3a^2) \\ \quad 3a^2b + 3ab^2 + b^3 \\ \hline \quad \# \quad \# \quad \# \end{array}$$

so ergiebt sich die Regel:

1) Man sucht „die Kubikzahl des ersten Theils ($\sqrt[3]{a^3} = a$) und zieht sie ab."

2) Den ersten Theil der Wurzel (a) „erhebt man zum Quadrate (a^2), nimmt es dreifach ($3a^2$) und dividirt damit in den nächsten Bestandtheil $\left(\frac{3a^2b}{3a^2}\right)$, wodurch sich der zweite Theil der Wurzel (b) ergiebt, multiplicirt ihn mit dem vorigen ($= 3a^2b$) und zieht das Product ab."

4) Endlich erhebt man den zweiten Theil der Wurzel (b) „noch zur Kubikzahl ($=b^3$) und zieht sie ab.“

Anm. Anstatt jedes dieser drei Producte einzeln abzuziehen, ist es bequemer, sie zu addiren und ihre Summe auf einmal abzuziehen.

Ausziehung der zweitheiligen Kubikwurzel.

§. 156. Wenden wir nun diese Regel auf decadische Zahlen an, so ist das Verfahren der Ausziehung der Kubikwurzel (extractio radicis cubicae) völlig klar. Wir beschränken uns jetzt auf blos zweitheilige.

$$\sqrt[3]{(a^3+3a^2b+3ab^2+b^3)} = \sqrt[3]{12|167} \,\Big|\, \overset{a+b}{23}; \quad \sqrt[3]{157.|564} \,\Big|\, \overset{a+b}{5.4}$$

a^3	$= 8$	125
# $3a^2b+3ab^2+b^3$	$= 4167$	$32,464$
$(3a^2)$: ,	$= (12).$	$(75).$
$3a^2b$: ,	$= 36..$	$30.0..$
: $3ab^2$,	$= .54$: ,	$240.$
, : b^3	$= .27$	$0,064$
$3a^2b+3ab^2+b^3$	$= 4167$	$32,464$
#	#	#

Regel:

1) Man theilt die Zahl „(mit Decimalbrüchen von dem Komma aus) zu je 3 Ziffern in Klassen;“

2) dann sucht man „die größte Zahl, deren Kubikzahl sich von der ersten Klasse zur Linken abziehen läßt, als den ersten Theil der Wurzel und zieht ihre Kubikzahl von der ersten Klasse ab;“

3) zu dem Reste setzt man „die zweite Klasse herab, nimmt die Quadratzahl des ersten Theils dreimal, dividirt damit in jene und erhält dadurch

den zweiten Theil der Wurzel. Mit diesem multiplicirt man jene dreifache Quadratzahl des ersten Theils und setzt das Product so unter, daß noch zwei Zahlstellen übrig bleiben;"

4) dann quadrirt man „auch den zweiten Theil der Wurzel, multiplicirt die Quadratzahl mit dem dreifachen ersten, und setzt das Product so unter das vorige, daß nur eine Zahlstelle übrig bleibt;"

5) in die letzte Zahlstelle setzt man „die Kubikzahl des zweiten Theils. Alle drei Producte addirt man und zieht sie ab."

Zur Uebung.

$\sqrt[3]{46656} = 36.$ $\sqrt[3]{2,197} = 1,3.$

$\sqrt[3]{103823} = 47.$ $\sqrt[3]{614,125} = 8.5.$

$\sqrt[3]{970299} = 99.$ $\sqrt[3]{0,357911} = 0,71.$

Anm. Wenn in Decimalbrüchen bei der Klassenabtheilung 1 oder 2 Zahlen übrig bleiben, so kann man zur Ausfüllung der letzten Klasse noch 2 oder 1 Null anhängen, als:

97|929|900|; 0,121|580|.

γ) dreitheilige.

§. 157. Die Analogie der Ausziehung 3theiliger Quadratwurzeln bietet nun das Verfahren für die Ausziehung dreitheiliger Kubikwurzeln von selbst dar.

$$\sqrt[3]{(a^3+3a^2b+3ab^2+b^3+3(a+b)^2c+3(a+b)c^2+c^3)}$$

	$= 34\vert 965\vert 783\vert = \overset{a+b+c}{327}$
a^3	$= 27$ . . . . . .
$3a^2b+3ab^2+b^3$.	$= 7965$ . . . .
$(3a^2)$ . . .	$= (27)$ . . . .
$3a^2b$ . . .	$= 54$ . . . . . .
. $3ab^2$ . .	$=$. 36 . . . . .
. . b^3 .	$=$ . . . . 8 . . .
. $3a^2b+3ab^2+b^3$	$= 5768$ . . . .
$3(a+b)^2c+3(a+b)c^2+c^3$	$= 2197783$
$3(a+b)^2$ . . .	$=$. (3072) . .
$3(a+b)^2c$ . . .	$= 21504$ . .
. . . $3(a+b)c^2$	$=$ . . 4704 .
. . . . . . c^3	$=$ 343
$3(a+b)^2c+3(a+b)c^2+c^3$	$= 2197783$
#	#

Es ist daher die Regel „ganz die vorige, nur so, daß man für die Ausziehung des dritten Bestandtheils der Wurzel die zwei ersten zusammennimmt.“

Daraus läßt sich auch das Verfahren für die Ausziehung 4, 5, 6 .... theiliger Wurzeln leicht abnehmen, so daß hier die weitere Darstellung nicht nöthig ist.

Zur Uebung.

$\sqrt[3]{1860867} = 123.$ $\sqrt[3]{47{,}437928} = 3{,}62.$

$\sqrt[3]{955671625} = 985.$ $\sqrt[3]{10{,}618986392} = 2{,}198.$

$\sqrt[3]{41278242816} = 3456.$ $\sqrt[3]{0{,}012326391} = 0{,}231.$

$\sqrt[3]{427434241687552} = 75328.$

Annäherung.

§. 158. Wie sich aber die Quadratwurzel nur aus wirklichen Quadratzahlen völlig ausziehen läßt

(§. 154.), so läßt sich auch aus gleichem Grunde die Kubikwurzel nur aus wirklichen Kubikzahlen völlig ausziehen. Den Kubikwurzeln derjenigen Zahlen, welche sich zwischen jenen befinden, kann man sich daher ebenfalls nur annähern. Da nun für jede Ziffer der Kubikwurzel von der Zahl, woraus sie gezogen werden soll, je drei Ziffern zusammen genommen werden müssen, so folgt, daß man, um in der Wurzel

die Zehntheile zu erhalten ,,3 Nullen,
" Hunderttheile " " ,,6 "
" Tausendtheile " " ,,9 " u. s. w.

anhängen und nach voriger Weise verfahren müsse; als:

$\sqrt[3]{80} = 4,308 \ldots$

```
  64
 -----
 16000
 (48).
 144..
 .108.
 ...27
 -----
 15507
 -----
   493000
  (5547).
 ---------
  493000000
  (554700).
 |4437600..|
 |...82560.|
 |.....512 |
 ---------
  444586112
 -----------
  48413888000 u. s. f.
```

$\sqrt[3]{584,600} = 8,54 \ldots$

```
  512
 -------
 .72,600
 (192)..
 |57,6..  |
 |.2,16.  |
 | 0,027  |
 -------
  59,787
 -------
  12,813000
  (2,0667).
 |8,2668..  |
 |0,03984.  |
 |0,000064  |
 ---------
  8,506704
 -----------
  4,506296000 u. s. f.
```

Zur Uebung.

$\sqrt[3]{987\,65} = 46,224 \ldots$ $\sqrt[3]{10} = 2,1544 \ldots$

$\sqrt[3]{987,65} = 9,9586 \ldots$ $\sqrt[3]{3} = 1,4422 \ldots$

Anm. 1. Will man aus einer irrationalen Kubikwurzel wieder die Kubikzahl berechnen, so muß man, wie oben (§. 154. Anm. 1.), den Rest dazu rechnen.

Anm. 2. Den Rest kann man nicht unter $\sqrt[3]{}$ setzen und der Wurzel anhängen, aus gleichen Gründen, wie §. 154. Anm. 2. Man setzt daher das Ausziehen so lange fort, bis die Theilchen so klein werden, daß man sie nicht zu achten braucht.

Anm. 3. Auch das Ausprobiren kann man für Kubikwurzeln anwenden, wiewohl es etwas schwieriger ist. Z. E. in $\sqrt[3]{46|656}$ muß der erste Theil der Wurzel $= 3$ seyn, und da $3^3 = 27$, die ganze Wurzel zwischen 30 und 40 fallen. Da sich nun die Zahl mit 6 endiget, so muß der zweite Theil der Wurzel 6 seyn, weil sich keine andere Kubikzahl von einfacher Grundzahl mit 6 schließt ($6^3 = 216$), folglich $\sqrt[3]{46656} = 36$ (vergl. §. 154. Anm. 3.)

Zur Uebung.

$$\sqrt[3]{300763} = 67. \quad \sqrt[3]{405224} = 74.$$

4) allgemein.

§. 159. Aus diesen allen können wir das Verfahren für die Ausziehung der Wurzel jeder höhern Potenz abnehmen. Denn wenn wir die 4te, 5te, 6te ... Wurzel ausziehen wollen, so müssen wir die Zahl in Klassen von 4, 5, 6 ... Ziffern theilen und der Auflösung der Formel der 4ten, 5ten, 6ten Potenz folgen.

Um aber diese umständlichere Operationen zu ersparen, welche in der Ausübung auch seltener vorkommen, kann man sich kürzerer und leichterer Mittel bedienen, welche sich im Folgenden ergeben werden.

Anmerk. Das Ausziehen der Quadrat- und Kubikwurzel haben schon die Griechen verstanden; jedoch ist uns ihr Verfahren unbekannt. Daß es mit dem unsrigen übereinstimmend, aber wegen Mangel unserer Zifferbezeichnung mit weit mehr Schwierigkeit verbuuden gewesen sey, können wir mit Gewißheit schließen [17]). Unsere Methode hat wahrscheinlich

17) Aus Euclid's Elementen (II. 4.) sehen wir, daß den Alten die Auflößung des Quadrats einer zweitheiligen Zahl bekannt war. Auch dem Archimedes in seiner Kreisberechnung, dem Diophantus, Apollonius, Hero u. andern, konnte die Ausziehung der Quadratwurzel nicht unbekannt seyn. Den Mangel unserer Zifferbezeichnung ersetzten sie sich wahrscheinlich durch Verfolgung der Operation in Raumanschauungen. Eutocius in sein. Comment. über d. Kreisrechnung des Archimedes verweißt, anstatt das Verfahren darzustellen, auf Hero's Werk von den Kriegsmaschinen, oder auf Pappus und Theon's Commentare über d. Almagest. des Ptolemäus. In dem des letztern findet sich (Baseler Ausg. v. 1538. S. 44.) das Verfahren der Ausziehung der Quadratwurzel sowohl aus einer ganzen Quadratzahl, wobei er sich auf Euclids Elemente II. 4. bezieht, als auch aus Irrationalzahlen wirklich erläutert. Er verfährt ganz auf dieselbe Weise, wie wir. Die Quadratzahl ist 144. Erst zieht er $100 = 10^2$ ab, wo 44 bleibt, dann nimmt er davon $40 = 4 . 10$, endlich $4 = 2^2$, wodurch er die Wurzel $10 + 2 = 12$ erhält. Bei den Irrationalen zerlegt er die erste Zahl des Restes in 60 Theile, weil sich Ptolemäus derselben bediente, und verfährt dann eben so wie wir. S. Bossuts Gesch. d. Math., übersetzt v. Reimer. Th. 1. S. 48. — Bei der Ausziehung der Kubikwurzel mögen sie wohl auf ähnliche Weise verfahren seyn, vielleicht auch mehr ausprobirt und mit einer der wahren nahen sich begnügt haben. Daß sie wirklich solche auszuziehen gewußt haben, erkennen wir aus der Regel, welche die Kriegsbaumeister für das Gewicht des Steins, welcher aus einer Balliste geschleudert werden sollte, nach Versuchen damit, festgesetzt hatten. S. Heronis Alexandr. χειροβαλλιστρας κατασκευη και συμμετρια in Theovenoti vett. mathem. opp. Par. 1693. p. 142. Philo Byzant. περι βελοποιικοις s. οργανοποιικοις (vett. mathem. opp. p. 51.). Allein das Verfahren erklären sie nicht. Auch steht kaum zu erwarten,

mit unseren Zahlzeichen einen Ursprung, und die Geschichte der Ausbildung desselben fällt in die Geschichte der Binominalcoefficienten (§. 149.).

2.

Rechnung mit Potenzen und Wurzeln.

a) Mit Potenzen.

§. 160. So wie bei der Ausübung der Rechnungsoperationen mit Zahlen diese sich allezeit auf eine und ebendieselbe Grundeinheit beziehen müssen, so können auch nur die Rechnungsoperationen bei Potenzen ausgeübt werden, welche eine und ebendieselbe Grundzahl haben, als:

$\div\ 10^{-4}..10^{-3}..10^{-2}..10^{-1}..10^{0}..10^{1}..10^{2}..10^{3}..10^{4}.....$

$\div\ 4^{-2}..\ 4^{-1}..\ 4^{0}\ ..\ 4^{1}..\ 4^{2}..\ 4^{3}\ ..\ 4^{4}..\ 4^{5}..\ 4^{6}....,$

allg. $\div\ a^{-3}..a^{-2}..a^{-1}..\ a^{0}..a^{1}..a^{2}..a^{3}..a^{4}..a^{5}..a^{6}....a^{n}$

$\div\ b^{-4}..b^{-3}..b^{-2}..b^{-1}..b^{0}..b^{1}..b^{2}..b^{3}..b^{4}..{}^{5}b^{6}..b^{n}$

Bei allen Potenzen verschiedener Grundzahlen läßt sich die Rechnung blos andeuten (als a^3+b^2, a^2-b^2, $a^2.b^3$, $a^4:b^2$), und wenn sie Zahlen eines Systems sind, näher berechnen, insofern sie Zahlen von einerlei Grundgröße sind. Z. B. $10^2+4^2=100+16=116$, $10^3-4^2=1000-16=984$; $10^1.4^3=10^1.64=640$; $4^4:10^2=(256:100)=2,56$ rc. Es ist aber hier nicht von der Ausrechnung der Potenzen, d. i. Zurückführung auf einerlei Einheit, sondern

daß man es jemals erfahren wird, da Delambre in seiner oben §. 70. Note 26 erwähnten Abhandlung: Sur l'arithmetique des Grecs, zu welcher er alle mathematischen Schriften, die aus dem Alterthum übrig sind, in der Königl. Bibliothek zu Paris durchgesehen zu haben versichert, nichts erwähnt. —

vielmehr von der Rechnung mit Potenzen und der Bezeichnung derselben die Rede.

Addition und Subtraction.

§. 161. Da nur Zahlen von einerlei Ordnung addirt und subtrahirt werden können (§. 77.), die Exponenten der Potenzen aber die Ordnungen ausdrücken, so folgt, daß die Addition und Subtraction der Potenzen nur bei solchen geschehen kann, bei welchen sowohl die Grundzahl, sondern auch die Exponenten derselben gleich sind; als:

1) Addition.

$$\begin{array}{ccccccccccc}
2a^2 & + & 5a^3 & + & 3b^n & & —— & & 2c^4 & & —— \\
3a^2 & & — & + & b^n & + & m^2 & & — & + & nx^n \\
— & + & 4a^3 & + & 2b^n & & — & + & 3c^4 & + & px^n \\
\hline
5a^2 & + & 9a^3 & + & 6b^n & + & m^2 & + & 5c^4 & + & (n+p)x^n
\end{array}$$

Regel. „Man setzt die Potenzen von einerlei Grundzahl und einerlei Exponenten untereinander und addirt die Coefficienten."

Können $3^2 + 3^3$, $5^2 + 4^2$, $a^2 + b^2 + c^2$, $5m^2 + 3m^3 + 3c^2$ rc. addirt werden, oder nicht? und warum?

2) Subtraction.

$$\begin{array}{ccccccc}
7a^2 & + & 3b^3 & + & 10c^2 & + & mx^n \\
3a^2 & & —— & + & 5c^2 & + & px^n \\
\hline
4a^2 & + & 3b^3 & + & 5c^2 & + & (m-p)x^n
\end{array}$$

Regel. Man setzt die Potenzen von einerlei Grundzahl und einerlei Exponenten untereinander und subtrahirt die Coefficienten.

Können $5^2 - 3^2$, $4^3 - 4^2$, $4a^3 - b^3$, $2a^m - 2a^n$, $3bx^2 - 3cx^2$ rc. subtrahirt werden, oder nicht? und warum?

3) Multiplication.

§. 162. Bei der Multiplication oder Division aber können die Factoren verschiedener Ordnung seyn (§. 81.), mithin auch Potenzen von verschiedenen Exponenten multiplicirt werden, als:

$$4^3 \times 4^2 = 4\cdot4 \times 4\cdot4\cdot4 = 4^5 = 4^{3+2}$$
$$a^2 \times a^3 = aa \times aaa = aaaaa = a^5 = a^{2+3}$$
$$b^4 \times b^2 = bbbb \times bb = bbbbbb = b^6 = b^{4+2}$$
$$c^2 \times c^3 \times c^1 = cc \times ccc \times c = c^{2+3+1} = c^6$$
$$a^n \times a^m = a^{n+m};\; a^n \times a^p \times a^q = a^{n+p+q}$$

Regel. „Soll man Potenzen von einerlei Grundzahl multipliciren, so addirt man ihre Exponenten."

$$\begin{array}{l} 3^3 + 3^2 + 3^1 \\ 3^2 + 2^2 \\ \hline 3^5 + 3^4 + 3^3 . \\ \qquad\qquad 2^2 . 3^3 + 2^2 . 3^2 + 2^2 . 3^1 \\ \hline 3^5 + 3^4 + 2^2 . 3^3 + 3^3 + 2^2 . 3^2 + 2^2 . 3^1 \end{array}$$

$$\begin{array}{l} a^2 + b^2 + n^3 \\ a^3 + n^2 \\ \hline a^5 + a^3 . b^2 + a^3 . n^3 + a^2 . n^2 + b^2 . n^2 + n^5 \end{array}$$

$$\begin{array}{l} 4a^3 + 2a^2x + ax^2 + x^3 \\ a + x \\ \hline 4a^4 + 2a^3x + a^2x^2 + ax^3 \\ \qquad + 4a^3x + 2a^2x^2 + ax^3 + x^4 \\ \hline 4a^4 + 6a^3x + 3a^2x^2 + 2ax^3 + x^4 \end{array}$$

4. Division.

§. 163. $\frac{3^3}{3^2} = \frac{3\cdot3\cdot3}{3\cdot3} = 3^{3-2} = 3^1$; $\frac{a^3}{a^2} = \frac{aaa}{aa} =$

$= a^{3-2} = a^1;\ \frac{b^2}{b^2} = \frac{b\,.\,b}{b\,.\,b} = b^{2-2} = b^0 = 1;$

allgem. $\frac{a^n}{a^m} = {}^{n-m}.$

Regel. „Um Potenzen von einerlei Grundzahl zu dividiren, hat man blos die Exponenten der Factoren zu subtrahiren."

$$
\begin{array}{l}
3^2+2 \mid 3^4+3^2.2+3^3+3^2.2^2+3.2+2^3 \mid „3^2+3+2^2 \\
\quad 3^4 \quad 3^2.2 \quad . \quad . \quad . \quad . \\
\hline
\quad „\# \quad \# \quad 3^3+3^2.2^2+3.2\ . \\
\qquad\qquad 3^3 \quad . \quad +3.2\ . \\
\hline
\qquad\qquad\quad 3^2.2^2 \quad . \quad +2^3 \\
\qquad\qquad\quad 3\ .2 \quad . \quad +2^3 \\
\hline
\qquad\qquad\quad \# \qquad \#
\end{array}
$$

$$
\begin{array}{l}
a+b \mid a^3+a^2b \mid „a^2; \\
\quad a^3+a^2b \\
\hline
\quad „\# \quad \#
\end{array}
\qquad
\begin{array}{l}
\qquad\qquad\qquad\qquad „a^2+ab+b \\
a+b \mid a^3+2a^2b+ab^2+ab+b^2 \mid \\
\quad a^3+\ a^2b \quad . \quad . \quad . \\
\hline
\quad \# \quad a^2b+ab^2 \quad . \quad . \\
\qquad\quad a^2b+ab^2 \quad . \quad . \\
\hline
\qquad\quad \# \quad \# \quad +ab+b^2 \\
\qquad\qquad\qquad\quad ab+b^2 \\
\hline
\qquad\qquad\qquad\quad \# \quad \#
\end{array}
$$

$$
\begin{array}{l}
2x^2+5x \mid 6x^4+25x^3+37x^2+30x \mid „3x^2+5x+6 \\
\qquad 6x^4+15x^3 \quad . \quad . \\
\hline
\qquad „\# \quad 10x^3+37x^2 \quad . \\
\qquad\qquad 10x^3+25x^2 \quad . \\
\hline
\qquad\qquad \# \quad 12x^2+30x \\
\qquad\qquad\quad 12x^2+30x \\
\hline
\qquad\qquad\quad \# \quad \#
\end{array}
$$

Anmerk. Eine Zahl von der 1sten Potenz (die Grundzahl, z. B. 3^1, 5^1, a^1, b^1 rc.) drückt nichts anders aus, als daß die Grundeinheit 3mal, 5mal rc., mithin als die bezeichnete Zahl selbst, gedacht werden soll, daher eine Zahl von der oten Potenz (3^0, 5^0, a^0, b^0 2c.), daß die Größe nicht vielfach, mithin nicht als Zahl gedacht werden, sondern Einheit bleiben soll. Darum ist jede ote Potenz $= 1$ und $\frac{a^n}{a^n} = a^{n-n} = a^0 = 1$ [18]).

5) Potenziren.

§. 164. Soll man eine Potenz zu einer Potenz erheben, als $(3^2)^2 = 3^2 . 3^2 = 3 . 3 . 3 . 3 = 3^4 = 3^{2 . 2}$, $(a^2)^3 = a^2 . a^2 . a^2 = a^{2 . 3}$, $(a^2)^4 = a^2 . a^2 . a^2 . a^2 . = a^{2 . 4}$, $(a^n)^2 = a^{2n}$, $(a^3)^n = a^{3n}$, allgem. $(a^n)^m = a^{n . m}$, so hat man „blos die Exponenten zu multipliciren; als:

$$(a^2 + b^2)^3 = (a^2 + b^2) . (a^2 + b^2) . (a^2 + b^2);$$
$$(a^n + b^m)^2 = (a^n + d^m) . (a^n + b^m).$$

$$\begin{array}{l}
„a^2 + b^2 \\
\;\; a^2 + b^2 \\
\hline
a^4 + a^2b^2 \\
\qquad a^2b^2 + b^4 \\
\hline
a^4 + 2a^2b^2 + b^4 \\
a^2 + b^2 \\
\hline
a^6 + 2a^4b^2 + a^2b^4 \\
\qquad a^4b^2 + a^2b^4 + b^6 \\
\hline
a^6 + 3a^4b^2 + a^2b^4 + b^6
\end{array}
\qquad
\begin{array}{l}
„a^n + b^m \\
\;\; a^n + b^m \\
\hline
a^{n . n} + a^nb^m \\
\qquad + a^nb^m + b^{m . m} \\
\hline
a^{n . n} + 2a^nb^m + b^{m . m}
\end{array}$$

6) Depotenziren.

§. 165. Wenn also das Potenziren der Potenzen durch die Multiplication der Exponenten geschieht, so muß das Depotenziren, als:

$$\sqrt{3^2} = 3^{\frac{2}{2}} = 3^1,\ \sqrt{2^4} = 2^{\frac{4}{2}} = 2^2,\ \sqrt[3]{a^6} = a^{\frac{6}{3}} = a^2$$

18) Daß $0^0 = 1$ sey (s. Eulers vollst. Anleit. zur Algebra Riga 1770. Th. I. S. 175.), gehört mit zu dem in der Mathematik noch hin und wieder herrschenden Unsinn. Aus Nichts wird Nichts und von Nichts läßt sich nichts denken.

$\sqrt[n]{a^3} = a^{\frac{3}{n}}$, allgem. $\sqrt[n]{a^m} = a^{\frac{n}{m}}$ ꝛc., mittelst der „Division der Exponenten der Potenz durch die Wurzelexponenten geschehen, welches man auch das Wurzelzeichenwegschaffen heißt [19]).

Zur Uebung.

$\sqrt{a^3} = a^{\frac{3}{2}}$, $\sqrt[3]{a^2} = a^{\frac{2}{3}}$, $\sqrt{a} = a^{\frac{1}{2}}$; $\sqrt{(a+b)} = (a+b)^{\frac{1}{2}}$, $\sqrt[3]{(a-c)} = (a-c)^{\frac{1}{3}}$; $\sqrt[n]{(a+x)^m} = (a+x)^{\frac{m}{n}}$

Anmerk. Umgekehrt kann man, wenn der Exponent einer Potenz ein Bruch ist, als $4^{\frac{1}{2}} = \sqrt{4} = 2$, $8^{\frac{1}{3}} = \sqrt[3]{8} = 2$, $a^{\frac{1}{2}} = \sqrt{a}$, $a^{\frac{2}{3}} = \sqrt[3]{a^2}$, $a^{\frac{3}{n}} = \sqrt[n]{a^3}$, $a^{\frac{n}{m}} = \sqrt[m]{a^n}$ ꝛc., „das Wurzelzeichen mit dem Nenner des Exponenten wieder vorsetzen.

b) mit Wurzelgrößen.

§. 166. Unterwerfen wir nun auch die Wurzeln, welche man, da sie nicht immer als Zahlen gedacht und ausgesprochen werden können (irrational sind), überhaupt Wurzelgrößen zu nennen pflegt, den Rechnungsoperationen, so muß hier ebenfalls die allgemeine Bedingung gelten (§. 161.). Es ist dabei nicht von der Ausziehung der Wurzeln die Rede, sondern blos von symbolischer Darstellung derselben nach den Gesetzen der Rechnungsoperationen.

Addition und Subtraction.

§. 167. Da die Addition und Subtraction völlige Gleichartigkeit der Größen fordert, so können nur Wur-

19) Die Bezeichnung der Wurzelgrößen, als Potenzen mit gebrochenen Exponenten, führte J. Wallis ein. S. Opp. mathem. Oxon. 1665. T. I. 2.

zelgrößen von einerlei „Grundzahl und einerlei Exponenten addirt und subtrahirt werden; wo dieß nicht der Fall ist, muß man „sich mit bloßer Bezeichnung begnügen.

1) Addition.

$3\sqrt{a}+2\sqrt{a}=5\sqrt{a}$; $2\sqrt[3]{5}+3\sqrt[3]{5}+\sqrt[3]{5}=6\sqrt[3]{5}$;
allgem. $b\sqrt[n]{a^m}+c\sqrt[n]{a^m}=(b+c)\sqrt[n]{a^m}$.

$$\begin{array}{lllll} 5\sqrt{7}+3\sqrt{2} & + & \sqrt[3]{b^2} & + & \sqrt[n]{x} \\ \sqrt{7}+5\sqrt{2} & + & 3\sqrt[3]{b^2} & + & y\sqrt[n]{x} \\ \hline 6\sqrt{7}+8\sqrt{2} & + & 4\sqrt[3]{b^2} & + & (y+1)\sqrt[n]{x} \end{array}$$

Regel. „Man setzt die Wurzelgrößen von gleichen Grundzahlen und gleichen Exponenten unter einander und addirt die Coefficienten."

$4\sqrt{5}+2\sqrt{3}$; $2\sqrt[2]{a}+3\sqrt[2]{a^3}$; $\sqrt[3]{7}+\sqrt[3]{6}$; $\sqrt[n]{4}+\sqrt[n]{5}$; $\sqrt[n]{a^m}+\sqrt[r]{b^p}$ ꝛc., können sie addirt werden? warum?

2) Subtraction.

$7\sqrt{3}-2\sqrt{3}=5\sqrt{3}$; $4\sqrt[3]{5}-\sqrt[3]{5}=3\sqrt[3]{5}$
allgem. $a\sqrt[n]{c^m}-b\sqrt[n]{c^m}=(a-b)\sqrt[n]{c^m}$

$$\begin{array}{llll} 5\sqrt{2} & 3\sqrt[3]{m} & 6\sqrt[m]{b} & p\sqrt[n]{x^m} \\ 2\sqrt{2} & 3\sqrt[3]{m} & \sqrt[m]{b} & \sqrt[n]{x^m} \\ \hline 3\sqrt{2} & —— & 5\sqrt[m]{b} & (p-1)\sqrt[n]{x^m} \end{array}$$

Regel. „Man setzt die Wurzelgrößen von gleichen Grundzahlen und gleichen Exponenten untereinander und subtrahirt die Coefficienten."

$2\sqrt{8} - 2\sqrt{6}$; $3\sqrt[3]{3} - \sqrt[2]{3}$; $\sqrt{48} - \sqrt{27}$; $\sqrt[3]{b} - \sqrt[3]{c}$; $\sqrt[n]{a} - \sqrt[m]{a}$; $\sqrt{(a+b)a^2} - \sqrt{(a+b)b^2}$ ꝛc.; können diese subtrahirt werden, oder nicht? und warum?

Anm. 1. Bisweilen scheint blos das Verhältniß zweier Wurzelgrößen irrational zu seyn, ist es aber nicht; welches sich bei der Auflösung der Zahlen ergiebt; als:

$\sqrt{12} + \sqrt{27} = \sqrt{4 \cdot 3} + \sqrt{9 \cdot 3}$. (aus 4 und 9 die Quadratwurzel gezogen), $= 2\sqrt{3} + 3\sqrt{3} = 5\sqrt{3}$; $\sqrt[3]{81} - \sqrt[3]{24} = \sqrt[3]{27 \cdot 3} - \sqrt[3]{8 \cdot 3} = 3\sqrt[3]{3} - 2\sqrt[3]{3}$ $= \sqrt[3]{3}$.

allgem. $\sqrt[n]{a^n b} \pm \sqrt[n]{c^n b} = a\sqrt[n]{b} + c\sqrt[n]{b} =$
$(a \pm c)\sqrt[n]{b}$

Diese Untersuchung geschieht daher so, daß man die Zahlen in ihre Factoren so zerlegt, daß man einen gewinnt, aus welchem die Wurzel gezogen werden kann. Ist dann der andere Factor in beiden Größen eine und ebendieselbe Zahl, so lassen sie sich addiren und subtrahiren.

Zur Uebung.

1) Addition.

$\sqrt{63} + \sqrt{28} =$ „$\sqrt{(9 \cdot 7)} + \sqrt{(4 \cdot 7)} = 3\sqrt{7} + 2\sqrt{7}$
$= 5\sqrt{7}$."

$\sqrt{18} + \sqrt{32} =$ „$\sqrt{9 \cdot 2} + \sqrt{16 \cdot 2} = 3\sqrt{2} + 4\sqrt{2} =$
$= 7\sqrt{2}$."

$\sqrt[3]{48} + \sqrt[3]{162} =$ „$\sqrt[3]{8 \cdot 6} + \sqrt[3]{27 \cdot 6} = 2\sqrt[3]{6} + 3\sqrt[3]{6}$
$= 5\sqrt[3]{6}$."

$\sqrt{(16a + 8)} + \sqrt{(4a + 2)} =$ „$\sqrt{(4 \cdot 4a + 4 \cdot 2)} +$

$\sqrt{(4a+2)} = \sqrt{4(4a+2)} + \sqrt{(4a+2)} = 2\sqrt{(4a+2)}$
$+ \sqrt{(4a+2)} = 3\sqrt{(4a+2)}$."

$\sqrt{(a^3+a^2b)} + \sqrt{(ab^2+b^3)} =$ „$\sqrt{a^2(a+b)} + \sqrt{b^2(a+b)}$
$= a\sqrt{(a+b)} + b\sqrt{(a+b)} = (a+b)\sqrt{(a+b)}$."

$\sqrt[n]{(x^{n+1}+yx^n)} + \sqrt[n]{(y^{n+1}+xy^n)} =$
„$\sqrt[n]{x^n(x+y)} + \sqrt[n]{y^n(y+x)} =$
$= x\sqrt[n]{(x+y)} + y\sqrt[n]{(y+x)} = (x+y)\sqrt[n]{(x+y)}$."

2) Subtraction.

$\sqrt{48} - \sqrt{27} =$ „$\sqrt{(16.3)} - \sqrt{(9.3)} = 4\sqrt{3} - 3\sqrt{3}$
$= \sqrt{3}$."

$\sqrt{320} - \sqrt{45} =$ „$\sqrt{(64.5)} - \sqrt{(9.5)} =$
$8\sqrt{5} - 3\sqrt{5} = 5\sqrt{5}$."

$\sqrt[3]{128} - \sqrt[3]{54} =$ „$\sqrt[3]{(64.2)} - \sqrt[3]{(27.2)} =$
$= 4\sqrt[3]{2} - 3\sqrt[3]{2} = \sqrt[3]{2}$."

$\sqrt{(mx^2 + 2mxy + my^2)} - \sqrt{(y^2m + my + \frac{1}{4}m)}$
$=$ „$\sqrt{(x^2+2xy+y^2)m} - \sqrt{(y^2+y+\frac{1}{4})m}$ (§. 140.)
$= \sqrt{(x+y)^2 . m} - \sqrt{(y+\frac{1}{2})^2 . m} =$
$= (x+y)\sqrt{m} - (y+\frac{1}{2})\sqrt{m} =$
$= (x+y-y-\frac{1}{2})\sqrt{m} = x - \frac{1}{2}\sqrt{m}$."

Anmerk. 2. Alle irrationalen Wurzelgrößen lassen sich aber addiren und subtrahiren, wenn man sie bis zu einer gewissen Decimalstelle auszieht; z. B.

$\sqrt{6} = 2,44948974\ldots$	$\sqrt{3} = 1,73200508\ldots$
$\sqrt{2} = 1,41421356\ldots$	$\sqrt{3} = 1,41421356\ldots$
$\sqrt{6}+\sqrt{2} = 3,86370330\ldots$	$(\sqrt{3}-\sqrt{2}) = 0,31779152\ldots$

3) Multiplication.

§. 168. Bei der Multiplication der Wurzelgrößen können zwei Hauptfälle statt finden:

a) Entweder beide Factoren haben einerlei Wurzelexponenten (gleichnamig); z. E.

$\sqrt{8}\cdot\sqrt{5}=\sqrt{40}=\sqrt{(4\cdot 10)}=2\sqrt{10}.$

$\sqrt[3]{3}\cdot\sqrt[3]{9}=\sqrt[3]{27}=3.$

$\sqrt{ab}\,.\,\sqrt{ab^2}=\sqrt{a^2\,.\,b^3}=a\sqrt{b^2\,.\,b}=ab\sqrt{b}.$

so hat man „blos die unter dem Wurzelzeichen stehenden Zahlen oder Größen zu multipliciren:

$\sqrt{6}\,.\,\sqrt{3}\cdot\sqrt{2}=$ „$\sqrt{36}=6.$"

$\sqrt{21}\,.\,\sqrt{6}\,.\,\sqrt{2}=$ „$\sqrt{252}=\sqrt{4\cdot 9\cdot 7}=2\cdot 3\sqrt{7}=$
$=6\sqrt{7}.$"

$\sqrt[3]{12}\,.\,\sqrt[3]{18}\cdot\sqrt[3]{4}=$ „$\sqrt[3]{864}=\sqrt[3]{27}\cdot\sqrt[3]{8}\cdot\sqrt[3]{4}=$
$3\cdot 2\sqrt[3]{4}=6\sqrt[3]{4}.$"

$\sqrt[n]{x^{n-1}y}\,.\,\sqrt[n]{xy^n}=$ „$\sqrt[n]{x^n y^{n+1}}=x\sqrt[n]{y^n\,.\,y}=xy\sqrt[n]{y}.$"

β) oder sie haben verschiedene Wurzelexponenten (ungleichnamig), wo man sie dann, so wie die Brüche (§. 130.) durch Multiplication zu einerlei Benennung, zu gleichem Namen (Exponenten) bringen muß, als:

$\sqrt[2]{2}\,.\,\sqrt[3]{2}=\sqrt[2.3]{2^3}\,.\,\sqrt[2.3]{2^2}=\sqrt[6]{2^3\,.\,2^2}=\sqrt[6]{8\cdot 4}=\sqrt[6]{32}.$

$\sqrt[n]{a}\,.\,\sqrt[m]{b}=\sqrt[nm]{a^m}\,.\,\sqrt[mn]{b^n}=\sqrt[mn]{a^m b^n}.$

Man multiplicirt also „die Wurzelexponenten wechselseitig mit einander, indem man zugleich die unter dem Wurzelzeichen stehenden Größen zu so hoher Potenz erhebt, als die Zahl ist, womit man ihren Wurzelexponenten multiplicirt hat, und verfährt überdieß nach voriger Regel."

$\sqrt[3]{3}\cdot\sqrt[2]{3}=$ „$\sqrt[6]{3^2}\cdot\sqrt[6]{3^3}=\sqrt[6]{3^2\cdot 3^3}=\sqrt[6]{27\cdot 9}=$
$=\sqrt[6]{243}.$"

$$\sqrt{5}\cdot\sqrt[3]{2^2} = „\sqrt[6]{5^3}\cdot\sqrt[6]{2^4} = \sqrt[6]{5^3\cdot 2^4}\sqrt[6]{125\cdot 16} =$$
$$= \sqrt[6]{2000}.“$$

$$\sqrt{p}\cdot\sqrt[n]{q^m} = „\sqrt[2n]{p^n}\cdot\sqrt[2n]{q^{2m}} = \sqrt[2n]{p^n\cdot q^{2m}}.“$$

4) Division.

§. 169. Bei der Division müssen ebenfalls die zwei Fälle unterschieden werden.

α) Wenn die Wurzelexponenten gleich sind, als:

$$\sqrt{12}:\sqrt{3} = \frac{\sqrt{12}}{\sqrt{3}} = \sqrt{(\tfrac{12}{3})} = \sqrt{4} = 2.$$

$$\sqrt{120}:\sqrt{5} = \frac{\sqrt{120}}{\sqrt{5}} = \sqrt{(\tfrac{120}{5})} = \sqrt{24} = \sqrt{4\cdot 6} =$$
$$= 2\sqrt{6}.$$

$$\sqrt{a^3b^2} : \sqrt{ab} = \frac{\sqrt{a^3b^2}}{\sqrt{ab}} = \sqrt{\left(\frac{a^3b^2}{ab}\right)} = \sqrt{a^2b} =$$
$$= a\sqrt{b}.$$

so dividirt man „die Zahlen unter dem Wurzelzeichen.“

$$\sqrt{600}:\sqrt{8} = „\frac{\sqrt{600}}{\sqrt{8}} = \sqrt{(\tfrac{600}{8})} = \sqrt{75} = \sqrt{25\cdot 3} =$$
$$= 5\sqrt{3}.“$$

$$\sqrt{(a^4+a^3b)}:\sqrt{a} = „\frac{\sqrt{(a^4+a^3b)}}{\sqrt{a}} = \sqrt{\left(\frac{a^4+a^3b}{a}\right)} =$$
$$= \sqrt{(a^3+a^2b)} = \sqrt{a^2(a+b)} = a\sqrt{(a+b)}.“$$

β) Wenn die Wurzelexponenten verschieden sind, als:

$$\sqrt[2]{3}:\sqrt[3]{2} = \sqrt[2\cdot 3]{3^3}:\sqrt[2\cdot 3]{2^2} = \sqrt[6]{\left(\frac{3^3}{2^2}\right)} = \sqrt[6]{\tfrac{27}{8}} = \sqrt[6]{3,375}.$$

$$\sqrt[n]{a}:\sqrt[m]{b} = \sqrt[n.m]{a^m}:\sqrt[n.m]{b^n} = \sqrt[m.n]{\frac{a^m}{b^n}}.$$

so muß man sie „zu einerlei Benennung bringen und dann nach voriger Regel verfahren.“

Anm. Wenn man aus Brüchen eine Wurzel zu ziehen hat, so kann man den Bruch so verwandeln, daß entweder der Zähler oder der Nenner diejenige Potenz wird, deren Wurzel man ausziehen will (§. 129.); als:

$$\sqrt{\tfrac{2}{3}} = \sqrt{\frac{2\cdot3}{3\cdot3}} = \sqrt{\tfrac{6}{9}} = \frac{\sqrt{6}}{\sqrt{9}} = \frac{\sqrt{6}}{3} = \frac{\sqrt{2\cdot2}}{3\cdot2} = \sqrt{\tfrac{4}{6}} =$$
$$= \frac{\sqrt{4}}{\sqrt{6}} = \frac{2}{\sqrt{6}}$$

$$\sqrt{\frac{a}{b}} = \sqrt{\frac{a^2}{ab}} = \frac{\sqrt{a^2}}{\sqrt{ab}} = \frac{a}{\sqrt{ab}} = \frac{\sqrt{ab}}{\sqrt{b^2}} = \frac{\sqrt{ab}}{b}$$

$$\sqrt{\frac{x}{y}} = \sqrt{\frac{xy}{y^2}} = \frac{\sqrt{xy}}{\sqrt{y^2}} = \frac{\sqrt{xy}}{y} = \frac{\sqrt{x^2}}{\sqrt{xy}} = \frac{x}{\sqrt{xy}}$$

5) Potenziren.

§. 170. Da das Potenziren durch Multiplication geschieht, so muß sich aus §. 164. und 168. das Verfahren dafür leicht ergeben.

$(\sqrt{3})^2 = \sqrt{3}.\sqrt{3} = \sqrt{3^2} = 3.$

$(\sqrt{2})^3 = \sqrt{2}.\sqrt{2}.\sqrt{2} = \sqrt{2^3} = 2^{\frac{3}{2}}$ (§. 165.)

$(\sqrt{3^3})^2 = \sqrt{3^3}\,.\,\sqrt{3^3} = \sqrt{3^{3+3}} = \sqrt{3^6} = 3^{\frac{6}{2}} =$
$= 3^3 = 27.$

$(\sqrt{a})^3 = \sqrt{a}\,.\,\sqrt{a}\,.\,\sqrt{a} = \sqrt{a^3} = a^{\frac{3}{2}}$

$(\sqrt[n]{c})^m = \sqrt[n]{c^m} = c^{\frac{m}{n}}$; $(\sqrt[n]{x^r})^m = \sqrt[n]{x^{rm}} = x^{\frac{rm}{n}}$.

Regel. Es wird daher „blos die unter dem Wurzelzeichen stehende Größe zu der bestimmten Potenz erhoben.

$(\sqrt{5})^3 =$ „$\sqrt{5}\cdot\sqrt{5}\cdot\sqrt{5} = \sqrt{5^3}$."

$(\sqrt[3]{6})^2 =$ „$\sqrt[3]{6}.\sqrt[3]{6} = \sqrt[3]{6.6} = \sqrt[3]{36}$."

$(\sqrt[3]{8})^2 =$ „$\sqrt[3]{8}\cdot\sqrt[3]{8} = \sqrt[3]{8\cdot8} = \sqrt[3]{64} = 4$."

6) Depotenziren oder Ausziehen der Wurzeln aus Wurzelgrößen.

§. 171. Auf gleiche Art muß sich auch aus §. 165. und 169. das Depotenziren der Wurzelgrößen ergeben:

$$\sqrt{16} = 4,\ \sqrt{4} = 2,\ \text{mithin}\ \sqrt[2]{\sqrt[2]{16}} = \sqrt[2.2]{16} = \sqrt[4]{16}$$

$$\sqrt{\sqrt[3]{729}} = \sqrt[6]{729} = \sqrt[6]{(9 \cdot 81)} = \sqrt[2]{9} \cdot \sqrt[3]{81} = $$
$$= 3\sqrt[3]{81}$$

$$\sqrt{\sqrt{a}} = \sqrt[4]{a} = a^{\frac{1}{4}};\ \sqrt[r]{\sqrt[m]{x^n}} = \sqrt[rm]{x^n} = x^{\frac{n}{rm}}.$$

Regel. „Man hat daher blos die Wurzel-Exponenten zu multipliciren und nach dem bisherigen zu verfahren."

$$\sqrt{\sqrt{256}} = „\sqrt[4]{256} = \sqrt[4]{(16 \cdot 16)} = \sqrt{16} \cdot \sqrt{16} =$$
$$4 \cdot 4 = 16$$

$$\sqrt[n]{\sqrt[m]{pq}} = „\sqrt[mn]{pq} = \sqrt[m]{p} \cdot \sqrt[n]{q} = \sqrt[n]{p} \cdot \sqrt[m]{q}."$$

B. Von den Verhältnißzahlen oder von den Logarithmen.

§. 172. Richten wir nun endlich noch unsere Aufmerksamkeit auf die Verhältnißzahlen oder Logarithmen, so wissen wir aus §. 44., daß sie Zahlen sind, welche das 1, 2, 3, 4, ... fache Verhältniß einer Zahl zu einem gewissen Grundverhältnisse aussprechen. Dort war

a) bei der steigenden Progression (§. 41. a.)

die Reihe	1	..3	..9	..27	..81	..243	..729	....
bezeichnet	3^0	..3^1	..3^2	..3^3	..3^4	..3^5	..3^6	....
Logg.	0.	1.	2.	3.	4.	5.	6.	...

allgemein $1 \,..\, a \,..\, aa \,..\, aaa \,..\, aaaa \,..\, aaaaa \,....$
bezeichnet $a^0 \,..\, a^1 \,..\, a^2 \,..\, a^3 \,..\, a^4 \,..\, a^5 \,....$
Logg. $0 \,.\, 1 \,.\, 2 \,.\, 3 \,.\, 4 \,.\, 5 \,....$

b) bei der fallenden (§. 41. b.)

die Reihe $1 \,..\, \frac{1}{3} \,..\, \frac{1}{9} \,..\, \frac{1}{27} \,..\, \frac{1}{81} \,..\, \frac{1}{243} \,..\, \frac{1}{729} \,....$
bezeichnet $3^0 \,..\, 3^{-1} \,..\, 3^{-2} \,..\, 3^{-3} \,..\, 3^{-4} \,..\, 3^{-5} \,..\, 3^{-6} \,....$
Logg. $0 - 1. - 2. - 3. - 4. - 5 - 6 \,....$

allgemein $1 \,..\, \frac{1}{a} \,..\, \frac{1}{a^2} \,..\, \frac{1}{a^3} \,..\, \frac{1}{a^4} \,..\, \frac{1}{a^5} \,..\, \frac{1}{a^6} \,....$
$= a^0 \,..\, a^{-1} \,..\, a^{-2} \,..\, a^{-3} \,..\, a^{-4} \,..\, a^{-5} \,..\, a^{-6} \,....$
Logg. $0 - 1. - 2. - 3. - 4. - 5. - 6 \,....$

Zusammen:

Reihe $\div \; a^{-4} .. a^{-3} .. a^{-2} .. a^{-1} .. a^0 .. a^1 .. a^2 .. a^3 .. a^4 .. a^5 \,....$
Logg $\div -4 \; -3 \; -2 \; -1. \; 0. \; 1. \; 2. \; 3. \; 4. \; 5 \,....$

Wie wir nun sowohl die Zahlen selbst, als auch die Verhältnisse derselben, als auch die Potenzen und Wurzeln erst an sich betrachteten, bevor wir die Rechnungsoperationen auf sie anwendeten, so wollen wir auch

1) von den Logarithmen an sich, und
2) von der Rechnung mit ihnen handeln.

1.

Von den Logarithmen an sich.

§. 173. Vergleichen wir hier wieder §. 70., so sehen wir, daß die Logarithmen mit der Höhe der Ordnungen der Zahlen steigen und fallen, so daß die der ganzen Zahlen positiv, die der Brüche negativ sind; und sind daher die ganzen Zahlen 1, 2, 3, 4 .... — 1, — 2, — 3, — 4 ꝛc. die Logarithmen für die Grundzahlen der Ordnungen nach beiden Richtungen. Allein alle Zahlen, welche jede Ordnung enthalten, haben zu der Grundzahl des Systems ebenfalls ein Verhältniß, es sey rational oder irrational, welches in einer Zahl, sey sie endlich oder unendlich (§. 38.), muß ausgedrückt werden können. Da es nun möglich ist, das Verhältniß jeder Zahl zur Grundzahl ihres Systems auszudrücken, so läßt sich nach jedem Zahlsysteme auch ein Logarithmensystem bilden. Wie man daher die Zahlen der Verhältnisse jeder Zahl zur Grundzahl des Systems findet, ist hier die nächste Frage.

Bildungsweise der Logarithmen.

§. 174. Da die Logarithmen den Exponenten der Potenzen gleich sind, so leuchtet ein, daß wir eben so mit ihnen verfahren können, wie mit diesen (§. 160. u. f.).

Dort aber wurden
d. Exponenten addirt, wenn d. Potenzen multiplic. wurden,
" " subtrahirt, " " dividirt "
" " multiplicirt, " " potenzirt "
" " dividirt, wenn aus den Potenzen Wurzeln gezogen werden sollen.

Da nun dasselbe auch von den Logarithmen in Hinsicht ihrer Zahlen gelten muß, so ersieht man leicht, daß man die Logarithmen

a) der Producte aus vorhandenen Factoren (§. 162.) findet:
$\lambda 20 = \lambda(4 \cdot 5) = \lambda 4 + \lambda 5$; allgem. $\lambda(a \, . \, b) = \lambda a + \lambda b$
wenn man „die Logarithmen der letztern addirt."

b) der Quotienten aus benannten Factoren (§. 163.)
$\lambda \frac{10}{2} = \lambda 5 = \lambda 10 - \lambda 2$; allgem. $\lambda \frac{a}{b} = \lambda a - \lambda b$
wenn man „den Logarithmus des Divisors von dem des Dividendus abzieht;

c) der Potenzen der Zahlen (§. 164.)

$\lambda 5^2 = 2\lambda 5$, $\lambda 6^3 = 3\lambda 6$, allgem. $\lambda a^n = n\lambda a$,

wenn man „den Logarithmus der Zahl mit dem Exponenten multiplicirt;

d) der Wurzeln (§. 165.), als

$$\lambda\sqrt{5} = \frac{\lambda 5}{2} = \tfrac{1}{2}\lambda 5,\quad \lambda\sqrt[3]{9} = \frac{\lambda 9}{3} = \tfrac{1}{3}\lambda 9,$$

allgem. $\lambda\sqrt[n]{a} = \frac{\lambda a}{n} = \frac{1}{n}\lambda a$,

wenn man „den Logarithmus der Zahl durch den Wurzelexponenten dividirt.

Da also die Logarithmen derjenigen Zahlen, welche Producte oder Quotienten, Potenzen oder Wurzeln aus andern Zahlen sind, aus den Logarithmen der letztern gebildet werden können, und wir oben (§. 73.) gesehen haben, daß alle Zahlen entweder Stammzahlen oder aus ihnen gebildete sind, so folgt, daß man nur die Logarithmen der „Stammzahlen auszumitteln braucht."

Logarithmensystem.

§. 175. So wie das Denken der Zahlen selbst systematische Ordnung fordert (§. 67.), eben so das ihrer Logarithmen. Wiewohl aber jede Zahl eines jeden Zahlensystems (welche allgemein a bedeutet) zur Grundzahl (basis) eines Logarithmensystems dienen kann, so ist es doch am nützlichsten, die Grundzahl des eingeführten Zahlensystems, zehn dazu zu wählen. Nach diesem ist

a) die steigende

Reihe	1	..10	..100	..1000	..10000	..100000....
bez.	10^0	..10^1	..10^2	..10^3	..10^4	..10^5....
Logg.	0.	1.	2.	3.	4.	5....

b) die fallende

Reihe	1	..0,1	..0,01	..0,001	..0,0001	..0,00001....
bez.	10^0	..10^{-1}	..10^{-2}	..10^{-3}	..10^{-4}	..10^{-5}....
Logg.	0	. —1	. —2	. —3	. —4	. —5....

Es sind mithin dadurch die Logarithmen aller Ordnungszahlen bestimmt, und es leuchtet zugleich der Grund jener Bezeichnung der decadischen Zahlenordnungen (§. 69. u. 70.) ein. Da nun der Log. 10 = 1 ist, Eins aber, weil es keine Zahl, sondern nur eine Größe ist (§. 73. 1.), keinen Logarithmen haben kann, so folgt, daß die Logarithmen aller zwischen 1 und 10 sich befindenden Stammzahlen „Brüche seyn müssen."

Anm. Unser gewöhnliches Logarithmensystem, welches Zehn zur Grundzahl hat, wird von seinem Urheber, H. Briggs (§. 182.), das Briggische, auch hin und wieder das gemeine, genannt.

Berechnung der Logarithmen.

§. 176. Um nun die Logarithmen der Stammzahlen (Primzahlen), welche in unserm Systeme 2, 3, 5, 7, 11, 13 u. s. w. (§. 74.) sind, auszumitteln, kann man sich jener §. 174. erkannten Gesetze bedienen, und durch ein eben so anziehendes als kunstreiches Verfahren blos aus dem Log. 10 = 1 die Logarithmen jener Zahl gewinnen. Da nämlich nach §. 174. d. die Division der Logarithmen der Wurzelausziehung aus den ihnen zugehörigen Zahlen entspricht, so ist, wenn

a) $1 = \lambda 10$, und man den Log. durch 2 dividirt,

b) $\frac{1}{2} = 0,5 = \lambda\sqrt{10} = \lambda 3,1622776601 \ldots.$

c) $\frac{1}{4} = 0,25 = \lambda\sqrt{3,1622776601 \ldots}$

$= \lambda 1,77827941003 \ldots.$

Da nun die erstere Zahl 3,1622.... größer als 2, die andere 1,77827.... kleiner, als 2 ist, so erkennen wir schon hieraus, daß der Logarithmus 2 „zwischen $\frac{1}{2} = 0{,}5$ und $\frac{1}{4} = 0{,}25$ fallen müsse."

Anmerk. Es ist dieses Verfahren nichts anders, als das Suchen der mittlern Proportionalgröße (§. 121.); nämlich:

$$1 \,..\, m = m \,..\, 10$$
$$m^2 = 10$$
$$m = \sqrt{10} = 3{,}162277\ldots$$

Logarithmus 2.

§. 177. Die letztere jener Zahlen aber, 1,7782794 .... ist näher an 2 als die erstere 3,16227766...., mithin auch 0,25 näher an λ 2, als 0,5. Um nun den Log. 2 wirklich zu erhalten, kann man durch immer fortgesetzte Theilung der Logg. durch 2 immer kleinere aliquote Theilchen von ihnen zu gewinnen suchen und sie dann zu 0,25 addiren, so daß man auf der andern Seite aus den ihnen entsprechenden Zahlen die Quadratwurzeln zieht, und diese (nach §. 174. a.) multiplicirt, bis man entweder 2 selbst, oder wenigstens 1,999999..... bekommt.

Zahlen.	Logarithmen.
$a = 10$	$\lambda a = 1$
$\sqrt{a} = 3{,}16227\ 76601 = b$	$\lambda b = 0{,}5$
$\sqrt{b} = 1{,}77827\ 94100 = c$	$\lambda c = 0{,}25$
$\sqrt{c} = 1{,}33352\ 14321 = d$	$\lambda d = 0{,}125$
$\sqrt{d} = 1{,}15478\ 19846 = e$	$\lambda e = 0{,}0625$
$\sqrt{e} = 1{,}07460\ 78283 = f$	$\lambda f = 0{,}03125$
$\sqrt{f} = 1{,}03663\ 29284 = g$	$\lambda g = 0{,}01562\ 5$
$\sqrt{g} = 1{,}01815\ 17217 = h$	$\lambda h = 0{,}00781\ 25$
$\sqrt{h} = 1{,}00903\ 50448 = i$	$\lambda i = 0{,}00390\ 625$
$\sqrt{i} = 1{,}00450\ 73642 = k$	$\lambda k = 0{,}00195\ 3125$
$\sqrt{k} = 1{,}00225\ 11482 = l$	$\lambda l = 0{,}00097\ 65625$
$\sqrt{l} = 1{,}00112\ 49413 = m$	$\lambda m = 0{,}00048\ 828125$

$\sqrt{m} = 1{,}00056\ 23126 = n$	$\lambda n = 0{,}00024\ 41406\ldots$
$\sqrt{n} = 1{,}00028\ 11167 = o$	$\lambda o = 0{,}00012\ 20703\ldots$
$\sqrt{o} = 1{,}00014\ 05485 = p$	$\lambda p = 0{,}00006\ 10351\ldots$
$\sqrt{p} = 1{,}00007\ 02717 = q$	$\lambda q = 0{,}00003\ 05175\ldots$
$\sqrt{q} = 1{,}00003\ 51352 = r$	$\lambda r = 0{,}00001\ 52587\ldots$
$\sqrt{r} = 1{,}00001\ 75674 = s$	$\lambda s = 0{,}00000\ 76293\ldots$
$\sqrt{s} = 1{,}00000\ 87837 = t$	$\lambda t = 0{,}00000\ 38146\ldots$
$\sqrt{t} = 1{,}00000\ 43918 = u$	$\lambda u = 0{,}00000\ 19073\ldots$
$\sqrt{u} = 1{,}00000\ 21059 = v$	$\lambda v = 0{,}00000\ 09536\ldots$
$\sqrt{v} = 1{,}00000\ 10979 = w$	$\lambda w = 0{,}00000\ 04768\ldots$
$\sqrt{w} = 1{,}00000\ 05489 = x$	$\lambda x = 0{,}00000\ 02384\ldots$
$\sqrt{x} = 1{,}00000\ 02744 = y$	$\lambda y = 0{,}00000\ 01192\ldots$
$\sqrt{y} = 1{,}00000\ 01372 = z$	$\lambda z = 0{,}00000\ 00596\ldots$
$\sqrt{z} = 1{,}00000\ 00686 = \alpha$	$\lambda\alpha = 0{,}00000\ 00298\ldots$
$\sqrt{\alpha} = 1{,}00000\ 00343 = \beta$	$\lambda\beta = 0{,}00000\ 00149\ldots$
$\sqrt{\beta} = 1{,}00000\ 00085 = \gamma$	$\lambda\gamma = 0{,}00000\ 00074\ldots$

u. s. f. [20]).

Multipliciren wir nun die gefundenen Zahlen mit einander, so ist

$$c \times d = 1{,}7782\ldots \times 1{,}3335\ldots = 2{,}355\ldots > 2,$$

mithin auch

$$\lambda c + \lambda d = 0{,}25 + 0{,}125 = 0{,}375 > \lambda 2.$$

$$c \times e = 1{,}7782\ldots \times 1{,}1547\ldots = 2{,}035\ldots > 2,$$

folglich auch

$$\lambda c + \lambda e = 0{,}25 + 0{,}0625 = 0{,}3125 > \lambda 2.$$

$$c \times f = 1{,}7782\ldots \times 1{,}0746\ldots = 1{,}91095\ldots < 2,$$

folglich

$$\lambda c + \lambda f = 0{,}25 + 0{,}03125 = 0{,}28125 < \lambda 2.$$

Wir erkennen also hieraus, daß der Logarithm. 2 zwischen „0,3125 und 0,28125 fällt."

Um ihn genau zu bekommen, dürfen wir die zuletzt

20) S. Tables portatives de Logarithmes p. Franc. Callet à Paris 1806. precis élément. p. 12.

gefundene Zahl 1,91095.... durch Multiplication, und ihren Logarithmus 0,28125 durch Addition vermehren.

$c \times f$	$= 1{,}9109\ 5310 \ldots = A$	λA	$= 0{,}2812\ 5$
$A \times g$	$= 1{,}9809\ 5697 \ldots = B$	λB	$= 0{,}2968\ 75$
$B \times i$	$= 1{,}9938\ 5501 \ldots = C$	λC	$= 0{,}3007\ 8125$
$C \times n$	$= 1{,}9999\ 7905 \ldots = D$	λD	$= 0{,}3010\ 25390 \ldots$
$D \times t$	$= 1{,}9999\ 0661 \ldots = E$	λE	$= 0{,}3010\ 29204 \ldots$
$E \times w$	$= 1{,}9999\ 9881 \ldots = F$	λF	$= 0{,}3010\ 29680 \ldots$
$F \times x$	$= 1{,}9999\ 9991 \ldots = G$	λG	$= 0{,}3010\ 29918 \ldots$
$G \times \beta$	$= 1{,}9999\ 9997 \ldots = H$	λH	$= 0{,}3010\ 29932 \ldots$
$H \times \beta$	$= 2{,}0000\ 0000 \ldots = I$	λI	$= 0{,}3010\ 29946 \ldots$

Anm. Genauer ist $\lambda 2 = 0{,}30102999563981 \ldots$, welchen man aber abkürzt, indem man ihn um $\frac{1}{100000000}$ größer, mithin $= 0{,}30102300$ nimmt [21]).

Logarithmen aus Log. 2.

§. 178. Ist der Logarithmus 2 gefunden, so lassen sich daraus die Logarithmen aller Zahlen bilden, welche aus der 2 selbst und allein entstanden sind. Denn da $2^2 = 4$, $2^3 = 8$, $2^4 = 16$ rc., so ist (§. 174. c.)

$$\lambda 4 = \lambda 2^2 = 2\lambda 2 = 2 \times 0{,}3010300 = 0{,}6020600$$
$$\lambda 8 = \lambda 2^3 = 3\lambda 2 = 3 \times 0{,}3010300 = 0{,}9030900$$
$$\lambda 16 = „\lambda 2^4 = 4\lambda 2 = 4 \times 0{,}3010300 = 1{,}2041200''$$
$$\lambda 32 = „\lambda 2^5 = 5\lambda 2 = 5 \times 0{,}3010300 = 1{,}5051500''$$

u. s. f.

Da ferner $\lambda 10 = 1$, $5 = \frac{10}{2}$, so ist (§. 174. b.)

$$\lambda 5 = \lambda 10 - \lambda 2 = 1 - 0{,}3010300 = 0{,}6989700$$
$$\lambda 25 = \lambda 5^2 = 2\lambda 5 = 2 \times 0{,}6989700 = 1{,}3979400$$
$$\lambda 125 = „\lambda 5^3 = 3\lambda 5 = 3 \times 0{,}6989700 = 2{,}0969100''$$
$$\lambda 625 = „\lambda 5^4 = 4\lambda 5 = 4 \times 0{,}6989700 = 2{,}7958800''$$

u. s. f.

21 Auf welche Weise H. Briggs den Log. 2 berechnet hat, . Klügels mathem. Wörterb. Th. 3 S. 548.

Und da $\lambda 10 = 1$, $\lambda 100 = 2$, $\lambda 1000 = 3$ rc. (§. 175.), so ist §. 174. a.)

$$\lambda 20 = \lambda(2.10) = \lambda 10 + \lambda 2 = 1{,}3010300$$
$$\lambda 40 = \lambda(4.10) = \lambda 10 + \lambda 4 = 1{,}6020600$$
$$\lambda 80 = \text{„}\lambda(8.10) = \lambda 10 + \lambda 8 = 1{,}9030900\text{“}$$
$$\lambda 160 = \text{„}\lambda(16.10) = \lambda 10 + \lambda 16 = 2{,}2041200 8\text{“}$$
$$\lambda 320 = \text{„}\lambda(32.10) = \lambda 10 + \lambda 32 = 2{,}5051500\text{“}$$

u. s. f.

$$\lambda 200 = \lambda(100.\ 2) = \lambda 100 + \lambda 2 = 2{,}3010300$$
$$\lambda 400 = \lambda(100.\ 4) = \lambda 100 + \lambda 4 = 2{,}5020600$$
$$\lambda 800 = \lambda(100.\ 8) = \lambda 100 + \lambda 8 = 2{,}9030900$$
$$\lambda 1600 = \lambda(100.16) = \lambda 100 + \lambda 16 = 3{,}2041200$$

u. s. f.

Anmerk. Die Ziffer, welche vor dem Komma steht: 0, 1, 2, 3, u. s. f., nennt man die Kennziffer oder Charakteristik, weil man an ihr sogleich erkennt, ob der Logarithmus einem Einer, Zehner, Hunderte, Tausende rc. zugehört; die Ziffern hinter dem Komma dagegen heißen die Mantissa (Zugabe, Schleppe).

Logarithmus 3.

§. 179. Nächst dem Log. 2 ist der Log. 3. der wichtigste (§. 176.), weil sich aus ihm und durch Verbindung mit der schon gefundenen, die Logarithmen aller Zahlen jener Reihe: 6, 9, 12, 15, 18, 24 u. s. f. (. 73. 3.) bilden lassen. Umgekehrt läßt sich aus den Logarithmen dieser Zahlen der Logarithm. 3 finden. Da nun der Logarithm. 9 leichter ausgemittelt werden kann, so suchen wir diesen.

$\lvert 5c = 8{,}8913\ 9705 = K$	$\lambda K = 0{,}9489\ 700$
$K.\ i = 8{,}9717\ 3106 = L$	$\lambda L = 0{,}9528\ 7625$
$L.\ l = 8{,}9919\ 2777 = M$	$\lambda M = 0{,}9538\ 5281$
$M.\ n = 8{,}9969\ 8429 = N$	$\lambda N = 0{,}9540\ 9695$

N. o	$= 8{,}9995\ 1361 = O$	$\lambda O = 0{,}9542\ 1902$
O. r.	$= 8{,}9998\ 2985 = P$	$\lambda P = 0{,}9542\ 3428$
P. s	$= 8{,}9999\ 8797 = Q$	$\lambda Q = 0{,}9542\ 4192$
Q. v	$= 8{,}9999\ 9768 = R$	$\lambda R = 0{,}9542\ 4239$
R. y	$= 8{,}9999\ 9913 = S$	$\lambda S = 0{,}9542\ 4245$
S. z	$= 8{,}9999\ 9992 = T$	$\lambda T = 0{,}954\ 24248$
T. B	$= 9{,}0000\ 0000 = U$	$\lambda U = 0{,}954\ 24250$

Da nun $9 = 3^3$, so ist (§. 174. d.)

$$\lambda 3 = \lambda\sqrt{9} = \tfrac{1}{2}\lambda 9 = 0{,}95424250 : 2 = 0{,}47712125.$$
$$\lambda 6 = \lambda(3 \cdot 2) = \lambda 3 + \lambda 2 = 0{,}77815125.$$
$$\lambda 12 = \lambda(3 \cdot 4) = \lambda 3 + \lambda 4 = 1{,}07918125.$$
$$\lambda 15 = \lambda(3 \cdot 5) = \lambda 3 + \lambda 5 = 1{,}17609126.$$
$$\lambda 18 = „\lambda(2 \cdot 9) = \lambda 2 + \lambda 9 = 1{,}25527251.$$
$$\lambda 27 = „\lambda(3 \cdot 9) = \lambda 3 + \lambda 9 = 1{,}43136376.$$

u. s. w.

$$\lambda 30 = \lambda(3 \cdot 10) = \lambda 3 + \lambda 10 = 1{,}47712125.$$
$$\lambda 60 = \lambda(6 \cdot 10) = \lambda 6 + \lambda 10 = 1{,}77815125.$$
$$\lambda 90 = „\lambda(9 \cdot 10) = \lambda 9 + \lambda 10 = 1{,}95424250.$$
$$\lambda 120 = „\lambda(12 \cdot 10) = \lambda 12 + \lambda 10 = 3{,}07918125.$$

u. s. w.

$$\lambda 300 = \lambda(3 \cdot 100) = \lambda 3 + \lambda 100 = 2{,}47712125.$$
$$\lambda 600 = „\lambda(6 \cdot 100) = \lambda 6 + \lambda 100 = 2{,}77815125.$$
$$\lambda 900 = „\lambda(9 \cdot 100) = \lambda 9 + \lambda 100 = 2{,}95424250.$$

u. s. w.

Es leuchtet nun ein, daß mittelst der Logarithmen 2 und 3 die Logg. aller Zahlen gefunden werden können, welche von 2, 3, und 5 abstammen.

Auf gleiche Weise können nun auch die Logarithmen von 7, 11, 13, 17 ..... und den übrigen Primzahlen (§. 74.) ausgesucht und aus ihnen die Logarithmen der von ihnen abstammenden Zahlen gebildet werden; allein die sogenannte Analysis des Unendlichen zeigt dazu bequemere Wege. Diese Logarithmen hat man bis zu 102100 auf soviel Decimalstellen berechnet, als es je der Gebrauch derselben fordern kann (§. 182.) und in Tafeln zusammengestellt, so daß man nicht nur für jede Zahl ihren zugehörigen Logarithmus, sondern auch von jedem Logarithmus die zugehörige Zahl findet.

Anmerk. Die größte Sammlung logarithmischer Tafeln ist von Georg Vega (Thesaurus logarithmorum completus etc. Vollständ. Sammlung größerer logarith. trigonom. Tafeln ꝛc. Leipz. 1794. Fol. (10 Thlr). Handausgaben von Ebendems. (Logarith. trigonom. Handbuch ꝛc. 4te Aufl. Leipzig 1812. (1 Thlr. 12 Gr.), und von Fr. Callet Tables portatives de Logarithmes etc. Edit. stéréotype à Paris 1795. 2 Voll. 8.; letztere wegen Genauigkeit und schönen Drucks sehr empfehlenswerth [21]). — Die Einrichtung dieser Tafeln und die Regeln des Aufschlagens der Logarithmen, mithin den Gebrauch derselben erklären die Vorreden dieser Bücher selbst.

Logarithmen der Brüche.

§. 180. Sind aber die Logarithmen der ganzen Zahlen berechnet, so lassen sich auch die Logarithmen der Brüche, da ihre Werthe nichts anders sind, als Quotienten zweier im Verhältniß gedachter Zahlen (§. 37. b.), nach §. 174 b. finden; z. B. $\lambda\frac{3}{4} = \lambda 3 - \lambda 4$. Da aber Log. 3 < Log. 4, so kann nur ein Theil des $\lambda 4$ vom Log. 3 abgezogen werden, der übrige Theil aber muß subtractiv und mit — bezeichnet verbleiben; nämlich:

21) Mehrere Logarithmentafeln s. in Ersch Liter. d. Mathem. S. 35 — 36. — Außer ihnen werden folgende Englische, in Hinsicht der Genauigkeit, überaus gerühmt: W. Gardiner's Tables of Logarithms for all numbers from 1 to 102100, and for the sines and tangents etc, London 1742. gr. 4. (sehr selten), und Sherwin's mathematical tables, the third edit. etc. by Will. Gardiner. London 1742. gr. 8.

$\lambda 3 =$	$0{,}4771213$	$\lambda 5 =$	$0{,}69897000$
$\lambda 4 =$	$0{,}6020600$	$\lambda 8 =$	$0{,}90308999$
$\lambda \frac{3}{4} =$	$-0{,}1249387$	$\lambda \frac{5}{8} =$	$-0{,}20411999$

Wenn daher allgem. $a < b$, so ist $\lambda \frac{a}{b} = \lambda a - \lambda b$ d. h. der Logarithm. eines Bruchs ist der Ueberschuß des Log. des Nenners über den des Zählers, und es ergiebt sich daraus die Regel: „Um den Logarithmus eines ächten Bruchs zu erhalten, so zieht man den Logarithm. des Zählers von dem Logar. des Nenners ab und bezeichnet ihn mit dem Subtractionszeichen (—).“

$$\lambda \tfrac{2}{3} = „\lambda 2 - \lambda 3 = -0{,}17609129\ldots.$$
$$\lambda \tfrac{2}{7} = „\lambda 2 - \lambda 7 = -0{,}54406808\ldots.$$
$$\lambda \tfrac{1}{16} = „\lambda 1 - \lambda 16 = -1{,}20411998\ldots.$$

Anmerk. Da sich jeder eigentliche Bruch in einen Decimalbruch verwandeln läßt (§. 132.), so thut man daran oft besser und verfährt nach §. 181.

Logarithmen der Decimalbrüche.

§. 181. Da nun ein Decimalbruch ein solcher ist, welcher eine Ordnungszahl zum Nenner hat, so leuchtet aus §. 174. und 180. genugsam ein, warum die Logarithmen der Ordnungszahlen der Decimalbrüche subtractiv, folglich mit (—) bezeichnet werden (§. 175.). Dieses nun auf die Decimalbrüche selbst angewendet, so ist

$$\lambda 0{,}2 = \lambda \tfrac{2}{10} = \lambda 2 - \lambda 10 = 0{,}30102996 - 1 = $$
$$= -0{,}69897005.$$

$$\lambda 0{,}03 = \lambda \tfrac{3}{100} = \lambda 3 - \lambda 100 = 0{,}47712125 - 2 =$$
$$= -1{,}52287875.$$

$$\lambda 0{,}25 = \lambda \tfrac{25}{100} = \lambda 25 - \lambda 100 = 1{,}3979400 - 2 =$$
$$= 0{,}3979400 - 1 = -0{,}6020690.$$

$\lambda 0,496 = \lambda \frac{496}{1000} = \lambda 496 - \lambda 1000 = 2,6954817 - 3 =$
$= 0,6953817 - 1 = - 0,3045183.$

Es ergiebt sich daher für die Logarithmen der Decimalbrüche die Regel: „Man nimmt die Zahl des Decimalbruchs als ganze, sucht ihren Logarithmus und setzt die subtractive Charakteristik mit (—) darhinter, oder zieht nach §. 179. jenen von dieser ab und bezeichnet die Differenz mit (—).

Zur Uebung.

$\lambda 0,3 = \lambda \frac{3}{10} = \lambda 3 - \lambda 10 = 0,4771213 - 1$
$= - 0,5228787.$

$\lambda 0,02 = \lambda \frac{2}{100} = \lambda 2 - \lambda 100 = 0,30102996 - 2$
$= - 1,6989700.$

$\lambda 2,75 = \lambda \frac{275}{100} = \lambda 275 - \lambda 100 = 2,43933269 - 2$
$= 0,43933269.$

$\lambda 53,4 = \lambda \frac{534}{10} = \lambda 534 - \lambda 10 = 2,72754126 - 1$
$= 1,72754126.$

$\lambda 46,58 = \lambda 4658 - \lambda 100 = 3,6681995 - 2$
$= 1,6681995.$

Anmerk. Es ist meistens bequemer und nützlicher, die subtractive Charakteristik hinter dem Logarithmus der Zahl stehen zu lassen, ohne letztere von ihr abzuziehen, weil sie oft gegen andere additive Charakteristiken aufgehoben werden können. Zu diesem Vortheile pflegt man auch bisweilen beide Charakteristiken um Gleiches zu vergrößern oder zu verkleinern.

Z. B. $= 0,30102996 - 1$
$= 1,30102996 - 2$
$= 2,30102996 - 3$
u. s. w.

Geschichte der Logarithmen [22]).

§. 182. Der Entdeckung der Logarithmen, welche, nebst der Berechnung derselben, zu den merkwürdigsten der Mathematik gehört, ist schon Archimedes sehr nahe gewesen [23]; demungeachtet aber ist sie durch die lange Reihe dunkler Jahrhunderte bis zur Wiederauflebung des wissenschaftlichen Geistes in Europa unterblieben. Der erste, welcher sie erkannte, war Mich. Stifel (1544), jedoch noch fern von der Bildung eines Systems [24]). Dieses war dem Lord Neper (1550 — 1618) aufbehalten [25]), dessen Systeme aber die erforder-

22) S. Montucla hist. des Math. T. II. pag. 11. etc. Kästners Gesch. der Math. Th. III. S. 15. ꝛc. S. 70 ꝛc. Klügels mathem. Wörterb. Th. 3. S. 550 ꝛc. Th. 1. S. 682. Logarithm. Schriften s. in Murhardts Liter. der math. Wissensch. Bd. 2. S. 181 ꝛc. Scheibels Einleit. z. math. Bücherkenntn. St. 7. S. 3 ꝛc. St. 11. S. 403. ꝛc. Eine Sammlung logarithm. Schriften von Franz Massares Scriptores Logarithmici etc. Lond. 1791 — 96. 3 Bde. in 4. Neuere Werke in Ersch Liter. d. Math. S. 35.

23) Archimed. Sandrechnung. S. Bossüts Gesch. der Math. übers. v. Reimer, Th. I. S. 44.

24) S. Arithmetica integra. L. I. c. 4. p. 35. III. c. 5. p. 249. Stifel zeigt blos die Analogie zwischen Producten, Quotienten, Potenzen und Wurzeln der Progression mit den Summen, Differenzen, Producten und Quotienten der Logarithmen; zu den Einschaltungen schritt er nicht. Kästners Gesch. d. Math. Th. I. S. 112. Montucla hist. des Math. T. II. p. 19.

25) S. §. 20. N. 50. Nepers Logarithmen beschränkten sich auf die trigonometrischen Linien. Ueber die Basis des Neperschen Systems s. Karstens Lehrbegriff d. Mathem. Th. II. §. 146., und Kästners astron. Abhandlung. 2te Samml. S. 70. Vergl. Klügels mathem. Wörterb. Th. 3. S. 539. Neper theilte jene in der Schrift mit: Mirifici Logarithmorum canonis descriptio etc. Edinb. 1614. 4. Die Methode seiner Berechnung aber machte sein Sohn be-

liche Bequemlichkeit mangelte, welche Henry Briggs (1618) dadurch erreichte, daß er dem Logarithmensysteme das decadische Zahlensystem zum Grunde legte. Seine Berechnung erstreckte sich auf alle Logarithmen von 1 bis 20000 und von 90000 bis 100000 auf 14 Decimalstellen [26]). Die Lücke von 20000 bis 90000 ergänzten seine Schüler und Freunde Gellibrand, Gunter und vornämlich Adr. Blacq (Buchhändler zu Gouda), welcher zuerst den ganzen Bau der Logarithmen von 1 bis 100000 auf 10 Decimalstellen in seinem Verlage erscheinen ließ [27]). — Newton's und Liebnitz's wich-

kannt: Mirifici canonis constructio. Edinb. 1619. Montucla hist. des Math. T. II. p. 14 etc. p. 20 etc. — Ausführlicher berechnete in Deutschland Nepers Logarithmen Benj. Ursinus: Magnus canon triangulor. logarithm. Col. 1924. 4. Montucla hist. des Math. II 27. — Auch zu jener Zeit fehlte es nicht an solchen, welche die neue Erfindung verdächtig zu machen und sie herabzusetzen sich bemühten, und überdieß meinten: „es sey eines ächten Mathematikers unwürdig, sich einer Abkürzung zu bedienen." Daher nahm sich Keppler der Sache an und that ihre Richtigkeit in einer Schrift dar: Chilias Logg. ad totidem numeros rotund. praemissa demonstratione legit. ortus Logg. et eor. usus. Marb. 1624. 4. Kästners Gesch. der Mathem. Th. 3. S. 91. Klügel a. a. O. — Jobst Byrg (Burgi), ein Schweizer (geb. 1552, gest. 1633) gab 1620 eine Tafel Logarithmen heraus, welche Kästner (Forts. d. Rechenk. S. 93 rc.) beschreibt.

26) S. §. 175. Anm. Das erste Tausend (chilias Logg. prima) auf 8 Decimalstellen erschien 1618; die Arithmetica *Logarithmica*, welche die Logarithmen von 1 bis 20000 und von 90000 bis 100000 auf 14 Decimalstellen enthält, 1624. Montucla hist. des Math. II. 27. Acht geübte Rechner sollen an den Brigsischen Logarithmen ein ganzes Jahr gearbeitet haben. S. Speidells Logarithmotechnie. Lond. 1688.

27) Edmund Gunter (1583 — 1626), H. Gellibrand (1597 — 1637), beide Professoren der Astronomie am Gres-

tige Erfindung der Theorie des Unendlichen, wiewohl durch die Logarithmen selbst sehr gefördert, zeigte neue und bequemere Wege ihrer Berechnung [28]), welche später Halley, Euler, La Grange u. and. auf den Binomischen Lehrsatz gründeten [29]). Durch solche Erleichterung der Berechnungsmethode hat man die Logarithmen bis 1021000 auf 48, ja auf 60 Decimalstellen bestimmt [30]).

2.

Rechnung mit Logarithmen.

§. 183. Die Rechnung mit Logarithmen, die hier nur noch zu erörtern übrig ist, lehrt schon die Analogie der Operationen mit den Zahlen und den Logarithmen oben §. 174., wo wir erkannten, daß durch die

a) Addition der Logg. die Multiplication der Zahlen
b) Subtraction " " Division " "

ham's-College zu London. Letzterer erläuterte nach Briggs Tode den Gebrauch der Tafeln. — Adr. Vlacq Arithmetica logarithm. etc. Goudae 1628. fol. Kästners Gesch. d. Math. Th. III. S. 97.

28) Is. Newtoni opusc. T. I. p. 332. Wallisii Opp. T. III. p. 635. Leibnitz in einem Briefe an Oldenburg 1676. Acta Eruditor. Febr. 1682. Commerc. apist. T. I. p. 849.

29) Halley in den philosoph. Transaction. v. J. 1695. — Euleri Introduct. in Analys. infinitt. Laus. et Genf. 1748. c. 7. — de la Grange théorie des fonctions analyt.

30) Auf 48 Decimalstellen hat die Logarithmen Wolfram (Holländer) berechnet (s. Lamberts deutsch. Briefwechsel, Th. 4.); auf 60 Decimalstellen die Logarithmen der Primzahlen bis 1100 Abrah. Sharp (1651 — 1742), welcher der größte Rechenmeister seiner Zeit in England war.

c) Multiplication der Logg. die Potenzirung der Zahlen
d) Division " " " Wurzelausziehung "
vollzogen wird. Indem daher den leichtern Operationen mit Zahlen, der Addition und Subtraction keine Logarithmenoperation entspricht, gewährt jene für die schwierigern und weitläuftigern eine sehr bequeme Abkürzung, welche ihren wichtigen Nutzen vorzüglich bei Rechnungen mit vielziffrigen Zahlen beweißt, wie sie in angewandten Lehren unserer Wissenschaft (§. 15.), vornehmlich bei der Ermessung des Himmels und der Erde häufig vorkommen. Die Kunst mit Logarithmen zu rechnen besteht in nichts mehr, als darinne, daß man die Logarithmen der Zahlen, mit welchen man zu rechnen hat, nach den Regeln ihres Gebrauchs, die sich darinne vorfinden, aufschlägt, die nöthige Rechnungsoperation auf sie anwendet und endlich den dadurch gefundenen Logarithmus wieder in den Tafeln nachschlägt, indem die bei letzterem stehende Zahl das Ergebniß der Rechnung ist. Beispiele werden dieß deutlicher zeigen.

a) Addition.

§. 184. Da die Addition der Logarithmen der Multiplication der Zahlen entspricht (§. 183.), so entspricht umgekehrt das Product der Zahlen der Summe ihrer Logarithmen. Z. B.

$$4876 \times 437 \text{ (§. 85.)}; \; \lambda 4876 + \lambda 437.$$

$$\lambda 4876 = 3{,}6880637$$

$$\lambda 437 = 2{,}6404814$$

$$\lambda 4876 + \lambda 437 = 6{,}3285451 = \lambda 2130812$$

$$\begin{array}{r} 27 \\ \hline 24 \\ 20 \\ \hline 40 \end{array}$$

$$789 \times 0{,}34\ (\S.\ 87.);\ \lambda 789 + \lambda 0{,}34$$

$$\begin{array}{r} \lambda 789 = 2{,}8970770 \\ \lambda 0{,}34 = 1{,}5314789 - 2 \\ \hline \lambda 789 + \lambda 0{,}34 = 2{,}4285559 = \lambda 268{,}26. \end{array}$$

$$0{,}572 \times 0{,}64\ (\S.\ 86.) = \lambda 0{,}572 + \lambda 0{,}64$$

$$\begin{array}{r} \lambda 0{,}572 = 2{,}75739603 - 3 \\ \lambda 0{,}64 = 1{,}80618997 - 2 \\ \hline = 4{,}56357600 - 5 \\ = 0{,}56357600 - 1 = \lambda 0{,}36608 \end{array}$$

Es ist daher die Regel: Um ein Product mittelst der Logarithmen zu berechnen, „addirt man die Logarithmen der Factoren und schlägt die Summe derselben, welche der Logarithmus des Products ist, in den Tafeln nach."

Zur Uebung.

$0{,}479 \times 352\ (\S.\ 87.)$ „$\lambda 0{,}479 + \lambda 352 = \lambda 168{,}608$."
$0{,}873 \times 0{,}6\ (\S.\ 86.)$ „$\lambda 0{,}873 + \lambda 0{,}6 = \lambda 0{,}5238$."
$14{,}582 \times 7{,}24\ (\S.\ 87.)$ „$\lambda 14{,}582 + \lambda 7{,}24 =$
$= \lambda 105{,}57368$."

$1719 \times 3{,}1415926529 \ldots$

$$\begin{array}{r} „\lambda 1719 = 3{,}2352759 \\ \lambda 3{,}1415\ldots = 0{,}4971499 \\ \hline S. = 3{,}7324258 = \lambda 5400 \end{array}$$ [31]).

$191579 + 3{,}141592 \ldots$

„$\lambda 191579 + \lambda 3{,}141592 \ldots = \lambda 601830$ [32]).
$51570 \times 3{,}141592 \ldots = 162012$ [33]).

31) Meilenzahl des Umkreises der Erde.

32) Meilenzahl des Umfanges der Sonne.

33) Meilenzahl der Mondbahn.

b) Subtraction.

§. 185. Aus gleichem Grunde ist der Logarithmus des Quotienten zweier Zahlen die Differenz der Logarithmen derselben. Z. B.

4899 : 23 (§. 92.), λ4899 — λ23

λ4899 = 3,6901074
λ23 = 1,3617278
diff. = 2,3283796 = λ213

0,09288 : 0,54 (§. 98.), λ0,09288 — λ0,54

λ0,09288 = 3,9679222 — 5
λ0,54 = 1,7323938 — 2
diff. = 2,2355284 — 3
= 0,2355284 — 1 = λ0,172

Es ist also, um die Division der Zahlen durch Logarithmen auszuüben die Regel: „Man subtrahirt von dem Logarithm. des Dividendus den Log. des Divisors und die Differenz derselben ist der Log. des Quotienten aus jenen.“

Zur Uebung.

176275 : 0,243 (§. 94.), λ176175 — λ0,243

$\frac{8000 \times 7683}{8152}$ (§. 110. a. 2.), „λ8000 + λ7683 — λ8152“

λ8000 = 3,9030899
λ7683 = 3,8855308
S. = 7,7886207
λ8152 = 3,9112642
diff. = 3,8773565 = λ7539,74

41
24

5400 : 3,14159265539 . . . . = „1718,87 [34]).
5243 : 3,1415926 . . . . = 1668,9 [35]).

c) Multiplication.

§. 186. Man sieht desgleichen aus dem obigen (§. 183.), daß eine Potenz einem sovielfachen Logarithmus ihrer Grundzahl entspricht, als der Grad der Potenz ist. Z. B.

860^2 ; λ 860 = 2,93449945
2 λ 860 = 5,86899690 = λ 739600

1719^3 ; λ 1719 = 3,2352759
3 λ 1719 = 9,7058277 = λ 5079781
10
67
60
70

Regel: „Um eine Zahl zu einer Potenz zu erheben, so multiplicirt man den Log. derselben mit ihrem Exponenten."

Zur Uebung.

2^{63} (§. 123. Anm.); „λ 2^{63} = 63 λ 2
λ 2 = 0,30102999563 . . . . (§. 177. Anm.)
64 λ 2 = 18,9648897 2469 . . . . =
= λ 9‴223372″036954′774708

2^{64} (§. 124. Anm.); „λ 2^{64} = 64 λ 2
λ 2 = 0,30102999563 . . . .
64 λ 2 = 19,2659192032 =
= λ 18‴446744″073709′351616.

34) Meilenzahl des Durchmessers der Erde.

35) Meilenzahl des Durchmessers der Venus.

$1719^2 \times 3{,}1415926539 \ldots$

λ 1719	=	3,2352759		
2 λ 1719	=	6,4705518		
λ 3,1415	=	0,4971499		
S.	=	6,9677017	=	λ 9'283384 [36].

$$\frac{1719^3 \times 3{,}1415926539}{6}$$

3 λ 1719	=	9,7058277		
λ 3,14159 ...	=	0,4971499		
S.	=	10,2029776		
λ 6	=	0,7781513		
diff.	=	9,4248263	=	λ 2659'661240 [37].

d) Division.

§. 187. Endlich entspricht eine **Wurzel** aus einer Zahl dem **Quotienten** aus ihrem **Logarithmus** durch den **Wurzelexponenten**. Z. B.

$\sqrt{1296};\ \lambda \sqrt{1296} = \frac{\lambda\, 1296}{2} = \frac{1}{2} \lambda\, 1296$

λ 1296	=	3,1126050		
½ λ 1296	=	1,5563025	=	λ 36.

$\sqrt{75{,}69};$

λ 75,69	=	1,8790385 ...		
½ λ 75,69	=	0,9395193	=	λ 8,7

$\sqrt[3]{1860867};\ \lambda \sqrt[3]{1860867} = \frac{1}{3} \lambda\, 1860867.$

λ 18608	=	6,2696997		
6		140		
7		164		
λ 1860867	=	6,2697153+		
⅓ λ " " "	=	2,0899051	=	λ 123.

36) Zahl der Quadratmeilen der Oberfläche der Erde.

37) Zahl der Cubicmeilen der Erde.

Regel: „Um aus einer Zahl eine Wurzel auszuziehen, dividirt man ihren Logarithmus durch den Wurzelexponenten.“

Zur Uebung Beispiele §. 153. 156. 157.

Schluß.

§. 188. So haben wir nun das Gebiet unserer Wissenschaft so weit durchwandert, als wir es oben (§. 45.) überschauten. Auf jenen drei Stufen gleichsam, auf welchen sich das Denken der Größen und Zahlen erhebt, haben sich uns drei Hauptgattungen der Operationen des Rechnens mit ihren entgegengesetzten (schaffenden und auflösenden) Arten: Addition und Subtraction, Multiplication und Division, Potenzirung und Wurzelausziehung, dargeboten, welche von einfachern und leichtern zu zusammengesetztern, schwierigern und zugleich mächtigern emporsteigen und endlich einander durch die Logarithmen die helfenden Hände reichen; und welche uns die unermeßliche Macht und Herrschaft des menschlichen Verstandes durch sie verkünden. — Wollten wir auf ähnliche Weise, wie wir die Größe durch sie selbst zur Zahl, die Zahl durch sie selbst zur Potenz bildeten, die Potenz durch sie selbst zu einer neuen Zahlverbindung erheben, als:

$$(a^n)^0 \,..\, (a^n)^1 \,..\, (a^n)^2 \,..\, (a^n)^3 \,..\, (a^n)^4 \,..\, (a^n)^5 \,......$$
$$= a^0 \,..\, a^n \,..\, a^{2n} \,..\, a^{3n} \,..\, a^{4n} \,..\, ^{5n} \text{ (§. 164.)}$$

so würden wir dadurch nichts anderes denken noch thun, als Potenzen potenziren (§. 164.) und im Gegentheile Wurzeln aus Wurzeln ausziehen (§. 171.). Wir sehen uns darum hier an der Grenze des Gebietes unserer Wissenschaft, über welche hinaus jeder Schritt in dasselbe und zu schon betrachteten Gegenständen zurückgeleitet wird. Aber innerhalb derselben breitet sich uns dieses nach andern Richtungen mächtig aus und bietet einen unerschöpflichen und für alle Wissenschaften und Künste, in welchen die Mathematik erleuchtend waltet, eben so fruchtbaren Reichthum von Erkenntnissen, Wahrheiten und Operationen dar, deren nächsten und wichtigsten wir in einem zweiten Lehrgange betrachten wollen.

Verzeichniß

allgemeiner und besonderer

Maaße, Gewichte und Münzen.

A. Allgemeine.

1) Maaße.

Zeitmaaß. 1 Jahr = 12 Monate = 52 Wochen = 365 Tage, 1 Woche = 7 Tage, 1 Tag = 24 Stunden, 1 Stunde = 60 Minuten, 1 Minute = 60 Secunden.

Raummaaß. Der Raum wird nach Fuß, Ruthen und Meilen gemessen.

Der Fuß wird entweder nach 10 (Decimalmaaß) oder nach 12 (Duodecimalmaaß) in Zolle, Linien und Scrupel eingetheilt. Die drei vornehmsten Fußmaaße sind: der Englische, der Französische und der Rheinländische; letzterer in Deutschland allgemein gebräuchlich: 15 Französische = 16 Englische, 27 Franz. = 28 Rheinländische.

Die Ruthe hat in verschiedenen Ländern eine verschiedene Anzahl Fuße: die Amsterdamer 13, die Baseler, Braunschweiger, Hamburger, Nürnberger 16, die Casseler und Erfurter 14, die Dänische 10, die Danziger 15, die Rheinländische 12. In Frankreich 1 perche = 3 toises, 1 toise = 6 pieds.

Feldmaaß im Brandenburgischen 1 Hufe = 30 Morgen, 1 Morgen = 180 Quad. Ruthen; in Sachsen 1 Acker = 300 Quad. Ruthen = 51247 Französische Quad. Fuß.

Getraidemaaß. 1 Last = 3 Winspel, 1 Winspel = 2 Malter, 1 Malter = 12 Scheffel, 1 Scheffel = 16 Metzen.

Weinmaaß (deutsches). 1 Fuder = 4 Oxhoft = 6 Ohm, 1 Oxhoft = 3 Eimer, 1 Eimer = 2 Anker, 1 Anker = 40 Maaß.

Biermaaß (deutsches). 1 Gebräude = 9 Kupen, 1 Kupe = 2 Faß, 1 Faß = 2 Tonnen, 1 Tonne = 4 Oehmchen, 1 Oehmchen = 24 Maaß.

Papier. 1 Ballen = 10 Rieß, 1 Rieß = 20 Buch, 1 Buch = 24 Bogen.

2) Gewichte.

Handelsgewicht. 1 Centner = 5 Steine, 1 Stein = 22 Pfund, 1 Pfund = 32 Loth, 1 Loth = 4 Quentchen.

Fleischgewicht.	1 Centner	= 102	Pfund.
Berggewicht.	1 „	= 114	„
Stahlgewicht.	1 „	= 118	„

3) Münzen.

Braunschweig. 1 Thlr. = 36 Mariengroschen, 1 Mariengroschen = 8 Pfennige.

England. 1 Pfund Sterling = 20 Schilling, 1 Schilling = 12 Penny, 1 Penny = 4 Farthing.

Frankreich. 1 Louisd'or = 24 Livres, 1 Livre = 20 Sous, 1 Sou = 12 Deniers.

Holland. 1 Gulden = 20 Stüber, 1 Stüber = 16 Pfennige.

Oestreich. 1 Gulden = 60 Kreuzer, 1 Kreuzer = 4 Pfennige.

Rußland. 1 Rubel = 10 Griwen, 1 Griwe = 10 Kopeken, 1 Kopeke = 2 Denuschken = 4 Potuschken.

Sachsen. 1 Thaler = 24 Groschen, 1 Groschen = 12 Pfennige.

B. Besondere.

1) Maaße.

a) Ellen und Fußmaaße.

	1 Elle hält Paris. Linien.	1 Fuß hält Paris. Linien.
Aachen : :	296	125
Amsterdam : :	306	125,5
Augsburg :	262,6	131,3
Basel : : :	241,2	132,2
Berlin : :	296	139,13
Bern : : :	240,139	130
Bologna : :	286	168,2
Bourdeaux :	528	158
Braunschweig :	253	126,5
Bremen : :	246,4	128,2
Breslau : :	255,3	127,65
Cassel : :	252,413	126,3
Cölln : : :	254,979	127,489
Constantinopel :	287,2	——
Danzig : :	254,4	127,2
Emden : :	297,2	131,3
Erfurt : :	249,33..	125,66..
Frankfurt am Main	242,61	126,162
Genf : : :	507	216,3
Genua : :	110,75	——
Hamburg : :	254	127
Hannover :	258,88	129,44
Hollstein : :	254	132,3
Königsberg :	296	139,13
Koppenhagen :	278,26	139,027
Leipzig : :	250,6	125,3
Lissabon : :	290,7	145,3
London : :	405,5	135,1
Lübeck : : :	255,8	129
Lüttich : :	244,5	127,5
Mailand : :	260	176
Mainz : :	244,336	139,22
München : :	370,16	129,38
Nürnberg :	291	134,7
Paris : :	526,7	144

	1 Elle hält Paris. Linien.	1 Fuß hält Paris. Linien.
Regensburg	359,5	178,7
Rheinländisch	——	139,13
Riga	243	121,5
Rom	887,3	130,6
Rußland	315,4	135
Schweden	263,2	131,6
Schweiz	266,2	133
Sicilien	936,5	107,3
Spanien	375,9	125,3
Strasburg	238,6	128,2
Stuttgard	271,2	126,8
Triest	299,6	——
Trient	271,3	162,2
Venedig	303,4	154
Warschau	259,16	——
Wien	345,4	140,127
Würtemberg	272,288	127
Zürich	266	133

b) Meilen- und Wegmaaße.

	Zahl d. Meilen auf 1 Grad d. Aequators.	1 Meile hält Paris. Fuß	1 Meile hält Rheinl. Fuß
Böhmen	12	28553	29552
Dänemark	14,77	23188	24000
Deutschland			
große	12	28553	29552
gemeine oder geogr.	15	22842	23642
kleine	17,75	19324	20000
England			
Landmeile	69,12	4956	5130
Seemeile	60	5711	5910
Flandern	17,73	19324	20000
Florenz	68,27	5016	5191
Frankreich			
gemeine Meile	25	13705	14185
kleine Landmeile	28,55	12000	12420
große	22,84	15000	15525
Seemeile	20	17132	17731
geographische	15	22842	23642

	Zahl d. Meilen auf 1 Grad des Aequators.	1 Meile hält	
		Paris. Fuß	Rheinl. Fuß
Griechisch. Stadium	724,4	473	489
Pythisches	750,12	456,5	472,4
Olympisches	576,1	594,5	615,3
Hamburg	14,77	23188	24000
Holland	19	18034	18664
Indien	30	2856	2955
Irrland	40	8566	8866
Italien	60	5711	5910
Napel	57,71	5934	6141
Portugall	18	19025	19645
Preußen	14,37	23850	24685
Römisches Stadium	604,3	567	587
Römische neue Meile	71,705	4584	4744
alte von 8 Stadien	75,5	4536	4695
Rußland	104,3	3285	2400
Sachsen	12,29	27878	28854
Schlesien	17,18	19945	20643
Schottland	61,34	5586	5782
Schwaben	12	28553	29552
Schweden	10,41	32900	34052
Schweiz	13,3	25765	26666
Spanien	26,25	13052	13509
Türkei	66,66	5104	5319
Ungarn	13,33	26356	27278

c) Körpermaaße

1) zu trockenen Waaren, als Getraide, Salz ꝛc.

Aachen. 1 Malter = 6 Faß, 1 Faß = 4 Kop, 1 Kop = 1244,5 Franz. Cub. Zoll.

Amsterdam. 1 Last, 21,6 Tonnen, 27 Mudden, 36 Säcke, 1 Sack, 3 Scheepels, 12 Vierdevats, 96 Kops = 4087,5 Franz. Cub. Zoll.

Antwerpen. 1 Last, 32,5 Vierteln; 1 Viertel, 4 Mucken = 3867,5 Fr. C. Zoll.

Augsburg. 1 Schaff, 8 Metzen, 32 Vierling, 128 Viertel, 512 Mäßle = 10346,5 Fr. C. Zoll.

Basel. 1 Sack, 8 Scheffel, 32 Küpfly, 64 Becher = 6504 Fr. C. Zoll.

Berlin. 1 Last, 3 (2) Winspel; 1 Winspel, 2 Malter, 24 Scheffel; 1 Scheffel, 4 Viertel, 16 Metzen, 64 Mäßchen = 2758,922 Fr. C. Zoll.

Bern. 1 Mütt, 12 Mäß, 48 Immi, 96 Achterli, 192 Sechzenerli; 1 Mäß = 706,34 Fr. C. Zoll.

Braunschweig. 1 Winspel, 4 Scheffel, 40 Himten; 1 Himten, 4 Vierfaß, 16 Locher = 1565 Fr. C. Zoll.

Bremen. 1 Last, 4 Quart, 40 Scheffel, 1 Scheffel, 4 Viertel (Spint) = 3585,6 Fr. C. Zoll.

Breslau. 1 Malter, 12 Scheffel, 1 Scheffel, 4 Viertel, 16 Metzen, 64 Mäßchen = 3731 Fr. C. Zoll.

Carlsruhe. 1 Malter, 8 Simri, 1 Simri, 4 Viertel, 16 Mäßchen = 812,011 Fr. C. Zoll.

Cassel. 1 Scheffel, 4 Himten, 16 Metzen, 64 Mäßchen = 4045 Fr. C. Zoll.

Cölln. 1 Malter, 4 Faß; 1 Faß = 1805,757 Franz. C. Zoll.

Danzig. 1 Last, 60 Scheffel; 1 Scheffel, 4 Viertel, 16 Metzen = 2452 Fr. C. Zoll.

Dresden. 1 Winspel, 2 Malter, 24 Scheffel; 96 Viertel, 384 Metzen, 1536 Mäßchen = 5416 Franz. C. Zoll.

Emden. 1 Last, 15 Tonnen, 30 Sack, 60 Verps, 1 Verps, 2 Scheffel = 2409 Fr. C. Zoll.

Frankfurt a. M. 1 Malter, 4 Simmer, 8 Metzen, 16 Sechser, 64 Gescheid, 456 Schrot = 5784 Franz. C. Zoll.

Hamburg. 1 Scheffel, 2 Faß, 4 Himpt, 16 Spint, 64 große Maaß = 5312 Fr. C. Zoll.

Hannover. 1 Last, 2 Winspel, 16 Malter, 96 Himten, 1 Himt = 1568 Fr. C. Zoll.

Heidelberg. 1 Malter, 4 Viernsel; 1 Viernsel, 2 Simmer, 2 Kümpfe = 1403,17 Fr. C. Zoll.

Königsberg. 1 Last, 24 Tonnen, 56,5 Ausmaaß (neue Berl. Scheffel) = 240 Vierteln ꝛc.

Koppenhagen. 1 Last, 22 Tonnen; 1 Tonne, 8 Scheffel, 32 Viertel, 64 Achtel ꝛc. = 7013 Fr. C. Z.

London. 1 Last, 2 Weys, 10 Quarters, 20 Combs, 40 Strikes, 80 Bushels; 1 Bushel = 1801 Franz. C. Zoll.

München. 1 Schaff, 6 Metzen, 12 Viertel, 16 Mäßel = 1870,5 Fr. C. Zoll.

Nürnberg. 1 Simmer, 2 Malter, 16 Metzen, 1 Metze = 1017,09 Fr. C. Zoll.

Oldenburg. 1 Last, 12 Molt, 18 Tonnen, 144 Scheffel; 1 Scheffel = 1103 Fr. C. Z.

Paris. 1 Muid, 12 Setiers, 24 Mines, 48 Minot, 144 Boisseau; 1 Boisseau, 16 Litrons = 656 Fr. C. Zoll.

Prag. 1 Strich, 4 Viertel, 16 Maaßel, 192 Seidel = 4718 Fr. C. Zoll.

Rom. 1 Rubbo, 22 Scorzi = 13472 Fr. C. Zoll.

Stockholm. 1 Tonne, 2 Spann, 8 Viertel, 32 Kappor, 56 Kannen, 112 Stoop ꝛc. = 7386 Fr. C. Zoll.

Wien. 1 Muth, 30 Metzen, 1 Metze = 3100 Franz. C. Zoll.

Würtemberg. 1 Scheffel, 8 Simri, 1 Simri, 4 Viertel ꝛc. = 1116,806 Fr. C. Zoll.

Zürich. 1 Mütt, 4 Viertel, 16 Vierling, 64 Mäßli = 4170 Fr. C. Zoll.

2) zu Flüssigkeiten, Wein, Oel u. dergl.

Aachen. 1 Tonne = 104 Kannen, 1 Kanne = 53,25 Fr. Cub. Zoll.

Amsterdam. 1 Ahm, 4 Anker, 8 Stekannen, 64 Stoopen, 128 Mingeln = 7705 Fr. C. Zoll.

Antwerpen. 1 Both, 152 Stoopen, 1 Ohm, 50 Stoopen, 1 Stoop = 160 Fr. C. Zoll.

Augsburg, 1 Fuder, 8 Jez, 16 Muids, 768 Maaß, 1536 Seidel rc., 1 M. = 72 Fr. C. Zoll.

Basel. 1 Saum, 3 Ohm, 120 Pott; 1 Ohm = 2522 Fr. C. Zoll.

Berlin. 1 Fuder, 4 Oxhoft, 6 Ohm, 12 Eimer, 24 Anker, 768 Quart, 1 Quart = 59 Fr. C. Zoll.

Bern. 1 Faß, 6 Saum, 24 Eimer, 600 Maaß (Pinten), 1 Pinte = 84,22 Fr. C. Zoll.

Braunschweig. 1 Fuder, 4 Oxhoft, 6 Ahm, 240 Stübchen, 960 Quartier, 1920 Nößel; 1 Quart = 46,331 Fr. C. Zoll.

Bremen. 1 Ahm, 4 Anker, 45 Stübchen, 180 Quart, 1 Stübchen = 160 Fr. C. Zoll.

Breslau. 1 Eimer, 20 Topf, 80 Quart, 320 Quartierl.; 1 Quartl. = 35,039 Fr. C. Zoll.

Carlsruhe. 1 Ohm, 12 Viertel, 72 Aichmaaß; 1 Aichmaaß = 4 Schoppen = 79,885 Fr. C. Zoll.

Cassel. 1 Fuder, 6 Ohm, 120 Viertel, 480 Maaß; 1 Maaß = 98,52 Fr. C. Zoll.

Cölln. 1 Tonne, 160 Viertel, 1 Ohm, 26 Viertel, 104 Maaß, 416 Pintgen; 1 Maaß = 66,216 Franz. C. Zoll.

Danzig. 1 Last, 2 Faß, 4 Both, 8 Oxhoft, 12 Ahm, 48 Anker, 240 Viertel, 1320 Stoff; 1 Stoff = 86,25 Fr. C. Zoll.

Dresden. 1 Fuder, 6 Ohm, 12 Eimer, 24 Anker, 756 Kannen; 1 Kanne = 47,2 Fr. C. Zoll.

Frankfurt a. Main. 1 Fuder, 6 Ohm; 1 Ohm 20 Viertel, 80 Maaß; 1 Maaß = 90,375 Fr. C. Zoll.

Hamburg. 1 Fuder, 6 Ahm, 24 Anker, 30 Eimer, 120 Viertel, 240 Stübchen, 480 Kannen, 960 Quartier; 1 Quartier = 45⅓ Fr. C. Zoll.

Hannover. 1 Fuder, 4 Oxhoft, 6 Ahm, 15 Eimer, 24 Anker, 240 Stübchen, 480 Kannen, 960 Quartier; 1 Quart = 49 Fr. C. Zoll.

Heidelberg. 1 Ohm, 20 Viertel (kleine 12 Viertel), 1 Viertel, 4 Aichmaaß, 1 Maaß, 4 Schoppen = 99,677 Fr. C. Zoll.

Königsberg. 1 Both, 2 Oxhoft, 3 Ahm, 12 Anker, 60 Velten, 360 Stoff; 1 Stoff = 72,33 Fr. C. Zoll.

Koppenhagen. 1 Fuder, 6 Ahm, 24 Anker, 240 Stübchen, 465 Kannen, 930 Pott (Krug); 1 Pott = 48,7 Fr. C. Zoll.

London. 1 Tun, 2 Pipes, 3 Punchions, 4 Hoy's-heads, 6 Tierces, 8 Barrels, 14 Rundlets, 252 Gallons; 1 Gallon = 183 Fr. C. Zoll.

München. 1 Faß, 25 Eimer, 1 Eimer, 60 Kannen zu 4 Quartel; 1 Kanne = 53,8923 Fr. C. Zoll.

Nürnberg. 1 Fuder, 12 Eimer, 1 Eimer 84 Maaß; 1 Maaß = 57,73 Fr. C. Zoll.

Oldenburg. 1 Oxhof, 1,5 Ohm, 6 Anker, 156 Kannen, 240 Quart; 1 Kanne = 74 Fr. C. Zoll.

Paris. 1 Muid, 2 Feuillettes, 3 Tierçons, 4 Quartants, 36 Veltes, 288 Pintes; 1 Pinte = 46,95 Fr. C. Zoll.

Prag. 1 Faß, 4 Eimer, 128 Pinten, 512 Seidel; 1 Pinte = 96,25 Fr. C. Zoll.

Rom. 1 Botta, 3 Brente, 9 Barili, 1 Barilo, 4,5 Rubbi, 32 Bocali, 128 Fogliette = 2294,5 Franz. C. Zoll.

Stockholm. 1 Tonne, 48 Kannen, 96 Stoop, 384 Quartier ꝛc, = 6336 Fr. C. Zoll.

Wien. 1 Fuder, 32 Eimer, 1 Faß 10 Eimer, 1 Eimer 40 Maaß = 2853,36 Fr. C. Zoll.

Würtemberg. 1 Fuder, 6 Ohm (Eimer), 96 Imi, 960 Maaß, 3840 Schoppen; 1 Eimer 160 Aichmaaß, 1 Aichmaaß = 92,61 Fr. C. Zoll.

Zürich. 1 Saum, 1,5 Eimer, 6 Viertel zu 16 Maaß, 1 Maaß = 92 Fr. C. Zoll.

2) Gewichte.

a) Apothekergewicht.

Pfund. ℔	Unze. ℥	Drachme. ʒ	Scrupel. ℈	Gran. Gr.
			1	20
		1	2	60
	1	8	24	480
1	12	96	288	5760

Diese Bestimmungen gelten durch ganz Deutschland; 1 Pfund = $1\frac{1}{2}$ Mark.

b) Cöllnisches Markgewicht.

Mark.	Loth.	Grän.	Richtpfennige.
	1	18	4096
1	16	288	65536

c) Englisches Troygewicht.

Pound.	Ounce.	Penny-Weight.	Grain.
		1	24
	1	20	480
1	12	240	5760

d) Französisches Troygewicht.

Marc.	Once.	Gros.	Denier.	Grain.
			1	24
		1	3	72
	1	8	24	576
1	8	64	192	4608

e) Holländisches Troygewicht.

Mark.	Unze.	Engel.	As.
		1	32
	1	20	640
1	8	160	5120

f) Handelsgewicht, nebst Gold- und Silbergewicht.

	1 Pfund Handesgewicht Holländ. As.	1 Mark Gold- u. Silbergew. Holländ. As.
Amsterdam	10280	5120
Augsburg	9836	4912
Basel	9983	4867,28
Berlin	9751,5	4866,22
Bern	10825	5094
Braunschweig	9726,$\frac{1}{8}$	4867,28
Breslau	4833,7	4066
Brüssel	9754	5120
Cassel	10078,1	4867,28
Cölln	9734,56	4867,28
Dänemark	10392,4	4888
Danzig	9062	4862
Dresden	9728,95	4859
England	9439	7766
Erfurt	9734,56	4867,28
Frankfurt am Main	9737,787	4867,28
Hamburg	10080	4864
Hannover	10190	4866,88
Königsberg	7932	4867,28
Leipzig	9728,95	4869,72
Lissabon	9552	4776
München	11679,6	4869
Neapel	18545	6676
Nürnberg	10621,2	4965$\frac{1}{6}$
Paris	10188	5094
Regensburg	11826	5120
Riga	8701	4351
Rußland	8512	——
Schweden	8848	4384

3) Münzen.

a) Rechnungsmünzen.

(Der Goldwerth eines Stücks ist nach Thalern, 5 auf die Passirpistole; der Silberwerth nach Thalern Convent.)

	Stücke auf 1 Cöllnische Mark f. Gold	f. Silb.	Goldwerth 1. Stücks	Silberwerth 1. Stücks
Amsterdam.				
Gulden à 20 Stüber				
Banco : :	$342\frac{9}{20}$	23,242	0,57613	0,57368
Courant : :	$358\frac{29}{22}$	$24\frac{3}{8}$	0,54935	0,54702
Livr. Vls. à 20 Schilling : :	57,0375	3,8337	3,45680	3,44210
Banco : :	56,818	$4\frac{1}{12}$	3,29610	3,28210
Thaler à $1\frac{1}{2}$ Fl.				
Augsburg.				
Reichsgulden à 60 Kreuz.				
Courant :	$299\frac{1}{4}$	20	0,65865	0,66666
Münze : :	359,1	24	0,54904	0,55555
Rthlr. à $1\frac{1}{2}$ Fl.				
Basel.				
Gulden à 60 Kreuzer.				
Wechselgulden :	$305\frac{3}{4}$	21,31	0,64485	0,62569
Courant :	339,73	23,68	0,58035	0,56313
Berlin.				
Rthlr. à 24 Gr. :	$210\frac{5}{12}$	14	0,93748	0,95238
Livre à 24 gr. Banco	160,24	$10\frac{2}{3}$	1,23044	1,25
Bern.				
Gulden à 60 Kreuzer	$353\frac{7}{24}$	23,677	0,55809	0,66314
Krone à $1\frac{2}{3}$ Fl. :	211,97	14,206	0,93015	0,93856
Braunschweig.				
Rthlr. à 36 Mgr. :	$197\frac{1}{6}$	$13\frac{1}{2}$	1,00000	1,00000
Bremen.				
Rthlr. à 72 Groot :	$197\frac{1}{6}$	$13\frac{1}{3}$	1,00000	1,00000
Breslau.				
Rthlr. à 30 Silbergr.	205,27	14	0,96048	0,95238
Cassel.				
Rthlr. à 32 Albus :	$197\frac{1}{3}$	$13\frac{1}{3}$	1,00000	1,00000
Cölln am Rhein.				
Spec Thlr. à 80 Albus	$236\frac{3}{5}$	16	0,83333	0,83353
Curantthlr. à 78 Albus	$242\frac{2}{3}$	16,41	0,81250	0,81250

	Stücke auf 1 Cöllnische Mark f. Gold	f. Silb.	Goldwerth 1. Stücks	Silberwerth 1. Stücks
Constantinopel.				
Piaster zu 24 Paras od. 100 gute u. 120 Cour.				
Asper	$340\frac{7}{8}$	25	0,57831	0,53333
Curland.				
Thaler Alberts à 4 Fl.	136,85	$9\frac{3}{5}$	1,44069	1,38887
Gulden Cour. à 30 gr.	$547\frac{5}{12}$	$38\frac{2}{5}$	0,36017	0,34722
Dänemark.				
Rthlr. à 3 Mark Lüb.				
Spec. Bal.	139,46	$9\frac{1}{4}$	1,41370	1,44144
Dän. Courant	$171\frac{3}{7}$	11,37	1,15012	1,17269
Mk. Lüb. à 2 Mk. Dän.				
Spec. Bal.	$418\frac{2}{5}$	$27\frac{3}{4}$	0,47123	0,48048
Hollst. Cour.	523,03	$34\frac{11}{12}$	0,37697	0,38438
Danzig.				
Gulden à 30 gr.	821,1	56	8,24013	0,23810
Thaler à 3 Gulden	273,7	$18\frac{2}{3}$	0,72038	0,71429
England.				
Pfd. Sterl. à 20 Schill.	32,646	2,1273	6,03940	6,26770
Schilling à 12 Pence	652,92	42,546	0,30197	0,31338
Pence	7835	510,55	0,02517	0,02612
Frankfurt a. M.				
Reichsguldeu à 60 Kreuz.				
Courant	295,78	20	0,66660	0,66660
Münze	354,94	24	0,55550	0,55550
Genf.				
Livres à 20 Sous	$462\frac{5}{8}$	32,242	0,42619	0,41354
Gulden à 12 Sous	1619,19	112,84	0,12177	0,11815
Hamburg.				
Mk. à 16 Schill. Banco	410,553	27,625	0,48023	0,48265
Courant	505,3	34	0,39020	0,39216
Wechselthlr. à 32 Schill.				
Banco	205,275	13,81	0,96047	0,96531
Rthlr. à 48 Schill. Cour.	168,43	$11\frac{1}{3}$	1,17060	1,17647
Hannover.				
Rthlr. à 36 Margr.				
Duc. à $2\frac{3}{4}$ Rthl.	188,17	12	1,04780	1,11111
Pistole à $4\frac{2}{3}$ Rthlr.	184,022	12,444	1,07140	1,07143

	Stücke auf 1 Cöllnische Mark f. Gold	f. Silb.	Goldwerth 1. Stücks	Silberwerth 1. Stücks
Leipzig.				
Rthlr. à 24 gr.	197$\frac{1}{6}$	13$\frac{1}{3}$	1,00000	1,00000
Lübeck.				
Mark à 16 Schill.	502,77	34	0,39215	0,39216
Rthlr. à 48 Schill.	167,6	11$\frac{1}{3}$	1,17644	1,17647
München.				
Reichsgulden à 60 Kreuz	342,487	24	0,57570	0,55555
Nürnberg.				
Rchsgld. à 60 Kr. Cour.	295$\frac{3}{4}$	20	0,66666	0,66666
Münze	354,9	24	0,55555	0,55555
Paris.				
Livre zu 20 Sols	815,256	53,275	0,24184	0,25027
à 12 Deniers				
Regensburg.				
Reichsguld. à 60 Kreuz.	359,25	24	0,54886	0,55555
Rußland.				
Rubel à 1000 Copeken	196,364	13	1,00408	1,02565
Schweden.				
Rthlr. a 48 Schill.	134,73	9,093	1,46337	1,46631
Daler Silbermz. à 4 Mk.	808,4	54,56	0,24589	0,24438
Daler Kupfermünze	2425,2	163,68	0,08129	0,08146
Straßburg.				
Livre à 20 Sols	815,256	53,275	0,24184	0,25027
Ecu à 90 Kreuzer	271,75	17,758	0,72553	0,75082
Wien.				
Reichsgulden à 60 Kreuz.	305,74	20	0,64486	0,66666
Rthlr. à 90 Kreuzer	203,83.	13$\frac{1}{3}$	0,96729	1,00000
Würtemberg.				
Reichsguld. à 28 Schill.	342,49	24	0,57570	0,55555
Zürich.				
Gulden à 60 Kreuzer	318,5	22,2	0,61904	0,60068
Thaler à 90 Kreuzer	312$\frac{1}{3}$	14,798	0,92856	0,90109

b) Gold- und Silbermünzen.

(Der Gehalt der Goldmünzen nach Karat und Grän, der Silbermünzen nach Loth und Grän; der Werth eines Stücks nach Thalern, 5 auf die Passirpistole.)

	Stücke auf 1 f. Mark	Gehalt. Kar. Lth.	Gr. Gr.	Stücke auf 1 f. Mark	Werth 1. Stücks
Dänemark.					
Spec. Ducaten seit 1671	67	23	6	68,426	2,88150
Cour. Ducaten seit 1757	75	21	—	85,714	2,30025
Christiand'or seit 1775	35	21	8	38,769	5,08550
Species Reichsthaler.	$8\frac{3}{32}$	14	—	9,25	1,44144
Deutschland.					
Goldmünzen, ausgeprägt					
1) nach dem Ducatenfuße,					
Ducaten, Reichsfuß	67	23	8	67,944	2,90187
Holländ. Fuß	67	23	7	68,184	2,89170
Passirfuß	67	23	6	68,426	2,88150
2) nach dem Goldguld. F.					
Goldguld., Hannöversche	72	18	10	91,75	2,14894
Rheinische	72	18	6	93,41	2,11087
Carolinen : :	24	18	6	31,135	6,38260
Maxd'or : : :	36	18	6	46,703	4,22174
3) nach dem Pistolenfuße,					
Pistolen, allgemeine :					
gesetzmaßige	35	21	9	38,621	5,44550
Passirfuß: :	35,[illegible]	21	8	39,433	5,00000
Augustd'or seit 1771					
gesetzmäßig :	35	21	8	38,769	5,08550
Passirfuß: :	$35\frac{4}{11}$	21	8	39,175	5,03320
Carld'or, gesetzmäßig	35	21	9	38,621	5,44550
Passirfuß: :	35,5	21	8	39,508	4,99050
Friedrichd'or, gesetzmäßig	35	21	9	38,621	5,44550
Passirfuß	35,5	21	8	39,324	5,01400
Silbermünzen, ausgeprägt					
1) nach dem Conventionsfuße zu 20 Fl.					
Speciesthaler a 2 Fl.	$8\frac{1}{3}$	13	6	10	1,33333

	Stücke auf 1 f Mark	Gehalt. Kar. Lth.	Gr. Gr.	Stücke auf 1 f Mark	Werth 1. Stücks
Reichsgulden a 60 Kreuz. oder 16 gr. : :	$16\frac{2}{3}$	13	6	20	0,66666
2) nach dem Leipziger Fuße zu 18 Fl.					
Speciesthaler à 2 Fl.	8	14	4	9	1,48148
Gulden, ordin. od. neue	$13\frac{1}{2}$	12	0	18	0,74074
feine Lüneburger	$17\frac{7}{8}$	15	16		
feine Sächsische	17	15	2		
3) nach d. Lübischen Fuße zu 17 Fl.					
Rthlr. a 3 Mk. seit 1752	$8\frac{1}{2}$	12	0	$11\frac{1}{3}$	1,17647
2 Markstücke seit 1726	$12\frac{3}{4}$	12	0	17	0,78431
4) nach dem Preußischen Fuße zu 21 Fl.					
Rthlr. zu 24 gr. :	$10\frac{1}{2}$	12	0	14	0,95238
8 Groschenstücke :	28	10	12	42	0,31746
4 Groschenstücke	$43\frac{3}{4}$	8	6	84	0,15873
2 Groschenstücke	63	6	0	168	0,07936
England.					
Guineen à 21 Sch. Sterl.	$28\frac{1}{2}$	22	0	31,091	6,34150
Kronen à 5 Schill. Sterl.	7,8	14	12	8,509	1,56094
Schilling :	39	14	12	42,55	0,30908
Frankreich.					
Louisd'or seit 1785 à 24 Livres : :	$30\frac{2}{3}$	21	8	33,97	5,84420
Ecu oder Laubthaler seit 1726 à 6 Livres :	8	14	$7\frac{1}{2}$		1,50175
Holland.					
Ruyder à 14 Fl. :	$23\frac{1}{2}$	22	0	25,636	7,69080
Ducaten à $5\frac{1}{4}$ Fl. :	67	23	7	68,184	2 89170
Gulden : : :	22,217	14	$10\frac{1}{2}$	$24\frac{3}{8}$	0,54701
Schillinge , ,	$46\frac{7}{8}$	9	$2\frac{1}{2}$	82,07	0,16247
Stüver : : :	290,06	9	2	509,4	0,02617
Rußland.					
Speciesducaten seit 1701	67	23	4	68,913	2,86106
Imperial seit 1762 à 10 Rubel : :	17,879	22	0	19,505	10,1076
Rub. à 100 Copek. s. 1763	$9\frac{3}{4}$	12	0	13	1,02563

	Stücke auf 1 f. Mark	Gehalt. Kar. Lth.	Gr. Gr.	Stücke auf 1 f. Mark	Werth 1. Stücks
Schweden.					
Ducaten seit 1777 à 94 Schilling : :	67	23	5	$68\frac{2}{3}$	2,57130
Speciesthaler seit 1777 à 48 Schilling : :	7,988	14	1	9,093	1,46630
Spanien.					
Pistolen seit 1772 à 80 Real de Vell. :	$34\frac{1}{2}$	21	8	$38\frac{1}{8}\frac{1}{5}$	5,15975
Piaster seit 1762 a 20 Real de Vell. :	$8\frac{2}{3}$	14	6	$9\frac{20}{43}$	1,37825

Decimalabtheilungen.

Decimaltheile des Duodecimalfußes.

	Zolle.		Linien.		Scrupel.
1	0,0833....	1	0,006944....	1	0,0005787....
2	0,166....	2	0,01388....	2	0,0011574....
3	0,25	3	0,020833....	3	0,0017361....
4	0,33....	4	0,0277....	4	0,0023148....
5	0,4166....	5	0,03477....	5	0,0028935....
6	0,5	6	0,0166....	6	0,0034722....
7	0,5833....	7	0,048611....	7	0,0040509....
8	0,66....	8	0,055....	8	0,0046296....
9	0,75	9	0,0625....	9	0,0052083....
10	0,833....	10	0,06944....	10	0,0057870....
11	0,9166....	11	0,076388....	11	0,0063657....

Decimaltheile des Sächsischen Thalers.

	Groschen.		Groschen.		Groschen.
1	0,04166....	10	0,4166....	19	0,79166....
2	0,08333....	11	0,45833....	20	0,833....
3	0,125	12	0,5	22	0,875.
4	0,16666....	13	0,54166....	22	0,9166....
5	0,20833....	14	0,583....	23	0,95833....
6	0,25	15	0,625		
7	0,29166....	16	0,66....		
8	0,33533....	17	0,70833....		
9	0,375	18	0,75		

	Pfennige.		Pfennige.
1	0,0034722....		
2	0,006944....	$\frac{1}{2}$	0,00173611....
3	0,0104166....	$\frac{1}{3}$	0,001157407....
4	0.013888....		
5	0,0173611....	$\frac{1}{4}$	0,000868055....
6	0,020833....,		
7	0,0243555....,	$\frac{1}{8}$	0,0004340277....
8	0,02777....		
9	0,0312499....		
10	0,034722....,		
11	0,0381944....		

Erklärungen.

Bank nennt man eine unter der Aufsicht eines Staats stehende Anstalt, wo Kapitalisten gegen Interessen, vornehmlich aber Handelshäuser, Geld niederlegen, um durch bloßes Ab- und Zuschreiben, Giro genannt, gegenseitige Zahlungen zu ersparen. Kreiset das Geld blos unter einer gewissen Anzahl Theilnehmern, so heißt sie Girobank, dergleichen zu Venedig (1597), Amsterdam (1609), Hamburg (1619), Nürnberg (1621); kann aber Jedermann gegen eine Banknote Geld erhalten, Zettelbank (als zu Genua, London, Berlin, Stockholm ꝛc.). Bankogeld heißt daher solches, wie es in der Bank angenommen wird, und ist gewöhnlich schwerer und besser, als das umlaufende (courrant). Zu letztern muß daher gegen ersteres Aufgeld (Bankoagio) gegeben werden.

Brutto heißt das Gewicht der Waare mit Einpack; Netto, ohne solchen. Dasjenige, welches dafür abgerechnet wird, heißt Thara.

Ducaten, sonst in gutem Gelde 2 Thlr. 18 Gr., zuerst in Apulien geprägt, sollen von einem Ravennaischen Duça (Fürsten), Longino, im 6ten Jahrhundert n. Ch. so benannt seyn; jedoch wahrscheinlicher von der Umschrift der Venetianischen:

Sit tibi, Christe, datus, quem tu regis, iste Ducatus.

Fein Gold oder Silber heißt dasjenige, was keinen Zusatz von Kupfer hat. 1 Mark fein Silber ist daher 16 Loth reines Silber; 12löthiges, wo in der Mark 12 Loth Silber und 4 Loth Kupfer sind, u. s. w. Man drückt es durch 16theilbrüche aus (als 12löth. = $\frac{12}{16}$, 10löth. = $\frac{10}{16}$ ꝛc.). 1 Mark fein Gold enthält 24 Carolin.

Guinee heißt die Englische Münze daher, weil die ersten unter König Karl II. von England aus Golde von Guinea in Afrika geprägt worden sind.

Louisd'or hat den Namen von Ludwig XIII., König von Frankreich, welcher 1640 die ersten prägen ließ.

Mark, ein Gewicht, welches vor dem 14ten Jahrhundert 8 Unzen = 8 Thlr. enthielt, von wo an 3 Gulden darauf gerechnet wurden. — Die Cöllnische Mark = $\frac{1}{2}$ Pfund wurde von Kaiser Karl V. 1524 zum allgemeinen Münzgewichte im deutschen Reiche bestimmt. Sie beträgt jetzt in Silber 18 Thlr. 8 Gr. sächsisch, 14 Thlr. preußisch; in Golde 36 Ducaten.

Münzfuß ist die Bestimmung des Werthes der Münzen nach ihrem Schrot und Korn, d. i. wie viel Stücke einer bestimmten Münze aus einer feinen Mark geprägt werden: als nach dem Conventionsfuße (1763) 13$\frac{1}{3}$ Thaler oder 20 Gulden, nach dem Preußischen (1650) 14 Thaler oder 21 Gulden.

Rauh nennt man die Mark nach der Mischung mit einem bestimmten Zusatze von Kupfer im Gegensatze der feinen.

Schrot heißt das Gewicht einer gemischten Münze, Korn ihr Gehalt an edlem Metall.

Sterling ist die Münze von Sterling in Südschottland genannt, wo sie zuerst geprägt worden ist.

Thaler, von Joachimsthal in Böhmen, wo die Grafen von Schlick (1517) zuerst solche Münzen zu 21 Gr. geprägt haben sollen.

Troygewicht, von Troyes in Champagne (poid de Mark) genannt.

Register.

(V. bedeutet die Seitenzahl der Vorrede, S. die der Arithmetik.)

N.

Zu verbessern

1. in der Vorrede

S. 4 Z. 9 statt Anarogoras setze Anaxagoras
— 6 — 12 — folgten s. folgte
— 26 — 21 — sechsten s. fünften
— 37 — 13 — Gerade und Ungerade s. Gleichen und Ungleichen
— 55 — 1 — σχημασα s. σχηματα
— 75 — 36 — riducule s. ridicule
— 76 — 5 — Mathsis s. Mathesis
— 84 — 12 — und s. der
— 96 — 9 streiche wir aus.
— : — letzte statt von s. vor
— 115 — 11 — oder s. und

2. in der Arithmetik.

S. 18 Z. 9 statt nicht setze nichts
— 20 — 5 — praemissa s. praemissae
— 35 — 14 — Buhle's Geschichte der Philosophie s. Buhle's Lehrb. d. Gesch. d. Ph. ꝛc.
— 33 — 15 — Domitian s. Vespasian
— : — 16 — Vespasian s. Domitian
— : — 18 — Trojan s. Trajan
— 40 letzte — können s. müssen
— 44 — 20 — $b + c = a$ s. $b + d = a$
— 61 — 21 — §. 40. s. §. 41.
— 119 — 18 — ♀. zehn s. ε. zehn
— : — 19 — ε. mör s. ♀. mör
— 124 in der Tafel statt 0,9 s. 0,8 und 9,0 statt 0,9
— 134 Z. 10 statt τρωτοι s. πρωτοι
— 146 — 16 — $3{,}79^2$ s. $3{,}749^2$
— 147 — 20 — 3001 s. 2001
— 217 — 6 — dritten s. zweiten
— 239 — 17 — a s. α
— : — 23 — > s. <
— 240 — 24 — 2) s. β)
— 243 — 10 — b) s. 2)
— 250 — 7 — geschen s. geschehen
— 254 — 11 streiche aus §. 137.
— 263 — 14 : : §. 144.
— 265 — 2 statt §. 144. s. §. 145.

S. 268	Z. 22	statt $(a = b)$	setze $(a + b)$
— 270	— 8	— $(a + b)$	s. $(a + b)^6$
— :	— 9	— $(a + b)$	s. $(a + b)^n$
— 294	— 9	— sondern	s. als
— 300	— 14	— $+$	s. $\pm$
— 301	— 25	— $\sqrt{3}$	s. $\sqrt{2}$
— 322	— 24	— $+$	s. $\times$

Dresden, gedruckt bei Carl Gottlob Gärtner.

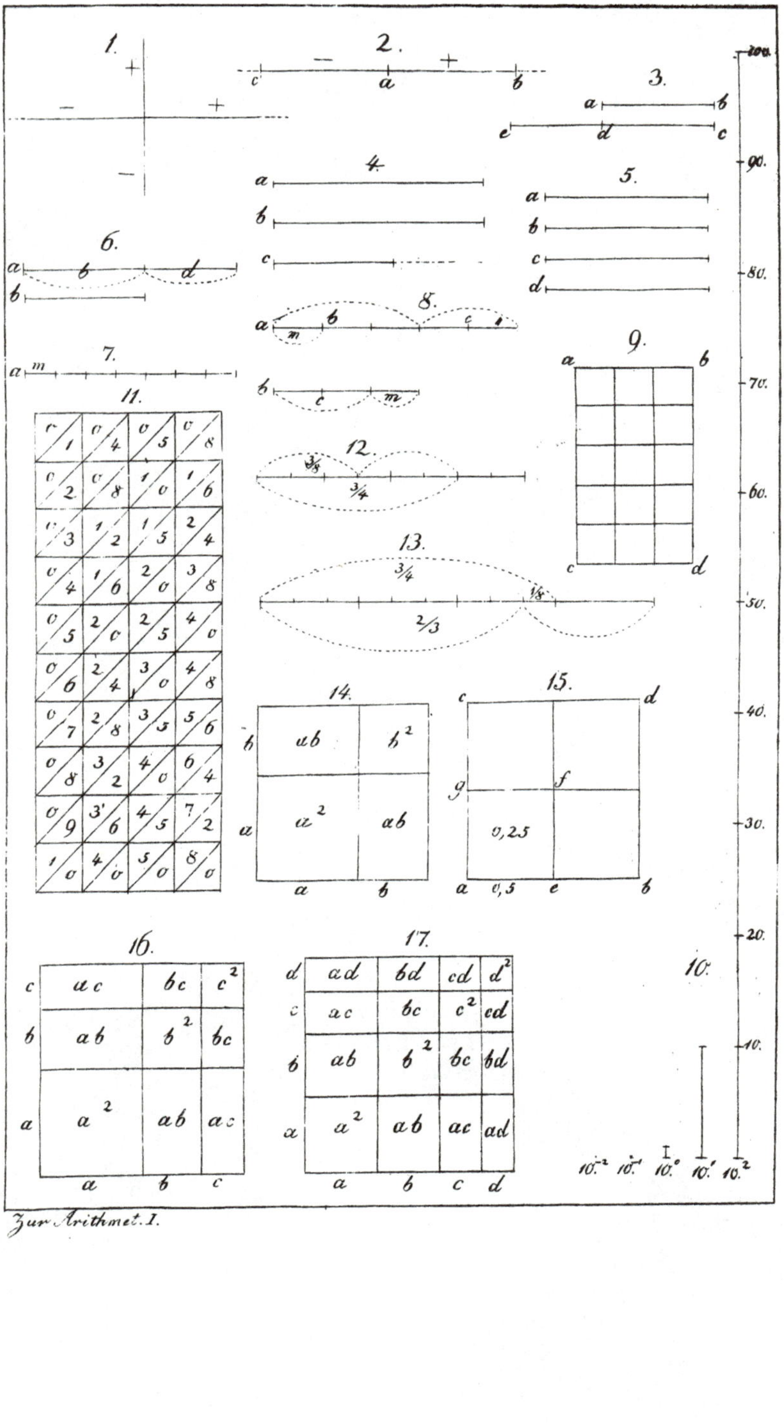

Zur Arithmet. I.

Kolibri 360 GmbH
Ferdinand-Jühlke-Straße 7
99095 Erfurt, Deutschland
produktsicherheit@kolibri360.de